LENIMAR NUNES DE ANDRADE

$$\frac{\pi^2}{6} = \sum_{n=1}^{\infty} \frac{1}{n^2} = 1 + \frac{1}{2^2} + \frac{1}{3^2} + \frac{1}{4^2} + \frac{1}{5^2} + \frac{1}{6^2}$$

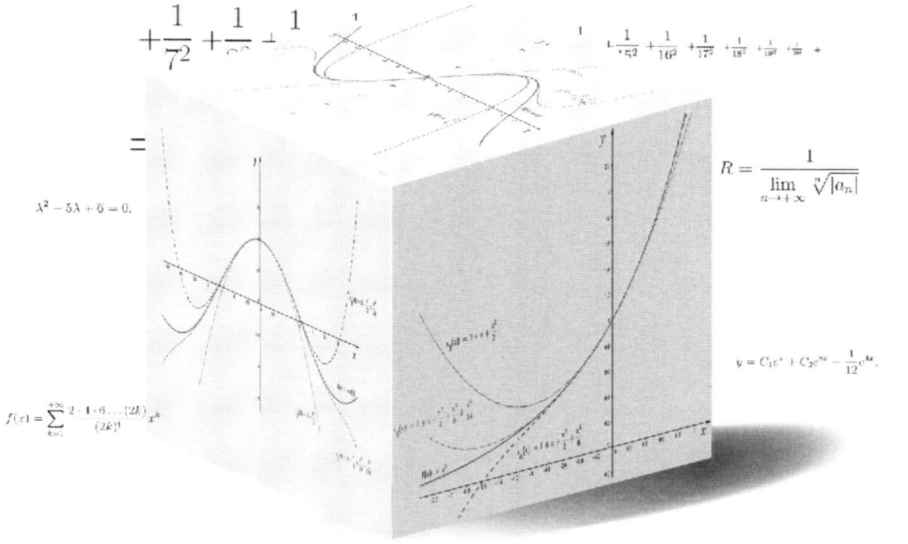

SÉRIES E EQUAÇÕES DIFERENCIAIS ORDINÁRIAS

EDITORA CIÊNCIA MODERNA

Séries e Equações Diferenciais Ordinárias

Editor: Paulo André P. Marques
Produção Editorial: Dilene Sandes Pessanha
Capa: Daniel Jara
Copidesque: Equipe Ciência Moderna

FICHA CATALOGRÁFICA

ANDRADE, Lenimar Nunes de.

Séries e Equações Diferenciais Ordinárias

Rio de Janeiro: Editora Ciência Moderna Ltda., 2022.

1. Matemática 2. Análise – Cálculo-Matemática

I — Título

ISBN: 978-65-5842-151-1

CDD 510
515

Editora Ciência Moderna Ltda.
R. Alice Figueiredo, 46 – Riachuelo
Rio de Janeiro, RJ – Brasil CEP: 20.950-150
Tel: (21) 2201-6662/ Fax: (21) 2201-6896
E-MAIL: LCM@LCM.COM.BR
WWW.LCM.COM.BR

03/22

Dedicado às minhas netas
Aurora e Rita, as "pintinhas",
e ao meu neto Jorge, o "pinto".

$h \to 0$. Substituindo no limite anterior, obtemos:

A derivada ...

Calcular lim

Sumário

Prefácio

Este texto corresponde às notas de aula da disciplina Séries e Equações Diferenciais Ordinárias, ministrada na Universidade Federal da Paraíba desde 2012.

O principal objetivo é a apresentação dos seguintes temas de Matemática: sequências, séries numéricas, séries de potências e noções de equações diferenciais ordinárias.

No capítulo 1, fazemos uma revisão do conceito de limites de funções de uma variável real e no capítulo 2, uma rápida revisão do conceito de integral. Esses conceitos devem ter sido desenvolvidos em semestres anteriores e, por causa disso, não nos estendemos muito neles.

O capítulo 3 é sobre sequências, o capítulo 4 é sobre séries numéricas, o 5 é sobre alguns critérios de convergência, o 6 é sobre séries de potências e os capítulos 7, 8 e 9 formam uma breve introdução às equações diferenciais.

No final de cada capítulo, há uma variedade de exercícios resolvidos e propostos, todos relacionados com os temas do respectivo capítulo. Todos os exercícios propostos têm suas respectivas respostas.

No final do livro, acrescentamos dois apêndices. Um é formado por testes múltipla escolha, e outro intitulado *"Apoio Computacional"*, onde são fornecidos comandos e funções do *Maxima* que podem ser usados nos cálculos relacionados com os demais capítulos. É muito útil a programação de determinadas fórmulas ou definições, ajudam no entendimento completo dos conceitos envolvidos. O *Maxima* é um poderoso sistema de Computação Algébrica de uso geral. Vem sendo desenvolvido há cinco décadas e está disponível na Internet.

Este texto foi elaborado usando-se exclusivamente programas livres e gratuitos que podem ser facilmente encontrados à disposição na Internet tais como *Maxima* , LaTeX, GeoGebra FastStone Image Viewer.

Agradecemos a todos os que contribuíram com comentários e sugestões e a minha esposa Luíza Amélia pelo apoio permanente.

João Pessoa, 30 de dezembro de 2021

Lenimar Nunes de Andrade

$\lim (f(x) + g(x)) = -\infty$ [illegible]

denota[illegible]s por $\lim$ [illegible] $\lim$ [illegible] $f(x) = L$.

De modo [illegible], se f é uma função definida em um inter[illegible] [illegible]erto $]a, +\infty[$, dizemos que o [illegible]

Capítulo 1

Limites de Funções de Uma Variável

1.1 Introdução

Neste capítulo, fazemos uma revisão do estudo de limites que é visto em Cálculo 1. Esse conceito é muito importante para o bom entendimento de outros temas que serão vistos nos próximos capítulos.

1.2 Noção de limite

Consideremos a função $f(x) = \dfrac{x^2 - 1}{x - 1}$, definida para todo x real tal que $x \neq 1$, ou seja, todo $x \in \mathbb{R} - \{1\}$.

Observemos o que acontece quando x se aproxima de 1. Primeiramente, atribuindo a x valores menores do que 1, por exemplo $x = 0,\ 0,5,\ 0,8,\ 0,9,\ 0,99,\ 0,999,\ 0,9999,\ 0,99999$ e calculando os respectivos valores de $f(x)$, obtemos a seguinte tabela:

x	0	0,5	0,8	0,9	0,99	0,999	0,9999	0,99999
$f(x)$	1	1,5	1,8	1,9	1,99	1,999	1,9999	1,99999

Por outro lado, se os valores de x forem maiores do que 1, por exemplo $x = 2,\ 1,5,\ 1,2,\ 1,1,\ 1,01,\ 1,001,\ 1,0001,\ 1,00001$, obtemos:

x	2	1,5	1,2	1,1	1,01	1,001	1,0001	1,00001
$f(x)$	3	2,5	2,2	2,1	2,01	2,001	2,0001	2,00001

Observamos assim em ambos os casos que, quando x se aproxima de 1, cada vez mais, o valor de $f(x)$ se aproxima de 2.

Ainda com relação às tabelas anteriores, temos

- se $x = 0,9$, então $x - 1 = -0,1$ e $f(x) = 1,9$ que implica $f(x) - 2 = -0,1$;
- se $x = 1,1$, então [illegible] que implica $f(x) - 2 = 0,1$.

Usando a função valor absoluto, podemos juntar as duas implicações anteriores em uma única implicação:

$$0 < |x - 1| = 0,1 \Rightarrow |f(x) - 2| = 0,1.$$

Por um motivo semelhante a esse, podemos obter também o seguinte:

- Se $x = 0,99$ ou $x = 1,01$: $0 < |x - 1| = 0,01 \Rightarrow |f(x) - 2| = 0,01$;

- Se $x = 0,999$ ou $x = 1,001$: $0 < |x - 1| = 0,001 \Rightarrow |f(x) - 2| = 0,001$;
- Se $x = 0,9999$ ou $x = 1,0001$: $0 < |x - 1| = 0,0001 \Rightarrow |f(x) - 2| = 0,0001$;

Isso nos leva a pensar que podemos ter o valor de $|f(x) - 2|$ cada vez mais próximo de 0, bastando para isso escolher o valor de x de modo que $|x - 1|$ também seja próximo de 0. Desse modo, para qualquer valor $\varepsilon > 0$, podemos encontrar um valor $\delta > 0$ tal que

$$0 < |x - 1| < \delta \Rightarrow |f(x) - 2| < \varepsilon.$$

Nesse caso, dizemos que o limite de $f(x)$, para x tendendo a 1, é igual a 2 e usamos a notação $\lim_{x \to 1} f(x) = 2$. De um modo geral, temos a seguinte

Definição: Seja I um intervalo de números reais que contém um número a no seu interior. Seja f uma função definida em $I - \{a\}$ e com valores $f(x)$ em $\mathbb{R}$. Dizemos que o **limite de $\mathbf{f(x)}$**, quando x tende a a, é igual a L e denotamos por $\lim_{x \to a} f(x) = L$, quando para todo $\varepsilon > 0$, existir $\delta > 0$ tal que $0 < |x - a| < \delta$ implica $|f(x) - L| < \varepsilon$. Em símbolos:

$$\lim_{x \to a} f(x) = L \iff (\ \forall \varepsilon > 0, \exists \delta > 0 \mid \underbrace{0 < |x - a| < \delta}_{x \text{ é próximo de } a} \Rightarrow \underbrace{|f(x) - L| < \varepsilon}_{f(x) \text{ é próximo de } L}\ ).$$

1.3 Limites laterais

Quando x se aproxima de a apenas pelo lado esquerdo, ou seja $x < a$, então denotamos por $x \to a^-$. Por outro lado, se x se aproxima de a somente pelo lado direito, $x > a$, denotamos isso por $x \to a^+$.

Note que se $x < a$, então $x - a < 0$, e daí $|x - a| = -(x - a) = a - x$. Consequentemente, a desigualdade $0 < |x - a| < \delta$ pode ser escrita na forma $0 < a - x < \delta$ que equivale a $0 > x - a > -\delta$, ou seja, $-\delta < x - a < 0$. Por outro lado, note também que se $x > a$, então $x - a > 0$, e daí $|x - a| = x - a$ e daí a desigualdade $0 < |x - a| < \delta$ pode ser escrita na forma $0 < x - a < \delta$. Sendo assim, temos as seguintes definições de limites laterais à esquerda e à direita:

$$\lim_{x \to a^-} f(x) = L \iff (\ \forall \varepsilon > 0, \exists \delta > 0 \mid \underbrace{-\delta < x - a < 0}_{x \text{ à esquerda de } a} \Rightarrow \underbrace{|f(x) - L| < \varepsilon}_{f(x) \text{ é próximo de } L}\ ).$$

$$\lim_{x \to a^+} f(x) = L \iff (\ \forall \varepsilon > 0, \exists \delta > 0 \mid \underbrace{0 < x - a < \delta}_{x \text{ à direita de } a} \Rightarrow \underbrace{|f(x) - L| < \varepsilon}_{f(x) \text{ é próximo de } L}\ ).$$

1.4 Propriedades

Sejam f, g funções definidas em $I - \{a\}$, onde I é um intervalo de números reais e a é um ponto do seu interior. Usando a definição de limite de uma função, é possível demonstrar as seguintes propriedades:

- Se existir o limite de $f(x)$, quando x tende a a, então ele é único;
- Se $f(x) = k$ for constante, então $\lim_{x \to a} f(x) = k$;
- Se $k \in \mathbb{R}$ for constante, então $\lim_{x \to a}(kf(x)) = k \lim_{x \to a} f(x)$;

- $\lim\limits_{x\to a}(f(x)+g(x)) = \lim\limits_{x\to a} f(x) + \lim\limits_{x\to a} g(x)$;
- $\lim\limits_{x\to a}(f(x)-g(x)) = \lim\limits_{x\to a} f(x) - \lim\limits_{x\to a} g(x)$;
- $\lim\limits_{x\to a}(f(x)\cdot g(x)) = \lim\limits_{x\to a} f(x) \cdot \lim\limits_{x\to a} g(x)$;
- $\lim\limits_{x\to a}\left(\dfrac{f(x)}{g(x)}\right) = \dfrac{\lim\limits_{x\to a} f(x)}{\lim\limits_{x\to a} g(x)}$, se $\lim\limits_{x\to a} g(x) \neq 0$;
- $\lim\limits_{x\to a} f(x)^n = \left(\lim\limits_{x\to a} f(x)\right)^n$, se $n \in \mathbb{N}$;
- $\lim\limits_{x\to a} \sqrt[n]{f(x)} = \sqrt[n]{\lim\limits_{x\to a} f(x)}$, se $n \in \mathbb{N}$.

1.5 Limite de uma função polinomial

Como consequência imediata das propriedades do limite de uma função, temos o seguinte resultado importante:

Teorema: O limite de uma função polinomial $f(x) = a_0 + a_1x + a_2x^2 + \cdots + a_nx^n$, com $a_i \in \mathbb{R}$, para x tendendo a $a \in \mathbb{R}$, é igual a $f(a)$. Ou seja, $\lim\limits_{x\to a} f(x) = f(a)$, se f for polinomial.

Por exemplo, se $f(x) = x^2 - 5x + 6$ e $a = 1$, então

$$\lim_{x\to a} f(x) = \lim_{x\to 1}(x^2 - 5x + 6) = f(1) = 1^2 - 5\cdot 1 + 6 = 2.$$

Outro exemplo,

$$\lim_{x\to -2}(x^3 + 4x^2 - 7x + 10) = (-2)^3 + 4\cdot(-2)^2 - 7\cdot(-2) + 10 = -8 + 16 + 14 + 10 = 32.$$

1.6 Funções contínuas

Quando a função está definida em um ponto a e o limite quando x tende a a coincide com o valor $f(a)$, ou seja, quando $\lim\limits_{x\to a} f(x) = f(a)$, então dizemos que a função f(x) é **contínua** em $x = a$.

Usando essa definição, o teorema anterior poderia ser enunciado assim: *"Uma função polinomial $f(x)$ é contínua em todos os pontos $a \in \mathbb{R}$"*. É possível se demonstrar que as funções elementares conhecidas, tais como logarítmica, exponencial, trigonométricas, trigonométricas inversas e hiperbólicas, são contínuas nos pontos de seus domínios. Simbolicamente, isso poderia ser descrito com as seguintes igualdades:

- $\lim\limits_{x\to a} e^x = e^a$;
- $\lim\limits_{x\to a} \ln x = \ln a$;
- $\lim\limits_{x\to a} \cos x = \cos a$;
- $\lim\limits_{x\to a} \operatorname{sen} x = \operatorname{sen} a$;
- $\lim\limits_{x\to a} \operatorname{tg} x = \operatorname{tg} a$;

- $\lim\limits_{x \to a} \cosh x = \cosh a$;
- $\lim\limits_{x \to a} \operatorname{senh} x = \operatorname{senh} a$;
- $\lim\limits_{x \to a} \operatorname{arcsen} x = \operatorname{arcsen} a$;
- $\lim\limits_{x \to a} \operatorname{arctg} x = \operatorname{arctg} a$;
- $\lim\limits_{x \to a} \sqrt{x} = \sqrt{a}$,

Em cada caso, o valor a pertence ao interior do domínio da respectiva função. Por exemplo,

- no caso da função logarítmica, devemos ter $a > 0$,
- no caso da função arco-seno, devemos ter $-1 < a < 1$,
- no caso da função tangente, devemos ter $a \neq \frac{\pi}{2} + k\pi$, $\forall k \in \mathbb{Z}$,

e assim por diante.

Operações que envolvem funções contínuas, em geral, dão como resultado uma função contínua. Por exemplo, a soma de duas funções contínuas em a, dá como resultado uma função contínua. O mesmo vale para o produto de funções contínuas. Se duas funções f e g forem contínuas em $x = a$ e $g(a) \neq 0$, então a função-quociente $f(x)/g(x)$ também é contínua em $x = a$. Em símbolos: $\lim\limits_{x \to a} \dfrac{f(x)}{g(x)} = \dfrac{f(a)}{g(a)}$, se $g(a) \neq 0$.

Exemplo: Calcular $\lim\limits_{x \to 2} \dfrac{6x^2 - 3x + 10}{5x - 1}$.

Solução: Basta substituir diretamente x por 2 na função:
$\lim\limits_{x \to 2} \dfrac{6x^2 - 3x + 10}{5x - 1} = \dfrac{6 \cdot 2^2 - 3 \cdot 2 + 10}{5 \cdot 2 - 1} = \dfrac{28}{9}$.

Exemplo: Calcular $\lim\limits_{x \to 2} \dfrac{x^2 - 4}{x - 2}$.

Solução: Inicialmente, simplificamos a fração fazendo uma fatoração do numerador. Para isso, usamos o produto notável $a^2 - b^2 = (a + b)(a - b)$:
$\lim\limits_{x \to 2} \dfrac{x^2 - 4}{x - 2} = \lim\limits_{x \to 2} \dfrac{(x + 2)\cancel{(x - 2)}}{\cancel{x - 2}} = \lim\limits_{x \to 2}(x + 2) = 2 + 2 = 4$.

Exemplo: Calcular $\lim\limits_{x \to 2} \dfrac{x^2 - 9x + 14}{x^2 - 5x + 6}$.

Solução: Como $\lim\limits_{x \to 2}(x^2 - 9x + 14) = 0$ e $\lim\limits_{x \to 2}(x^2 - 5x + 6) = 0$, a fração $\dfrac{x^2 - 9x + 14}{x^2 - 5x + 6}$ deve ser simplificada, antes do cálculo do limite. Para isso, resolvemos as equações do segundo grau $x^2 - 9x + 14 = 0$ e $x^2 - 5x + 6 = 0$ e obtemos $x_1 = 2$, $x_2 = 7$ como sendo as raízes da primeira e $x_3 = 2$, $x_4 = 3$ as raízes da segunda. Portanto, $x^2 - 9x + 14 = (x - x_1)(x - x_2) = (x - 2)(x - 7)$ e $x^2 - 5x + 6 = (x - x_3)(x - x_4) = (x - 2)(x - 3)$. A partir daí, efetuamos o cálculo do limite:

$$\lim_{x \to 2} \frac{x^2 - 9x + 14}{x^2 - 5x + 6} = \lim_{x \to 2} \frac{\cancel{(x - 2)}(x - 7)}{\cancel{(x - 2)}(x - 3)} = \lim_{x \to 2} \frac{x - 7}{x - 3} = \frac{2 - 7}{2 - 3} = 5.$$

Exemplo: Calcular $\lim\limits_{x\to 3}\sqrt{\dfrac{x^2-3x}{x^2-9}}$.

Solução: $\lim\limits_{x\to 3}\sqrt{\dfrac{x^2-3x}{x^2-9}} = \lim\limits_{x\to 3}\sqrt{\dfrac{x\cancel{(x-3)}}{(x+3)\cancel{(x-3)}}} = \lim\limits_{x\to 3}\sqrt{\dfrac{x}{x+3}}$
$= \sqrt{\dfrac{3}{6}} = \sqrt{\dfrac{1}{2}} = \dfrac{1}{\sqrt{2}} = \dfrac{\sqrt{2}}{2}.$

Exemplo: Calcular $\lim\limits_{x\to 4}\dfrac{\sqrt{2x+1}-3}{\sqrt{x-2}-\sqrt{2}}$.

Solução: Para simplificar uma fração que envolve radicais, pode ser uma boa ideia fazer o que se chama de racionalização. Nesse caso, como tem radicais no numerador e no denominador, então racionalizamos o numerador e também o denominador. A racionalização de uma expressão com raízes quadradas é feita multiplicando-se o numerador e denominador da fração pelo conjugado da expressão.

$$\lim_{x\to 4}\frac{\sqrt{2x+1}-3}{\sqrt{x-2}-\sqrt{2}} = \lim_{x\to 4}\frac{\overbrace{(\sqrt{2x+1}-3)(\sqrt{2x+1}+3)}^{(\sqrt{2x+1})^2-3^2=2x-8}(\sqrt{x-2}+\sqrt{2})}{\underbrace{(\sqrt{x-2}-\sqrt{2})(\sqrt{x-2}+\sqrt{2})}_{(\sqrt{x-2})^2-(\sqrt{2})^2=x-4}(\sqrt{2x+1}+3)}$$

$$= \lim_{x\to 4}\frac{2\cancel{(x-4)}(\sqrt{x-2}+\sqrt{2})}{\cancel{(x-4)}(\sqrt{2x+1}+3)} = \lim_{x\to 4}\frac{2(\sqrt{x-2}+\sqrt{2})}{\sqrt{2x+1}+3} = \frac{2(\sqrt{2}+\sqrt{2})}{\sqrt{9}+3}$$

$$= \frac{4\sqrt{2}}{6} = \frac{2\sqrt{2}}{3}.$$

Exemplo: Calcular $\lim\limits_{x\to 16}\dfrac{x-16}{\sqrt{x}-4}$.

Solução: $\lim\limits_{x\to 16}\dfrac{x-16}{\sqrt{x}-4} = \lim\limits_{x\to 16}\dfrac{(x-16)(\sqrt{x}+4)}{(\sqrt{x}-4)(\sqrt{x}+4)} = \lim\limits_{x\to 16}\dfrac{\cancel{(x-16)}(\sqrt{x}+4)}{\cancel{x-16}}$
$= \lim\limits_{x\to 16}(\sqrt{x}+4) = \sqrt{16}+4 = 8.$

Exemplo: Calcular $\lim\limits_{x\to 1}\left(\dfrac{3x^3-5x^2+10x-9}{5x^3-3x^2+1}\right)^5$.

Solução: Basta substituir diretamente x por 1 na função:

$$\lim_{x\to 1}\left(\frac{3x^3-5x^2+10x-9}{5x^3-3x^2+1}\right)^5 = \left(\frac{3\cdot 1^3-5\cdot 1^2+10\cdot 1-9}{5\cdot 1^3-3\cdot 1^2+1}\right)^5 = \left(\frac{-1}{3}\right)^5 = -\frac{1}{243}.$$

1.7 Derivada de uma função

A **derivada** de uma função f em um ponto a do seu domínio é definida como sendo o limite $\lim\limits_{x\to a}\dfrac{f(x)-f(a)}{x-a}$. Se esse limite existir, então a função é dita derivável em a e seu resultado é a derivada da função nesse ponto e é denotada por $f'(a)$ ou por $\left.\dfrac{df}{dx}\right|_{x=a}$.

$$f'(a) = \lim_{x\to a} \frac{f(x) - f(a)}{x - a}$$

Fazendo a mudança de variável $x - a = h \Rightarrow x = a + h$, temos que se $x \to a$, então $x - a \to 0$ $\Rightarrow h \to 0$. Substituindo no limite anterior, obtemos:

$$f'(a) = \lim_{h\to 0} \frac{f(a+h) - f(a)}{h}.$$

Exemplo: Calcular a derivada da função $f(x) = x^3$ no ponto $x = a$.

Solução: $f'(a) = \lim_{x\to a} \dfrac{f(x) - f(a)}{x - a} = \lim_{x\to a} \dfrac{x^3 - a^3}{x - a} = \lim_{x\to a} \dfrac{(x-a)(x^2 + ax + a^2)}{x - a}$ $= \lim_{x\to a}(x^2 + ax + a^2) = a^2 + a^2 + a^2 = 3a^2$. De onde concluímos que $f'(a) = 3a^2$.

Observação: Utilizamos o produto notável $x^3 - a^3 = (x - a)(x^2 + ax + a^2)$ que é um caso particular de uma fórmula mais geral:

$$x^n - a^n = (x - a)(x^{n-1} + x^{n-2}a + x^{n-3}a^2 + \cdots xa^{n-2} + a^{n-1}).$$

Na próxima página, apresentamos uma tabela das funções elementares e algumas propriedades do cálculo de derivadas.

1.8 Limite trigonométrico fundamental

O limite $\lim_{x\to 0} \dfrac{\operatorname{sen} x}{x}$ é denominado **limite trigonométrico fundamental**. Sabe-se que o valor desse limite é igual a 1, ou seja, é válido que

$$\lim_{x\to 0} \frac{\operatorname{sen} x}{x} = 1.$$

Se $y = ax$ e $x \to 0$, então temos também $y \to 0$, para todo valor de a. Logo,

$$\lim_{x\to 0} \frac{\operatorname{sen}(ax)}{ax} = \lim_{y\to 0} \frac{\operatorname{sen} y}{y} = 1.$$

A partir daí, podemos calcular outros limites tais como os dos seguintes exemplos.

Exemplo: Calcular $\lim_{x\to 0} \dfrac{\operatorname{sen}(3x)}{x}$.

Solução: No numerador da fração aparece $3x$ e no denominador aparece x. Para igualar esses coeficientes de x, multiplicamos o numerador e o denominador por 3:

$$\lim_{x\to 0} \frac{\operatorname{sen}(3x)}{x} = \lim_{x\to 0} \frac{3 \cdot \operatorname{sen}(3x)}{3x} = 3 \cdot \lim_{x\to 0} \frac{\operatorname{sen}(3x)}{3x} = 3 \cdot 1 = 3.$$

Exemplo: Calcular $\lim\limits_{x\to 0} \dfrac{3x}{\operatorname{sen}(5x)}$.

Solução: Inicialmente, invertemos a fração usando a propriedade $\frac{a}{b} = \dfrac{1}{\frac{b}{a}}$.

$$\lim_{x\to 0} \frac{3x}{\operatorname{sen}(5x)} = \lim_{x\to 0} \frac{1}{\frac{\operatorname{sen}(5x)}{3x}} = \lim_{x\to 0} \frac{1}{\frac{5\cdot\operatorname{sen}(5x)}{5\cdot 3x}} = \frac{1}{\frac{5}{3}\cdot\lim\limits_{x\to 0}\frac{\operatorname{sen}(5x)}{5x}} = \frac{1}{\frac{5}{3}\cdot 1} = \frac{3}{5}.$$

Exemplo: Calcular $\lim\limits_{x\to 0} \dfrac{1-\cos(10x)}{x^2}$.

Solução: Tentando simplificar a fração, multiplicamos inicialmente o numerador e denominador pela expressão $1+\cos(10x)$. Depois disso, usamos que $1-\cos^2(10x)) = \operatorname{sen}^2(10x)$.

$$\begin{aligned}
\lim_{x\to 0} \frac{1-\cos(10x)}{x^2} &= \lim_{x\to 0} \frac{(1-\cos(10x))(1+\cos(10x))}{x^2(1+\cos(10x))} \\
&= \lim_{x\to 0} \frac{1-\cos^2(10x)}{x^2(1+\cos(10x))} = \lim_{x\to 0} \frac{\operatorname{sen}^2(10x)}{x^2(1+\cos(10x))} \\
&= \lim_{x\to 0} \left[\left(\frac{\operatorname{sen}(10x)}{x}\right)^2 \cdot \frac{1}{1+\cos(10x)}\right] \\
&= \lim_{x\to 0} \left[\left(\frac{10\cdot\operatorname{sen}(10x)}{10x}\right)^2 \cdot \frac{1}{1+\cos(10x)}\right] \\
&= \lim_{x\to 0} \left[10^2\cdot\left(\frac{\operatorname{sen}(10x)}{10x}\right)^2 \cdot \frac{1}{1+\cos(10x)}\right] \\
&= 10^2\cdot\left(\lim_{x\to 0}\frac{\operatorname{sen}(10x)}{10x}\right)^2 \cdot \lim_{x\to 0}\frac{1}{1+\cos(10x)} \\
&= 100\cdot 1^2\cdot\frac{1}{1+\cos 0} = \frac{100}{2} = 50.
\end{aligned}$$

função	derivada
$f(x) = k$ constante	$f'(x) = 0$
$f(x) = x^n,\ n \in \mathbb{R}$	$f'(x) = nx^{n-1}$
$f(x) = \dfrac{1}{x}$	$f'(x) = -\dfrac{1}{x^2}$
$f(x) = \sqrt{x}$	$f'(x) = \dfrac{1}{2\sqrt{x}}$
$f(x) = \ln x$	$f'(x) = \dfrac{1}{x}$
$f(x) = \log_a x$	$f'(x) = \dfrac{1}{x \ln a}$
$f(x) = e^x$	$f'(x) = e^x$
$f(x) = a^x$	$f'(x) = a^x \ln a$
$f(x) = \operatorname{sen} x$	$f'(x) = \cos x$
$f(x) = \cos x$	$f'(x) = -\operatorname{sen} x$
$f(x) = \operatorname{tg} x$	$f'(x) = \sec^2 x$
$f(x) = \operatorname{cotg} x$	$f'(x) = -\operatorname{cossec}^2 x$
$f(x) = \sec x$	$f'(x) = \sec x \cdot \operatorname{tg} x$
$f(x) = \operatorname{cossec} x$	$f'(x) = -\operatorname{cossec} x \cdot \operatorname{cotg} x$
$f(x) = \operatorname{arcsen} x$	$f'(x) = \dfrac{1}{\sqrt{1-x^2}}$
$f(x) = \arccos x$	$f'(x) = \dfrac{-1}{\sqrt{1-x^2}}$
$f(x) = \operatorname{arctg} x$	$f'(x) = \dfrac{1}{1+x^2}$
$f(x) = \operatorname{senh} x$	$f'(x) = \cosh x$
$f(x) = \cosh x$	$f'(x) = \operatorname{senh} x$
$f(x) = u(x) + v(x)$	$f'(x) = u'(x) + v'(x)$
$f(x) = u(x) - v(x)$	$f'(x) = u'(x) - v'(x)$
$f(x) = u(x) \cdot v(x)$	$f'(x) = u'(x)v(x) + u(x)v'(x)$
$f(x) = \dfrac{u(x)}{v(x)}$	$f'(x) = \dfrac{u'(x)v(x) - u(x)v'(x)}{v(x)^2}$
$f(x) = u(x)^{v(x)}$	$f'(x) = u(x)^{v(x)} \left[v'(x) \ln(u(x)) + \dfrac{u'(x)v(x)}{u(x)} \right]$
$f(x) = g(u(x))$	$f'(x) = g'(u(x))u'(x)$

1.9 Limites infinitos

Consideremos f definida por $f(x) = \dfrac{1}{(x-3)^2}$, para todo $x \in \mathbb{R} - \{3\}$. Atribuindo a x valores próximos de 3 e à esquerda de 3 (ou seja, menores do que 3), obtemos a tabela

x	2	2,5	2,9	2,99	2,999	2,9999	$\to 3$
$f(x)$	1	4	100	10000	1000000	100000000	$\to +\infty$

Atribuindo agora valores a x próximos de 3 e à direita de 3 (maiores do que 3), obtemos:

x	4	3,5	3,1	3,01	3,001	3,0001	$\to 3$
$f(x)$	1	4	100	10000	1000000	100000000	$\to +\infty$

Observamos dessa forma que os valores de $f(x)$ são cada vez maiores à medida que x se aproxima de 3. Ou seja, podemos ter $f(x)$ tão grande quanto desejarmos bastando escolher um valor de x suficientemente próximo de 3. Isso significa que para qualquer $M > 0$, existe $\delta > 0$ tal que $0 < |x - 3| < \delta$ implica $f(x) > M$. Portanto, quando x se aproxima de 3, $f(x)$ cresce ilimitadamente e, nessse caso, dizemos que o limite de $f(x)$ quando x se aproxima de 3 é igual a **infinito** (ou **mais infinito**) e denotamos por $\lim\limits_{x \to 3} f(x) = \infty$ ou $\lim\limits_{x \to 3} f(x) = +\infty$.

Em geral, temos a seguinte definição:

$$\lim_{x \to a} f(x) = +\infty \Leftrightarrow (\ \forall M > 0, \exists\, \delta > 0 \mid \underbrace{0 < |x - a| < \delta}_{x \text{ próximo de } a} \Rightarrow f(x) > M\ )$$

Podemos também definir limites laterais $\lim\limits_{x \to a^+} f(x)$ e $\lim\limits_{x \to a^-} f(x)$, bastando para isso considerar o x à direita ou à esquerda de a. As definições são:

$$\lim_{x \to a^+} f(x) = +\infty \Leftrightarrow (\ \forall M > 0, \exists\, \delta > 0 \mid \underbrace{0 < x - a < \delta}_{x \text{ à direita de } a} \Rightarrow f(x) > M\ )$$

$$\lim_{x \to a^-} f(x) = +\infty \Leftrightarrow (\ \forall M > 0, \exists\, \delta > 0 \mid \underbrace{-\delta < x - a < 0}_{x \text{ à esquerda de } a} \Rightarrow f(x) > M\ )$$

1.10 Menos infinito

Consideremos f definida por $f(x) = \dfrac{-1}{(x-3)^2}$, para todo $x \in \mathbb{R} - \{3\}$. Atribuindo a x valores próximos de 3, à esquerda de 3, obtemos a tabela

x	2	2,5	2,9	2,99	2,999	2,9999	$\to 3$
$f(x)$	-1	-4	-100	-10000	-1000000	-100000000	$\to -\infty$

Atribuindo valores a x próximos de 3 e à direita de 3, obtemos:

x	4	3,5	3,1	3,01	3,001	3,0001	$\to 3$
$f(x)$	-1	-4	-100	-10000	-1000000	-100000000	$\to -\infty$

Observamos dessa forma que os valores de $f(x)$ decrescem cada vez mais à medida que x se aproxima de 3. Ou seja, podemos ter $f(x)$ tão pequeno quanto desejarmos, bastando escolher um valor de x suficientemente próximo de 3. Isso significa que para qualquer $M < 0$, existe $\delta > 0$ tal que $0 < |x - 3| < \delta$ implica $f(x) < M$. Portanto, quando x se aproxima de 3, $f(x)$ decresce ilimitadamente e, nessse caso, dizemos que o limite de $f(x)$ quando x se aproxima de 3 é igual a **menos infinito** e denotamos por $\lim\limits_{x \to 3} f(x) = -\infty$.

Em geral, temos a seguinte definição:

$$\lim_{x \to a} f(x) = -\infty \Leftrightarrow (\ \forall M < 0, \exists\, \delta > 0 \mid \underbrace{0 < |x - a| < \delta}_{x \text{ próximo de } a} \Rightarrow f(x) < M\ )$$

Considerando x à direita ou à esquerda de a, podemos também definir limites laterais:

$$\lim_{x \to a^+} f(x) = -\infty \Leftrightarrow (\ \forall M < 0, \exists\, \delta > 0 \mid \underbrace{0 < x - a < \delta}_{x \text{ à direita de } a} \Rightarrow f(x) < M\ )$$

$$\lim_{x\to a^-} f(x) = -\infty \Leftrightarrow (\ \forall M < 0, \exists\, \delta > 0 \mid \underbrace{-\delta < x - a < 0}_{x \text{ à esquerda de } a} \Rightarrow f(x) < M\ )$$

Propriedade: Se f e g são funções tais que $\lim\limits_{x\to a} f(x) = k \neq 0$ e $\lim\limits_{x\to a} g(x) = 0$, então

- $\lim\limits_{x\to a} \dfrac{f(x)}{g(x)} = +\infty$, se $\dfrac{f(x)}{g(x)} > 0$ quando x é próximo de a;
- $\lim\limits_{x\to a} \dfrac{f(x)}{g(x)} = -\infty$, se $\dfrac{f(x)}{g(x)} < 0$ quando x é próximo de a.

Exemplo: Calcular $\lim\limits_{x\to 0^+} \dfrac{1}{x^3}$ e $\lim\limits_{x\to 0^-} \dfrac{1}{x^3}$.

Solução: Como $\lim\limits_{x\to 0^+} 1 = 1$ é constante e $\lim\limits_{x\to 0^+} x^3 = 0$ e $\frac{1}{x^3} > 0$ se $x > 0$, temos que $\lim\limits_{x\to 0^+} \dfrac{1}{x^3} = +\infty$.

Quando x se aproxima de 0 por valores negativos, $\lim\limits_{x\to 0^-} 1 = 1$, $\lim\limits_{x\to 0^-} x^3 = 0$, e, como $\frac{1}{x^3} < 0$, concluímos que $\lim\limits_{x\to 0^-} \dfrac{1}{x^3} = -\infty$.

Exemplo: Calcular $\lim\limits_{x\to 2^+} \dfrac{3x+5}{(x-2)^2}$ e $\lim\limits_{x\to 2^-} \dfrac{1}{(x-2)^2}$.

Solução: Quando x se aproxima de 2 por valores maiores do que 2, temos $\lim\limits_{x\to 2^+} (3x+5) = 11$, $\lim\limits_{x\to 2^+} (x-2)^2 = 0$ e $\frac{3x+5}{(x-2)^2} > 0$. Logo, $\lim\limits_{x\to 2^+} \dfrac{3x+5}{(x-2)^2} = +\infty$.

Quando x se aproxima de 2 por valores menores do que 2, temos $\lim\limits_{x\to 2^-} 1 = 1$, $\lim\limits_{x\to 2^-} (x-2)^2 = 0$ e $\frac{1}{(x-2)^2} > 0$. Portanto, $\lim\limits_{x\to 2^-} \dfrac{1}{(x-2)^2} = +\infty$.

Exemplo: Calcular $\lim\limits_{x\to 1^-} \dfrac{1-4x}{(x-1)^2}$ e $\lim\limits_{x\to 1^-} \dfrac{1-4x}{(x-1)^3}$.

Quando x se aproxima de 1 por valores menores do que 1, temos $1 - 4x < 0$, $(x-1)^2 > 0$, $(x-1)^3 < 0$. Daí, $\frac{1-4x}{(x-1)^2} < 0$ e $\frac{1-4x}{(x-1)^3} > 0$.

Como $\lim\limits_{x\to 1^-} (1-4x) = -3$ e $\lim\limits_{x\to 1^-} (x-1)^2 = 0$, $\lim\limits_{x\to 1^-} (x-1)^3 = 0$, concluímos que $\lim\limits_{x\to 1^-} \dfrac{1-4x}{(x-1)^2} = -\infty$ e $\lim\limits_{x\to 1^-} \dfrac{1-4x}{(x-1)^3} = +\infty$.

1.11 Propriedades dos limites infinitos

Sejam f e g funções definidas de $I - \{a\}$ em $\mathbb{R}$, onde a é um ponto interior do intervalo I. São válidas as seguintes propriedades:

- $\lim\limits_{x\to a} f(x) = +\infty \ \Rightarrow\ \lim\limits_{x\to a} \dfrac{1}{f(x)} = 0$;

- $\lim\limits_{x\to a} f(x) = -\infty \ \Rightarrow\ \lim\limits_{x\to a} \dfrac{1}{f(x)} = 0;$
- $\lim\limits_{x\to a} f(x) = 0 \ \Rightarrow\ \lim\limits_{x\to a} \left|\dfrac{1}{f(x)}\right| = +\infty;$
- $\lim\limits_{x\to a} f(x) = +\infty$ e $\lim\limits_{x\to a} g(x) = +\infty \ \Rightarrow\ \lim\limits_{x\to a}(f(x)+g(x)) = +\infty;$
- $\lim\limits_{x\to a} f(x) = -\infty$ e $\lim\limits_{x\to a} g(x) = -\infty \ \Rightarrow\ \lim\limits_{x\to a}(f(x)+g(x)) = -\infty;$
- $\lim\limits_{x\to a} f(x) = +\infty$ e $\lim\limits_{x\to a} g(x) = k > 0$ constante $\ \Rightarrow\ \lim\limits_{x\to a}(f(x)g(x)) = +\infty;$
- $\lim\limits_{x\to a} f(x) = -\infty$ e $\lim\limits_{x\to a} g(x) = k > 0$ constante $\ \Rightarrow\ \lim\limits_{x\to a}(f(x)g(x)) = -\infty;$
- $\lim\limits_{x\to a} f(x) = +\infty$ e $\lim\limits_{x\to a} g(x) = k < 0$ constante $\ \Rightarrow\ \lim\limits_{x\to a}(f(x)g(x)) = -\infty;$
- $\lim\limits_{x\to a} f(x) = -\infty$ e $\lim\limits_{x\to a} g(x) = k < 0$ constante $\ \Rightarrow\ \lim\limits_{x\to a}(f(x)g(x)) = +\infty;$
- $\lim\limits_{x\to a} f(x) = +\infty$ e $\lim\limits_{x\to a} g(x) = +\infty \ \Rightarrow\ \lim\limits_{x\to a}(f(x)g(x)) = +\infty;$
- $\lim\limits_{x\to a} f(x) = -\infty$ e $\lim\limits_{x\to a} g(x) = +\infty \ \Rightarrow\ \lim\limits_{x\to a}(f(x)g(x)) = -\infty;$
- $\lim\limits_{x\to a} f(x) = -\infty$ e $\lim\limits_{x\to a} g(x) = -\infty \ \Rightarrow\ \lim\limits_{x\to a}(f(x)g(x)) = +\infty.$

Nos itens anteriores, podemos trocar $x \to a$ por $x \to a^+$ ou por $x \to a^-$.

1.12 Limites no infinito

Seja f a função definida por $f(x) = \dfrac{x+4}{x}$ para todo $x \in \mathbb{R}^* = \mathbb{R} - \{0\}$. Atribuindo a x valores que crescem ilimitadamente, como por exemplo $x =$ 1, 10, 100, 1000, 10000, 100000, ..., obtemos a seguinte tabela:

x	1	10	100	1000	10000	100000	$\to +\infty$
$f(x)$	5	1,4	1,04	1,004	1,0004	1,00004	$\to 1$

Notamos que à medida que x cresce ilimitadamente com valores positivos, os valores de $f(x)$ se aproximam cada vez mais de 1. Podemos ter $f(x)$ tão próximo de 1 quanto desejarmos, bastando para isso tomar o valor de x suficientemente grande. Simbolicamente, temos

$$\forall \varepsilon > 0, \exists\, N > 0 \mid x > N \Rightarrow |f(x) - 1| < \varepsilon.$$

Nesse caso, dizemos que o limite de $f(x)$ é 1, quando x tende a infinito (ou mais infinito) e denotamos por $\lim\limits_{x\to\infty} f(x) = 1$ ou $\lim\limits_{x\to+\infty} f(x) = 1$.

De modo geral, se f é uma função definida em um intervalo aberto $]a, +\infty[$, dizemos que o limite de $f(x)$ é L quando x cresce ilimitadamente, ou seja, x tende a infinito, se, quando for dado $\varepsilon > 0$, existir $N > 0$ tal que $x > N$ implica $|f(x) - L| < \varepsilon$. Em símbolos,

$$\lim_{x\to+\infty} f(x) = L \Leftrightarrow (\ \forall \epsilon > 0, \exists\, N > 0 \mid x > N \Rightarrow |f(x) - L| < \varepsilon\ )$$

Exemplo: Considerando $f(x) = \frac{1}{x}$, para $x \neq 0$, quando x cresce ilimitadamente por valores positivos, os valores de $f(x)$ se aproximam de 0, conforme mostrado na tabela

x	1	10	100	1000	10000	100000	$\to +\infty$
$f(x) = 1/x$	1	0,1	0,01	0,001	0,0001	0,00001	$\to 0$

Dessa forma, concluímos que $\lim\limits_{x \to +\infty} \dfrac{1}{x} = 0$.

1.13 Limite no menos infinito

Consideremos ainda a função f definida por $f(x) = \dfrac{x+4}{x}$ para todo $x \neq 0$. Atribuindo a x valores negativos que decrescem ilimitadamente, como por exemplo $x = -1, -10, -100, -1000, -10000, -100000, \ldots$, obtemos a tabela:

x	-1	-10	-100	-1000	-10000	-100000	$\to -\infty$
$f(x)$	-3	0,6	0,96	0,996	0,9996	0,99996	$\to 1$

Observamos assim que à medida que x decresce ilimitadamente com valores negativos, os valores de $f(x)$ se aproximam cada vez mais de 1. Podemos ter $f(x)$ tão próximo de 1 quanto desejarmos, bastando para isso tomar um valor negativo para x, suficientemente grande em módulo. Simbolicamente, temos

$$\forall \varepsilon > 0, \exists N < 0 \mid x < N \Rightarrow |f(x) - 1| < \varepsilon.$$

Nesse caso, dizemos que o limite de $f(x)$ é 1, quando x tende a menos infinito e denotamos por $\lim\limits_{x \to -\infty} f(x) = 1$.

De modo geral, se f é uma função definida em um intervalo aberto $]-\infty, a[$, dizemos que o limite de $f(x)$ é L quando x decresce ilimitadamente, ou seja, x tende a menos infinito, se, quando for dado $\varepsilon > 0$, existir $N < 0$ tal que $x < N$ implica $|f(x) - L| < \varepsilon$. Em símbolos,

$$\lim_{x \to -\infty} f(x) = L \Leftrightarrow (\ \forall \epsilon > 0, \exists N < 0 \mid x < N \Rightarrow |f(x) - L| < \varepsilon\ )$$

Exemplo: Considerando $f(x) = \frac{1}{x}$, para $x \neq 0$, quando x decresce ilimitadamente por valores negativos, os valores de $f(x)$ se aproximam de 0, conforme mostrado na tabela

x	-1	-10	-100	-1000	-10000	-100000	$\to -\infty$
$f(x) = 1/x$	-1	$-0,1$	$-0,01$	$-0,001$	$-0,0001$	$-0,00001$	$\to 0$

Dessa forma, concluímos que $\lim\limits_{x \to -\infty} \dfrac{1}{x} = 0$.

1.14 Limites infinitos no infinito

Considere $f(x) = x^2$ para todo x real. Atribuindo a x os valores 1, 10, 100, 1000, 10000, ... obtemos a seguinte tabela de valores:

x	1	10	100	1000	10000	100000	$\to +\infty$
$f(x)$	1	100	10000	1000000	100000000	10000000000	$\to +\infty$

Observamos assim que à medida que x cresce ilimitadamente, os valores de $f(x)$ também crescem ilimitadamente. Nesse caso, dizemos que o limite de $f(x)$, quando x tende a mais infinito, é igual a mais infinito, denotamos isso por $\lim\limits_{x\to+\infty} f(x) = +\infty$ e definimos da seguinte forma:

$$\lim_{x\to+\infty} f(x) = +\infty \Leftrightarrow (\ \forall M > 0, \exists N > 0 \mid x > N \Rightarrow f(x) > M\ )$$

De maneira semelhante, definimos também

$$\lim_{x\to+\infty} f(x) = -\infty \Leftrightarrow (\ \forall M < 0, \exists N > 0 \mid x > N \Rightarrow f(x) < M\ )$$

$$\lim_{x\to-\infty} f(x) = +\infty \Leftrightarrow (\ \forall M > 0, \exists N < 0 \mid x < N \Rightarrow f(x) > M\ )$$

$$\lim_{x\to-\infty} f(x) = -\infty \Leftrightarrow (\ \forall M < 0, \exists N < 0 \mid x < N \Rightarrow f(x) < M\ )$$

Exemplo: Considerando $f(x) = x^2$, quando x cresce ilimitadamente por valores positivos, os valores de $f(x)$ também crescem ilimitadamente, conforme mostrado na tabela

x	1	10	100	1000	10000	100000	$\to +\infty$
$f(x) = x^2$	1	100	10000	1000000	100000000	10000000000	$\to +\infty$

Assim, concluímos que $\lim\limits_{x\to+\infty} x^2 = +\infty$.

Quando x decresce ilimitadamente por valores negativos, os valores de $f(x)$ crescem ilimitadamente por valores positivos, conforme mostrado na tabela

x	-1	-10	-100	-1000	-10000	-100000	$\to -\infty$
$f(x) = x^2$	1	100	10000	1000000	100000000	10000000000	$\to +\infty$

Dessa forma, concluímos que $\lim\limits_{x\to-\infty} x^2 = +\infty$.

Exemplo: Considerando $f(x) = x^3$, quando x cresce ilimitadamente por valores positivos, os valores de $f(x)$ também crescem ilimitadamente, conforme mostrado na tabela

x	1	10	100	1000	10000	$\to +\infty$
$f(x) = x^3$	1	1000	1000000	1000000000	1000000000000	$\to +\infty$

Desse modo, concluímos que $\lim\limits_{x\to+\infty} x^3 = +\infty$.

Quando x decresce ilimitadamente por valores negativos, os valores de $f(x)$ também decrescem ilimitadamente por valores negativos, conforme mostrado na tabela

x	-10	-100	-1000	-10000	$\to -\infty$
$f(x) = x^3$	-1000	-1000000	-1000000000	-1000000000000	$\to -\infty$

Concluímos então que $\lim\limits_{x\to-\infty} x^3 = -\infty$.

Exemplo: Em uma situação genérica em que $f(x) = x^n$, com n inteiro positivo, também acontece algo parecido com os dos exemplos anteriores:

- $\lim\limits_{x\to+\infty} x^n = +\infty$;
- $\lim\limits_{x\to-\infty} x^n = \begin{cases} +\infty, & \text{se } n \text{ for par;} \\ -\infty, & \text{se } n \text{ for ímpar.} \end{cases}$

1.15 Limite no infinito de função polinomial e de função racional

Vamos enunciar agora dois teoremas que são importantes e muito úteis no cálculo de limites no infinito.

Teorema Se $f(x) = a_0 + a_1 x + a_2 x^2 + \cdots + a_n x^n$, $a_n \neq 0$, é uma função polinomial, então

$$\lim_{x \to +\infty} f(x) = \lim_{x \to +\infty} (a_n x^n)$$

e

$$\lim_{x \to -\infty} f(x) = \lim_{x \to -\infty} (a_n x^n).$$

A demonstração desse teorema é bem simples, basta observar que

$$f(x) = a_n x^n \underbrace{\left(\underbrace{\frac{a_0}{a_n x^n}}_{\to 0} + \underbrace{\frac{a_1}{a_n x^{n-1}}}_{\to 0} + \underbrace{\frac{a_2}{a_n x^{n-2}}}_{\to 0} + \cdots + 1 \right)}_{\to 1}$$

e que quando $x \to \pm\infty$, a expressão entre parênteses anterior tende a $0 + 0 + 0 + \cdots + 1 = 1$. Dessa forma, concluímos que $\lim\limits_{x \to \pm\infty} f(x) = \lim\limits_{x \to \pm\infty} (a_n x^n)$.

Assim, de acordo com o teorema, no cálculo do limite no infinito (ou menos infinito) de uma função polinomial, podemos ficar só com o termo de maior grau e desprezar os demais. Isso faz com que esse tipo de cálculo seja muito simples. Por exemplo,

$$\lim_{x \to +\infty} (x^4 + \underbrace{20x^3 - 100x^2 + 270x - 4x + 200}_{\text{podem ser desprezados}}) = \lim_{x \to +\infty} x^4 = +\infty.$$

Uma consequência imediata do teorema anterior é o seguinte:

Teorema Se $f(x) = a_0 + a_1 x + a_2 x^2 + \cdots + a_n x^n$, $a_n \neq 0$, e $g(x) = b_0 + b_1 x + b_2 x^2 + \cdots + b_m x^m$, $b_m \neq 0$, são funções polinomiais, então

$$\lim_{x \to +\infty} \frac{f(x)}{g(x)} = \lim_{x \to +\infty} \left(\frac{a_n x^n}{b_m x^m} \right) = \lim_{x \to +\infty} \left(\frac{a_n}{b_m} x^{n-m} \right)$$

e

$$\lim_{x \to -\infty} \frac{f(x)}{g(x)} = \lim_{x \to -\infty} \left(\frac{a_n x^n}{b_m x^m} \right) = \lim_{x \to -\infty} \left(\frac{a_n}{b_m} x^{n-m} \right).$$

Exemplo: $\lim\limits_{x \to -\infty} (6x^2 - 4x + 11) = \lim\limits_{x \to -\infty} (6x^2) = +\infty$.

Exemplo: $\lim\limits_{x \to -\infty} (2x^3 - 10x^2 + 20x + 101) = \lim\limits_{x \to -\infty} (2x^3) = -\infty$.

Exemplo: $\lim\limits_{x \to +\infty} \sqrt{x^3 + 15x^2 + 3x + 2} = \sqrt{\lim\limits_{x \to +\infty} (x^3 + 15x^2 + 3x + 2)} = \sqrt{\lim\limits_{x \to +\infty} (x^3)} = +\infty$.

Exemplo: $\lim\limits_{x \to +\infty} \dfrac{x^3 - 2x + 1}{4x^3 + 5x + 6} = \lim\limits_{x \to +\infty} \dfrac{x^3}{4x^3} = \dfrac{1}{4}$.

Exemplo: $\lim\limits_{x \to -\infty} \dfrac{x^2 - 5x + 10}{3x^3 + 14x^2 - 5x + 16} = \lim\limits_{x \to -\infty} \dfrac{x^2}{4x^3} = \lim\limits_{x \to -\infty} \dfrac{1}{4x} = 0$.

Exemplo: Calcular $\lim\limits_{x \to +\infty} \left(\sqrt{x^2 + 4x - 7} - \sqrt{x^2 + 1} \right)$.

Solução: Utilizamos aqui um processo parecido com racionalização de fração. Multiplicamos e dividimos a expressão dada pelo seu conjugado:

$$
\begin{aligned}
&\lim_{x \to +\infty} \left(\sqrt{x^2 + 4x - 7} - \sqrt{x^2 + 1} \right) = \\
&= \lim_{x \to +\infty} \frac{\left(\sqrt{x^2 + 4x - 7} - \sqrt{x^2 + 1} \right)\left(\sqrt{x^2 + 4x - 7} + \sqrt{x^2 + 1} \right)}{\left(\sqrt{x^2 + 4x - 7} + \sqrt{x^2 + 1} \right)} \\
&= \lim_{x \to +\infty} \frac{(\cancel{x^2} + 4x - 7) - (\cancel{x^2} + 1)}{\sqrt{x^2 + 4x - 7} + \sqrt{x^2 + 1}} = \\
&= \lim_{x \to +\infty} \frac{4x - 8}{\sqrt{x^2(1 + \frac{4}{x} - \frac{7}{x^2})} + \sqrt{x^2(1 + \frac{1}{x^2})}} = \\
&= \lim_{x \to +\infty} \frac{\cancel{x}(4 - \frac{8}{x})}{\cancel{x}\sqrt{1 + \frac{4}{x} - \frac{7}{x^2}} + \cancel{x}\sqrt{1 + \frac{1}{x^2}}} = \\
&= \lim_{x \to +\infty} \frac{4 - \overbrace{\frac{8}{x}}^{\to 0}}{\sqrt{1 + \underbrace{\frac{4}{x} - \frac{7}{x^2}}_{\to 0}} + \sqrt{1 + \underbrace{\frac{1}{x^2}}_{\to 0}}} = \frac{4}{1 + 1} = 2.
\end{aligned}
$$

Exemplo: $\lim\limits_{x \to -\infty} \dfrac{\sqrt{x^2 + x + 4}}{x + 3} = \lim\limits_{x \to -\infty} \dfrac{\sqrt{x^2 \overbrace{\left(1 + \frac{1}{x} + \frac{4}{x^2}\right)}^{\to 1}}}{x \underbrace{\left(1 + \frac{3}{x}\right)}_{\to 1}} = \lim\limits_{x \to -\infty} \dfrac{\sqrt{x^2}}{x} = \lim\limits_{x \to -\infty} \dfrac{-x}{x} = -1$

Exemplo: Calcular $\lim\limits_{x \to +\infty} \dfrac{\sqrt{x^2 + x - 1} - x}{x - \sqrt{x^2 + 3x + 10}}$.

Solução: Para simplificar essa fração, racionalizamos seu numerador e também seu denominador.

$$\lim_{x\to+\infty} \frac{\sqrt{x^2+x-1}-x}{x-\sqrt{x^2+3x+10}}$$

$$= \lim_{x\to+\infty} \frac{\overbrace{\left(\sqrt{x^2+x-1}-x\right)\left(\sqrt{x^2+x-1}+x\right)}^{(\sqrt{x^2+x-1})^2-x^2}\left(x+\sqrt{x^2+3x+10}\right)}{\left(\sqrt{x^2+x-1}+x\right)\underbrace{\left(x-\sqrt{x^2+3x+10}\right)\left(x+\sqrt{x^2+3x+10}\right)}_{x^2-(\sqrt{x^2+3x+10})^2}}$$

$$= \lim_{x\to+\infty} \frac{((\cancel{x^2}+x-1)-\cancel{x^2})(x+\sqrt{x^2+3x+10})}{(\sqrt{x^2+x-1}+x)(\cancel{x^2}-(\cancel{x^2}+3x+10))}$$

$$= \lim_{x\to+\infty} \frac{(x-1)(x+\sqrt{x^2+3x+10})}{(\sqrt{x^2+x-1}+x)(-3x-10)}$$

$$= \lim_{x\to+\infty} \frac{\cancel{x}(1-\frac{1}{x})\left(x+\sqrt{x^2(1+\frac{3}{x}+\frac{10}{x^2})}\right)}{\left(\sqrt{x^2(1+\frac{1}{x}-\frac{1}{x^2})}+x\right)(\cancel{x}(-3-\frac{10}{x}))}$$

$$= \lim_{x\to+\infty} \frac{(1-\frac{1}{x})\left(\cancel{x}+\cancel{x}\sqrt{1+\frac{3}{x}+\frac{10}{x^2}}\right)}{\left(\cancel{x}\sqrt{1+\frac{1}{x}-\frac{1}{x^2}}+\cancel{x}\right)(-3-\frac{10}{x})}$$

$$= \lim_{x\to+\infty} \frac{(1-\frac{1}{x})\left(1+\sqrt{1+\frac{3}{x}+\frac{10}{x^2}}\right)}{\left(\sqrt{1+\frac{1}{x}-\frac{1}{x^2}}+1\right)(-3-\frac{10}{x})} = \frac{(1-0)(1+\sqrt{1+0+0})}{(\sqrt{1+0-0}+1)(-3-0)} = \frac{2}{-6} = -\frac{1}{3}.$$

1.16 Limite exponencial fundamental

O limite $\lim_{x\to+\infty}\left(1+\frac{1}{x}\right)^x$ é denominado **limite exponencial fundamental**. Sabe-se que o valor desse limite é igual a $e = 2,718281828459...$, ou seja, é conhecido que

$$\lim_{x\to+\infty}\left(1+\frac{1}{x}\right)^x = e.$$

Fazendo a mudança de variável $y = \frac{1}{x}$, obtemos $x = \frac{1}{y}$ e que $x \to +\infty$ implica $y \to 0^+$. Substituindo x por y no limite anterior, obtemos

$$\lim_{y\to 0^+}(1+y)^{1/y} = e.$$

A partir daí, podemos calcular outros limites:

Exemplo: $\lim_{x\to 0^+} \frac{\ln(1+x)}{x}$

Solução: Fazendo $x = \frac{1}{y}$, temos: $\lim_{x\to0^+}\frac{\ln(1+x)}{x} = \lim_{y\to+\infty}\frac{\ln(1+1/y)}{1/y} = \lim_{y\to+\infty} y\ln(1+\frac{1}{y}) =$

$\lim\limits_{y\to+\infty} \ln\left(1+\dfrac{1}{y}\right)^y = \ln e = 1.$

Exemplo: $\lim\limits_{x\to 0^+} \dfrac{e^x-1}{x}$

Solução: Fazendo $y = e^x - 1 \Rightarrow e^x = y+1 \Rightarrow x = \ln(1+y)$ e daí

$$\lim_{x\to 0^+} \frac{e^x-1}{x} = \lim_{y\to 0^+} \frac{y}{\ln(y+1)} = \lim_{y\to 0^+} \frac{1}{\frac{\ln(y+1)}{y}} = \frac{1}{\lim\limits_{y\to 0^+} \dfrac{\ln(y+1)}{y}} = \frac{1}{1} = 1.$$

Observação: Podemos mostrar que temos também $\lim\limits_{x\to-\infty}\left(1+\dfrac{1}{x}\right)^x = e$. Para isso, é só fazer a mudança de variável $x = -y-1$ no limite do início desta seção.

1.17 Formas indeterminadas do tipo 0/0 e Regra de L'Hôpital

Um limite no formato $\lim\limits_{x\to a}\dfrac{f(x)}{g(x)}$ em que $\lim\limits_{x\to a} f(x) = 0$ e $\lim\limits_{x\to a} g(x) = 0$ é denominado **forma indeterminada do tipo 0/0**. O cálculo desse tipo de limite pode resultar em qualquer valor. Por exemplo, $\lim\limits_{x\to 1}\dfrac{x^2-1}{x-1}$, $\lim\limits_{x\to 2}\dfrac{\text{sen}(x-2)}{x-2}$ e $\lim\limits_{x\to 0}\dfrac{1-\cos x}{x^2}$ são todos do tipo 0/0, mas valem 2, 1 e 1/2, respectivamente.

Uma regra muito útil no cálculo desse tipo de limite é a chamada **Regra de L'Hôpital*** e está enunciada no próximo

Teorema: Suponhamos f e g funções definidas em $I - \{a\}$, onde I é um intervalo aberto contendo o ponto a. Se f e g são deriváveis em $I - \{a\}$ e $\lim\limits_{x\to a} f(x) = 0$ e $\lim\limits_{x\to a} g(x) = 0$, então

$$\lim_{x\to a}\frac{f(x)}{g(x)} = \lim_{x\to a}\frac{f'(x)}{g'(x)}.$$

Além disso, esse teorema vale também para $x\to a^+$, $x\to a^-$, $x\to+\infty$ e $x\to-\infty$.

No início do cálculo dos quatro limites seguintes, foram derivados o numerador e denominador de cada fração. Depois, na conclusão, foi usada alguma propriedade de limite.

Exemplo: $\lim\limits_{x\to 4}\dfrac{x^2-5x+4}{x^2-16} = \lim\limits_{x\to 4}\dfrac{2x-5}{2x} = \dfrac{3}{8}$

Exemplo: $\lim\limits_{x\to\pi/10}\dfrac{\text{sen}(5x)-1}{\cos(5x)} = \lim\limits_{x\to\pi/10}\dfrac{5\cos(5x)}{-5\,\text{sen}(5x)} = \dfrac{-\cos(\pi/2)}{\text{sen}(\pi/2)} = 0$

Exemplo: $\lim\limits_{x\to 0^+}\dfrac{1-e^x}{x^6} = \lim\limits_{x\to 0^+}\dfrac{-e^x}{6x^5} = -\infty$

Exemplo: $\lim\limits_{x\to 0^+}\dfrac{\text{tg}\, x}{x^3} = \lim\limits_{x\to 0^+}\dfrac{\sec^2 x}{3x^2} = +\infty$

*Guillaume François Antoine de L'Hôpital (1661–1704), matemático francês

1.18 Formas indeterminadas do tipo ∞/∞

Um limite no formato $\lim\limits_{x\to a} \dfrac{f(x)}{g(x)}$ em que $\lim\limits_{x\to a} f(x) = \pm\infty$ e $\lim\limits_{x\to a} g(x) = \pm\infty$ é denominado **forma indeterminada do tipo** ∞/∞. O cálculo desse tipo de limite pode resultar em qualquer valor. Podemos ter também $x \to a^+$, $x \to a^-$, $x \to +\infty$ ou $x \to -\infty$ no lugar de $x \to a$.

Por exemplo, $\lim\limits_{x\to -\infty} \dfrac{x^4 - 15x + 2}{x^4 + 10x^3 - 1}$, $\lim\limits_{x\to +\infty} \dfrac{x^{10} + 4x^3 - 5x + 100}{e^x}$ e $\lim\limits_{x\to +\infty} \dfrac{e^x}{x^2}$ são todos do tipo ∞/∞, mas valem 1, 0 e $+\infty$, respectivamente.

A Regra de L'Hôpital também vale nesse caso, ou seja,

$$\lim_{x\to a} \frac{f(x)}{g(x)} = \lim_{x\to a} \frac{f'(x)}{g'(x)},$$

se $\lim\limits_{x\to a} f(x) = \pm\infty$ e $\lim\limits_{x\to a} g(x) = \pm\infty$.

Exemplo: $\lim\limits_{x\to +\infty} \dfrac{x^2 + 5x - 17}{e^x} = \lim\limits_{x\to +\infty} \dfrac{2x + 5}{e^x} = \lim\limits_{x\to +\infty} \dfrac{2}{e^x} = 0.$

Exemplo: $\lim\limits_{x\to +\infty} \dfrac{e^{2x}}{4x^2 - 5x + 8} = \lim\limits_{x\to +\infty} \dfrac{2e^{2x}}{8x - 5} = \lim\limits_{x\to +\infty} \dfrac{4e^{2x}}{8} = +\infty.$

Em cada um dos exemplos anteriores, foi utilizada duas vezes a Regra de L'Hôpital no início da resolução .

1.19 Formas indeterminadas do tipo $0 \cdot \infty$

O limite $\lim\limits_{x\to a} f(x)g(x)$ é chamado uma **forma indeterminada do tipo 0** $\cdot\, \infty$ quando um dos limites $\lim\limits_{x\to a} f(x)$ ou $\lim\limits_{x\to a} g(x)$ for igual a 0, e o outro for $\pm\infty$. Por exemplo, $\lim\limits_{x\to -\infty} xe^x$ e $\lim\limits_{x\to +\infty} \dfrac{1}{x} \cdot \ln(x+1)$ são do tipo $0 \cdot \infty$.

Podemos ter também $x \to a^+$, $x \to a^-$, $x \to +\infty$ ou $x \to -\infty$ no lugar de $x \to a$.

Em geral, esse tipo de forma indeterminada pode ser transformado algebricamente em uma forma do tipo $0/0$ ou ∞/∞ e, depois, pode ser calculado usando-se alguma regra conhecida, como por exemplo, a Regra de L'Hôpital.

Exemplo: Calcular $\lim\limits_{x\to -\infty} xe^x$.

Solução: Como $\lim\limits_{x\to -\infty} x = -\infty$ e $\lim\limits_{x\to -\infty} e^x = 0$, então temos o caso indeterminado do tipo $0 \cdot \infty$. Notando que $xe^x = \dfrac{x}{e^{-x}}$, passamos ao caso indeterminado do tipo ∞/∞ no qual pode ser usada a Regra de L'Hôpital.

$$\lim_{x\to -\infty} xe^x = \lim_{x\to -\infty} \frac{x}{e^{-x}} = \lim_{x\to -\infty} \frac{1}{-e^{-x}} = \lim_{x\to -\infty} (-e^x) = 0.$$

Exemplo: Calcular $\lim\limits_{x\to 0^+} x \ln x$.

Solução: Aqui, temos também um caso do tipo $0 \cdot \infty$ porque $\lim\limits_{x\to 0^+} x = 0$ e $\lim\limits_{x\to 0^+} \ln x = -\infty$.

Fazendo $x \ln x = \dfrac{\ln x}{\frac{1}{x}}$, passamos ao caso do tipo ∞/∞ em que podemos calcular derivadas do numerador e do denominador da fração.

$$\lim_{x\to 0^+} x\ln x = \lim_{x\to 0^+} \frac{\ln x}{\frac{1}{x}} = \lim_{x\to 0^+} \frac{1/x}{-1/x^2} = \lim_{x\to 0^+} \frac{-x^2}{x} = \lim_{x\to 0^+}(-x) = 0.$$

1.20 Formas indeterminadas do tipo $\infty - \infty$

O limite $\lim_{x\to a}(f(x)+g(x))$ é chamado uma **forma indeterminada do tipo** $\infty - \infty$,

- quando $\lim_{x\to a} f(x) = +\infty$ e $\lim_{x\to a} g(x) = -\infty$
- ou quando $\lim_{x\to a} f(x) = -\infty$ e $\lim_{x\to a} g(x) = +\infty$.

Por exemplo, $\lim_{x\to 0^+}\left(\dfrac{1}{\operatorname{sen} x} - \dfrac{1}{x}\right)$ é do tipo $\infty - \infty$.

Podemos ter também $x \to a^+$, $x \to a^-$, $x \to +\infty$ ou $x \to -\infty$ no lugar de $x \to a$.

Esse tipo de limite é calculado através de manipulações algébricas até transformar-se em uma forma indeterminada $0/0$ ou ∞/∞.

Exemplo: Calcular $\lim_{x\to 0^+}\left(\dfrac{1}{\operatorname{sen} x} - \dfrac{1}{x}\right)$.

Solução: Ao efetuar a subtração de frações, obtemos $\dfrac{x - \operatorname{sen} x}{x \cdot \operatorname{sen} x}$ que é um caso indeterminado do tipo $0/0$. Daí, derivamos duas vezes o numerador e o denominador da fração.

$$\lim_{x\to 0^+}\left(\frac{1}{\operatorname{sen} x} - \frac{1}{x}\right) = \lim_{x\to 0^+}\left(\frac{x - \operatorname{sen} x}{x\cdot \operatorname{sen} x}\right) = \lim_{x\to 0^+}\left(\frac{1-\cos x}{1\cdot \operatorname{sen} x + x\cos x}\right)$$

$$= \lim_{x\to 0^+}\left(\frac{\operatorname{sen} x}{\cos x + (1\cdot\cos x + x(-\operatorname{sen} x))}\right) = \lim_{x\to 0^+}\left(\frac{\operatorname{sen} x}{2\cos x - x\operatorname{sen} x}\right) = 0.$$

Exemplo: Calcular $\lim_{x\to +\infty}\left(\sqrt{3x+4} - \sqrt{3x}\right)$.

Solução: Multiplicamos e dividimos a função dada pelo seu conjugado. Depois, simplificamos a fração e concluímos.

$$\lim_{x\to +\infty}\left(\sqrt{3x+4} - \sqrt{3x}\right) = \lim_{x\to +\infty} \frac{\overbrace{\left(\sqrt{3x+4} - \sqrt{3x}\right)\left(\sqrt{3x+4} + \sqrt{3x}\right)}^{(\sqrt{3x+4})^2 - (\sqrt{3x})^2}}{\sqrt{3x+4} + \sqrt{3x}}$$

$$= \lim_{x\to +\infty} \frac{(\cancel{3x}+4) - (\cancel{3x})}{\sqrt{3x+4} + \sqrt{3x}} = \lim_{x\to +\infty} \frac{4}{\sqrt{3x+4} + \sqrt{3x}} = 0.$$

1.21 Formas indeterminadas do tipo 0^0, ∞^0 e 1^∞

O limite $\lim_{x\to a} f(x)^{g(x)}$ é chamado

- **forma indeterminada do tipo $\mathbf{0^0}$**, se $\lim\limits_{x\to a} f(x) = 0$ e $\lim\limits_{x\to a} g(x) = 0$.
- **forma indeterminada do tipo $\mathbf{\infty^0}$**, se $\lim\limits_{x\to a} f(x) = +\infty$ e $\lim\limits_{x\to a} g(x) = 0$.
- **forma indeterminada do tipo $\mathbf{1^\infty}$**, se $\lim\limits_{x\to a} f(x) = 1$ e $\lim\limits_{x\to a} g(x) = \pm\infty$.

Podemos ter também $x \to a^+$, $x \to a^-$, $x \to +\infty$ ou $x \to -\infty$ no lugar de $x \to a$.

Em geral, esse tipo de limite pode ser calculado usando-se a propriedade $x^y = e^{y \ln x}$ e, depois, usando que

$$\lim_{x\to a} f(x)^{g(x)} = \lim_{x\to a} e^{g(x)\ln f(x)} = e^{\lim\limits_{x\to a} g(x)\ln f(x)}.$$

Aqui, $\lim\limits_{x\to a} g(x)\ln f(x)$ é do tipo $0\cdot\infty$ e pode ser transformado algebricamente no caso $0/0$ ou ∞/∞.

Exemplo: Calcular $\lim\limits_{x\to+\infty}\left(\dfrac{x+3}{x+5}\right)^x$.

Aqui, temos um caso indeterminado do tipo 1^∞.

$$\lim_{x\to+\infty}\left(\frac{x+3}{x+5}\right)^x = \lim_{x\to+\infty} e^{x\cdot\ln\left(\frac{x+3}{x+5}\right)} = e^{\lim\limits_{x\to+\infty}\frac{\ln(x+3)-\ln(x+5)}{1/x}}$$

$$= e^{\lim\limits_{x\to+\infty}\frac{1/(x+3)-1/(x+5)}{-1/x^2}} = e^{\lim\limits_{x\to+\infty}\frac{(-x^2)((\cancel{x}+5)-(\cancel{x}+3))}{(x+3)(x+5)}}$$

$$= e^{\lim\limits_{x\to+\infty}\frac{-2x^2}{x^2+8x+15}} = . = e^{\lim\limits_{x\to+\infty}\frac{-2\cancel{x^2}}{\cancel{x^2}}} = e^{-2}.$$

Observação: Esse tipo de limite também pode ser resolvido de outra forma, usando a mudança de variável $\frac{-2}{x+5} = \frac{1}{y} \Rightarrow x+5 = -2y \Rightarrow x = -2y-5$. Observamos que obtemos o caso do Limite Exponencial Fundamental com $y \to -\infty$.

$$\lim_{x\to+\infty}\left(\frac{x+3}{x+5}\right)^x = \lim_{x\to+\infty}\left(\frac{x+5-2}{x+5}\right)^x = \lim_{x\to+\infty}\left(1-\frac{2}{x+5}\right)^x$$

$$= \lim_{y\to-\infty}\left(1+\frac{1}{y}\right)^{-2y-5} = \lim_{y\to-\infty}\underbrace{\left[\left(1+\frac{1}{y}\right)^y\right]^{-2}}_{\to e}\underbrace{\left(1+\frac{1}{y}\right)^{-5}}_{\to 1} = e^{-2}.$$

Exemplo: Calcular $\lim\limits_{x\to0^+} x^x$.

Nesse caso, [illegible] do tipo 0^0.

$$\lim_{x\to0^+} x^x = \lim_{x\to0^+} e^{x\ln x} = e^{\lim\limits_{x\to0^+} x\ln x} = e^{\lim\limits_{x\to0^+}\frac{\ln x}{1/x}} = e^{\lim\limits_{x\to0^+}\frac{1/x}{-1/x^2}}$$

$$= e^{\lim\limits_{x\to0^+}\frac{-x^2}{x}} = e^{\lim\limits_{x\to0^+}(-x)} = e^0 = 1.$$

Exemplo: Calcular $L = \lim\limits_{x\to 0^+} (\operatorname{cossec} x)^{5/\ln x}$.

Como $\lim\limits_{x\to 0^+} \operatorname{cossec} x = +\infty$ e $\lim\limits_{x\to 0^+} \dfrac{5}{\ln x} = 0$, temos uma forma indeterminada do tipo ∞^0. Temos

$$(\operatorname{cossec} x)^{5/\ln x} = e^{\frac{5}{\ln x}\cdot \ln \operatorname{cossec} x} = e^{\frac{5}{\ln x}\cdot \ln\left(\frac{1}{\operatorname{sen} x}\right)} = e^{\frac{5}{\ln x}\cdot(-\ln(\operatorname{sen} x))} = e^{\frac{-5\ln(\operatorname{sen} x)}{\ln x}}$$

$$L = \lim_{x\to 0^+} e^{\frac{-5\ln(\operatorname{sen} x)}{\ln x}} = e^{\lim\limits_{x\to 0^+} \frac{-5\ln(\operatorname{sen} x)}{\ln x}} = e^{\lim\limits_{x\to 0^+} \frac{(-5/\operatorname{sen} x)\cdot \cos x}{1/x}}$$

$$= e^{\lim\limits_{x\to 0^+} \frac{-5x\cos x}{\operatorname{sen} x}} = e^{\lim\limits_{x\to 0^+} \frac{-5\cos x + 5x\operatorname{sen} x}{\cos x}} = e^{\frac{-5\cos 0 + 0\operatorname{sen} 0}{\cos 0}} = e^{-5}.$$

1.22 Teorema do confronto

Nos últimos resultados de limites apresentados neste capítulo, vamos enunciar dois teoremas bastante úteis.

O primeiro envolve a definição de função limitada que é aquela para a qual existe uma constante positiva M, em que a fórmula $|f(x)| \leqslant M$ é verdadeira, para todo x do seu domínio. Por exemplo, $f(x) = \operatorname{sen} x$ é uma função limitada porque $|\operatorname{sen} x| \leqslant 1$, $\forall x \in \mathbb{R}$. Outro exemplo: $g(x) = \operatorname{arctg} x$ também é limitada porque $|\operatorname{arctg} x| \leqslant \frac{\pi}{2}$, $\forall x \in \mathbb{R}$.

Teorema: Se $\lim\limits_{x\to a} f(x) = 0$ e $g(x)$ é limitada, então $\lim\limits_{x\to a} f(x)g(x) = 0$.

Exemplo: Calcular $\lim\limits_{x\to +\infty} \dfrac{\cos n}{n^3 + 4n^2 - 10}$.

Solução: Basta notar que a função cosseno é limitada (porque $|\cos n| \leqslant 1$) e que

$$\lim_{x\to +\infty} \frac{1}{n^3 + 4n^2 - 10} = \lim_{x\to +\infty} \frac{1}{n^3} = 0.$$

Assim, podemos concluir que

$$\lim_{x\to +\infty} \frac{\cos n}{n^3 + 4n^2 - 10} = \lim_{x\to +\infty} \left(\frac{1}{n^3 + 4n^2 - 10}\cdot \cos n\right) = 0.$$

O segundo resultado é conhecido pelo nome de Teorema do Confronto:

Teorema: Se $\lim\limits_{x\to a} g(x) = \lim\limits_{x\to a} h(x) = L$ e se f é tal que $g(x) \leqslant f(x) \leqslant h(x)$ para todo $x \in I - \{a\}$, onde I é um intervalo aberto que contém o ponto a, então $\lim\limits_{x\to a} f(x) = L$.

Nos teoremas anteriores, podemos ter $x \to a^+$, $x \to a^-$, $x \to +\infty$ ou $x \to -\infty$ no lugar de $x \to a$.

1.23 Exercícios Propostos

P1) Calcule os seguintes limites:

a) $\lim\limits_{x\to 0}(3x^2-5x-3)$ b) $\lim\limits_{x\to +\infty}(3x^2-5x-3)$ c) $\lim\limits_{x\to -\infty}(3x^2-5x-3)$

d) $\lim\limits_{x\to -\infty}(5x^3-14x^2+13)$ e) $\lim\limits_{x\to -\infty}\dfrac{4x^3+x^2}{5x^2-9}$ f) $\lim\limits_{x\to +\infty}\dfrac{x^3+2x^2+1}{3x^6-4}$

g) $\lim\limits_{x\to 0}\dfrac{x^3+4x^2}{5x^3-49}$ h) $\lim\limits_{x\to +\infty}\dfrac{x^3+4x^2}{5x^3-49}$ i) $\lim\limits_{x\to -\infty}\dfrac{x^3+4x^2}{5x^3-49}$

Resp.: a) -3; b) $+\infty$; c) $+\infty$; d) $-\infty$; e) $-\infty$; f) 0 ; g) 0; h) 1/5; i) 1/5.

P2) Calcule os seguintes limites:

a) $\lim\limits_{x\to 0}\dfrac{\operatorname{sen}(3x)}{\operatorname{sen}(10x)}$ b) $\lim\limits_{x\to 0}\dfrac{1-\sec x}{x^2}$ c) $\lim\limits_{x\to 0}\dfrac{\operatorname{tg} x-\operatorname{sen} x}{x^3}$

d) $\lim\limits_{x\to 0}\dfrac{\operatorname{sen}(5x)-\operatorname{sen}(3x)}{\operatorname{sen}(4x)}$ e) $\lim\limits_{x\to 0}\dfrac{3x}{\operatorname{tg}(8x)}$ f) $\lim\limits_{x\to \pi/2}\dfrac{\operatorname{sen}(\cos x)}{\cos x}$

Resp.: a) 3/10; b) $-1/2$; c) 1/2; d) 1/2; e) 3/8; f) 1

P3) Calcule os seguintes limites:

a) $\lim\limits_{x\to +\infty}\left(1-\dfrac{4}{x}\right)^{3x}$ b) $\lim\limits_{x\to +\infty}\left(1+\dfrac{1}{5x}\right)^{15x}$ c) $\lim\limits_{x\to -\infty}\left(\dfrac{x+a}{x-a}\right)^{bx}$

d) $\lim\limits_{x\to 0}(\operatorname{sen} x)^{\operatorname{sen} x}$ e) $\lim\limits_{x\to \pi/2}\left(1+\dfrac{1}{\operatorname{tg} x}\right)^{\operatorname{tg} x}$ f) $\lim\limits_{x\to -\infty}\left(\dfrac{x^2+1}{x^2-2}\right)^{x^2}$

Resp.: a) e^{-12}; b) e^3; c) e^{2ab}; d) 1; e) e; f) e^3;

P4) Calcule os seguintes limites:

a) $\lim\limits_{x\to +\infty}\dfrac{\sqrt{x+10}-\sqrt{x+6}}{\sqrt{x+4}}$ b) $\lim\limits_{x\to +\infty}\dfrac{\sqrt{x+1}-\sqrt{x-1}}{x}$

c) $\lim\limits_{x\to +\infty}\dfrac{\sqrt{x+1}-\sqrt{x-1}}{x^2}$ d) $\lim\limits_{x\to +\infty}\left(\sqrt{x+1}-\sqrt{x-1}\right)$

e) $\lim\limits_{x\to +\infty}\left(\sqrt{x^2-4x+3}-\sqrt{x^2+9x}\right)$ f) $\lim\limits_{x\to +\infty}\left(\sqrt{25x^2+3x+1}-5x\right)$

Resp.: a) 0; b) 0; c) 0; d) 0; e) $-13/2$; f) 3/10;

P5) Calcule os seguintes limites:

a) $\lim\limits_{x\to 0}\dfrac{1-\cos(4x)}{1-\cos(10x)}$ b) $\lim\limits_{x\to 0}\dfrac{\operatorname{sen}(3x)-\operatorname{sen} x}{\operatorname{arctg} x}$ c) $\lim\limits_{x\to 0}\dfrac{(4^x-1)(5^x-1)}{(6^x-1)(7^x-1)}$

d) $\lim\limits_{x\to 0}\dfrac{8^x-7^x}{11^x-9^x}$ e) $\lim\limits_{x\to 1}\dfrac{\ln(1+x+8x^2-9x^3)}{\ln(1+3x+5x^2-8x^3)}$ f) $\lim\limits_{x\to 0}\dfrac{\ln(1+4x\operatorname{sen} x)}{\operatorname{tg}(x^2)}$

Resp.: a) 4/25; b) 2; c) $\frac{(\ln 4)(\ln 5)}{(\ln 6)(\ln 7)}$; d) $\frac{\ln(8)-\ln(7)}{\ln(11)-\ln(9)}$; e) 10/11; f) 4 ;

P6) Sendo $\lim\limits_{x\to +\infty}\dfrac{ax^2+bx+10}{2x+17}=4$, determine os valores de a e b.
Resp.: $a=0,\ b=8$

P7) Determine os valores das constantes a e b para que tenhamos

$$\lim_{x\to +\infty}\left(ax+b+\frac{x^3+2}{x^2+2}\right)=0$$

Resp.: $a = -1$, $b = 0$

P8) Seja $f(x) = \dfrac{ax^3 + bx^2 + cx + d}{x^2 - 5x + 4}$. Determinar os valores das constantes a, b, c e d, sabendo que $\lim_{x\to 1} f(x) = 0$ e $\lim_{x\to +\infty} f(x) = 2$.
Resp.: $a = 0$, $b = 2$, $c = -4$, $d = 2$

P9) Determine um polinômio $f(x)$ de grau 3 sabendo que

$$\lim_{x\to 0} \frac{f(x)}{x} = 1 \quad \text{e} \quad \lim_{x\to -3} \frac{f(x)}{x+3} = 2$$

Resp.: $f(x) = x(x+1)(x+3)/3$

P10) Determine o valor de α sabendo que $\lim_{x\to 0} \left(1 - \dfrac{2}{x}\right) \operatorname{tg}(\alpha x) = 5$.
Resp.: $\alpha = -5/2$

P11) Determine $\lim_{x\to 0} u(x)$ sabendo que

$$1 - \frac{x^2}{4} \leqslant u(x) \leqslant 1 + 3x + \frac{x^2}{2},$$

para todo $x \neq 0$. Resp.: $\lim_{x\to 0} u(x) = 1$

P12) Calcule $\lim_{x\to +\infty} f(x)$ sabendo que, para todo $x > 0$, temos que

$$(x-2)^2 \leqslant (4x^2 + 3x - 10) \cdot f(x) \leqslant (x+2)^2.$$

Resp.: $\lim_{x\to +\infty} f(x) = 1/4$

P13) Calcule $\lim_{x\to +\infty} (\operatorname{sen} \sqrt{x+1} - \operatorname{sen} \sqrt{x})$.
Sugestão: lembre-se da fórmula trigonométrica $\operatorname{sen} a - \operatorname{sen} b = 2 \operatorname{sen} \frac{a-b}{2} \cos \frac{a+b}{2}$.
Resp.: $\lim_{x\to +\infty} (\operatorname{sen} \sqrt{x+1} - \operatorname{sen} \sqrt{x}) = 0$

[illegible] a integral [illegible] uma boa [illegible]

$$[illegible] - \int \operatorname{arctg} x \cdot x \, dx - [illegible]$$

Capítulo 2

Integral de Função de Uma Variável

2.1 Introdução

O Cálculo Integral teve sua origem no cálculo de áreas de figuras planas por Arquimedes (287–212 a.C.). Quase 2000 anos depois de Arquimedes, ele foi formalizado por Isaac Newton (1642–1727) e Gottfried Leibniz (1646–1716). Foi Leibniz que inventou as notações $\mathsf{d}x$, $\mathsf{d}y$ e $\int y\,\mathsf{d}x$ usadas hoje em dia.

Arquimedes

Newton

Leibniz

2.2 Primitivas

Consideremos f uma função definida em um intervalo I. Uma **primitiva** de f em I é uma função F definida em I que satisfaz a propriedade $\boxed{F'(x) = f(x)}$, para todo x pertencente ao intervalo I.

Exemplo 2.1. *$F(x) = \frac{x^4}{4}$ é uma primitiva de $f(x) = x^3$ em $\mathbb{R}$ porque*

$$F'(x) = \frac{d}{dx}\left(\frac{x^4}{4}\right) = \frac{4x^3}{4} = x^3.$$

Note que $G(x) = \frac{x^4}{4} + 1$ e, em geral, $H(x) = \frac{x^4}{4} + C$ onde C é uma constante também são primitivas para a mesma função f.

Exemplo 2.2. *Sendo C uma constante real qualquer, observe que $F(x) = \frac{1}{8}e^{8x} + C$ é uma primitiva de $f(x) = e^{8x}$ porque*

$$F'(x) = \frac{d}{dx}\left(\frac{1}{8}e^{8x} + C\right) = \frac{1}{8} \cdot 8e^{8x} + 0 = e^{8x}.$$

A primitiva de uma função f costuma ser denotada por $\int f(x)\,\mathsf{d}x$ e ser chamada de **integral indefinida de f**. Usando esse tipo de notação, nos dois exemplos anteriores tínhamos

$$\int x^3\,\mathsf{d}x = \frac{x^4}{4} + C$$

e também que

$$\int e^{8x}\,\mathsf{d}x = \frac{e^{8x}}{8} + C.$$

2.3 Breve tabela de integrais indefinidas

Nas fórmulas a seguir, C é uma constante que pode assumir qualquer valor real. Todas essas fórmulas que envolvem as primitivas básicas devem ser memorizadas.

1) $\displaystyle\int x^n\,\mathsf{d}x = \frac{x^{n+1}}{n+1} + C$, se $n \neq -1$

2) $\displaystyle\int \frac{1}{x}\,\mathsf{d}x = \ln|x| + C$

3) $\displaystyle\int e^x\,\mathsf{d}x = e^x + C$

4) $\displaystyle\int a^x\,\mathsf{d}x = \frac{a^x}{\ln a} + C$, se $a > 0$

5) $\displaystyle\int \operatorname{sen} x\,\mathsf{d}x = -\cos x + C$

6) $\displaystyle\int \cos x\,\mathsf{d}x = \operatorname{sen} x + C$

7) $\displaystyle\int \operatorname{senh} x\,\mathsf{d}x = \cosh x + C$

8) $\displaystyle\int \cosh x\,\mathsf{d}x = \operatorname{senh} x + C$

9) $\displaystyle\int \frac{1}{1+x^2}\,\mathsf{d}x = \operatorname{arctg} x + C$

10) $\displaystyle\int \frac{1}{\sqrt{1-x^2}}\,\mathsf{d}x = \operatorname{arcsen} x + C$

2.4 Propriedades da integral indefinida

As propriedades a seguir são consequências imediatas das propriedades de derivada de uma função.

1) $\displaystyle\int k \cdot f(x)\,\mathsf{d}x = k \cdot \int f(x)\,\mathsf{d}x$

2) $\displaystyle\int (f(x) + g(x))\,\mathsf{d}x = \int f(x)\,\mathsf{d}x + \int g(x)\,\mathsf{d}x$

3) $\displaystyle\int (f(x) - g(x))\,\mathsf{d}x = \int f(x)\,\mathsf{d}x - \int g(x)\,\mathsf{d}x$

4) Se $k \neq 0$ e $\displaystyle\int f(x)\,\mathsf{d}x = F(x)$, então $\displaystyle\int f(kx)\,\mathsf{d}x = \frac{F(kx)}{k}$

5) Se $\displaystyle\int f(x)\,\mathsf{d}x = F(x)$, então $\displaystyle\int f(x+k)\,\mathsf{d}x = F(x+k)$, se k for constante.

Para exemplificar essas propriedades, vamos apresentar alguns exemplos.

Exemplo 2.3. *Calcule* $\displaystyle\int (x^6 + x^3)\,dx$.

Basta usar o fato de que a primitiva de uma soma é a soma das primitivas e que a primitiva de x^n $(n \neq -1)$ *é igual a* $\frac{x^{n+1}}{n+1}$.

$$\int (x^6 + x^3)\,dx = \int x^6\,dx + \int x^3\,dx = \frac{x^{6+1}}{6+1} + \frac{x^{3+1}}{3+1} = \frac{x^7}{7} + \frac{x^4}{4} + C,$$

onde C *é uma constante que pode assumir qualquer valor.*

Exemplo 2.4. *Calcule* $\displaystyle\int (4\sqrt{x} + \sqrt[5]{x^3})\,dx$.

Usando $\sqrt[b]{x^a} = x^{\frac{a}{b}}$, *podemos transformar essas raízes em potências de* x.

$$\begin{aligned}\int (4\sqrt{x} + \sqrt[5]{x^3})\,dx &= 4\int \sqrt{x}\,dx + \int \sqrt[5]{x^3}\,dx = 4\int x^{1/2}\,dx + \int x^{3/5}\,dx \\ &= \frac{4x^{\frac{1}{2}+1}}{\frac{1}{2}+1} + \frac{x^{\frac{3}{5}+1}}{\frac{3}{5}+1} + C = \frac{4x^{\frac{3}{2}}}{\frac{3}{2}} + \frac{x^{\frac{8}{5}}}{\frac{8}{5}} + C = \frac{8\sqrt{x^3}}{3} + \frac{5\sqrt[5]{x^8}}{8} + C.\end{aligned}$$

Exemplo 2.5. *Calcule* $\displaystyle\int \left(\frac{3}{x} - \frac{4}{x+1}\right)\,dx$.

$$\int \left(\frac{3}{x} - \frac{4}{x+1}\right)\,dx = 3\int \frac{1}{x}\,dx - 4\int \frac{1}{x+1}\,dx = 3\ln|x| - 4\ln|x+1| + C.$$

Exemplo 2.6. *Calcule* $\displaystyle\int \left(\frac{3}{x^2} - \frac{4}{x^2+1}\right)\,dx$.

$$\begin{aligned}\int \left(\frac{3}{x^2} - \frac{4}{x^2+1}\right)\,dx &= 3\int x^{-2}\,dx - 4\int \frac{1}{x^2+1}\,dx \\ &= \frac{3x^{(-2+1)}}{(-2+1)} - 4\,\mathrm{arctg}\,x + C = \frac{3x^{-1}}{(-1)} - 4\,\mathrm{arctg}\,x + C = \frac{-3}{x} - 4\,\mathrm{arctg}\,x + C.\end{aligned}$$

Exemplo 2.7. *Calcule* $\int (\cos(3x) + \cos(x+2) - 4\,\text{sen}(5x))\,dx.$

$$\begin{aligned}\int (\cos(3x) + \cos(x+2) - 4\,\text{sen}(5x))\,dx &= \int \cos(3x)\,dx + \int \cos(x+2)\,dx \\ -4\int \text{sen}(5x)\,dx &= \frac{\text{sen}(3x)}{3} + \text{sen}(x+2) - 4\left(\frac{-\cos(5x)}{5}\right) + C \\ &= \frac{\text{sen}(3x)}{3} + \text{sen}(x+2) + \frac{4}{5}\cos(5x) + C.\end{aligned}$$

Exemplo 2.8. *Calcule a integral indefinida* $\int \frac{1}{x^2 - x - 12}\,dx.$

Inicialmente, observamos que o polinômio do 2° *grau que aparece no denominador possui duas raízes reais:* $x^2 - x - 12 = 0 \Rightarrow x = \frac{1 \pm \sqrt{1+48}}{2} \Rightarrow x = -3$ *ou* $x = 4$. *Assim, o denominador pode ser fatorado na forma* $x^2 - x - 12 = (x - (-3))(x-4) = (x+3)(x-4)$ *e, por causa disso, a fração* $\frac{1}{x^2-x-12} = \frac{1}{(x+3)(x-4)}$ *pode ser escrita como uma soma de frações mais simples (denominadas* **frações parciais***): uma com denominador* $(x+3)$, *outra com denominador* $(x-4)$ *e numeradores a serem calculados:*

$$\frac{1}{(x+3)(x-4)} = \frac{A}{x+3} + \frac{B}{x-4}.$$

Multiplicando tudo por $(x+3)(x-4)$ *e simplificando, obtemos*

$$1 = A(x-4) + B(x+3),$$

ou seja,

$$1 = (A+B)x + (-4A + 3B).$$

Comparando coeficientes de um lado e do outro da equação, obtemos o seguinte sistema linear nas variáveis A *e* B*:*

$$\begin{cases} A + B &= 0 \\ -4A + 3B &= 1 \end{cases}$$

Da primeira equação otemos $A = -B$ *e da segunda equação* $4B + 3B = 1$, *ou seja,* $B = 1/7$ *e* $A = -1/7$. *Concluímos dessa forma que*

$$\frac{1}{x^2 - x - 12} = \frac{-1}{7(x+3)} + \frac{1}{7(x-4)}$$

e, a partir daí, obtemos a primitiva desejada:

$$\int \frac{1}{x^2 - x - 12}\,dx = -\frac{1}{7}\ln|x+3| + \frac{1}{7}\ln|x-4| + C.$$

Exemplo 2.9. *Calcule a integral* $\int \frac{1}{25x^2 + 7}\,dx.$

Como $25x^2 + 7 = 7(\frac{25}{7}x^2 + 1) = 7((\frac{5x}{\sqrt{7}})^2 + 1)$, *temos que*

$$\int \frac{1}{25x^2+7}\,dx = \frac{1}{7}\int \frac{1}{(\frac{5x}{\sqrt{7}})^2 + 1}\,dx = \frac{\frac{1}{7}}{\frac{5}{\sqrt{7}}}\,\text{arctg}\left(\frac{5x}{\sqrt{7}}\right) + C = \frac{\sqrt{7}}{35}\,\text{arctg}\left(\frac{5x}{\sqrt{7}}\right) + C.$$

2.5 Integral definida

Uma **partição** de um intervalo $[a, b]$ é um conjunto $P = \{x_0, x_1, x_2, \cdots, x_n\}$ tal que

$$a = x_0 < x_1 < x_2 < \cdots < x_n = b,$$

que divide o intervalo $[a, b]$ em n intervalos $[x_{k-1}, x_k]$, com $k = 1, 2, \cdots, n$.

O comprimento do intervalo $[x_{k-1}, x_k]$ é $\Delta x_k = x_k - x_{k-1}$ e o maior dos comprimentos $\Delta x_1, \Delta x_2, \cdots, \Delta x_n$ é denotado por $\max \Delta x_k$.

Sendo f uma função definida no intervalo $[a, b]$, escolhemos em cada intervalo $[x_{k-1}, x_k]$ da partição um ponto c_k e formamos a seguinte soma:

$$S_n = f(c_1)\Delta x_1 + f(c_2)\Delta x_2 + \cdots + f(c_n)\Delta x_n = \sum_{k=1}^{n} f(c_k)\Delta x_k.$$

Esse tipo de soma é denominada **soma de Riemann*** de f com relação à partição e números c_i escolhidos.

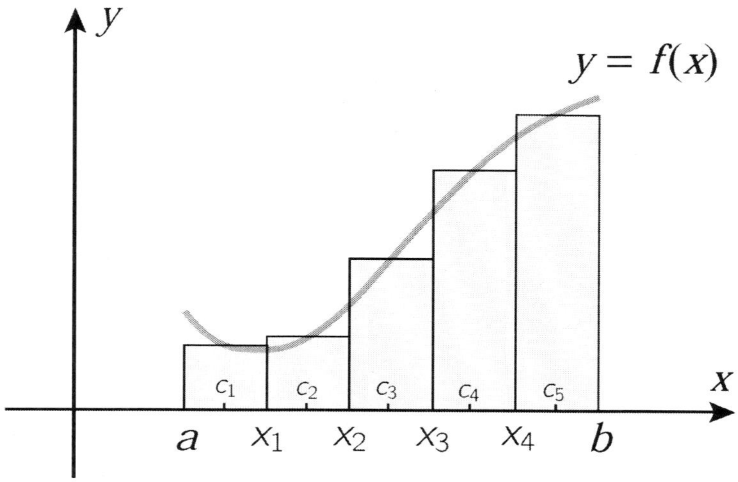

Se $f(c_k) > 0$, então cada parcela $f(c_k)\Delta x_k$ pode ser interpretada como a área de um retângulo de base Δx_k e altura $f(c_k)$. Assim, a soma de Riemann S_n é a soma das áreas de todos esses retângulos.

Se existir o limite de S_n quando $n \to \infty$ e $\max \Delta x_k \to 0$, então esse limite é denominado **integral definida de** f **em** $[a, b]$, denotado por $\int_a^b f(x)\,\mathrm{d}x$. Simbolicamente, temos por definição:

$$\boxed{\int_a^b f(x)\,\mathrm{d}x = \lim_{\max \Delta x_k \to 0} \sum_{k=1}^{n} f(c_k)\Delta x_k.}$$

Complementamos a definição acrescentando o seguinte: $\int_a^a f(x)\,\mathrm{d}x = 0$ e $\int_b^a f(x)\,\mathrm{d}x = -\int_a^b f(x)\,\mathrm{d}x$.

*Georg Friedrich Bernhard Riemann (1826 - 1866), matemático alemão.

Se $f(x) \geqslant 0$ em $[a, b]$ e $\displaystyle\int_a^b f(x)\,\mathrm{d}x$ existir, então a integral de f em $[a, b]$ é numericamente igual à área A da região do plano cartesiano situada entre o gráfico de f e o eixo x e entre as retas verticais $x = a$ e $x = b$, ou seja, $A = \displaystyle\int_a^b f(x)\,\mathrm{d}x$. Por outro lado, se $f(x) \leqslant 0$ em $[a, b]$, então $A = -\displaystyle\int_a^b f(x)\,\mathrm{d}x$.

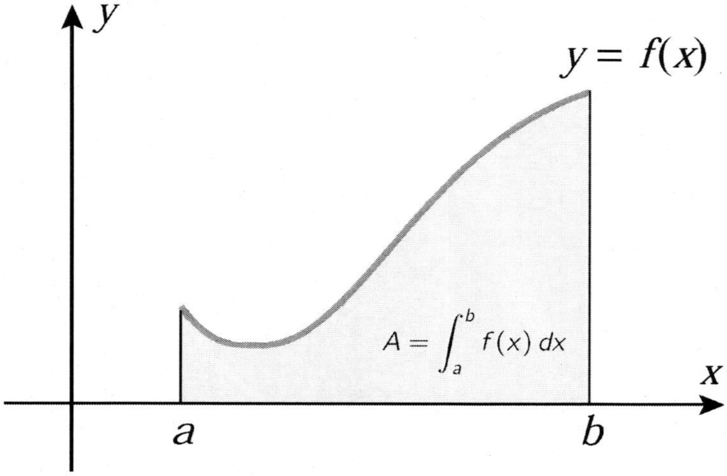

Quando $\int_a^b f(x)\,\mathrm{d}x$ existir, então f será chamada **integrável.** Pode-se mostrar que toda função contínua definida em um intervalo fechado é integrável.

2.5.1 Propriedades da integral definida

Consideremos f, g integráveis em um intervalo $[a, b]$ e $k \in \mathbb{R}$ uma constante qualquer. Então :

- $f + g$ é integrável em $[a, b]$ e $\displaystyle\int_a^b (f(x) + g(x))\,\mathrm{d}x = \int_a^b f(x)\,\mathrm{d}x + \int_a^b g(x)\,\mathrm{d}x$.
- $k \cdot f$ é integrável em $[a, b]$ e $\displaystyle\int_a^b (k \cdot f(x))\,\mathrm{d}x = k \cdot \int_a^b f(x)\,\mathrm{d}x$.
- Se $f(x) \geqslant 0$ em $[a, b]$, então $\displaystyle\int_a^b f(x)\,\mathrm{d}x \geqslant 0$.
- Se $a < c < b$ e f é integrável em $[a, c]$ e em $[c, b]$, então $\displaystyle\int_a^b f(x)\,\mathrm{d}x = \int_a^c f(x)\,\mathrm{d}x + \int_c^b g(x)\,\mathrm{d}x$.

2.5.2 Teorema Fundamental do Cálculo

A definição de integral definida através de somas de Riemann não é prática de se usar para calcular o valor numérico da integral. Para o cálculo de integrais definidas, é mais prático utilizar o seguinte teorema conhecido pelo nome de **Teorema Fundamental do Cálculo**:

Teorema 2.5.1. *Se f for integrável em $[a, b]$ e se F for uma primitiva de f em $[a, b]$, então* $\boxed{\int_a^b f(x)\,dx = F(b) - F(a)}$.

A diferença $F(b) - F(a)$ costuma ser abreviada na forma $[F(x)]_a^b$ ou $F(x)|_a^b$.

Exemplo 2.10. *calcule* $\int_0^3 (x^2 - 5x + 6)\,dx$.

Uma primitiva de $f(x) = x^2 - 5x + 6$ *é* $F(x) = \frac{x^3}{3} - \frac{5x^2}{2} + 6x$. *Logo,*

$$\int_0^3 (x^2 - 5x + 6) = [F(x)]_0^3 = F(3) - F(0) = \frac{3^3}{3} - \frac{5 \cdot 3^2}{2} + 6 \cdot 3 - 0 = \frac{9}{2}.$$

Se fosse utilizada uma outra primitiva para $f(x)$ *tal como* $F(x) = \frac{x^3}{3} - \frac{5x^2}{2} + 6x + 1$ *ou* $F(x) = \frac{x^3}{3} - \frac{5x^2}{2} + 6x + C$, *então o resultado final não se alteraria.*

Exemplo 2.11. *Calcule a área da região sob o gráfico de* $y = \operatorname{sen} x$ *e acima do eixo* x, *com* x *satisfazendo* $0 \leqslant x \leqslant \pi$.

Neste caso, devemos calcular $A = \int_0^\pi \operatorname{sen} x\,dx$. *Como a primitiva de* $\operatorname{sen} x$ *é a função* $-\cos x$, *temos então o seguinte resultado:*

$$\int_0^\pi \operatorname{sen} x\,dx = [-\cos x]_0^\pi = -\cos \pi - (-\cos 0) = -(-1) - (-1) = 1 + 1 = 2.$$

Portanto, a área procurada é de 2 unidades de área.

2.6 Regras de integração

Também conhecidas como **técnicas de primitivação**, são fórmulas que são úteis para determinação de primitivas de alguns tipos de funções.

2.6.1 Integração por substituição

A integração por substituição é uma das técnicas mais simples e é uma das primeiras que deve ser testada em um cálculo de primitivas. Equivale à regra da cadeia para a derivada de funções compostas.

Se F e g são funções deriváveis e F é uma primitiva de f, ou seja, $F' = f$, então $[F(g(x))]' = F'(g(x))g'(x) = f(g(x))g'(x)$ que pode ser escrito na forma

$$\int f(g(x))g'(x)\,dx = F(g(x)) + C.$$

Fazendo $u = g(x)$, temos $\frac{du}{dx} = g'(x)$ que pode ser escrito na forma $du = g'(x)\,dx$. Assim, a integração por substituição consiste na aplicação da seguinte fórmula:

$$\boxed{\int f(g(x))g'(x)\,dx = \int f(u)\,du = F(u) + C = F(g(x)) + C,}$$

onde $\boxed{u = g(x), \quad du = g'(x)\,dx}$.

Exemplo 2.12. *Calcule* $\displaystyle\int x^2 e^{x^3}\,dx$.

Fazendo $u = x^3$, *temos* $\frac{du}{dx} = 3x^2 \Rightarrow du = 3x^2\,dx \Rightarrow \frac{1}{3}\,du = x^2\,dx$. *Substituindo na integral, obtemos:*

$$\int x^2 e^{x^3}\,dx = \int e^u \cdot \frac{1}{3}\,du = \frac{1}{3}\int e^u\,du = \frac{1}{3}e^u + C = \frac{e^{x^3}}{3} + C,$$

onde C *é qualquer constante real.*

Exemplo 2.13. *Calcule* $\displaystyle\int x^5\sqrt{1+x^6}\,dx$.

Fazendo $u = 1 + x^6$, *temos* $\frac{du}{dx} = 6x^5 \Rightarrow du = 6x^5\,dx \Rightarrow \frac{1}{6}\,du = x^5\,dx$. *Substituindo na integral, obtemos:*

$$\int \underbrace{\sqrt{1+x^6}}_{\sqrt{u}} \cdot \underbrace{x^5\,dx}_{\frac{1}{6}\,du} = \frac{1}{6}\int \sqrt{u}\,du = \frac{1}{6}\left(\frac{u^{\frac{1}{2}+1}}{\frac{1}{2}+1}\right) + C = \frac{u^{\frac{3}{2}}}{9} + C = \frac{\sqrt{(1+x^6)^3}}{9} + C.$$

Exemplo 2.14. *Calcule* $\displaystyle\int \frac{\operatorname{sen}\sqrt{x+1}}{\sqrt{x+1}}\,dx$.

Fazendo $u = \sqrt{x+1}$, *temos* $du = \frac{1}{2\sqrt{x+1}}\,dx \Rightarrow 2\,du = \frac{1}{\sqrt{x+1}}\,dx$. *Substituindo na integral:*

$$\int \underbrace{\operatorname{sen}\sqrt{x+1}}_{\operatorname{sen} u} \cdot \underbrace{\frac{1}{\sqrt{x+1}}\,dx}_{2\,du} = 2\int \operatorname{sen} u\,du = -2\cos u + C = -2\cos\sqrt{x+1} + C.$$

Exemplo 2.15. *Calcule* $\displaystyle\int \frac{e^{\operatorname{arctg} x}}{1+x^2}\,dx$.

Fazendo $u = \operatorname{arctg} x$, *temos* $du = \frac{1}{1+x^2}\,dx$ *que substituindo na integral, fornece:*

$$\int \underbrace{e^{\operatorname{arctg} x}}_{e^u} \cdot \underbrace{\frac{1}{1+x^2}\,dx}_{du} = \int e^u\,du = e^u + C = e^{\operatorname{arctg} x} + C.$$

Exemplo 2.16. *Calcule* $\displaystyle\int \frac{1}{x\ln x}\,dx$.

Fazendo $u = \ln x$, *temos* $du = \frac{1}{x}\,dx$ *que pode ser substituído na integral:*

$$\int \underbrace{\frac{1}{\ln x}}_{1/u} \cdot \underbrace{\frac{1}{x}\,dx}_{du} = \int \frac{1}{u}\,du = \ln|u| + C = \ln|\ln x| + C.$$

Exemplo 2.17. *Calcule* $\displaystyle\int \operatorname{tg} x\,dx$.

Observamos que $\operatorname{tg} x = \frac{\operatorname{sen} x}{\cos x}$ *e fazemos* $u = \cos x \Rightarrow du = -\operatorname{sen} x\, dx$, *que pode ser substituído na integral do seguinte modo:*

$$\int \operatorname{tg} x\, dx = \int \frac{\operatorname{sen} x}{\cos x}\, dx = \int \underbrace{\frac{1}{\cos x}}_{1/u} \cdot \underbrace{\operatorname{sen} x\, dx}_{-du} = \int \frac{-1}{u}\, du = -\ln|u| + C$$

$$= -\ln|\cos x| + C = \ln|\cos x|^{-1} + C = \ln|\sec x| + C.$$

Exemplo 2.18. *Calcule* $\int \cos^7 x\, dx$.

Inicialmente, observamos que

$$\cos^7 x = \cos^6 x \cdot \cos x = (\cos^2 x)^3 \cdot \cos x = (1 - \operatorname{sen}^2 x)^3 \cdot \cos x.$$

Depois, fazemos $u = \operatorname{sen} x \Rightarrow du = \cos x\, dx$ *e substituímos na integral:*

$$\int \cos^7 x\, dx = \int \underbrace{(1 - \operatorname{sen}^2)^3}_{(1-u^2)^3} \cdot \underbrace{\cos x\, dx}_{du} = \int (1 - u^2)^3\, du$$

$$= \int (1 - 3u^2 + 3u^4 - u^6)\, du = u - 3\left(\frac{u^3}{3}\right) + 3\left(\frac{u^5}{5}\right) - \frac{u^7}{7} + C$$

$$= \operatorname{sen} x - \operatorname{sen}^3 x + \frac{3}{5}\operatorname{sen}^5 x - \frac{1}{7}\operatorname{sen}^7 x + C.$$

Note que utilizamos a conhecida fórmula do cubo da diferença:

$$(a - b)^3 = a^3 - 3a^2 b + 3ab^2 - b^3.$$

Em geral, as primitivas que envolvem potências ímpares de $\operatorname{sen} x$ *ou* $\cos x$ *se resolvem com um procedimento semelhante ao que acabamos de fazer.*

Exemplo 2.19. *Calcule* $\int \operatorname{sen}^5 x \cos^4 x\, dx$.

Inicialmente, observamos que

$$\operatorname{sen}^5 x = \operatorname{sen}^4 x \cdot \operatorname{sen} x = (\operatorname{sen}^2 x)^2 \cdot \operatorname{sen} x = (1 - \cos^2 x)^2 \cdot \operatorname{sen} x.$$

Depois, fazemos $u = \cos x \Rightarrow du = -\operatorname{sen} x\, dx$ *e substituímos na integral:*

$$\int \operatorname{sen}^5 x \cos^4 x\, dx = \int \underbrace{\cos^4 x(1 - \cos^2)^2}_{u^4(1-u^2)^2} \cdot \underbrace{\operatorname{sen} x\, dx}_{-du} = -\int u^4(1 - u^2)^2\, du$$

$$= -\int u^4(1 - 2u^2 + u^4)\, du = -\int (u^4 - 2u^6 + u^8)\, du = -\frac{u^5}{5} + 2\left(\frac{u^7}{7}\right) - \frac{u^9}{9} + C$$

$$= -\frac{1}{5}\cos^5 x + \frac{2}{7}\cos^7 x - \frac{1}{9}\cos^9 x + C.$$

Exemplo 2.20. *Calcule* $\int \frac{x^4}{x^{10} + 1}\, dx$.

Antes de tudo, note que uma substituição como $u = x^4$ *ou* $u = x^{10}$ *não funciona porque, nesses casos,* $du = 4x^3\,dx$ *ou* $du = 10x^9\,dx$ *e não teríamos como substituir uma expressão dessas na integral dada.*

Sendo assim, escrevemos $x^{10} = (x^5)^2$, *fazemos* $u = x^5 \Rightarrow du = 5x^4\,dx$ *e substituímos na integral:*

$$\int \frac{x^4}{x^{10}+1}\,dx = \int \underbrace{\frac{1}{(x^5)^2+1}}_{1/(u^2+1)} \underbrace{x^4\,dx}_{\frac{1}{5}\,du} = \frac{1}{5}\int \frac{1}{u^2+1}\,du = \frac{1}{5}\operatorname{arctg} u + C = \frac{\operatorname{arctg} x^5}{5} + C.$$

2.6.2 Integração por partes

A integração por partes é equivalente à regra da derivada do produto de duas funções. Consideremos duas funções f e g definidas em um mesmo intervalo. Temos: $[f(x)g(x)]' = f'(x)g(x) + f(x)g'(x)$ que é equivalente a $f(x)g'(x) = [f(x)g(x)]' - f'(x)g(x)$ que implica

$$\int f(x)g'(x)\,\mathsf{d}x = \int [f(x)g(x)]'\,\mathsf{d}x - \int f'(x)g(x)\,\mathsf{d}x.$$

Como uma primitiva de $[f(x)g(x)]'$ é $f(x)g(x)$, a fórmula anterior pode ser escrita na forma:

$$\boxed{\int f(x)g'(x)\,\mathsf{d}x = f(x)g(x) - \int f'(x)g(x)\,\mathsf{d}x.}$$

Fazendo $u = f(x)$ e $v = g(x)$ temos $\frac{\mathsf{d}u}{\mathsf{d}x} = f'(x)$ e $\frac{\mathsf{d}v}{\mathsf{d}x} = g'(x)$ que podem ser escritos na forma $\mathsf{d}u = f'(x)\,\mathsf{d}x$ e $\mathsf{d}v = g'(x)\,\mathsf{d}x$. Substituindo na fórmula anterior, obtemos:

$$\boxed{\int u\,\mathsf{d}v = uv - \int v\,\mathsf{d}u.}$$

Essa fórmula é conhecida pelo nome de **integração por partes** e geralmente é utilizada para calcular primitiva do produto de duas funções.

Um diagrama que ajuda na organização dos cálculos é mostrado a seguir:

	D		I
$+$	u		dv
		$\searrow$	
$-\int$	du	$\rightarrow$	v

Nesse diagrama, na primeira coluna temos sinais $+$ e $-$ que se alternam, na última linha da primeira coluna deixamos indicado também uma operação de integração. A segunda coluna é identificada pela letra D e é formada pela função u e sua derivada e a terceira coluna é identificada pela letra I e é formada pela função dv e sua integral indefinida. A fórmula da integração por partes pode ser identificada nesse diagrama ao efetuarmos as multiplicações indicadas pelas setas.

Exemplo 2.21. *Calcule* $\displaystyle\int x \operatorname{sen} x\,dx.$

Para usar a integração por partes, devemos escolher o u *e o* dv *na expressão* $x \operatorname{sen} x\,dx$. *Algumas das possibilidades são as seguintes:*

- $u = x, \ dv = \operatorname{sen} x \, dx$
- $u = \operatorname{sen} x, \ dv = x \, dx$

Essa segunda opção não é uma boa ideia porque $dv = x\,dx$ *implica* $v = \frac{x^2}{2}$ *e* $u = \operatorname{sen} x$ *implica* $du = \cos x \, dx$*. Quando forem substituídos na fórmula da integração por partes, vamos obter o seguinte:* $\int u\,dv = uv - \int v\,du = \frac{x^2 \operatorname{sen} x}{2} - \int \frac{x^2 \cos x}{2}\,dx$*. Note que não há nenhuma simplificação em relação à integral do enunciado do problema. A integral* $\int v\,du = \int \frac{x^2 \cos x}{2}\,dx$ *parece mais complicada do que a integral inicial. Portanto, essa não é uma boa opção.*

Vamos tentar agora a outra opção: $u = x, \ dv = \operatorname{sen} x\,dx$*. Temos:* $du = dx$ *e* $v = -\cos x$ *e substituindo na integral, fornece o seguinte:*

$$\int \underbrace{x}_{u} \underbrace{\operatorname{sen} x\,dx}_{dv} = \int u\,dv = uv - \int v\,du = x(-\cos x) - \int (-\cos x)\,dx$$

$$= -x\cos x + \int \cos x\,dx = -x \cos x + \operatorname{sen} x + C.$$

Um diagrama que representa os cálculos realizados é mostrado a seguir:

	D	I
$+$	x	$\operatorname{sen} x$
	$\searrow$	
$-\int$	$1 \quad \rightarrow$	$-\cos x$

Outras integrais como $\displaystyle\int x \cos x\,dx$*,* $\displaystyle\int x e^x\,dx$ *se resolvem usando-se integração por partes, fazendo-se* $u = x$*.*

Exemplo 2.22. *Calcule* $\displaystyle\int \ln x\,dx$*.*

Observamos que $\ln x = 1 \cdot \ln x$ *e fazemos a seguinte tentativa:* $u = \ln x$ *e* $dv = 1\,dx$*. A partir dessa escolha, obtemos:* $du = \frac{1}{x}\,dx$ *e* $v = x$*.*

$$\int \ln x\,dx = \int \underbrace{\ln x}_{u} \cdot \underbrace{1\,dx}_{dv} = \int u\,dv = uv - \int v\,du$$

$$= x \ln x - \int x \cdot \frac{1}{x}\,dx = x\ln x - \int 1\,dx = x \ln x - x + C.$$

Exemplo 2.23. *Calcule* $\displaystyle\int x \operatorname{arctg} x\,dx$*.*

Escolhemos $u = \operatorname{arctg} x$ *e* $dv = x\,dx$*. A partir daí, obtemos:* $du = \frac{1}{1+x^2}\,dx$ *e* $v = \frac{x^2}{2}$*.*

$$\int x \operatorname{arctg} x\,dx = \int \underbrace{\operatorname{arctg} x}_{u} \underbrace{x\,dx}_{dv} = \int u\,dv = uv - \int v\,du$$

$$= \frac{x^2 \operatorname{arctg} x}{2} - \int \frac{x^2}{2(1+x^2)}\,dx = \frac{x^2 \operatorname{arctg} x}{2} - \frac{1}{2}\int \frac{x^2}{1+x^2}\,dx$$

A fração $\frac{x^2}{1+x^2}$ *possui dois polinômios como numerador e denominador. Além disso, o grau do numerador é maior ou igual ao grau do denominador. Em um caso como esses, devemos dividir os polinômios para tentar simplificar a fração. Neste caso particular, a maneira mais fácil de se efetuar essa divisão é somar e subtrair o número 1 no numerador:*

$$\frac{x^2}{1+x^2} = \frac{x^2+1-1}{1+x^2} = \frac{x^2+1}{1+x^2} - \frac{1}{1+x^2} = 1 - \frac{1}{1+x^2}.$$

Voltando agora ao cálculo da integral, temos:

$$\int \frac{x^2}{1+x^2}\,dx = \int \left(1 - \frac{1}{1+x^2}\right) dx = \int 1\,dx - \int \frac{1}{1+x^2}\,dx = x - \operatorname{arctg} x + C.$$

Concluímos então que

$$\int x \operatorname{arctg} x \;=\; \frac{x^2 \operatorname{arctg} x}{2} - \frac{1}{2}\int \frac{x^2}{1+x^2}\,dx \;=\; \frac{x^2 \operatorname{arctg} x}{2} - \frac{1}{2}\left(x - \operatorname{arctg} x + C\right).$$

Um diagrama que organiza os cálculos realizados é:

	D		I
$+$	$\operatorname{arctg} x$		x
		$\searrow$	
$-\int$	$\frac{1}{1+x^2}$	$\rightarrow$	$\frac{x^2}{2}$

Outras integrais como $\int x \operatorname{arcsen} x\,dx$, $\int x \arccos x\,dx$, $\int x \ln x\,dx$ *também se resolvem de modo semelhante, fazendo-se* $dv = x\,dx$.

2.6.3 Integração por partes generalizada

A integração por partes pode ser usada várias vezes no cálculo de uma única integral. Por exemplo, para calcular $\int x^2 \cos x\,\mathrm{d}x$ usamos duas vezes, para calcular $\int x^3 e^x\,\mathrm{d}x$ usamos três vezes etc. Em geral, se usamos a fórmula n vezes, obtemos a seguinte *fórmula da integração por partes generalizada:*

$$\int u(x)v(x)\,\mathrm{d}x = u(x)v_1(x) - u'(x)v_2(x) + u''(x)v_3(x) + \cdots$$
$$+ (-1)^{n-1}u^{(n-1)}(x)v_n(x) + (-1)^n \int u^{(n)}(x)v_n(x)\,\mathrm{d}x,$$

onde $v_1(x) = \int v(x)\,\mathrm{d}x$, $v_2(x) = \int v_1(x)\,\mathrm{d}x$, …, $v_n(x) = \int v_{n-1}(x)\,\mathrm{d}x$.

Essa fórmula também pode ser representada na forma de diagrama, conforme mostrado a seguir:

	D		I
$+$	u		v
		$\searrow$	
$-$	u'		v_1
		$\searrow$	
$+$	u''		v_2
		$\searrow$	
$-$	u'''		v_3
$\vdots$	$\vdots$	$\searrow$	$\vdots$
$(-1)^{n-1}$	$u^{(n-1)}$		v_{n-1}
		$\searrow$	
$(-1)^n \int$	$u^{(n)}$	$\rightarrow$	v_n

A primeira coluna é preenchida com sinais $+$, $-$, $+$, $-$, $\ldots$ alternadamente e na última linha é indicado um símbolo da operação de integração. A coluna D é formada pela função u e suas derivadas sucessivas u', u'', u''', $\ldots$ e a coluna I pela função v e suas integrais indefinidas v_1, v_2, v_3, $\ldots$. O cálculo sucessivo de derivadas é realizado enquanto a derivada obtida não é nula e até que a primitiva $\int u^{(n)}(x)v_n(x)\ \mathsf{d}x$ seja conhecida.

Exemplo 2.24. *Calcular* $\displaystyle\int x^5 \cos 3x\ \mathsf{d}x$.

	D		I
$+$	x^5		$\cos 3x$
		$\searrow$	
$-$	$5x^4$		$\frac{\operatorname{sen} 3x}{3}$
		$\searrow$	
$+$	$20x^3$		$\frac{-\cos 3x}{9}$
		$\searrow$	
$-$	$60x^2$		$\frac{-\operatorname{sen} 3x}{27}$
		$\searrow$	
$+$	$120x$		$\frac{\cos 3x}{81}$
		$\searrow$	
$-\int$	120	$\rightarrow$	$\frac{\operatorname{sen} 3x}{243}$

Observando o diagrama, multiplicamos elementos da coluna das derivadas D pelos da coluna das integrais I e chegamos à seguinte conclusão:

$$\int x^5 \cos 3x\, dx = \frac{x^5 \operatorname{sen} 3x}{3} + \frac{5x^4 \cos 3x}{9} - \frac{20x^3 \operatorname{sen} 3x}{27} - \frac{60x^2 \cos 3x}{81} + \frac{120x \operatorname{sen} 3x}{243} + \frac{40 \cos 3x}{243}$$

A última parcela mostrada no resultado anterior foi obtida através do seguinte cálculo:
$-\int 120 \left(\frac{\operatorname{sen} 3x}{243}\right)\ dx = -\frac{120}{243}\int \operatorname{sen} 3x\ \mathsf{d}x = -\frac{120}{243}\left(\frac{-\cos 3x}{3}\right) = \frac{40 \cos 3x}{243}$.

Observação:

- Integrais como $\int x^n \operatorname{sen} x\,\mathrm{d}x$, $\int x^n \cos x\,\mathrm{d}x$, $\int x^n e^x\,\mathrm{d}x$ também se resolvem pela integração por partes generalizada, fazendo-se $u = x^n$.
- Integrais como $\int x^n \operatorname{arcsen} x\,\mathrm{d}x$, $\int x^n \operatorname{arctg} x\,\mathrm{d}x$, $\int x^n \ln x\,\mathrm{d}x$ se resolvem de modo semelhante, fazendo-se $dv = x^n\,\mathrm{d}x$.

2.7 Exercícios Propostos

P1) Calcule as seguintes integrais indefinidas:

a) $\int (x+1)^{2022}\,\mathrm{d}x$ b) $\int (e^{\frac{x}{2}} - 3e^{5x+1})\,\mathrm{d}x$ c) $\int 5\operatorname{sen}(4x+1)\,\mathrm{d}x$

d) $\int \cos\left(\frac{3x-5}{8}\right)\mathrm{d}x$ e) $\int \frac{1}{9x^2+1}\,\mathrm{d}x$ f) $\int \frac{1}{9x^2-1}\,\mathrm{d}x$

Resp.: a) $\frac{(x+1)^{2023}}{2023} + C$ b) $2e^{\frac{x}{2}} - \frac{3}{5}e^{5x+1} + C$ c) $-\frac{5}{4}\cos(4x+1) + C$
d) $\frac{8}{3}\operatorname{sen}\left(\frac{3x-5}{8}\right) + C$ e) $\frac{\operatorname{arctg}(3x)}{3} + C$ f) $\frac{1}{6}\ln\left(\frac{3x-1}{3x+1}\right) + C$

P2) Calcule as seguintes integrais definidas:

a) $\int_{-1}^{1} (ax^2 + bx + c)\,\mathrm{d}x$ b) $\int_{1}^{e} \frac{\operatorname{sen}(\ln x)}{x}\,\mathrm{d}x$ c) $\int_{-\frac{\pi}{4}}^{\frac{\pi}{4}} \operatorname{tg} x\,\mathrm{d}x$

Resp.: a) $\frac{2a+6c}{3}$ b) $1 - \cos 1$ c) 0

P3) Usando uma substituição conveniente, calcule as seguintes integrais:

a) $\int \frac{6x^5 + 8x^3}{x^6 + 2x^4 + 3}\,\mathrm{d}x$ b) $\int x(3x^2+5)^{100}\,\mathrm{d}x$ c) $\int \frac{e^x}{e^x+1}\,\mathrm{d}x$

d) $\int e^{\operatorname{sen}^2 x}\operatorname{sen} 2x\,\mathrm{d}x$ e) $\int \sec^2 x \operatorname{tg}^8 x\,\mathrm{d}x$ f) $\int \operatorname{sen}^7 x \cos^5 x\,\mathrm{d}x$

Resp.: a) $\ln(x^6 + 2x^4 + 3) + C$ b) $\frac{(3x^2+5)^{101}}{606} + C$ c) $\ln(e^x + 1) + C$
d) $e^{\operatorname{sen}^2 x} + C$ e) $\frac{\operatorname{tg}^9 x}{9} + C$ f) $\frac{10\operatorname{sen}^{12} x - 24\operatorname{sen}^{10} x + 15\operatorname{sen}^8 x}{12}$

P4) Usando integração por partes, calcule as seguintes integrais indefinidas:

a) $\int x\cos x\,\mathrm{d}x$ b) $\int x\ln x\,\mathrm{d}x$ c) $\int x^9 \ln x\,\mathrm{d}x$

d) $\int \operatorname{arctg} x\,\mathrm{d}x$ e) $\int x e^x\,\mathrm{d}x$ f) $\int x^2 e^x\,\mathrm{d}x$

Resp.: a) $x\operatorname{sen} x + \cos x + C$ b) $\frac{x^2\ln x}{2} - \frac{x^2}{4} + C$ c) $\frac{x^{10}\ln x}{10} - \frac{x^{10}}{100} + C$
d) $x\operatorname{arctg} x - \frac{\ln(x^2+1)}{2} + C$ e) $(x-1)e^x + C$ f) $(x^2 - 2x + 2)e^x + C$

P5) Calcule $\int x^3 e^{x^2}\,\mathrm{d}x$. (Sugestão: faça $x^3 = x^2 \cdot x$, use a substituição $u = x^2$ e, depois, use integração por partes.) Resp.: $\frac{1}{2}(x^2-1)e^{x^2} + C$

P6) Calcule $\displaystyle\int \frac{1}{x(x^{100}+1)}\,\mathrm{d}x$. (Sugestão: escreva o numerador na forma $1 = (1+x^{100}) - x^{100}$ e separe a fração em duas.) Resp.: $\ln x - \frac{\ln(x^{100}+1)}{100} + C$

P7) a) Calcule $\displaystyle\int \sec\theta\,\mathrm{d}\theta$. (Sugestão: $\sec\theta = \frac{\sec\theta(\sec\theta+\operatorname{tg}\theta)}{\sec\theta+\operatorname{tg}\theta}$)

b) Calcule $\displaystyle\int \sec^3\theta\,\mathrm{d}\theta$. (Sugestão: $\sec^3\theta = \sec\theta\cdot\sec^2\theta$, $u = \sec\theta$, $dv = \sec^2\theta\,\mathrm{d}\theta$.) Resp.: a) $\int \sec\theta\,\mathrm{d}\theta = \ln(\sec\theta + \operatorname{tg}\theta) + C$

b) $\displaystyle\int \sec^3\theta\,\mathrm{d}\theta = \frac{\sec\theta\cdot\operatorname{tg}\theta + \ln(\sec x + \operatorname{tg} x))}{2} + C$

P8) Calcule $\displaystyle\int \sqrt{x^2+1}\,\mathrm{d}x$. (Sugestão: faça $x = \operatorname{tg}\theta$ e, a partir daí, calcule θ, $\sec\theta$ e use o exercício anterior.)

Resp.: $\displaystyle\int \sqrt{x^2+1}\,\mathrm{d}x = \frac{x\sqrt{x^2+1} + \ln(x+\sqrt{x^2+1}}{2} + C$

P9) Sabendo que $V = \pi\displaystyle\int_a^b (f(x))^2\,\mathrm{d}x$ é o **volume** do sólido obtido ao dar uma volta completa em torno do eixo dos x com o gráfico de $y = f(x)$, $a \leqslant x \leqslant b$, calcule os volumes dos seguintes sólidos de revolução:

a) $y = \cos x$, $-\frac{\pi}{2} \leqslant x \leqslant \frac{\pi}{2}$

b) $y = \dfrac{1}{x}$, $1 \leqslant x \leqslant 4$

c) $y = -\sqrt{16-x^2}$, $-4 \leqslant x \leqslant 4$

Resp.: a) $\frac{\pi^2}{2}$ b) $\frac{3\pi}{4}$ c) $\frac{256\pi}{3}$

P10) Sabendo que $C = \displaystyle\int_a^b \sqrt{1+(f'(x))^2}\,\mathrm{d}x$ é o **comprimento** do gráfico no intervalo $[a, b]$ da função derivável $y = f(x)$, calcule os comprimentos dos seguintes arcos:

a) $y = \dfrac{x^2}{4} - \dfrac{\ln x}{2}$, $2 \leqslant x \leqslant 5$

b) $y = \ln(\sec x)$, $0 \leqslant x \leqslant \frac{\pi}{4}$

c) $y = 2 + \ln(\operatorname{sen} x)$, $\frac{\pi}{6} \leqslant x \leqslant \frac{\pi}{3}$

Resp.: a) $\frac{1}{2}\ln(\frac{5}{2}) + \frac{21}{4}$ b) $\ln(1+\sqrt{2})$ c) $\frac{2\ln(2+\sqrt{3})-\ln 3}{2}$

Capítulo 3

Sequências

Neste capítulo, definimos sequência de números reais e apresentamos alguns resultados que serão utilizados nos próximos capítulos. Esse conceito já é conhecido desde o ensino médio, ocasião em que são apresentadas as progressões aritmética e geométrica.

3.1 Definição e exemplos

O conjunto dos números inteiros positivos $\mathbb{N} = \{1, 2, 3, 4, \dots\}$ é denominado conjunto dos números naturais.*

Definição: Uma **sequência** de números reais é uma função $f : \mathbb{N} \longrightarrow \mathbb{R}$ que associa a cada número natural n, um número real $f(n)$. Em geral, denotamos $f(n)$ por a_n e o denominamos **termo geral** da sequência.

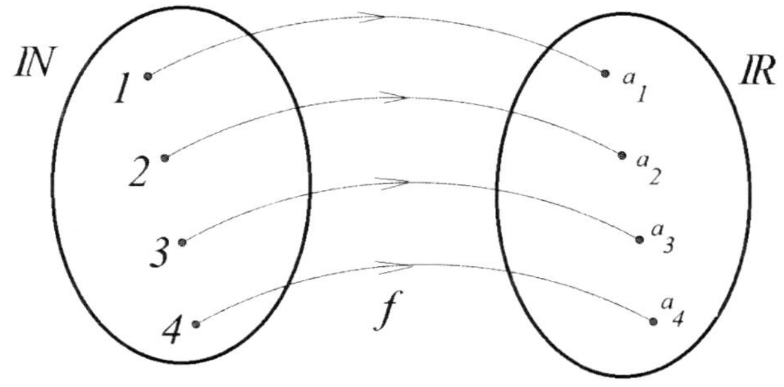

Tendo em vista que uma sequência é uma função, então podemos construir seu gráfico, apesar disso ser raramente utilizado. Nesse caso, o gráfico de uma sequência é formado por um conjunto de pontos isolados (que não devem ser ligados).

*Alguns autores incluem também o 0 (zero) nessa definição, ou seja, uma definição alternativa seria $\mathbb{N} = \{0, 1, 2, 3, \dots\}$.

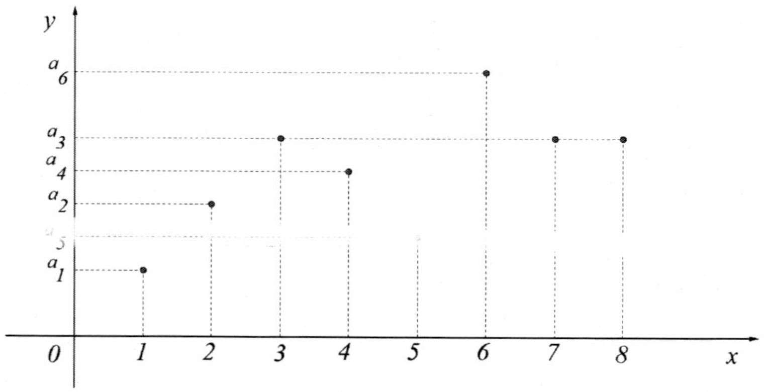

De modo geral, a sequência cujo termo geral é $a_n = f(n)$ costuma ser denotada por (a_n) ou $(a_n)_{n\in\mathbb{N}}$, e também denotada $(f(1), f(2), f(3), f(4), \dots)$.

Exemplos:

- A sequência cujo termo geral é $a_n = \frac{1}{n}$ é $(1, \frac{1}{2}, \frac{1}{3}, \frac{1}{4}, \dots)$;
- A sequência em que $b_n = (-1)^{n+1}$ é dada por $(1, -1, 1, -1, 1, -1, \dots)$;
- Se $c_n = \begin{cases} 0, & \text{se } n \text{ for par} \\ n^2, & \text{se } n \text{ for ímpar} \end{cases}$, então a sequência (c_n) é dada por $(1, 0, 9, 0, 25, 0, 49, 0, 81, 0, 121, 0, \dots)$.
- O termo geral $a_n = 3n + 2$ corresponde à sequência $(5, 8, 11, 14, 17, \dots)$, conhecida como progressão aritmética infinita. Em geral, se a_n é da forma $s + rn$, em que r e s são constantes, então (a_n) é uma progressão aritmética infinita (de razão igual a r).
- O termo geral $a_n = 2^n$ corresponde a $(2, 4, 8, 16, 32, \dots)$, conhecida como progressão geométrica infinita. Em geral, se a_n é da forma $s \cdot r^n$, onde r e s são constantes, então (a_n) é uma progressão geométrica infinita (de razão igual a r).

3.2 Sequências limitadas

Definição: Uma sequência (a_n) é **limitada superiormente** quando existir um número real M tal que $a_n \leqslant M$, para todo $n \in \mathbb{N}$. Essa constante M é denominada **cota superior** da sequência.

Definição: Uma sequência (a_n) é **limitada inferiormente** quando existir N tal que $a_n \geqslant N$, $\forall n \in \mathbb{N}$. Essa constante N é denominada **cota inferior** da sequência.

Definição: Uma sequência (a_n) é dita **limitada** quando ela for limitada superiormente e inferiormente. Nesse caso, existe uma constante $K > 0$ tal que $|a_n| \leqslant K$, $\forall n \in \mathbb{N}$.

Observação: As constantes M, N, K das definições anteriores não são únicas. Por exemplo, se existir constante M tal que $a_n \leqslant M$, $\forall n$, então qualquer outra constante maior do que M

poderia também ser usada no lugar de M: $a_n \leqslant M+1$, $a_n \leqslant M+2$, $a_n \leqslant M+3$ etc.

Exemplos:

- Para todo $n \in \mathbb{N}$, definimos $a_n = n$. Então, $(a_n) = (1, 2, 3, 4, \dots)$ é limitada inferiormente (porque $a_n \geqslant 1$, $\forall n$), mas não é limitada superiormente;
- Se $a_n = -n$, $\forall n \in \mathbb{N}$, então $(a_n) = (-1, -2, -3, -4, \dots)$ é limitada superiormente (porque $a_n \leqslant 0$, $\forall n$), mas não é limitada inferiormente;
- $(c_n) = (1/n) = (1, \frac{1}{2}, \frac{1}{3}, \frac{1}{4}, \dots)$ é limitada (inferiormente e superiormente), porque $0 \leqslant c_n \leqslant 1$, $\forall n \in \mathbb{N}$;
- A sequência (a_n) cujo termo geral é definido por $a_n = \cos(\frac{\pi n}{7})$ também é limitada, porque $|a_n| \leqslant 1$, $\forall n \in \mathbb{N}$;
- A sequência $(a_n) = (-1, 4, -9, 16, -25, 36, -49, \dots)$ cujo termo geral é definido por $a_n = (-1)^n n^2$ não é limitada superiormente, nem inferiormente.

3.3 Sequências crescentes e decrescentes

Definição: Uma sequência (a_n) de números reais é dita

- **crescente**, se $a_k \leqslant a_{k+1}$, para todo $k \in \mathbb{N}$;
- **estritamente crescente**, se $a_k < a_{k+1}$, para todo $k \in \mathbb{N}$;
- **decrescente**, se $a_k \geqslant a_{k+1}$, para todo $k \in \mathbb{N}$;
- **estritamente decrescente**, se $a_k > a_{k+1}$, para todo $k \in \mathbb{N}$;
- **monótona**, se ela for crescente ou decrescente;

Observação: Toda sequência estritamente crescente, também pode ser denominada crescente e também monótona. O mesmo vale para estritamente decrescente: toda sequência estritamente decrescente também pode ser chamada de decrescente e monótona.

Exemplos:

- Se $a_n = \frac{n}{n+1}$, então $(a_n) = (\frac{1}{2}, \frac{2}{3}, \frac{3}{4}, \frac{4}{5}, \dots)$ é uma sequência estritamente crescente.
- Se $a_n = \frac{1}{n+1}$, então $(a_n) = (\frac{1}{2}, \frac{1}{3}, \frac{1}{4}, \frac{1}{5}, \dots)$ é uma sequência estritamente decrescente.
- Se $a_n = \begin{cases} 2, & \text{se } n \leqslant 3 \\ \frac{1}{n}, & \text{se } n > 3 \end{cases}$, então $(a_n) = (2, 2, 2, \frac{1}{4}, \frac{1}{5}, \frac{1}{6}, \dots)$ é uma sequência decrescente.
- Se $a_n = \begin{cases} \frac{n-1}{n}, & \text{se } n \leqslant 4 \\ 8, & \text{se } n > 4 \end{cases}$, então $(a_n) = (0, \frac{1}{2}, \frac{2}{3}, \frac{3}{4}, 8, 8, 8, \dots)$ é uma sequência crescente.
- Se $a_n = (-1)^n$, então $(a_n) = (-1, 1, -1, 1, -1, 1, \dots)$ é uma sequência que não é crescente, nem decrescente, ou seja, não é monótona.

3.4 Teste de monoticidade

A desigualdade $a_k < a_{k+1}$ também pode ser escrita na forma $a_k - a_{k+1} < 0$. Além disso, se os termos a_k forem todos positivos, então podemos dividir por a_k para obtermos $\frac{a_k}{a_k} < \frac{a_{k+1}}{a_k}$, ou seja, $1 < \frac{a_{k+1}}{a_k}$, que equivale a $\frac{a_{k+1}}{a_k} > 1$. Podemos fazer o mesmo com outras desigualdades para chegarmos às seguintes conclusões:

- Se (a_n) é estritamente crescente, então $a_k - a_{k+1} < 0$, $\forall k \in \mathbb{N}$. Se os termos a_k forem positivos, então essa desigualdade equivale a $\frac{a_{k+1}}{a_k} > 1$;
- Se (a_n) é crescente, então $a_k - a_{k+1} \leqslant 0$, $\forall k \in \mathbb{N}$. Se os termos a_k forem positivos, então essa desigualdade equivale a $\frac{a_{k+1}}{a_k} \geqslant 1$;
- Se (a_n) é estritamente decrescente, então $a_k - a_{k+1} > 0$, $\forall k \in \mathbb{N}$. Se os termos a_k forem positivos, então essa desigualdade equivale a $\frac{a_{k+1}}{a_k} < 1$;
- Se (a_n) é decrescente, então $a_k - a_{k+1} \geqslant 0$, $\forall k \in \mathbb{N}$. Se os termos a_k forem positivos, então essa desigualdade equivale a $\frac{a_{k+1}}{a_k} \leqslant 1$;

Dependendo do tipo de questão a ser resolvida, às vezes pode ser mais fácil usar $\frac{a_{k+1}}{a_k}$ do que $a_{k+1} - a_k$.

Exemplo: Mostrar que a sequência cujo termo geral é $a_n = \frac{n+1}{n+2}$, $\forall n \in \mathbb{N}$, é estritamente crescente.

Solução: Vamos avaliar a diferença entre termos consecutivos $a_{k+1} - a_k$:

$$a_{k+1} - a_k = \frac{k+2}{k+3} - \frac{k+1}{k+2} = \frac{(k+2)^2 - (k+3)(k+1)}{(k+2)(k+3)}$$
$$= \frac{\cancel{k^2} + \cancel{4k} + 4 - \cancel{k^2} - \cancel{4k} - 3}{(k+2)(k+3)} = \frac{1}{(k+2)(k+3)} > 0.$$

Como $a_{k+1} - a_k > 0 \Rightarrow a_{k+1} > a_k$, para todo $k \in \mathbb{N}$, temos que a sequência dada é estritamente crescente.

Observação: Outra solução seria avaliar a fração a_{k+1}/a_k e verificar se ela é maior ou menor do que 1. Efetuando uma simplificação, obtemos que

$$\frac{a_{k+1}}{a_k} = \frac{(k+2)/(k+3)}{(k+1)/(k+2)} = \frac{k^2+4k+4}{k^2+4k+3} = 1 + \frac{1}{k^2+4k+3} > 1, \ \forall k \in \mathbb{N}.$$

Assim, concluímos, mais uma vez, que a sequência dada é estritamente crescente.

Definição: Se uma sequência passar a ter determinada propriedade somente depois de descartarmos uma quantidade finita de termos iniciais, então dizemos que a sequência tem aquela propriedade **eventualmente**. Por exemplo, a sequência

$$(9, 8, 7, 6, 15, 16, 17, 18, 19, \dots)$$

cujo termo geral é dado por $a_n = \begin{cases} 10 - n, & \text{se } n \leqslant 4 \\ 10 + n, & \text{se } n > 4 \end{cases}$ não é crescente. No entanto, ao descartarmos seus 4 primeiros termos, obtemos $(15, 16, 17, 18, \dots)$ que é crescente. Assim, afirmamos que a sequência (a_n) dada é eventualmente crescente.

Exemplo: Seja (a_n) a sequência com termo geral $a_n = \frac{10^n}{n!}$. Vamos avaliar a fração a_{n+1}/a_n:

$$\frac{a_{n+1}}{a_n} = \frac{10^{n+1}/(n+1)!}{10^n/n!} = \frac{\cancel{10^n} \cdot 10 \cdot \cancel{n!}}{(n+1) \cdot \cancel{n!} \cdot \cancel{10^n}} = \frac{10}{n+1}.$$

Notando que se $n \geqslant 10$, temos $n + 1 \geqslant 11 \Rightarrow \frac{n+1}{10} \geqslant \frac{11}{10} > 1 \Rightarrow \frac{10}{n+1} < 1$. Concluímos assim que a sequência (a_n) é eventualmente estritamente decrescente.

Observação: Da definição de fatorial de n, temos

$$n! = n \cdot \underbrace{(n-1) \cdot (n-2) \cdot (n-3) \cdots 3 \cdot 2 \cdot 1}_{=\,(n-1)!} = n \cdot (n-1)!.$$

3.5 Limite de uma sequência

Definição: Dado $L \in \mathbb{R}$, uma sequência (a_n) é **convergente** para um limite L (ou converge para L), se, dado qualquer $\varepsilon > 0$, existir $N \in \mathbb{R}$ tal que

$$n \geqslant N \Rightarrow |a_n - L| < \varepsilon.$$

Nesse caso, denotaremos por $\lim\limits_{n \to +\infty} a_n = L$.

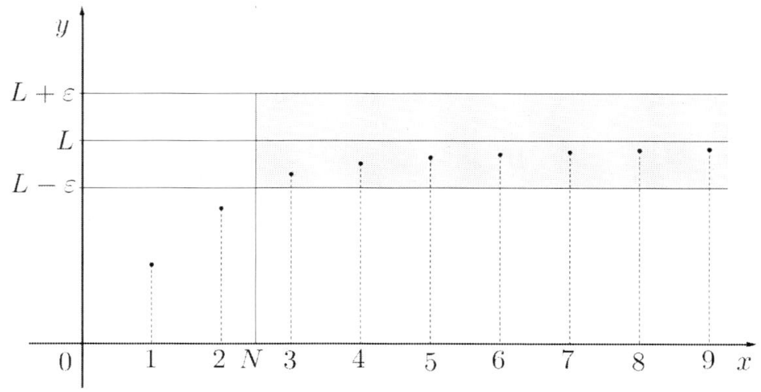

Definição: Dizemos que o limite de a_n é mais infinito, em símbolos $\lim\limits_{n \to +\infty} a_n = +\infty$, se a seguinte implicação for verdadeira:

$$\forall M > 0, \exists N > 0 \,|\, n > N \Rightarrow a_n > M.$$

Definição: Dizemos que o limite de a_n é menos infinito, em símbolos $\lim\limits_{n \to +\infty} a_n = -\infty$, se a seguinte implicação for verdadeira:

$$\forall M < 0, \exists N > 0 \,|\, n > N \Rightarrow a_n < M.$$

Note que $|a_n - L| < \varepsilon$ equivale a $-\varepsilon < a_n - L < \varepsilon \Rightarrow L - \varepsilon < a_n < L + \varepsilon$. Daí, se uma sequência converge para L, então, a partir de uma certa ordem, todos os termos da sequência pertencem a um intervalo aberto $]L - \varepsilon,\ L + \varepsilon[$.

Definição: Uma sequência (a_n) é dita **divergente** (ou que a_n diverge) se $\lim\limits_{n\to+\infty} a_n$ não existir ou for mais infinito ou menos infinito.

Exemplos:

- A sequência (a_n) cujo termo geral é $a_n = 1/n$ converge para 0, porque $\lim\limits_{n\to+\infty} \dfrac{1}{n} = 0$.

- A sequência (b_n) em que $b_n = \frac{n}{n+2}$ converge para 1, porque $\lim\limits_{n\to+\infty} \dfrac{n}{n+2} = 1$.

- Se $c_n = 1 + 3^n$, então a sequência (c_n) diverge, porque $\lim\limits_{n\to+\infty} c_n = +\infty$.

- Se $d_n = (-1)^{n+1}$, então a sequência $(d_n) = (1, -1, 1, -1, 1, -1, \dots)$ diverge, porque não existe $\lim\limits_{n\to+\infty} d_n$.

- Se $a_n = \dfrac{3n^5 + n^3 + 2n^2 + 10}{15n^5 - n^4 - 3n^3 - n + 3}$, então $\lim\limits_{n\to+\infty} a_n = \lim\limits_{n\to+\infty} \dfrac{3\cancel{n^5}}{15\cancel{n^5}} = \dfrac{1}{5}$. Logo, a sequência converge para $\frac{1}{5}$.

- Se $a_n = \sqrt{\dfrac{6n^4 + n^2 + 1}{3n^4 - n + 13}}$, então $\lim\limits_{n\to+\infty} a_n = \lim\limits_{n\to+\infty} \sqrt{\dfrac{6\cancel{n^4}}{3\cancel{n^4}}} = \sqrt{2}$. Logo, a sequência converge para $\sqrt{2}$.

- Se $a_n = \dfrac{\cos(n^2 + n + 1)}{n}$, então $\lim\limits_{n\to+\infty} a_n = \lim\limits_{n\to+\infty} \underbrace{\dfrac{1}{n}}_{\to 0} \underbrace{\cos(n^2 + n + 1)}_{\text{limitado}} = 0$. Logo, a sequência converge para 0.

- Se $a_n = \sqrt{3n+1} - \sqrt{3n}$, então $\lim\limits_{n\to+\infty} a_n$ é igual a
$$\lim_{n\to+\infty} \frac{(\sqrt{3n+1} - \sqrt{3n})(\sqrt{3n+1} + \sqrt{3n})}{\sqrt{3n+1} + \sqrt{3n}} = \lim_{n\to+\infty} \frac{1}{\sqrt{3n+1} + \sqrt{3n}} = 0.$$
Logo, a sequência converge para 0.

- Se $a_n = \sqrt{3n+1} + \sqrt{3n}$, então $\lim\limits_{n\to+\infty} a_n = \lim\limits_{n\to+\infty} (\sqrt{3n+1} + \sqrt{3n}) = +\infty$. Logo, a sequência diverge.

- Se $a_n = \left(1 + \dfrac{3}{n}\right)^n$, então fazendo a mudança de variável $\frac{3}{n} = \frac{1}{m} \Rightarrow n = 3m$, $\lim\limits_{m\to+\infty} a_m = \lim\limits_{m\to+\infty} \left[\left(1 + \dfrac{1}{m}\right)^m\right]^3 = e^3$. Logo, converge para e^3.

3.6 Propriedades dos limites de sequências

O cálculo do limite de uma sequência possui propriedades idênticas as do limite de uma função. A seguir, citamos as principais propriedades.

Propriedades: Se (a_n) e (b_n) são sequências que convergem para L_1 e L_2, respectivamente, ou seja, se $\lim\limits_{n\to+\infty} a_n = L_1$ e $\lim\limits_{n\to+\infty} b_n = L_2$, e se $k \in \mathbb{R}$ for constante, então:

- $\lim\limits_{n\to+\infty} k = k$;
- $\lim\limits_{n\to+\infty} (ka_n) = k \lim\limits_{n\to+\infty} a_n = kL_1$;
- $\lim\limits_{n\to+\infty} (a_n + b_n) = \lim\limits_{n\to+\infty} a_n + \lim\limits_{n\to+\infty} b_n = L_1 + L_2$;
- $\lim\limits_{n\to+\infty} (a_n - b_n) = \lim\limits_{n\to+\infty} a_n - \lim\limits_{n\to+\infty} b_n = L_1 - L_2$;
- $\lim\limits_{n\to+\infty} (a_n \cdot b_n) = \lim\limits_{n\to+\infty} a_n \cdot \lim\limits_{n\to+\infty} b_n = L_1 \cdot L_2$;
- $\lim\limits_{n\to+\infty} \dfrac{a_n}{b_n} = \dfrac{\lim\limits_{n\to+\infty} a_n}{\lim\limits_{n\to+\infty} b_n} = \dfrac{L_1}{L2}$, se $L_2 \neq 0$;
- se $n \in \mathbb{N}$, $x \in \mathbb{R}$ e $a_n = f(n)$, então $\lim\limits_{n\to+\infty} a_n = \lim\limits_{n\to+\infty} f(n) = \lim\limits_{x\to+\infty} f(x)$.

O teorema a seguir é conhecido pelo nome de Teorema do Confronto para Sequências:

Teorema: Se (a_n), (b_n) e (c_n) são sequências tais que $a_n \leqslant b_n \leqslant c_n$, $\forall n \geqslant N$, e se $\lim\limits_{n\to+\infty} a_n = \lim\limits_{n\to+\infty} c_n = L$, então $\lim\limits_{n\to+\infty} b_n = L$.

Exemplo: Dado $a_n = \dfrac{n!}{n^n}$, calcule $\lim\limits_{n\to+\infty} a_n$.

Solução: Temos que

- $a_1 = 1$,
- $a_2 = \frac{2!}{2^2} = \frac{2\cdot1}{2\cdot2} = \overbrace{\dfrac{2}{2}}^{\leqslant 1} \cdot \frac{1}{2} \leqslant \frac{1}{2}$,
- $a_3 = \frac{3!}{[illegible]} = \frac{3\cdot2\cdot1}{[illegible]} = \overbrace{3\cdot 2}^{\leqslant 1}$ [illegible] $1 \leqslant 1$ [illegible]
- $a_4 = \frac{4!}{4^4} = \frac{4\cdot3\cdot2\cdot1}{4\cdot4\cdot4\cdot4} = \overbrace{\dfrac{4\cdot3\cdot2}{4\cdot4\cdot4}}^{\leqslant 1} \cdot \frac{1}{4} \leqslant \frac{1}{4}$,
- $a_5 = \frac{5!}{5^5} = \frac{5\cdot4\cdot3\cdot2\cdot1}{5\cdot5\cdot5\cdot5\cdot5} = \overbrace{\dfrac{5\cdot4\cdot3\cdot2}{5\cdot5\cdot5\cdot5}}^{\leqslant 1} \cdot \frac{1}{5} \leqslant \frac{1}{5}$,

e, em geral, temos

$$a_n = \frac{n!}{n^n} = \frac{n \cdot (n-1) \cdot \cdot (n-2) \cdots 2 \cdot 1}{n \cdot n \cdot n \cdot n \cdots n} = \overbrace{\left(\frac{n \cdot (n-1) \cdot (n-2) \cdots 2}{n \cdot n \cdot n \cdots n}\right)}^{\leqslant 1} \cdot \frac{1}{n} \leqslant \frac{1}{n}.$$

Portanto, $a_n \leqslant \frac{1}{n}$, para todo $n \geqslant 1$. Como também $a_n \geqslant 0$, temos que $0 \leqslant a_n \leqslant \frac{1}{n}$. Finalmente, observando que $\lim\limits_{n\to+\infty} 0 = 0$ e $\lim\limits_{n\to+\infty} \dfrac{1}{n} = 0$, chegamos à conclusão de que $\lim\limits_{n\to+\infty} a_n = 0$.

3.7 Sequências recorrentes

Definição: Uma sequência (a_n) na qual o termo geral a_n dependa do termo anterior (ou termos anteriores), ou seja, $a_n = f(a_{n-1})$, é denominada **sequência recorrente** ou **sequência recursiva.**

Observação: $a_n = f(a_{n-1})$, $n \geqslant 1$, é o mesmo que $a_{n+1} = f(a_n)$, $n \geqslant 0$.
Exemplo: Consideremos (x_n) a sequência recursiva definida por $x_1 = 1$ e $x_n = \dfrac{1}{2}\left(x_{n-1} + \dfrac{a}{x_{n-1}}\right)$, onde $a > 0$. Supondo essa sequência convergente, determine seu limite. Calcule os cinco primeiros termos dessa sequência no caso particular em que $a = 2$.

Solução: Supondo $\lim\limits_{n\to+\infty} x_n = L$, então $\lim\limits_{n\to+\infty} x_{n-1} = L$. Daí,

$$\lim_{n\to+\infty} x_n = \lim_{n\to+\infty} \frac{1}{2}\left(x_{n-1} + \frac{a}{x_{n-1}}\right) \Rightarrow \lim_{n\to+\infty} x_n = \frac{1}{2}\left(\lim_{n\to+\infty} x_{n-1} + \frac{a}{\lim\limits_{n\to+\infty} x_{n-1}}\right)$$

$$\Rightarrow L = \frac{1}{2}\left(L + \frac{a}{L}\right) \Rightarrow 2L = L + \frac{a}{L} \Rightarrow L^2 = a \Rightarrow L = \sqrt{a}.$$

Portanto, $\lim\limits_{n\to+\infty} x_n = \sqrt{a}$.

Quando $a = 2$, temos $x_n = \frac{1}{2}\left(x_{n-1} + \frac{2}{x_{n-1}}\right)$ e os cinco primeiros termos são:

- $n = 1 \Rightarrow x_n = x_1 = 1$, (dado no enunciado)
- $n = 2 \Rightarrow x_2 = \frac{1}{2}(x_1 + \frac{2}{x_1}) = \frac{1}{2}(1 + \frac{2}{1}) = \frac{3}{2} = 1,5$,
- $n = 3 \Rightarrow x_3 = \frac{1}{2}(x_2 + \frac{2}{x_2}) = \frac{1}{2}(\frac{3}{2} + \frac{2}{3/2}) = \frac{17}{12} = 1,416$,
- $n = 4 \Rightarrow x_4 = \frac{1}{2}(x_3 + \frac{2}{x_3}) = \frac{1}{2}(\frac{17}{12} + \frac{2}{17/12}) = \frac{577}{408} = 1,4142156$,
- $n = 5 \Rightarrow x_5 = \frac{1}{2}(x_4 + \frac{2}{x_4}) = \frac{1}{2}(\frac{577}{408} + \frac{2}{577/408}) = \frac{665857}{470832} = 1,4142135623$,

No caso em que $a = 2$, a sequência (x_n) converge para $\sqrt{2}$. Assim, esse quinto termo obtido ($x_5 = 1,4142135623$) é um valor aproximado para $\sqrt{2}$. Esse valor tem uma precisão numérica muito boa e foi obtido usando-se poucas operações aritméticas. Portanto, essa sequência fornece um algoritmo eficiente para o cálculo de raízes quadradas, usando-se apenas as operações aritméticas elementares de adição, multiplicação e divisão.

Exemplo: Escreva os 5 primeiros termos da sequência recorrente $(x_k)_{k\in\mathbb{N}}$ definida por

$$x_1 = \frac{1}{2}, \quad x_{k+1} = \frac{1}{1+x_k}.$$

Sabendo que essa sequência é convergente, determine seu limite.

Solução: Substituindo $k = 1, 2, 3, 4$ em x_{k+1}, obtemos:

- $k = 1 \Rightarrow x_2 = \frac{1}{1+x_1} = \frac{1}{1+\frac{1}{2}} = \frac{2}{3}$
- $k = 2 \Rightarrow x_3 = \frac{1}{1+x_2} = \frac{1}{1+\frac{2}{3}} = \frac{3}{5}$
- $k = 3 \Rightarrow x_4 = \frac{1}{1+x_3} = \frac{1}{1+\frac{3}{5}} = \frac{5}{8}$
- $k = 4 \Rightarrow x_5 = \frac{1}{1+x_4} = \frac{1}{1+\frac{5}{8}} = \frac{8}{13}$

Desse modo, obtivemos que a sequência possui os seguintes termos:

$$\left(\frac{1}{2}, \frac{2}{3}, \frac{3}{5}, \frac{5}{8}, \frac{8}{13}, \dots\right)$$

Supondo $\lim\limits_{k\to\infty} x_k = L$, temos $\lim\limits_{k\to\infty} x_{k+1} = L$. Calculando limites, obtemos $\lim\limits_{k\to\infty} x_{k+1} = \lim\limits_{k\to\infty}\left(\frac{1}{1+x_k}\right)$, ou seja, $L = \frac{1}{1+L}$. Resolvendo essa equação anterior, encontramos

$$L(1+L) = 1 \Rightarrow L^2 + L - 1 = 0 \Rightarrow L = \frac{-1+\sqrt{5}}{2}$$

Concluímos então que a sequência converge para $\frac{-1+\sqrt{5}}{2}$.

Exemplo: Escreva os 6 primeiros termos da sequência recorrente $(x_k)_{k\in\mathbb{N}}$ definida por

$$x_1 = 1, \quad x_{k+1} = \frac{2x_k}{3} + \frac{7}{3x_k^2},$$

e sabendo que essa sequência é convergente, determine seu limite.

Solução: : Substituindo $k = 1, 2, 3, 4, 5$ em x_{k+1}, obtemos:

- $k = 1 \Rightarrow x_2 = \frac{2x_1}{3} + \frac{7}{3x_1^2} = \frac{2}{3} + \frac{7}{3} = \frac{9}{3} = 3$
- $k = 2 \Rightarrow x_3 = \frac{2x_2}{3} + \frac{7}{3x_2^2} = \frac{2\cdot 3}{3} + \frac{7}{3\cdot 3^2} = \frac{61}{27} = 2,259259$
- $k = 3 \Rightarrow x_4 = \frac{2x_3}{3} + \frac{7}{3x_3^2} = \frac{2\cdot 2{,}259259}{3} + \frac{7}{3\cdot 2{,}259259^2} = 1,963307$
- $k = 4 \Rightarrow x_5 = \frac{2x_4}{3} + \frac{7}{3x_4^2} = \frac{2\cdot 1{,}963307}{3} + \frac{7}{3\cdot 1{,}963307^2} = 1,914212$
- $k = 5 \Rightarrow x_6 = \frac{2x_5}{3} + \frac{7}{3x_5^2} = \frac{2\cdot 1{,}914212}{3} + \frac{7}{3\cdot 1{,}914212^2} = 1,912932$

Desse modo, obtivemos que a sequência possui os seguintes termos:

$$(1, \quad 3, \quad 2,259259, \quad 1,963307, \quad 1,914212, \quad 1,912932, \quad \cdots)$$

Supondo $\lim\limits_{k\to\infty} x_k = L$, temos $\lim\limits_{k\to\infty} x_{k+1} = L$ o que implica $L = \lim\limits_{k\to\infty} x_{k+1} = \lim\limits_{k\to\infty}\left(\frac{2x_k}{3} + \frac{7}{3x_k^2}\right)$, ou seja, $L = \frac{2L}{3} + \frac{7}{3L^2}$. Resolvendo essa equação anterior, encontramos

$$L - \frac{2L}{3} = \frac{7}{3L^2} \Rightarrow \frac{L}{\cancel{3}} = \frac{7}{\cancel{3}L^2} \Rightarrow L^3 = 7 \Rightarrow L = \sqrt[3]{7}$$

Concluímos então que a sequência converge para $\sqrt[3]{7}$. Assim, o sexto termo encontrado da sequência, o 1,912932, é uma aproximação para $\sqrt[3]{7}$ e foi obtido usando-se apenas operações aritméticas básicas como adição, multiplição e divisão.

Observação: *Em geral, a sequência* $x_1 = 1$, $x_{k+1} = \dfrac{(n-1)x_k}{n} + \dfrac{a}{nx_k^{n-1}}$ *converge para* $\sqrt[n]{a}$ *e pode ser usada em um eficiente algoritmo para calcular qualquer raiz enésima, usando-se apenas as operações aritméticas básicas.*

A seguir, enunciamos o último teorema deste capítulo. Sua demonstração pode ser encontrada nas referências bibliográficas.

Teorema: Se uma sequência (a_n) for crescente e limitada superiormente, então ela é convergente. O mesmo vale se (a_n) for decrescente e limitada inferiormente.

Exemplo: Mostre que $a_n = \dfrac{10^n}{n!}$ converge e encontre seu limite.

Solução: Vamos avaliar quanto vale a fração $\frac{a_{n+1}}{a_n}$:

$$\frac{a_{n+1}}{a_n} = \frac{10^(n+1)/(n+1)!}{10^n/n!} = \frac{\cancel{10^n}\cdot 10\cdot \cancel{n!}}{(n+1)\cancel{n!}\cdot\cancel{10^n}} = \frac{10}{n+1}.$$

Se $n \geqslant 10$, então $\frac{10}{n+1} < 1$. Logo, a sequência é decrescente se $n \geqslant 10$, ou seja, é eventualmente decrescente. Como $a_n \geqslant 0$, $\forall n \in \mathbb{N}$, temos que ela é limitada inferiormente; logo, pelo teorema anterior, a sequência é convergente.

Como $\frac{a_{n+1}}{a_n} = \frac{10}{n} \Rightarrow a_{n+1} = \frac{10}{n+1}a_n$, supondo $\lim\limits_{n\to+\infty} a_n = L$, temos:

$$\lim_{n\to+\infty} a_{n+1} = \lim_{n\to+\infty}\frac{10}{n+1}\cdot\lim_{n\to+\infty} a_n \Rightarrow L = 0\cdot L \Rightarrow L = 0.$$

Portanto, a sequência converge para 0.

Observação: Vale o mesmo para $a_n = \dfrac{k^n}{n!}$, onde k é uma constante positiva.

3.8 Exercícios Propostos

P1) Escreva os seis primeiros termos da sequência cujo termo geral a_n é dado em cada caso a seguir.

a) $a_n = 2^{n-3} \cdot 3^{3-n}$ b) $a_n = \cos(n\pi)$ c) $a_n = p \cdot (-1)^{n-1} + q \cdot (-1)^n$

d) $a_n = \sqrt[n]{2}$ e) $a_n = n\,\text{sen}(\frac{n\pi}{2})$ f) $a_n = \frac{1}{\sqrt{5}}\left[\left(\frac{1+\sqrt{5}}{2}\right)^n - \left(\frac{1-\sqrt{5}}{2}\right)^n\right]$

Resp.: a) $(\frac{9}{4}, \frac{3}{2}, 1, \frac{2}{3}, \frac{4}{9}, \frac{8}{27}, \dots)$ b) $(-1, 1, -1, 1, -1, 1, \dots)$
c) $(p-q, -p+q, p-q, -p+q, p-q, -p+q, \dots)$ d) $(2, \sqrt{2}, \sqrt[3]{2}, \sqrt[4]{2}, \sqrt[5]{2}, \sqrt[6]{2}, \dots)$
e) $(1, 0, -3, 0, 5, 0, \dots)$ f) $(1, 1, 2, 3, 5, 8, \dots)$

P2) Verifique se cada uma das sequências $(a_n)_{n\in\mathbb{N}}$ a seguir são constantes, crescentes, decrescentes ou não são monótonas:

a) $a_n = \frac{1}{(3n-1)(n+3)}$ b) $a_n = \frac{7n-4}{2n+1}$ c) $a_n = \frac{(-1)^n}{n^3+5n+10}$

d) $a_n = \cos n$ e) $a_n = e^n$ f) $a_n = \text{senh}\, n = \frac{e^n - e^{-n}}{2}$

g) $a_n = \text{arctg}\, n$ h) $a_n = (-1)^{n-1}\ln(n+1)$ i) $a_n = \frac{(-1)^n + (-1)^{n+1}}{2}$

Resp.: a) decrescente; b) crescente; c) não monótona; d) não monótona; e) crescente; f) crescente; g) crescente; h) não monótona; i) constante.

P3) Verifique se cada uma das sequências $(a_n)_{n\in\mathbb{N}}$ a seguir são convergentes e calcule seus limites.

a) $a_n = \frac{5n-2}{n+4}$ b) $a_n = \frac{2n^2-7n-4}{n^2+2n+1}$ c) $a_n = \frac{2n-1}{n^3+4n+2}$

d) $a_n = (2 - \frac{1}{2^n})(5 + \frac{1}{3^n})$ e) $a_n = \frac{n+(-1)^n}{n}$ f) $a_n = (\frac{1}{4})^{n+2}$

g) $a_n = \frac{n^2+1}{5n+4}$ h) $a_n = \frac{1}{\sqrt{n}}\,\text{sen}(7n^2 - 3n + 2)$ i) $a_n = \left(\frac{2n-5}{2n+5}\right)^n$

j) $a_n = n\,\text{sen}\,\frac{1}{n}$ k) $a_n = 8^{\frac{1}{n}} + (\frac{1}{8})^n$ l) $a_n = \sqrt{n+3} - \sqrt{n}$

m) $a_n = \text{arctg}(3n+8)$ n) $a_n = (3^n + 5^n)^{1/n}$ o) $a_n = \frac{(\ln n)^5}{\sqrt{n}}$

p) $a_n = \frac{(10/11)^n}{(9/10)^n + (11/12)^n}$ q) $a_n = \sqrt[n]{n^2+n}$ r) $a_n = n \cdot e^{-n^2+5n-6}$

Resp.: Todas são convergentes, com exceção apenas do item (g).

a) $\lim\limits_{n\to+\infty} a_n = 5$ b) $\lim\limits_{n\to+\infty} a_n = 2$ c) $\lim\limits_{n\to+\infty} a_n = 0$ d) $\lim\limits_{n\to+\infty} a_n = 10$

e) $\lim\limits_{n\to+\infty} a_n = 1$ f) $\lim\limits_{n\to+\infty} a_n = 0$ g) $\lim\limits_{n\to+\infty} a_n = +\infty$ h) $\lim\limits_{n\to+\infty} a_n = 0$

i) $\lim\limits_{n\to+\infty} a_n = e^{-5}$ j) $\lim\limits_{n\to+\infty} a_n = 1$ k) $\lim\limits_{n\to+\infty} a_n = 1$ l) $\lim\limits_{n\to+\infty} a_n = 0$

m) $\lim\limits_{n\to+\infty} a_n = \frac{\pi}{2}$ n) $\lim\limits_{n\to+\infty} a_n = 5$ o) $\lim\limits_{n\to+\infty} a_n = 0$ p) $\lim\limits_{n\to+\infty} a_n = 0$

q) $\lim\limits_{n\to+\infty} a_n = 1$ r) $\lim\limits_{n\to+\infty} a_n = 0$

P4) Escreva os 5 primeiros termos de cada uma das seguintes sequências $(x_k)_{k\in\mathbb{N}}$ e determine seus limites.

a) $x_1 = \sqrt{\ }$ [illegible] b) [illegible] $x_{k+1} = \frac{1}{1+x_k}$

c) $x_1 = 1, \quad x_{k+1} = \frac{x_k}{10}$ d) $x_1 = \sqrt{2}, \quad x_{k+1} = \sqrt{2 + x_k}$

e) $x_1 = 1, \quad x_{k+1} = \frac{1}{2}\left(x_k + \frac{2}{x_k}\right)$ f) $x_1 = 0, \quad x_{k+1} = x_k + 4$

g) $x_1 = 1, \quad x_{k+1} = \frac{4x_k}{5} + \frac{2}{5x_k^4}$

Resp.: Todas são convergentes, com exceção apenas do item (f).

a) $(3^{\frac{1}{2}},\ 3^{\frac{3}{4}},\ 3^{\frac{7}{8}},\ 3^{\frac{15}{16}},\ 3^{\frac{31}{32}},\ \cdots),\quad \lim\limits_{k\to+\infty} x_k = 3$

b) $(1/2,\ 2/3,\ 3/5,\ 5/8,\ 8/13,\ \cdots),\quad \lim\limits_{k\to+\infty} x_k = \dfrac{-1+\sqrt{5}}{2}$

c) $(1,\ 1/10,\ 1/100,\ 1/1000,\ 1/10000,\cdots),\quad \lim\limits_{k\to+\infty} x_k = 0$

d) $(\sqrt{2},\ \sqrt{2+\sqrt{2}},\ \sqrt{2+\sqrt{2+\sqrt{2}}},\ \sqrt{2+\sqrt{2+\sqrt{2+\sqrt{2}}}},$

$\sqrt{2+\sqrt{2+\sqrt{2+\sqrt{2+\sqrt{2}}}}},\ ,\ \cdots),\quad \lim\limits_{k\to+\infty} x_k = 2$

e) $(1,\ 3/2,\ 17/12,\ 577/408,\ 665857/470832,\ \cdots),\quad \lim\limits_{k\to+\infty} x_k = \sqrt{2}$

f) $(0,\ 4,\ 8,\ 16,\ 20,\ \cdots),\quad \lim\limits_{k\to+\infty} x_k = +\infty$

g) $(1,\ 1{,}2,\ 1{,}1529012345,\ 1{,}1487288865,\ 1{,}1486983566,\ 1{,}1486983549),\quad \lim\limits_{k\to+\infty} x_k = \sqrt[5]{2}$

P5) Em cada caso a seguir, dê exemplo de sequências (a_n) e (b_n) que possuam as propriedades:

a) (a_n) é crescente, (b_n) é decrescente e $(a_n + b_n)$ é crescente;

b) (a_n) é crescente, (b_n) é decrescente e $(a_n + b_n)$ é decrescente;

c) (a_n) é divergente, (b_n) é divergente e $(a_n + b_n)$ é convergente;

d) (a_n) é divergente, (b_n) é divergente e $(a_n b_n)$ é convergente;

e) (a_n) é convergente, (b_n) é divergente e $(a_n b_n)$ é convergente;

Resp.: Cada item possui uma infinidade de respostas que podem ser consideradas corretas. Alguns exemplos estão dados a seguir.

a) $a_n = n$, $b_n = 1/n$

b) $a_n = \frac{n}{n+1}$, $b_n = -n$

c) $a_n = n+1$, $b_n = -n+1$

d) $a_n = (-1)^n$, $b_n = (-1)^n$

e) $a_n = 1/n$, $b_n = \cos n$

P6) Calcule $\lim\limits_{n\to\infty} a_n$ para cada uma das seguintes sequências:

a) $a_n = \left[\dfrac{\sqrt[n]{3}+\sqrt[n]{5}}{2}\right]^n$ b) $a_n = (1-\sqrt{n}+\sqrt{n+4})^{\sqrt{n}}$

c) $a_n = \left[\dfrac{\ln(5n)}{\ln(3n)}\right]^{\ln n}$ d) $a_n = \sqrt[4]{4n^8+19n^6+11} - \sqrt[4]{4n^8+3n^6+5n}$

Resp.: a) $\lim\limits_{n\to\infty} a_n = \sqrt{15}$; b) $\lim\limits_{n\to\infty} a_n = e^2$; c) $\lim\limits_{n\to\infty} a_n = \ln(5/3)$;
d) $\lim\limits_{n\to\infty} a_n = \sqrt{2}$.

Capítulo 4

Séries Infinitas

Neste capítulo, iniciamos o estudo das séries infinitas, também chamadas de séries numéricas. Trata-se de um assunto com muitas aplicações tais como cálculo de valores de funções, cálculo aproximado de integrais e solução numérica de equações.

Apresentamos no início a notação sigma, ou notação de somatório, e definimos série infinita. Depois, apresentamos alguns tipos básicos de séries tais como as geométricas e as telescópicas.

4.1 Introdução

A letra grega sigma maiúscula, $\sum$, denominada sinal de somatório, é usada para denotar determinadas adições com várias parcelas $a_1 + a_2 + a_3 + \cdots + a_n$. Denotada abreviadamente por $\sum_{k=1}^{n} a_k$ e lida como "somatório dos termos a_k, com k variando de 1 a n". Essa notação envolve três partes: o termo geral a_k, o limite inferior $k = 1$ e o limite superior $k = n$, denotado simplesmente por n. Por exemplo, a adição $4 + 6 + 8 + 10 + 12 + 14$ equivale a $2 \cdot 2 + 2 \cdot 3 + 2 \cdot 4 + 2 \cdot 5 + 2 \cdot 6 + 2 \cdot 7$. Assim, uma parcela genérica dessa soma é da forma $2k$, com k inteiro tal que $2 \leqslant k \leqslant 7$. Nesse caso, podemos indicar a adição por $\sum_{k=2}^{7}(2k)$ e lê-se "somatório de $2k$ desde $k = 2$ até $k = 7$", ou também "somatório de $2k$ com k variando de 2 a 7". A letra k utilizada é denominada índice do somatório e pode ser trocada por qualquer outra.

Exemplo: Escrever por extenso $\sum_{k=2}^{6}(4k + 1)$.

$$\begin{aligned}\sum_{k=2}(4k + 1) &= (4 \cdot 2 + 1) + (4 \cdot 3 + 1) + (4 \cdot 4 + 1) + (4 \cdot 5 + 1) + (4 \cdot 6 + 1) \\ &= 9 + 13 + 17 + 21 + 25.\end{aligned}$$

Exemplo: Desenvolver $\sum_{j=1}^{7} e^{2j-1}$.

$$\sum_{j=1}^{5} e^{2j-1} = e^{2\cdot1-1} + e^{2\cdot2-1} + e^{2\cdot3-1} + e^{2\cdot4-1} + e^{2\cdot5-1} + e^{2\cdot6-1} + e^{2\cdot7-1}$$
$$= e^{1} + e^{3} + e^{5} + e^{7} + e^{9} + e^{11} + e^{13}.$$

Definição: Uma **série infinita** é uma expressão da forma

$$a_1 + a_2 + a_3 + \cdots + a_k + \ldots$$

que é abreviada na forma $\sum_{k=1}^{+\infty} a_k$, usando a notação sigma. Os números a_1, a_2, $a_3, \ldots$ são denominados os **termos** e a_k é o **termo geral** da série.

Exemplo: A expressão $2 + 2^2 + 2^3 + 2^4 + \cdots + 2^k + \ldots$ é uma série infinita que pode ser denotada na forma $\sum_{k=1}^{+\infty} 2^k$ e pode ser lida assim: "somatório de 2^k, com k variando de 1 ao infinito".

Definição: Dada uma série $\sum_{k=1}^{+\infty} a_k$, consideremos a sequência (s_n) definida por

$$\begin{aligned} s_1 &= a_1, \\ s_2 &= a_1 + a_2, \\ s_3 &= a_1 + a_2 + a_3, \\ s_4 &= a_1 + a_2 + a_3 + a_4, \\ \vdots &= \vdots \qquad\qquad\quad \vdots \\ s_n &= a_1 + a_2 + a_3 + \cdots + a_n = \sum_{k=1}^{n} a_k. \end{aligned}$$

O número s_n é a **enésima soma parcial** da série e a sequência $(s_n) = (s_1, s_2, s_3, \ldots)$ é a sequência das **somas parciais**.

Se a sequência (s_n) converge para um limite S, então dizemos que a série $\sum_{k=1}^{+\infty} a_k$ é **convergente** e que converge para S. Nesse caso, dizemos que S é a **soma da série**:

$$\lim_{n\to+\infty} s_n = S \Rightarrow \sum_{k=1}^{+\infty} a_k = S.$$

Se a sequência (s_n) for divergente, dizemos também que a série $\sum_{k=1}^{+\infty} a_k$ é divergente.

Exemplo: Consideremos a série

$$1 - 1 + 1 - 1 + 1 - 1 + \cdots = \sum_{k=1}^{+\infty} (-1)^{k+1}$$

Nesse caso, temos

$$\begin{array}{rcl} s_1 & = & 1, \\ s_2 & = & 1-1=0, \\ s_3 & = & 1+1-1=1, \\ s_4 & = & 1-1+1-1=0 \\ \vdots & = & \vdots \qquad\qquad\qquad \vdots \end{array}$$

Como a sequência de somas parciais $(1, 0, 1, 0, 1, 0, \dots)$ é divergente, concluímos que a série é divergente.

4.2 Série geométrica

Definição: A série $\sum_{k=1}^{+\infty}(ar^{k-1}) = a + ar + ar^2 + ar^3 + \cdots$ é denominada **série geométrica** e o número r é a **razão** da série.

Exemplo: São exemplos de séries geométricas os seguintes:

- $\sum_{k=1}^{+\infty} 2^{k-1} = 1 + 2 + 4 + 8 + \cdots$, razão $= 2$;
- $\sum_{k=1}^{+\infty} \frac{7}{10^k} = \frac{7}{10} + \frac{7}{100} + \frac{7}{1000} + \frac{7}{10000} + \cdots$, razão $= \frac{1}{10}$;
- $\sum_{k=1}^{+\infty} 2 \cdot (-1)^{k-1} = 2 - 2 + 2 - 2 + 2 - \cdots$, razão $= -1$;
- $\sum_{k=1}^{+\infty} x^{k-1} = 1 + x + x^2 + x^3 + \cdots$, razão $= x$;

A seguir, um importante teorema que vamos utilizar inúmeras vezes:

Teorema: A série geométrica

$$\sum_{k=1}^{+\infty}(ar^{k-1}) = a + ar + ar^2 + ar^3 + \dots, \text{ com } a \neq 0,$$

converge se $|r| < 1$ e diverge se $|r| \geqslant 1$. Se a série converge, então sua soma é igual a $S = \sum_{k=1}^{+\infty}(ar^{k-1}) = \frac{a}{1-r}$.

Demonstração: Se $r = 1$, a série geométrica é $a + a + a + \dots$ que diverge porque sua soma parcial é $s_n = na$ e $\lim_{n\to+\infty} s_n = +\infty$, se $a > 0$, ou é igual a $-\infty$, se $a < 0$.

Se $r = -1$, então a série é $a - a + a - a + \dots$ e a sequência das somas parciais é $(a, 0, a, 0, a, 0, \dots)$ que é divergente.

Se $r \neq \pm 1$, então o termo geral das somas parciais da série geométrica é $s_n = a + ar + ar^2 + ar^3 + \cdots + ar^{n-1}$. Multiplicando-se os dois membros dessa equação por r, obtemos $rs_n = ar + ar^2 + ar^3 + ar^4 + \cdots + ar^n$ e, a partir daí, obtemos a seguinte diferença:

$$s_n - rs_n = a + \cancel{ar} + \cancel{ar^2} + \cancel{ar^3} + \cdots + \cancel{ar^{n-1}} - \cancel{ar} - \cancel{ar^2} - \cancel{ar^3} - \cdots - \cancel{ar^{n-1}} - ar^n = a - ar^n,$$

que implica $(1-r)s_n = a - ar^n \Rightarrow s_n = \dfrac{a - ar^n}{1-r} = \dfrac{(1-r^n)a}{1-r}$.

- Se $|r| < 1$, então $\lim\limits_{n\to+\infty} r^n = 0 \Rightarrow S = \lim\limits_{n\to+\infty} s_n = \lim\limits_{n\to+\infty} \dfrac{(1-r^n)a}{1-r} = \dfrac{a}{1-r}$;
- Se $r < -1$, então $\nexists \lim\limits_{n\to+\infty} r^n \Rightarrow$ a série geométrica diverge;
- Se $r > 1$, então $\lim\limits_{n\to+\infty} r^n = +\infty \Rightarrow$ a série geométrica diverge.

Exemplo: A série $\dfrac{3}{10} + \dfrac{6}{10} + \dfrac{12}{10} + \dfrac{24}{10} + \cdots = \displaystyle\sum_{k=1}^{+\infty} \frac{3\cdot 2^{k-1}}{10}$ tem seu termo geral dado por $a_k = \frac{3\cdot 2^{k-1}}{10}$ que é da forma ar^{k-1}, com $a = \frac{3}{10}$ e $r = 2$. Logo, é uma série geométrica divergente, porque a razão $r > 1$.

Exemplo: A série $1 + \frac{1}{2} + \frac{1}{4} + \frac{1}{8} + \cdots = \displaystyle\sum_{k=1}^{+\infty} \frac{1}{2^{k-1}}$ tem seu termo geral dado por $a_k = \frac{1}{2^{k-1}}$ que é da forma ar^{k-1}, com $a = 1$ e $r = \frac{1}{2}$. É uma série geométrica com razão r tal que $|r| < 1$, de onde concluímos que é convergente e converge para $S = \frac{a}{1-r} = \frac{1}{1-\frac{1}{2}} = 2$.

Exemplo: Sendo $x \in \mathbb{R}$, calcular a soma da série

$$\sum_{k=1}^{+\infty} \left(-\frac{1}{2}\right)^{k-1} \operatorname{sen}^k x \; = \; \operatorname{sen} x - \frac{1}{2}\operatorname{sen}^2 x + \frac{1}{4}\operatorname{sen}^3 x - \frac{1}{8}\operatorname{sen}^4 x + \cdots .$$

O termo geral dessa série é

$$a_k = \left(-\frac{1}{2}\right)^{k-1} \operatorname{sen}^{k-1} x \cdot \operatorname{sen} x = \underbrace{\operatorname{sen} x}_{=\,a} \cdot \underbrace{\left(-\frac{\operatorname{sen} x}{2}\right)^{k-1}}_{=\,r}.$$

Daí, concluímos que se trata de uma série geométrica de razão $r = -\frac{\operatorname{sen} x}{2}$ e que $|r| = \frac{|\operatorname{sen} x|}{2} \leqslant \frac{1}{2} < 1$. Logo, sua soma é igual a

$$S = \frac{a}{1-r} = \frac{\operatorname{sen} x}{1 - (-\frac{\operatorname{sen} x}{2})} = \frac{\operatorname{sen} x}{(2 + \operatorname{sen} x)/2} = \frac{2\operatorname{sen} x}{2 + \operatorname{sen} x}.$$

4.3 Interpretação geométrica

A figura seguinte ilustra a soma de uma série geométrica mostrada anteriormente.

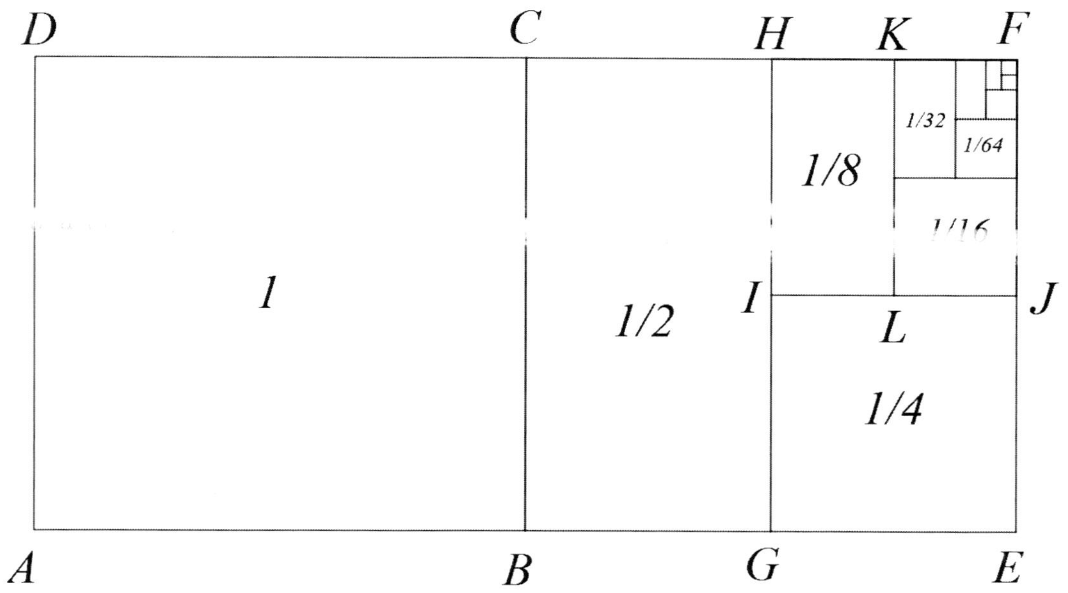

Suponhamos que $ABCD$ e $BEFC$ sejam quadrados com lados iguais a 1 unidade de comprimento. Assim, suas áreas são iguais a 1 unidade de área. Determinamos os pontos médios G e H dos lados BE e CF e construímos o segmento GH. Com isso, a área do retângulo $BGHC$ é igual a $1/2$. Usando os pontos médios dos lados GH e EF, construímos um quadrado $GEIJ$ de área igual a $1/4$. E assim, sempre usando pontos médios dos lados, construímos uma sequência de retângulos com áreas iguais a $1/8$, $1/16$, $1/32$ etc. Os valores numéricos que aparecem nos interiores dos retângulos correspondem as suas áreas.

Somando-se as áreas de todos os retângulos $ABCD$, $BGCH$, $GEJI$, ... obtemos $1 + \frac{1}{2} + \frac{1}{4} + \frac{1}{8} + \cdots$ e observamos que essa soma de áreas vai ficando cada vez mais próxima da área do retângulo maior da figura $AEFD$, cuja área é igual a 2. Sendo assim, fica ilustrado nessa figura a soma da série

$$1 + \frac{1}{2} + \frac{1}{4} + \frac{1}{8} + \frac{1}{16} + \frac{1}{32} + \frac{1}{64} + \cdots = 2.$$

4.4 Série Telescópica

Definição: Uma série cujo termo geral é da forma $a_k = f(k+1) - f(k)$ é denominada **série telescópica** ou **série de encaixe**.

Em geral, o cálculo da enésima soma parcial desse tipo de série é bem simples, com muitos cancelamentos:

$$s_n = a_1 + a_2 + a_3 + \cdots + a_n = \overbrace{\cancel{f(2)} - f(1)}^{a_1} + \overbrace{\cancel{f(3)} - \cancel{f(2)}}^{a_2}$$
$$+ \overbrace{\cancel{f(4)} - \cancel{f(3)}}^{a_3} + \cdots + \overbrace{f(n+1) - \cancel{f(n)}}^{a_n} = f(n+1) - f(1).$$

A partir daí, para calcular a soma da série, basta calcular $\lim\limits_{n \to +\infty} s_n$.

Exemplo: Determinar se a série

$$\sum_{k=1}^{+\infty} \frac{1}{k(k+1)} = \frac{1}{1\cdot 2} + \frac{1}{2\cdot 3} + \frac{1}{3\cdot 4} + \frac{1}{4\cdot 5} + \cdots$$

converge ou diverge. Se convergir, determinar sua soma.

Solução: Antes, devemos simplificar a fração $\frac{1}{k(k+1)}$, escrevendo-a como uma soma (ou diferença) de frações mais simples, chamadas frações parciais. Para isso, devemos encontrar constantes A e B tais que

$$\frac{1}{k(k+1)} = \frac{A}{k} + \frac{B}{k+1}.$$

Multiplicando-se os dois membros dessa igualdade por $k(k+1)$, obtemos $1 = A(k+1) + Bk$. Atribuindo a k o valor 0, obtemos $A = 1$, e fazendo $k = -1$, obtemos $B = -1$. Portanto, $a_k = \dfrac{1}{k(k+1)} = \dfrac{1}{k} - \dfrac{1}{k+1}$.

Fazendo $k = 1, 2, 3, \ldots, n$, obtemos:

$$\begin{aligned}
k = 1 &\Rightarrow a_1 = \frac{1}{1} - \frac{1}{2}\\
k = 2 &\Rightarrow a_2 = \frac{1}{2} - \frac{1}{3}\\
k = 3 &\Rightarrow a_3 = \frac{1}{3} - \frac{1}{4}\\
k = 4 &\Rightarrow a_4 = \frac{1}{4} - \frac{1}{5}\\
&\vdots\\
k = 1 &\Rightarrow a_n = \frac{1}{n} - \frac{1}{n+1}
\end{aligned}$$

Somando-se as igualdades anteriores, obtemos:

$$\begin{aligned}
s_n = a_1 + a_2 + a_3 + \cdots + a_n &= \frac{1}{1} - \frac{1}{2} + \frac{1}{2} - \frac{1}{3} + \frac{1}{3} - \frac{1}{4} + \cdots\\
&+ \frac{1}{n-1} - \frac{1}{n} + \frac{1}{n} - \frac{1}{n+1} = 1 - \frac{1}{n+1} = \frac{n}{n+1},
\end{aligned}$$

de onde concluímos que a soma da série é

$$\sum_{k=1}^{+\infty} \frac{1}{k(k+1)} = \lim_{n\to+\infty} \sum_{k=1}^{n} \frac{1}{k(k+1)} = \lim_{n\to+\infty} s_n = \lim_{n\to+\infty} \frac{n}{n+1} = 1.$$

4.5 Teste da Divergência

Teorema: Se $\sum_{k=1}^{+\infty} a_k$ for convergente, então $\lim_{k\to+\infty} a_k = 0$.

A demonstração consiste apenas em observar que

$$s_k = s_{k-1} + a_k \Rightarrow a_k = s_k - s_{k-1}$$

e que, como $\lim\limits_{k\to+\infty} s_k = \lim\limits_{k\to+\infty} s_{k-1} = S$, temos

$$\lim_{k\to+\infty} a_k = \lim_{k\to+\infty} s_k - \lim_{k\to+\infty} s_{k-1} = S - S = 0.$$

Observação: A recíproca não é verdadeira. Não basta que $\lim\limits_{n\to+\infty} a_n = 0$ para concluirmos que a série é convergente. Ou seja, existem séries na qual $\lim\limits_{n\to+\infty} a_n = 0$ e, no entanto, são divergentes.

O teste a seguir é equivalente ao teorema anterior, muda apenas a maneira de escrever.

Teste da divergência Se $\lim\limits_{n\to+\infty} a_n$ for diferente de 0 ou não existir, então $\sum\limits_{n}^{+\infty} a_n$ é divergente.

Exemplo: $\sum\limits_{n=1}^{+\infty} \dfrac{n^2-10}{5n^2+4n}$ diverge, porque $\lim\limits_{n\to+\infty} \dfrac{n^2-10}{5n^2+4n} = \dfrac{1}{5} \neq 0$;

Exemplo: $\sum\limits_{n=1}^{+\infty} n \operatorname{sen} \dfrac{1}{n}$ diverge, porque $\lim\limits_{n\to+\infty} \dfrac{\operatorname{sen}(1/n)}{1/n} = 1 \neq 0$;

Exemplo: $\sum\limits_{n=1}^{+\infty} (-1)^n \dfrac{n^2-10}{5n^2+4n}$ diverge, porque não existe $\lim\limits_{n\to+\infty} (-1)^n \dfrac{n^2-10}{5n^2+4n}$;

Exemplo: $\sum\limits_{n=1}^{+\infty} (-1)^{n+1}$ diverge, porque não existe $\lim\limits_{n\to+\infty} (-1)^{n+1}$;

4.6 Série Harmônica

Definição: A série $\sum\limits_{k=1}^{+\infty} \dfrac{1}{k} = 1 + \dfrac{1}{2} + \dfrac{1}{3} + \dfrac{1}{4} + \dfrac{1}{5} + \cdots$ é denominada **série harmônica**.

Desde o século XIV que se sabe que a série harmônica é divergente, apesar de seu termo geral tender a zero. Existem mais de 70 demonstrações diferentes da sua divergência.

Seja $s_n = 1 + \frac{1}{2} + \frac{1}{3} + \cdots + \frac{1}{n}$. Então temos as seguintes estimativas para os valores $s_2, s_4, s_8, s_{16}, \ldots$

- $s_2 = 1 + \frac{1}{2} > \frac{1}{2} + \frac{1}{2} = \frac{2}{2}$
- $s_4 = \underbrace{1 + \frac{1}{2}}_{s_2} + \frac{1}{3} + \frac{1}{4} = s_2 + \frac{1}{3} + \frac{1}{4} > \frac{2}{2} + \underbrace{\frac{1}{4} + \frac{1}{4}}_{=1/2} = \frac{3}{2}$
- $s_8 = \underbrace{1 + \frac{1}{2} + \frac{1}{3} + \frac{1}{4}}_{s_4} + \frac{1}{5} + \frac{1}{6} + \frac{1}{7} + \frac{1}{8} = s_4 + \frac{1}{5} + \frac{1}{6} + \frac{1}{7} + \frac{1}{8} > \frac{3}{2} + \underbrace{\frac{1}{8} + \frac{1}{8} + \frac{1}{8} + \frac{1}{8}}_{=1/2} = \frac{4}{2}$
- $s_{16} = \underbrace{1 + \frac{1}{2} + \frac{1}{3} + \frac{1}{4} + \frac{1}{5} + \frac{1}{6} + \frac{1}{7} + \frac{1}{8}}_{s_8} + \frac{1}{9} + \frac{1}{10} + \frac{1}{11} + \frac{1}{12} + \frac{1}{13} + \frac{1}{14} + \frac{1}{15} + \frac{1}{16}$

$$= s_8 + \frac{1}{9} + \frac{1}{10} + \frac{1}{11} + \frac{1}{12} + \frac{1}{13} + \frac{1}{14} + \frac{1}{15} + \frac{1}{16}$$
$$> \frac{4}{2} + \underbrace{\frac{1}{16} + \frac{1}{16} + \frac{1}{16} + \frac{1}{16} + \frac{1}{16} + \frac{1}{16} + \frac{1}{16} + \frac{1}{16}}_{=1/2} = \frac{5}{2}$$

Dessa forma, obtivemos que $s_{2^1} > \frac{1+1}{2}$, $s_{2^2} > \frac{2+1}{2}$, $s_{2^3} > \frac{3+1}{2}$ e $s_{2^4} > \frac{4+1}{2}$, de onde podemos supor que $s_{2^n} > \frac{n+1}{2}$. Supondo que isso seja verdadeiro para n, vamos mostrar que vale também com $n+1$ no lugar de n:

$$s_{2^{n+1}} = s_{2^n} + \overbrace{\frac{1}{2^n+1} + \frac{1}{2^n+2} + \cdots + \frac{1}{2^n+2^n}}^{2^n \text{ parcelas}}$$

$$> \frac{n+1}{2} + \underbrace{\frac{1}{2^{n+1}} + \frac{1}{2^{n+1}} + \cdots + \frac{1}{2^{n+1}}}_{2^n \text{ parcelas}} = \frac{n+1}{2} + \frac{1}{2} = \frac{n+2}{2}.$$

Assim, fica mostrado por indução que $s_{2^n} > \frac{n+1}{2}$, $\forall n \in \mathbb{N}$. Se $M > 0$ for qualquer constante, então existe $n \in \mathbb{N}$ tal que $\frac{n+1}{2} > M$, e daí, $s_{2^n} > M$. Isso significa, que a sequência de somas parciais da série harmônica se torna maior do que qualquer constante $M > 0$. Concluímos assim que $\displaystyle\sum_{k=1}^{+\infty} \frac{1}{k} = +\infty$, ou seja, a série harmônica é divergente.

4.7 Propriedades

Considerando as séries $\displaystyle\sum_{k=1}^{+\infty} a_k$ e $\displaystyle\sum_{k=1}^{+\infty} b_k$, são válidas as seguintes propriedades, consequências imediatas de propriedades de limite.

- Se $\displaystyle\sum_{k=1}^{+\infty} a_k$ e $\displaystyle\sum_{k=1}^{+\infty} b_k$ são convergentes, então $\displaystyle\sum_{k=1}^{+\infty}(a_k + b_k)$ e $\displaystyle\sum_{k=1}^{+\infty}(a_k - b_k)$ também são convergentes e

$$\sum_{k=1}^{+\infty}(a_k + b_k) = \sum_{k=1}^{+\infty} a_k + \sum_{k=1}^{+\infty} b_k$$

$$\sum_{k=1}^{+\infty}(a_k - b_k) = \sum_{k=1}^{+\infty} a_k - \sum_{k=1}^{+\infty} b_k$$

- Se $c \neq 0$ for uma constante, então $\displaystyle\sum_{k=1}^{+\infty}(c \cdot a_k)$ e $\displaystyle\sum_{k=1}^{+\infty} a_k$ são ambas convergentes ou ambas divergentes. No caso de convergência, temos

$$\sum_{k=1}^{+\infty}(c \cdot a_k) = c \cdot \sum_{k=1}^{+\infty} a_k.$$

- A convergência ou divergência de uma série não é afetada quando retiramos ou acrescentamos uma quantidade finita de termos da série. Em particular,

$$\sum_{k=1}^{+\infty} a_k = a_1 + a_2 + a_3 + a_4 + \cdots$$

e

$$\sum_{k=p}^{+\infty} a_k = a_p + a_{p+1} + a_{p+2} + a_{p+3} + \cdots$$

ambas convergem ou ambas divergem. Nesse caso, os termos acrescentados ou retirados afetam a soma da série.

Exemplo: A série $\displaystyle\sum_{k=11}^{+\infty} \frac{1}{k} = \frac{1}{11} + \frac{1}{12} + \frac{1}{13} + \frac{1}{14} + \cdots$ é divergente porque ela é o que obtemos quando retiramos os 10 primeiros termos da série harmônica.

Exemplo: A série $10+9+8+7+\frac{1}{3}+\frac{1}{9}+\frac{1}{27}+\cdots+\frac{1}{3^k}+\cdots$ é convergente porque se retirarmos seus quatro primeiros termos, obtemos $\frac{1}{3}+\frac{1}{9}+\frac{1}{27}+\cdots+\frac{1}{3^k}+\cdots$ que é uma série geométrica convergente de razão igual a $\frac{1}{3}$.

Exemplo: A série $\displaystyle\sum_{k=1}^{+\infty} \frac{1}{3k} = \frac{1}{3} + \frac{1}{6} + \frac{1}{9} + \frac{1}{12} + \cdots$ é divergente porque ela é igual à série harmônica multiplicada por $1/3$.

Exemplo: Determinar a soma da série

$$\sum_{k=1}^{+\infty} \left(\frac{3}{4^k} - \frac{2}{5^{k-1}} \right) = -\frac{5}{4} - \frac{17}{80} - \frac{53}{1600} - \frac{137}{32000} - \cdots$$

- A série $\displaystyle\sum_{k=1}^{+\infty} \frac{3}{4^k} = \frac{3}{4} + \frac{3}{16} + \frac{3}{64} + \cdots$ é uma série geométrica de razão $1/4$ e primeiro termo igual a $3/4$. Logo, sua soma é igual a $\frac{3/4}{1-1/4} = 1$.

- $\displaystyle\sum_{k=1}^{+\infty} \frac{2}{5^{k-1}} = 2 + \frac{2}{5} + \frac{2}{25} + \frac{2}{125} + \cdots$ é uma série geométrica de razão $1/5$ e primeiro termo igual a 2. Logo, sua soma é igual a $\frac{2}{1-1/5} = \frac{5}{2}$.

- Concluímos que $\displaystyle\sum_{k=1}^{+\infty} \left(\frac{3}{4^k} - \frac{2}{5^{k-1}} \right) = \sum_{k=1}^{+\infty} \frac{3}{4^k} - \sum_{k=1}^{+\infty} \frac{2}{5^{k-1}} = 1 - \frac{5}{2} = -\frac{3}{2}$.

Observação: Para quaisquer $a, b \in \mathbb{N}$ temos $\displaystyle\sum_{k=a}^{+\infty} f(k) = \sum_{k=b}^{+\infty} f(k+a-b)$. Assim, qualquer série pode ser escrita na notação sigma com qualquer valor inicial para o índice k pertencente ao domínio da função f. Por exemplo, $\displaystyle\sum_{k=0}^{+\infty} \frac{1}{k^2+1} = \sum_{k=1}^{+\infty} \frac{1}{(k-1)^2+1} = \sum_{k=2}^{+\infty} \frac{1}{(k-2)^2+1} = \sum_{k=3}^{+\infty} \frac{1}{(k-3)^2+1}$ etc.

4.8 Exercícios Resolvidos

R1) Calcule a soma da série convergente $\displaystyle\sum_{k=1}^{+\infty} \frac{2^n + 3^n}{6^n}$.

Solução : O termo geral pode ser escrito na forma

$$\frac{2^n + 3^n}{6^n} = \frac{2^n}{6^n} + \frac{3^n}{6^n} = \frac{1}{3^n} + \frac{1}{2^n}.$$

Daí, $\displaystyle\sum_{k=1}^{+\infty} \frac{2^n + 3^n}{6^n} = \sum_{k=1}^{+\infty} \left(\frac{1}{3^n} + \frac{1}{2^n}\right) = \sum_{k=1}^{+\infty} \frac{1}{3^n} + \sum_{k=1}^{+\infty} \frac{1}{2^n}$ o que significa que a soma da série é equivalente à soma das séries geométricas $\sum \frac{1}{3^n} = \frac{1}{3} + \frac{1}{9} + \frac{1}{27} + \cdots$ e $\sum \frac{1}{2^n} = \frac{1}{2} + \frac{1}{4} + \frac{1}{8} + \cdots$. Portanto,

$$\sum_{k=1}^{+\infty} \frac{2^n + 3^n}{6^n} = \frac{\frac{1}{3}}{1 - \frac{1}{3}} + \frac{\frac{1}{2}}{1 - \frac{1}{2}} = \frac{1}{2} + 1 = \frac{3}{2}.$$

R2) Calcule a soma da série convergente $\displaystyle\sum_{k=1}^{+\infty} \frac{1}{k^2 + 9k + 20}$.

Solução : Resolvendo a equação $k^2 + 9k + 20 = 0$, obtemos $k = -4$ ou $k = -5$. Isso significa que $k^2 + 9k + 20$ pode ser escrito na forma

$$k^2 + 9k + 20 = (k - (-4))(k - (-5)) = (k + 4)(k + 5).$$

Por causa disso, vamos separar a fração $\frac{1}{k^2+9k+20}$ em frações mais simples (*frações parciais*):

$$\frac{1}{k^2 + 9k + 20} = \frac{A}{k + 4} + \frac{B}{k + 5}.$$

Multiplicando-se essa última igualdade por $(k + 4)(k + 5)$, obtemos $1 = A(k + 5) + B(k + 4)$. Substituindo agora dois valores particulares para k, por exemplo $k = 1$ e $k = 2$, obtemos o seguinte sistema linear:

$$\begin{cases} 6A + 5B &= 1 \\ 7A + 6B &= 1 \end{cases}$$

que ao ser resolvido fornece os seguintes valores: $A = 1$ e $B = -1$. Concluímos então que

$$a_k = \frac{1}{k^2 + 9k + 20} = \frac{1}{k + 4} - \frac{1}{k + 5}.$$

Fazendo $k = 1, 2,$ [illegible]

- $k = 1 \Rightarrow a_1 = \frac{1}{5} - \frac{1}{6}$
- $k = 2 \Rightarrow a_2 = \frac{1}{6} - \frac{1}{7}$
- $k = 3 \Rightarrow a_3 = \frac{1}{7} - \frac{1}{8}$
- $\vdots \qquad \vdots$

- $k = n \Rightarrow a_n = \frac{1}{n+4} - \frac{1}{n+5}$

Somando-se todas essas n igualdades anteriores, obtemos:

$$S_n = a_1 + a_2 + \cdots + a_n = \frac{1}{5} - \frac{1}{6} + \frac{1}{6} - \frac{1}{7} + \frac{1}{7} - \frac{1}{8} + \cdots + \frac{1}{n+4} - \frac{1}{n+5},$$

ou seja, $S_n = \frac{1}{5} - \frac{1}{n+5}$. Assim, concluímos que a soma da série é

$$S = \lim_{n\to\infty} S_n = \lim_{n\to\infty} \left(\frac{1}{5} - \frac{1}{n+5} \right) = \frac{1}{5} - 0 = \frac{1}{5}.$$

R3) Calcule a soma da série convergente $\displaystyle\sum_{k=1}^{+\infty} \frac{\ln\left(\frac{k+2}{k+1}\right)}{\ln(k+1)\ln(k+2)}$.

Solução : Usando a propriedade $\ln(a/b) = \ln a - \ln b$, temos

$$\begin{aligned} a_k = \frac{\ln\left(\frac{k+2}{k+1}\right)}{\ln(k+1)\ln(k+2)} &= \frac{\ln(k+2) - \ln(k+1)}{\ln(k+1)\ln(k+2)} \\ &= \frac{\ln(k+2)}{\ln(k+1)\ln(k+2)} - \frac{\ln(k+1)}{\ln(k+1)\ln(k+2)} = \frac{1}{\ln(k+1)} - \frac{1}{\ln(k+2)}. \end{aligned}$$

Fazendo $k = 1, 2, 3, \ldots, n$, obtemos:

- $k = 1 \Rightarrow a_1 = \frac{1}{\ln 2} - \frac{1}{\ln 3}$
- $k = 2 \Rightarrow a_2 = \frac{1}{\ln 3} - \frac{1}{\ln 4}$
- $k = 3 \Rightarrow a_3 = \frac{1}{\ln 4} - \frac{1}{\ln 5}$
- $\vdots \qquad \vdots$
- $k = n \Rightarrow a_n = \frac{1}{\ln(n+1)} - \frac{1}{\ln(n+2)}$

A partir daí, obtemos:

$$S_n = a_1 + a_2 + \cdots + a_n = \frac{1}{\ln 2} - \frac{1}{\ln 3} + \frac{1}{\ln 3} - \frac{1}{\ln 4} + \frac{1}{\ln 4} - \frac{1}{\ln 5} + \cdots + \frac{1}{\ln(n+1)} - \frac{1}{\ln(n+2)},$$

ou seja, $S_n = \dfrac{1}{\ln 2} - \dfrac{1}{\ln(n+2)}$. Dessa forma, concluímos que a soma da série é

$$S = \lim_{n\to\infty} S_n = \lim_{n\to\infty} \left(\frac{1}{\ln 2} - \frac{1}{\ln(n+2)} \right) = \frac{1}{\ln 2} - 0 = \frac{1}{\ln 2}.$$

R4) Verifique se a série

$$S = \sum_{k=2}^{+\infty} \frac{1}{\sqrt{3k-1} + \sqrt{3k+2}} = \frac{1}{\sqrt{5} + \sqrt{8}} + \frac{1}{\sqrt{8} + \sqrt{11}} + \frac{1}{\sqrt{11} + \sqrt{14}} + \cdots$$

é convergente ou divergente.

Solução : O termo geral dessa série é uma fração que envolve radicais. Nesse caso, vamos tentar simplificar a fração usando o processo de racionalização do denominador. Para isso, multiplicamos o numerador e denominador da fração pela expressão $\sqrt{3k+2} - \sqrt{3k-1}$ (ou por $\sqrt{3k-1} - \sqrt{3k+2}$):

$$\frac{1}{\sqrt{3k-1}+\sqrt{3k+2}} = \frac{\sqrt{3k+2}-\sqrt{3k-1}}{\underbrace{(\sqrt{3k-1}+\sqrt{3k+2})(\sqrt{3k+2}-\sqrt{3k-1})}_{(\sqrt{3k+2})^2-(\sqrt{3k-1})^2}}$$

$$= \frac{\sqrt{3k+2}-\sqrt{3k-1}}{(\cancel{3k}+2)-(\cancel{3k}-1)} = \frac{\sqrt{3k+2}-\sqrt{3k-1}}{3}$$

Fazendo $k = 1, 2, 3, \dots, n$, obtemos:

- $k = 1 \Rightarrow a_1 = \frac{\sqrt{5}-\sqrt{2}}{3}$
- $k = 2 \Rightarrow a_2 = \frac{\sqrt{8}-\sqrt{5}}{3}$
- $k = 3 \Rightarrow a_3 = \frac{\sqrt{11}-\sqrt{8}}{3}$
- $\vdots \qquad \vdots$
- $k = n-1 \Rightarrow a_{n-1} = \frac{\sqrt{3n-1}-\sqrt{3n-4}}{3}$
- $k = n \Rightarrow a_n = \frac{\sqrt{3n+2}-\sqrt{3n-1}}{3}$

A partir daí, obtemos:

$$S_n = a_1 + a_2 + \cdots + a_n = \frac{\cancel{\sqrt{5}}-\sqrt{2}}{3} + \frac{\cancel{\sqrt{8}}-\cancel{\sqrt{5}}}{3} + \frac{\cancel{\sqrt{11}}-\cancel{\sqrt{8}}}{3} + \cdots$$
$$+ \frac{\cancel{\sqrt{3n-1}}-\cancel{\sqrt{3n-4}}}{3} + \frac{\sqrt{3n+2}-\cancel{\sqrt{3n-1}}}{3} = \frac{\sqrt{3n+2}-\sqrt{2}}{3}$$

Como $\lim_{n\to+\infty} S_n = \lim_{n\to+\infty} \frac{\sqrt{3n+2}-\sqrt{2}}{3} = +\infty$, concluímos que a série é divergente.

R5) Calcule a soma da série

$$S = \sum^{+\infty} \frac{3k-2}{5^{k-1}} = 1 + \frac{4}{5} + \frac{7}{5^2} + \frac{10}{5^3} + \frac{13}{5^4} + \frac{16}{5^5} + \cdots$$

Solução : Os termos dessa série podem ser escritos como produtos dos termos da progressão aritmética $(1, 4, 7, 10, \dots)$ pelos termos da progressão geométrica $(1, \frac{1}{5}, \frac{1}{5^2}, \frac{1}{5^3}, \dots)$. A razão dessa progressão geométrica é $q = \frac{1}{5}$. Podemos obter alguma simplificação desse tipo de problema, se multiplicarmos S por $1/q$ (ou por q) e, depois, subtrairmos a série obtida pela série dada no início.

- $(\frac{1}{q})S = 5S = 5 + 4 + \frac{7}{5} + \frac{10}{5^2} + \frac{13}{5^3} + \frac{16}{5^4} + \cdots$

- $5S - S = 5 + (4-1) + \left(\frac{7}{5} - \frac{4}{5}\right) + \left(\frac{10}{5^2} - \frac{7}{5^2}\right) + \left(\frac{13}{5^3} - \frac{10}{5^3}\right) + \left(\frac{16}{5^4} - \frac{13}{5^4}\right) + \cdots$

Desse modo, obtemos a seguinte série:

$$4S = 5 + \underbrace{3 + \frac{3}{5} + \frac{3}{5^2} + \frac{3}{5^3} + \frac{3}{5^4} + \cdots}_{\text{série geométrica de razão } \frac{1}{5}} = 5 + \frac{3}{1 - 1/5}$$

Portanto, $4S = 5 + \frac{15}{4} \Rightarrow 4S = \frac{35}{4} \Rightarrow \boxed{S = \frac{35}{16}}$.

Observação : Uma série $S = \sum_{n=1}^{+\infty}(a_n \cdot b_n)$, cujo termo geral é um produto de uma progressão aritmética $a_n = a + (n-1)r$ por uma progressão geométrica $b_n = bq^{n-1}$, é denominada **série aritmético-geométrica**. Se $|q| < 1$, então é uma série convergente, cuja soma S pode ser calculada através do cálculo de $(\frac{1}{q})S - S$ ou de $(qS - S)$, e é dada por $S = \frac{b}{1-q}\left(a + \frac{rq}{1-q}\right)$.

R6) Calcule a soma da série

$$S = \sum_{k=1}^{+\infty} \frac{\overbrace{44\cdots4}^{k \text{ algarismos } 4}}{19^k} = \frac{4}{19} + \frac{44}{19^2} + \frac{444}{19^3} + \frac{4444}{19^4} + \frac{44444}{19^5} + \cdots$$

Solução : A sequência dos denominadores dos termos da série $(19, 19^2, 19^3, 19^4, \ldots)$ é uma progressão geométrica de razão 19. Assim, tentamos simplificar a série multiplicando S por 19 e depois calculando $19S - S$.

- $19S = 4 + \frac{44}{19} + \frac{444}{19^2} + \frac{4444}{19^3} + \frac{44444}{19^4} + \cdots$
- $19S - S = 4 + \left(\frac{44}{19} - \frac{4}{19}\right) + \left(\frac{444}{19^2} - \frac{44}{19^2}\right) + \left(\frac{4444}{19^3} - \frac{444}{19^3}\right) + \left(\frac{44444}{19^4} - \frac{4444}{19^4}\right) + \cdots$

Obtemos dessa forma:

$$18S = 4 + \underbrace{\frac{40}{19} + \frac{400}{19^2} + \frac{4000}{19^3} + \frac{40000}{19^4} + \cdots}_{\text{série geométrica de razão } \frac{10}{19}} = 4 + \frac{40/19}{1 - 10/19}$$

que implica $18S = 4 + \frac{40}{9} = \frac{76}{9} \Rightarrow \boxed{S = \frac{38}{81}}$.

R7) Se $x \in \mathbb{R}$, calcule a soma da série

$$\sum_{n=1}^{\infty}\left(\sqrt[2n+1]{x} - \sqrt[2n-1]{x}\right) = (\sqrt[3]{x} - x) + (\sqrt[5]{x} - \sqrt[3]{x}) + (\sqrt[7]{x} - \sqrt[5]{x}) + (\sqrt[9]{x} - \sqrt[7]{x}) + \ldots$$

Solução : A soma parcial dos n primeiros termos dessa série é dada por

$$S_n = (\cancel{\sqrt[3]{x}} - x) + (\cancel{\sqrt[5]{x}} - \cancel{\sqrt[3]{x}}) + (\cancel{\sqrt[7]{x}} - \cancel{\sqrt[5]{x}}) + \cdots + (\sqrt[2n+1]{x} - \cancel{\sqrt[2n-1]{x}}) = \sqrt[2n+1]{x} - x.$$

Consideramos agora três casos: $x = 0$, $x > 0$ e $x < 0$.

- se $x = 0$, então $S_n = 0$, e daí $\lim\limits_{n\to\infty} S_n = 0$

- se $x > 0$, então $\lim\limits_{n\to\infty} S_n = \lim\limits_{n\to\infty} (x^{\frac{1}{2n+1}} - x) = 1 - x$

- se $x < 0$, então $\lim\limits_{n\to\infty} S_n = \lim\limits_{n\to\infty} (-|x|^{\frac{1}{2n+1}} - x) = -1 - x$

Concluímos assim que

$$S(x) = \sum_{n=1}^{\infty} (\sqrt[2n+1]{x} - \sqrt[2n-1]{x}) = \begin{cases} -1 - x & \text{se} \quad x < 0 \\ 0 & \text{se} \quad x = 0 \\ 1 - x & \text{se} \quad x > 0 \end{cases}$$

Observação: Neste exemplo, temos uma sequência de funções contínuas $S_n(x)$ convergindo para uma função descontínua $S(x)$. No gráfico a seguir, estão representadas $S(x)$, $S_1(x)$, $S_4(x)$ e $S_{15}(x)$.

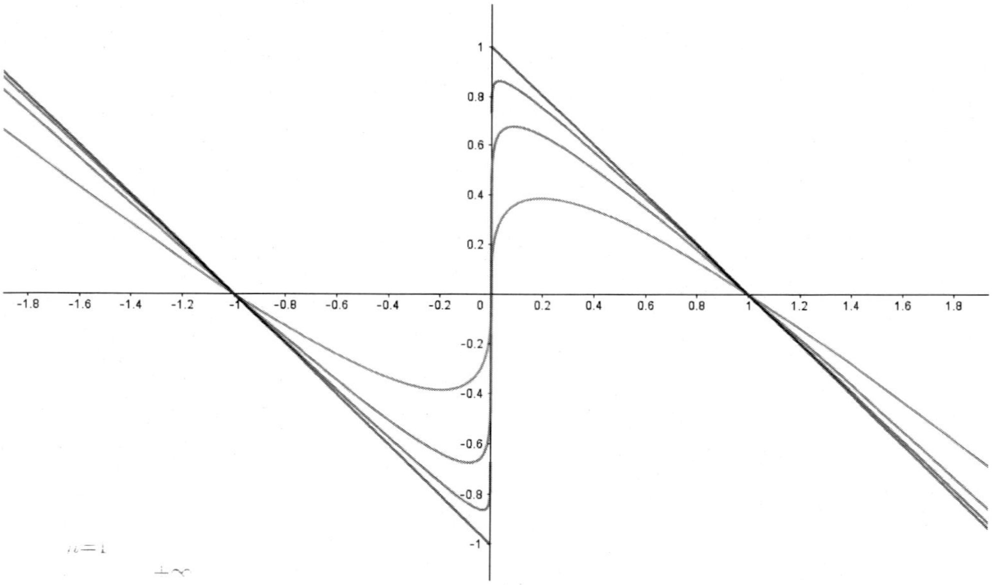

4.9 Exercícios Propostos

P1) Verifique se cada série a seguir é convergente ou divergente. Se for convergente, determine sua soma.

a) $\displaystyle\sum_{k=1}^{+\infty}\left(\frac{1}{3}\right)^k$ b) $\displaystyle\sum_{k=1}^{+\infty}3^k$ c) $\displaystyle\sum_{k=6}^{+\infty}\left(-\frac{3}{5}\right)^{k-4}$

d) $\displaystyle\sum_{k=1}^{+\infty}(-1)^{k-1}\frac{7}{6^{k+1}}$ e) $\displaystyle\sum_{k=3}^{+\infty}5^{3k}7^{2-k}$ f) $\displaystyle\sum_{k=1}^{+\infty}\left(\frac{1}{2^k}-\frac{1}{2^{k+2}}\right)$

g) $\displaystyle\sum_{k=1}^{+\infty}\left(\frac{e}{\pi}\right)^{k-1}$ h) $\displaystyle\sum_{k=100}^{+\infty}\frac{1}{k-5}$ i) $\displaystyle\sum_{k=1}^{+\infty}\frac{1}{(k+3)(k+4)}$

j) $\displaystyle\sum_{k=2}^{+\infty}\frac{1}{9k^2+3k-2}$ k) $\displaystyle\sum_{k=1}^{+\infty}\frac{\sqrt{k+1}-\sqrt{k}}{\sqrt{k^2+k}}$ l) $\displaystyle\sum_{k=1}^{+\infty}\ln\frac{k}{k+1}$

m) $\displaystyle\sum_{k=1}^{+\infty}\ln\left(1-\frac{1}{(k+1)^2}\right)$ n) $\displaystyle\sum_{k=1}^{+\infty}(5^{k+1}-5^k)$ o) $\displaystyle\sum_{k=1}^{+\infty}\left(\frac{1}{k}-\frac{1}{k+2}\right)$

p) $\displaystyle\sum_{k=1}^{+\infty}\frac{k^2+3k-7}{k^2+k+4}$ q) $\displaystyle\sum_{k=1}^{+\infty}\left[\frac{1}{5^k}-\frac{1}{k(k+1)}\right]$ r) $\displaystyle\sum_{k=1}^{+\infty}\left(1+\frac{1}{k}\right)^k$

s) $\displaystyle\sum_{k=1}^{+\infty}k^2\,\mathrm{sen}^2(\frac{1}{k})$ t) $\displaystyle\sum_{k=10}^{+\infty}\cos k\pi$ u) $\displaystyle\sum_{k=2}^{+\infty}\frac{3k+1}{5^k}$

Resp.: São divergentes: b, e, h, l, m, n, p, r, s, t
a) $S=1/2$, c) $S=9/40$, d) $S=1/6$, f) $S=3/4$, g) $S=\pi/(\pi-e)$,
i) $S=1/4$, j) $S=1/15$ k) $S=1$, o) $S=3/2$ q) $S=-3/4$
u) $S=\frac{31}{80}$

P2) Calcule a soma da série

$$S=1+\frac{1}{2}+\frac{1}{3}+\frac{1}{4}+\frac{1}{6}+\frac{1}{8}+\frac{1}{9}+\frac{1}{12}+\frac{1}{16}+\frac{1}{18}+\cdots$$

na qual os termos são os inversos multiplicativos de inteiros positivos que são iguais a uma potência de 2, multiplicada por uma potência de 3.

Resp.: $S=\displaystyle\sum_{j=0}^{+\infty}\left(\sum_{k=0}^{+\infty}\frac{1}{2^j3^k}\right)=3$

P3) Determine os valores de x para os quais a série

$$\sum_{k=1}^{+\infty}(x-1)^{2k-2}=1+(x-1)^2+(x-1)^4+(x-1)^6+(x-1)^8+\cdots+(x-1)^{2n-2}+\cdots$$

é convergente e calcule sua soma.

Resp.: Se $0<x<2$ a série converge e sua soma é igual a $S=\dfrac{1}{2x-x^2}$.

P4) Mostre que a série

$$\sum_{k=1}^{+\infty}\frac{1}{\sqrt{2k}+\sqrt{2k+2}}=\frac{1}{\sqrt{2}+\sqrt{4}}+\frac{1}{\sqrt{4}+\sqrt{6}}+\frac{1}{\sqrt{6}+\sqrt{8}}+\frac{1}{\sqrt{8}+\sqrt{10}}+\cdots$$

é divergente.

Resp.: $S=\displaystyle\lim_{k\to+\infty}\frac{\sqrt{2k+2}-\sqrt{2}}{2}=+\infty$

P5) Calcule a soma da série $S = \displaystyle\sum_{k=1}^{\infty} \frac{1}{(k+1)\sqrt{k} + k\sqrt{k+1}}$.

Resp.: $S = \displaystyle\lim_{k\to+\infty} \left(1 - \frac{1}{\sqrt{k+1}}\right) = 1$

P6) Calcule a soma da série

$$S = \sum_{k=1}^{\infty} \frac{1}{k(k+1)(k+2)} = \frac{1}{1\cdot 2\cdot 3} + \frac{1}{2\cdot 3\cdot 4} + \frac{1}{3\cdot 4\cdot 5} + \frac{1}{4\cdot 5\cdot 6} + \cdots$$

Resp.: $S = \displaystyle\sum_{k=1}^{+\infty} \frac{1}{2}\left[\frac{1}{k(k+1)} - \frac{1}{(k+1)(k+2)}\right] = \frac{1}{4}$

P7) Calcule a soma da série

$$S = \sum_{k=1}^{\infty} \frac{4k-3}{2^{k+1}} = \frac{1}{4} + \frac{5}{8} + \frac{9}{16} + \frac{13}{32} + \frac{17}{64} + \cdots$$

Sugestão: calcule $R = 2S$ e $R - S$. Resp.: $S = \frac{5}{2}$

P8) Dados $a, b, r, q \in \mathbb{R}$, com $|q| > 1$, calcule a soma da **série aritmético-geométrica**

$$S = \sum_{k=1}^{+\infty} \left[\frac{a + (k-1)r}{bq^{k-1}}\right] = \frac{a}{b} + \frac{a+r}{bq} + \frac{a+2r}{bq^2} + \frac{a+3r}{bq^3} + \frac{a+4r}{bq^4} + \cdots$$

Resp.: $S = \dfrac{q}{b(q-1)}\left(a + \dfrac{r}{q-1}\right)$

P9) Calcule a soma da série

$$S = \sum_{k=1}^{\infty} \frac{(4k-3)^2}{2^{k+1}} = \frac{1^2}{4} + \frac{5^2}{8} + \frac{9^2}{16} + \frac{13^2}{32} + \frac{17^2}{64} + \cdots$$

Sugestão: calcule $R = 2S$, $T = R - S$, $U = 2T$ e $U - T$. Resp.: $S = \frac{57}{2}$

P10) Sabendo que

$$\cos\left[\left(k - \frac{1}{2}\right)x\right] - \cos\left[\left(k + \frac{1}{2}\right)x\right] = 2\,\text{sen}\,kx\,\text{sen}\,\frac{x}{2}$$

e que

$$\text{sen}\left[\left(k + \frac{1}{2}\right)x\right] - \text{sen}\left[\left(k - \frac{1}{2}\right)x\right] = 2\cos kx\,\text{sen}\,\frac{x}{2},$$

calcule os valores dos somatórios $S_1 = \displaystyle\sum_{k=1}^{n} \text{sen}\,kx$ e $S_2 = \displaystyle\sum_{k=1}^{n} \cos kx$.

Resp.: $S_1 = \dfrac{\cos\frac{x}{2} - \cos(n+\frac{1}{2})x}{2\,\text{sen}\,\frac{x}{2}}$, $S_2 = \dfrac{\text{sen}(n+\frac{1}{2})x - \text{sen}\,\frac{x}{2}}{2\,\text{sen}\,\frac{x}{2}}$.

P11) Calcule a soma da série

$$S = \sum_{k=1}^{+\infty} \frac{3k^2 + 11k + 10}{(k^2 + 3k + 2)\sqrt{k^2 + 5k + 6}\left[(k + 2)\sqrt{k + 3} + (k + 1)\sqrt{k + 2}\right]}.$$

Sugestão: multiplique numerador e denominador do termo geral por

$$\left[(k + 2)\sqrt{k + 3} - (k + 1)\sqrt{k + 2}\right],$$

simplifique-o e escreva-o na forma $f(k) - f(k + 1)$.

Resp.: $S = \dfrac{1}{2\sqrt{3}}$.

O Teste da Comparação no Limite é [illegible] quando se consegue calcular o limite

Capítulo 5

Critérios de Convergência

Neste capítulo, apresentamos alguns critérios para estabecer se uma série infinita é convergente ou divergente.

Esses testes não indicam qual o valor da soma da série convergente. Eles informam apenas se a série converge ou diverge. Em geral, o cálculo da soma de uma série é algo complicado e só pode ser resolvido em pouquíssimos casos.

5.1 Teste da Integral

Nesta seção, descrevemos um teste que é muito útil na verificação da convergência ou divergência de uma série de termos positivos. É conhecido pelo nome de **Teste da Integral**. Para isso, é preciso calcular integral do tipo $\displaystyle\int_a^{+\infty} f(x)\ \mathsf{d}x$, denominada **integral imprópria** e pode ser calculada através do seguinte limite:

$$\int_a^{+\infty} f(x)\ \mathsf{d}x \ = \lim_{M\to+\infty} \int_a^{M} f(x)\ \mathsf{d}x.$$

Teorema: Seja $\displaystyle\sum_{k=a}^{+\infty} u_k$ uma série de termos positivos. Se f for uma função decrescente e contínua no intervalo $[a,\ +\infty[$ e tal que $u_k = f(k)$, $\forall k \geqslant a$, então $\displaystyle\sum_{k=a}^{+\infty} u_k$ e $\displaystyle\int_a^{+\infty} f(x)\ \mathsf{d}x$ são ambas convergentes ou ambas divergentes.

Demonstração: Vamos demonstrar o teorema no caso em que $a = 1$. Os casos em que a assume um outro valor são idênticos a esse.

No intervalo $[1,\ n+1]$, construímos n retângulos com bases $[1,\ 2]$, $[2,\ 3]$, $[3,\ 4]$, $\dots$, $[n,\ n+1]$ e alturas iguais a $f(1)$, $f(2)$, $\cdots$, $f(n)$, conforme mostrado na figura a seguir. A área do primeiro retângulo, o que tem base $[1,\ 2]$, é igual a $\mathsf{base} \cdot \mathsf{altura} = (2-1)\cdot f(1) = f(1) = u_1$. Por um motivo semelhante, o segundo retângulo tem área u_2, o terceiro, u_3, e assim por diante.

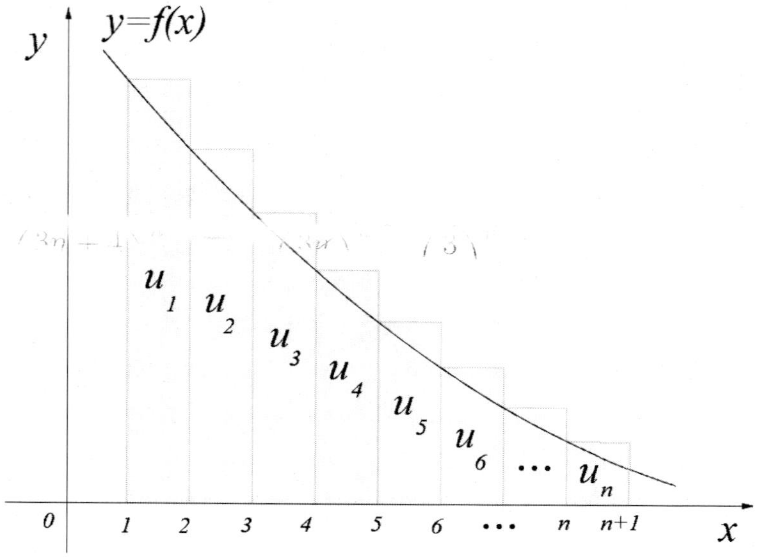

A soma das áreas dos retângulos assim construídos, $s_n = u_1 + u_2 \cdots + u_n$, é conhecida como a Soma de Riemann Superior de $f(x)$ no intervalo $[1,\ n+1]$. Pela figura, percebemos que essa soma é maior do que a área da região que está localizada acima do eixo dos x e abaixo do gráfico da função. Numericamente, essa área abaixo do gráfico é igual a $\displaystyle\int_1^{n+1} f(x)\,\mathrm{d}x$. Observamos assim que

$$\int_1^{n+1} f(x)\,\mathrm{d}x \leqslant u_1 + u_2 + u_3 + \cdots + u_n.$$

Passando ao limite quando $n \to +\infty$, temos

$$\lim_{n\to+\infty}\int_1^{n+1} f(x)\,\mathrm{d}x = \int_1^{+\infty} f(x)\,\mathrm{d}x \leqslant \lim_{n\to+\infty}(u_1 + u_2 + \cdots + u_n) = \sum_{k=1}^{+\infty} u_k\,,$$

e chegamos às seguintes conclusões:

- Se $\displaystyle\int_1^{+\infty} f(x)\,\mathrm{d}x = +\infty$, então $\displaystyle\sum_{k=1}^{+\infty} a_k = +\infty$; ou seja, $\displaystyle\int_1^{+\infty} f(x)\,\mathrm{d}x$ divergente $\Rightarrow \displaystyle\sum_{k=1}^{+\infty} a_k$ divergente;
- Se $\displaystyle\sum_{k=1}^{+\infty} a_k$ for convergente para L, então $u_1 + u_2 + \cdots + u_k \leqslant L$, e daí, $\displaystyle\int_1^{n+1} f(x)\,\mathrm{d}x < L \Rightarrow \lim_{n\to+\infty}\int_1^{n+1} f(x)\,\mathrm{d}x \leqslant L$, ou seja, $\displaystyle\int_1^{+\infty} f(x)\,\mathrm{d}x \leqslant L \Rightarrow \int_1^{+\infty} f(x)\,\mathrm{d}x$ é convergente.

Consideremos agora a Soma de Riemann Inferior de $f(x)$, no intervalo $[1,\ n]$, conforme mostrado na seguinte figura. O primeiro retângulo tem base igual a $2-1=1$ e altura $f(2) = a_2$; logo, sua área é igual a a_2. Pelo mesmo motivo, o segundo retângulo tem área a_3, o terceiro tem área a_4 etc. A soma das áreas desses retângulos é menor do que a área da região delimitada pelo eixo dos x, pelo gráfico da função e pelas retas verticais $x = 1$ e $x = n$.

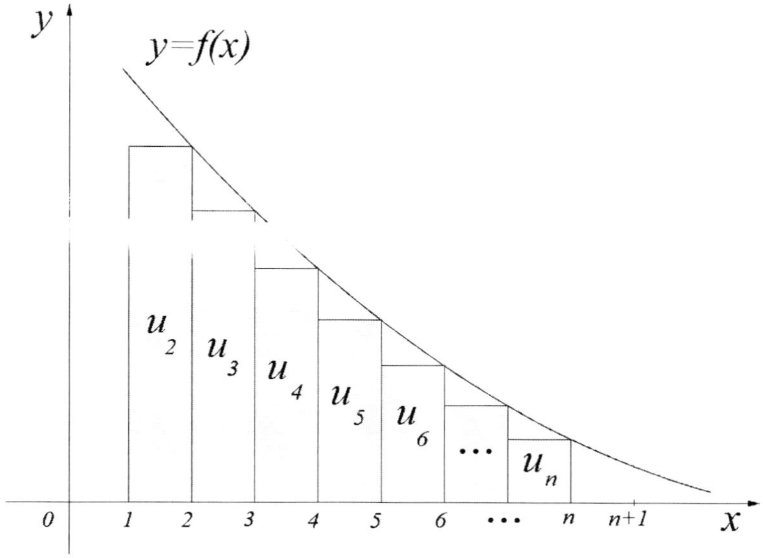

Dessa forma, observamos nessa figura que

$$u_2 + u_3 + u_4 + \cdots + u_n \leqslant \int_1^n f(x)\,\mathsf{d}x.$$

Somando-se u_1 aos membros dessa desigualdade, obtemos:

$$\underbrace{u_1 + u_2 + u_3 + u_4 + \cdots + u_n}_{=\,s_n} \leqslant u_1 + \int_1^n f(x)\,\mathsf{d}x.$$

Passando ao limite quando $n \to +\infty$:

$$\sum_{k=1}^{+\infty} u_k \leqslant u_1 + \int_1^{+\infty} f(x)\,\mathsf{d}x,$$

de onde concluímos o seguinte:

- Se $\displaystyle\sum_{k=1}^{+\infty} u_k = +\infty$, então $\displaystyle\int_1^{+\infty} f(x)\,\mathsf{d}x = +\infty$, ou seja, $\displaystyle\sum_{k=1}^{+\infty} u_k$ divergente $\Rightarrow \displaystyle\int_1^{+\infty} f(x)\,\mathsf{d}x$ divergente;
- Se $\displaystyle\int_1^{+\infty} f(x)\,\mathsf{d}x$ for convergente para L, então $s_n \leqslant u_1 + L$. Como a sequência (s_n) é crescente (porque $u_k > 0$, $\forall k$), sendo limitada superiormente, então será também convergente. Portanto, $\displaystyle\sum_{k=1}^{+\infty} u_k$ é convergente.

Os quatro itens anteriores demonstram completamente o teorema.

Exemplo: Consideremos a série harmônica $\displaystyle\sum_{k=1}^{+\infty} \frac{1}{k}$. Definimos $f(x) = \frac{1}{x}$ e calculamos a integral imprópria $\int_1^{+\infty} \frac{1}{x}\,\mathsf{d}x$.

$$\int_1^{+\infty} \frac{1}{x}\,\mathsf{d}x = \lim_{M\to+\infty} \int_1^M \frac{1}{x}\,\mathsf{d}x = \lim_{M\to+\infty} \ln x\,|_1^M = \lim_{M\to+\infty} \left[\ln M - \underbrace{\ln 1}_{=\,0}\right] = +\infty.$$

Portanto, verificamos mais uma vez que a série harmônica diverge.

Exemplo: Seja $f(x) = \frac{1}{\sqrt{x}}$. Vamos determinar se série $\displaystyle\sum_{k=1}^{+\infty} \frac{1}{\sqrt{k}}$ converge ou diverge. Para isso, basta calcular a seguinte integral:

$$\int_1^{+\infty} \frac{1}{\sqrt{x}}\, \mathrm{d}x = \lim_{M\to+\infty} \int_1^M x^{-1/2}\, \mathrm{d}x = \lim_{M\to+\infty} \left.\frac{x^{1/2}}{1/2}\right|_1^M = \lim_{M\to+\infty} \left[2\sqrt{M} - 2\right] = +\infty.$$

Logo, a série dada é divergente.

Exemplo: Consideremos a série $\displaystyle\sum_{k=1}^{+\infty} \frac{1}{k^2}$. Definimos $f(x) = \frac{1}{x^2}$ e calculamos a seguinte integral:

$$\int_1^{+\infty} \frac{1}{x^2}\, \mathrm{d}x = \lim_{M\to+\infty} \int_1^M \frac{1}{x^2}\, \mathrm{d}x = \lim_{M\to+\infty} \left.-\frac{1}{x}\right|_1^M = \lim_{M\to+\infty} \left[-\frac{1}{M} + 1\right] = 1.$$

Concluímos assim que a série é convergente.

Observação: Esse valor final da integral imprópria não deve ser confundido com a soma da série. No caso particular desse exemplo, sabe-se que a soma da série é igual a $\frac{\pi^2}{6}$, um valor diferente do que foi obtido no cálculo da integral.

Exemplo: Verificar se $\displaystyle\sum_{k=2}^{+\infty} \frac{1}{k(\ln k)^5}$ é convergente ou divergente.

Definindo $f(x) = \frac{1}{x(\ln x)^5}$, vamos calcular a integral $\int_2^M f(x)\, \mathrm{d}x = \int_2^M \frac{1}{x(\ln x)^5}\, \mathrm{d}x$. Fazendo $u = \ln x$, temos $\mathrm{d}u = (1/x)\, \mathrm{d}x$. Ao ser substituído na integral, fornece

$$\int f(x)\, \mathrm{d}x = \int \frac{1}{x(\ln x)^5}\, \mathrm{d}x = \int \frac{1}{u^5}\, \mathrm{d}u = \int u^{-5}\, \mathrm{d}u = \frac{u^{-4}}{(-4)} = -\frac{1}{4(\ln x)^4}.$$

Substituindo $x = M$ e $x = 2$ nessa função obtida:

$$\int_2^M f(x)\, \mathrm{d}x = \int_2^M \frac{1}{x(\ln x)^5}\, \mathrm{d}x = \left.-\frac{1}{4(\ln x)^4}\right|_2^M = -\frac{1}{4(\ln M)^4} + \frac{1}{4(\ln 2)^4}.$$

Finalmente, calculamos uma integral imprópria através de um limite quando $M \to +\infty$:

$$\int_2^{+\infty} f(x)\, \mathrm{d}x = \lim_{M\to+\infty} \int_2^M f(x)\, \mathrm{d}x = \lim_{M\to+\infty} \left(\underbrace{-\frac{1}{4(\ln M)^4}}_{\to 0} + \frac{1}{4(\ln 2)^4}\right) = \frac{1}{4(\ln 2)^4}.$$

A integral imprópria deu um resultado finito; logo, converge. Concluímos assim que a série dada também converge.

Exemplo: Mostre que $\displaystyle\sum_{k=3}^{+\infty} \frac{5k^4 + 3}{\sqrt{(k^5 + 3k + 10)^3}}$ é convergente.

Definimos $f(x) = \frac{5x^4+3}{\sqrt{(x^5+3x+10)^3}}$ e calculamos

$$\int_3^{+\infty} f(x)\,\mathrm{d}x = \lim_{M\to+\infty}\int_3^M f(x)\,\mathrm{d}x.$$

Para isso, usamos a substituição $u = x^5 + 3x + 10 \Rightarrow \mathrm{d}u = (5x^4 + 3)\,\mathrm{d}x$:

$$\int f(x)\,\mathrm{d}x = \int \frac{5x^4+3}{\sqrt{(x^5+3x+10)^3}}\,\mathrm{d}x = \int \frac{1}{\sqrt{u^3}}\,\mathrm{d}u = \int u^{-3/2}\,\mathrm{d}u = \frac{u^{-1/2}}{(-1/2)}$$
$$= -\frac{2}{\sqrt{u}} = -\frac{2}{\sqrt{x^5+3x+10}},$$

Substituindo $x = M$ e $x = 3$:

$$\int_3^M \frac{5x^4+3}{\sqrt{(x^5+3x+10)^3}}\,\mathrm{d}x = -\frac{2}{\sqrt{x^5+3x+10}}\Bigg|_3^M = -\frac{2}{\sqrt{M^5+3M+10}} + \frac{2}{\sqrt{262}}$$

e daí,

$$\lim_{M\to+\infty}\int_3^M f(x)\,\mathrm{d}x = \lim_{M\to+\infty}\left(\underbrace{-\frac{2}{\sqrt{M^5+3M+10}}}_{\to\,0} + \frac{2}{\sqrt{262}}\right) = \frac{2}{\sqrt{262}}.$$

Como o limite existe e é finito, concluímos que a integral converge e que a série também converge.

Exemplo: Sejam $f(x) = \frac{x\,\mathrm{arctg}(3x^2)}{1+9x^4}$ e $\sum_{k=4}^{+\infty} f(k) = \sum_{k=4}^{+\infty}\frac{k\,\mathrm{arctg}(3k^2)}{1+9k^4}$. Utilizando a substituição $u = \mathrm{arctg}(3x^2) \Rightarrow \mathrm{d}u = \frac{6x}{1+9x^4}\,\mathrm{d}x \Rightarrow \frac{\mathrm{d}u}{6} = \frac{x}{1+9x^4}\,\mathrm{d}x$ na integral de $f(x)$, obtemos

$$\int f(x)\,\mathrm{d}x = \int \frac{x\overbrace{\mathrm{arctg}(3x^2)}^{=\,u}}{1+9x^4}\,\mathrm{d}x = \frac{1}{6}\int u\,\mathrm{d}u = \frac{1}{6}\cdot\frac{u^2}{2} = \frac{u^2}{12} = \frac{(\mathrm{arctg}(3x^2))^2}{12}.$$

Substituindo $x = M$ e $x = 4$ nesse último resultado, obtemos:

$$\int_4^M f(x)\,\mathrm{d}x = \frac{(\mathrm{arctg}(3x^2))^2}{12}\Bigg|_4^M = \frac{(\mathrm{arctg}(3M^2))^2 - (\mathrm{arctg}\,48)^2}{12}.$$

Portanto,

$$\int_4^{+\infty} f(x)\,\mathrm{d}x = \lim_{M\to+\infty}\int_4^M f(x)\,\mathrm{d}x = \lim_{M\to+\infty}\left[\frac{(\overbrace{\mathrm{arctg}(3M^2)}^{\to\,\pi/2})^2 - (\mathrm{arctg}\,48)^2}{12}\right]$$
$$= \frac{\pi^2/4 - (\mathrm{arctg}\,48)^2}{12}.$$

Como deu um resultado finito, concluímos que a integral e a série são convergentes.

5.2 p-séries

Definição: Dado $p \in \mathbb{R}$, a série $\displaystyle\sum_{k=1}^{+\infty} \frac{1}{k^p} = 1 + \frac{1}{2^p} + \frac{1}{3^p} + \frac{1}{4^p} + \cdots$ é denominada **p-série**.

Exemplo: As três séries dos exemplos anteriores, $\displaystyle\sum_{k=1}^{+\infty} \frac{1}{k}$, $\displaystyle\sum_{k=1}^{+\infty} \frac{1}{\sqrt{k}}$ e $\displaystyle\sum_{k=1}^{+\infty} \frac{1}{k^2}$, são p-séries com p igual a -1, $-\frac{1}{2}$ e 2, respectivamente.

Teorema: A p-série converge se $p > 1$ e diverge se $p \leqslant 1$.

Demonstração: Se $p = -1$, a p-série é a série harmônica que já sabemos que é divergente. Se $p \neq -1$, então seja $f(x) = \dfrac{1}{x^p}$. Vamos usar o Teste da Integral com a função $f(x)$:

$$\int_1^M f(x)\,\mathrm{d}x = \int_1^M \frac{1}{x^p}\,\mathrm{d}x = \int_1^M x^{-p}\,\mathrm{d}x = \left.\frac{x^{-p+1}}{-p+1}\right|_1^M = \frac{M^{-p+1}-1}{-p+1}$$

Consideremos agora dois casos:

- Se $p < 1$, então $-p+1 > 0 \Rightarrow \displaystyle\int_1^{+\infty} f(x)\,\mathrm{d}x = \lim_{M\to+\infty}\int_1^M f(x)\,\mathrm{d}x = \lim_{M\to+\infty}\frac{\overbrace{M^{-p+1}}^{\to +\infty}-1}{-p+1} =$ $+\infty \Rightarrow$ a p-série diverge.

- Se $p > 1$, então $-p+1 < 0 \Rightarrow \displaystyle\int_1^{+\infty} f(x)\,\mathrm{d}x = \lim_{M\to+\infty}\int_1^M f(x)\,\mathrm{d}x = \lim_{M\to+\infty}\frac{\overbrace{M^{-p+1}}^{\to 0}-1}{-p+1} =$ $\dfrac{-1}{-p+1} \Rightarrow$ a p-série converge.

Exemplos:

- $\displaystyle\sum_{k=1}^{+\infty} \frac{1}{k^5}$ é uma p-série, com $p = 5 > 1$. Logo, converge.

- $\displaystyle\sum_{k=1}^{+\infty} \frac{1}{\sqrt[3]{k}}$ é uma p-série, com $p = \frac{1}{3} < 1$. Logo, diverge.

- $\displaystyle\sum_{k=1}^{+\infty} \frac{3}{2k^4} = \frac{3}{2}\sum_{k=1}^{+\infty} \frac{1}{k^4}$ é uma p-série, com $p = 4 > 1$, multiplicada por uma constante não nula. Logo, converge.

5.3 Teste da Comparação

O **Teste da Comparação** está enunciado no seguinte

Teorema: Sejam $\sum_{k=1}^{+\infty} a_k$ e $\sum_{k=1}^{+\infty} b_k$ duas séries tais que $0 \leqslant a_k \leqslant b_k$, $\forall k \in \mathbb{N}$. Então podemos afirmar o seguinte:

- Se $\sum_{k=1}^{+\infty} b_k$ for convergente, então $\sum_{k=1}^{+\infty} a_k$ também é convergente;
- Se $\sum_{k=1}^{+\infty} a_k$ for divergente, então $\sum_{k=1}^{+\infty} b_k$ também é divergente;

Como sempre acontece, o valor inicial de k não é importante. Esse teste poderia ser enunciado com qualquer outro valor inicial de k: $k = 0$, $k = 2$, $k = 3$ etc.

Esse teorema está ilustrado na seguinte figura onde cada termo da série corresponde à área de um retângulo. Se a soma dos retângulos maiores for limitada (que corresponde ao caso da série convergente), então a soma dos retângulos menores também é limitada. Por outro lado, se a soma dos retângulos menores for ilimitada (caso da série divergente), então a soma dos maiores também é ilimitada.

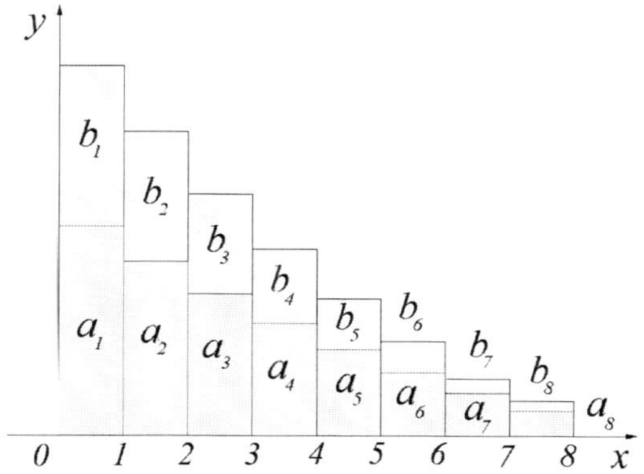

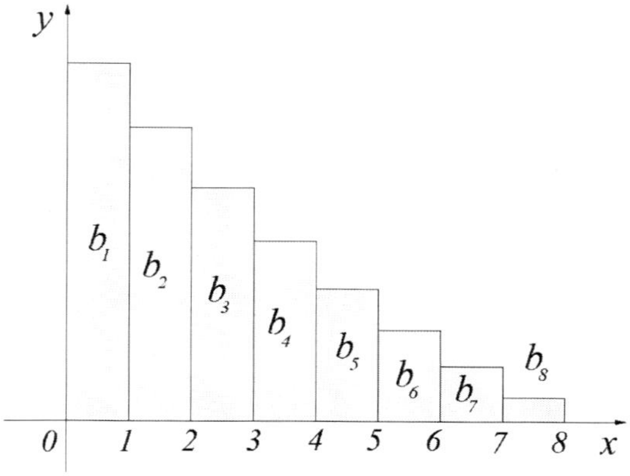

Exemplo: $\sum_{k=1}^{+\infty} \frac{5}{2+3^k}$ é convergente porque $2 + 3^k \geqslant 3^k > 0 \Rightarrow \frac{5}{2+3^k} \leqslant \frac{5}{3^k}$ e $\sum_{k=1}^{+\infty} \frac{5}{3^k}$ é convergente.

Exemplo: $\sum_{n=1}^{+\infty} \frac{9n}{3n^3+4n+2}$ é convergente porque $3n^3+4n+2 \geqslant 3n^3 > 0 \Rightarrow \frac{9n}{3n^3+4n+2} \leqslant \frac{9n}{3n^3} = \frac{3}{n^2}$ e $\sum_{n=1}^{+\infty} \frac{3}{k^2}$ é convergente.

Exemplo: $\sum_{k=2}^{+\infty} \frac{1}{\sqrt{k}-1}$ é divergente, porque $0 < \sqrt{k} - 1 < \sqrt{k}$ $\Rightarrow \frac{1}{\sqrt{k}-1} \geqslant \frac{1}{\sqrt{k}}$ e $\sum_{1}^{+\infty} \sqrt{k}$ é divergente.

Observação 1: Esse teste é bem simples, mas nem sempre pode ser aplicado porque essa comparação de funções nem sempre é fácil de ser percebida.

Observação 2: As implicações $a < b \Rightarrow \frac{1}{a} > \frac{1}{b}$ e $a > b \Rightarrow \frac{1}{a} < \frac{1}{b}$ só são válidas se todos os valores envolvidos forem positivos.

5.4 Teste da Razão

O Teste da Razão é um importante teste de convergência que se aplica a séries de termos positivos. É baseado no comportamento da razão a_{k+1}/a_k de termos consecutivos da série. Está enunciado no seguinte teorema:

Teorema: Se $\sum_{k=1}^{+\infty} a_k$ é uma série de termos positivos tal que $\lim_{k\to+\infty} \frac{a_{k+1}}{a_k} = L$, então

a) se $L < 1$, a série converge;

b) se $L > 1$, a série diverge;

c) se $L = 1$, nada podemos afirmar, ou seja, o teste é inconclusivo.

Demonstração :

a) Se $L < 1$, existe r tal que $L < r < 1$. Dado $\varepsilon = r - L > 0$, como $\lim_{k\to+\infty} \frac{a_{k+1}}{a_k} = L$, existe um inteiro positivo N tal que

$$k > N \ \Rightarrow \ \left|\frac{a_{k+1}}{a_k} - L\right| < \varepsilon = r - L,$$

ou seja, $-\varepsilon < \frac{a_{k+1}}{a_k} - L < \varepsilon \Rightarrow \frac{a_{k+1}}{a_k} - L < r - L \Rightarrow \frac{a_{k+1}}{a_k} < r \Rightarrow a_{k+1} < ra_k$. Dividindo os dois lados da desigualdade por r^{k+1}, temos:

$$\frac{a_{k+1}}{r^{k+1}} < \frac{a_k}{r^{k+1}} \Rightarrow \frac{a_{k+1}}{r^{k+1}} < \frac{a_k}{r^k},$$

logo, a sequência (a_k/r^k) é decrescente para $k > N$, e daí, $a_k/r^k \leqslant a_N/r^N \Rightarrow a_k \leqslant \underbrace{\left(\frac{a_N}{r^N}\right)}_{\text{constante}} r^k$.

Como $\sum_{k=N}^{+\infty} \left(\frac{a_N}{r^N}\right) r^k$ é convergente (é uma série geométrica de razão $r < 1$), temos pelo Teste da Comparação que $\sum_{k=N}^{+\infty} a_k$ também converge.

b) Se $L > 1$, então $a_{k+1}/a_k \geqslant 1$ a partir de certo valor de k, o que implica $a_{k+1} \geqslant a_k$ e isso significa que a sequência de valores positivos (a_n) é crescente a partir de certa ordem, e, consequentemente, não pode convergir para 0. Logo, pelo Teste da Divergência, a série $\sum_{k=N}^{+\infty} a_k$ é divergente.

c) Se $L = 1$, então a série pode ser divergente ou convergente, conforme ilustramos nos seguintes exemplos:

- Se $a_k = \dfrac{1}{k}$, $\displaystyle\sum_{k=1}^{+\infty} a_k = \sum_{k=1}^{+\infty} \frac{1}{k}$ é divergente e

$$L = \lim_{k\to+\infty} \frac{a_{k+1}}{a_k} = \lim_{k\to+\infty} \frac{1/(k+1)}{1/k} = \lim_{k\to+\infty} \frac{k}{k+1} = 1.$$

- Se $a_k = \dfrac{1}{k^2}$, $\displaystyle\sum_{k=1}^{+\infty} a_k = \sum_{k=1}^{+\infty} \frac{1}{k^2}$ é convergente e

$$L = \lim_{k\to+\infty} \frac{a_{k+1}}{a_k} = \lim_{k\to+\infty} \frac{1/(k+1)^2}{1/k^2} = \lim_{k\to+\infty} \frac{k^2}{(k+1)^2} = 1.$$

Exemplos: Usando o Teste da Razão, verificar se as seguintes séries são convergentes ou divergentes.

- $\displaystyle\sum_{k=1}^{+\infty} \left(\frac{2}{3}\right)^k$

  Considerando $a_k = \left(\frac{2}{3}\right)^k$, vamos calcular o limite de a_{k+1}/a_k.

$$L = \lim_{k\to+\infty} \frac{a_{k+1}}{a_k} = \lim_{k\to+\infty} \frac{\left(\frac{2}{3}\right)^{k+1}}{\left(\frac{2}{3}\right)^k} = \lim_{k\to+\infty} \frac{\cancel{\left(\frac{2}{3}\right)^k} \cdot \frac{2}{3}}{\cancel{\left(\frac{2}{3}\right)^k}} = \lim_{k\to+\infty} \frac{2}{3} = \frac{2}{3} < 1.$$

  Logo, a série converge. Nesse caso, isso já era conhecido porque se trata de uma série geométrica de razão positiva e menor do que um.

- $\displaystyle\sum_{k=2}^{+\infty} \frac{1}{k!}$

  Seja $a_k = \frac{1}{k!}$. Nesse caso, temos

$$L = \lim_{k\to+\infty} \frac{a_{k+1}}{a_k} = \lim_{k\to+\infty} \frac{1/(k+1)!}{1/k!} = \lim_{k\to+\infty} \frac{k!}{(k+1)!}$$

$$= \lim_{k\to+\infty} \frac{\cancel{k!}}{(k+1)\cancel{k!}} = \lim_{k\to+\infty} \frac{1}{k+1} = 0 < 1.$$

  Logo, a série dada converge. Nesse tipo de exemplo, é muito comum usar a seguinte propriedade do fatorial de um número:

$$(k+1)! = (k+1) \cdot \underbrace{k \cdot (k-1) \cdot 3 \cdot 2 \cdot 1}_{k!} = (k+1)k!.$$

- $\displaystyle\sum_{k=0}^{+\infty} \frac{5^k}{k!}$

  Seja $a_k = \dfrac{5^k}{k!}$. Vamos calcular o limite de a_{k+1}/a_k, quando $k \to +\infty$.

$$L = \lim_{k\to+\infty} \frac{a_{k+1}}{a_k} = \lim_{k\to+\infty} \frac{5^{k+1}}{(k+1)!} \cdot \frac{k!}{5^k} = \lim_{k\to+\infty} \frac{\cancel{5^k} \cdot 5}{(k+1)\cancel{k!}} \cdot \frac{\cancel{k!}}{\cancel{5^k}} = \lim_{k\to+\infty} \frac{5}{k+1} = 0 < 1.$$

Portanto, a série $\displaystyle\sum_{k=0}^{+\infty} \frac{5^k}{k!}$ converge.

- $\displaystyle\sum_{k=1}^{+\infty} a_k \;=\; \sum_{k=1}^{+\infty} \frac{(2k)!}{4^k}$

$$
\begin{aligned}
L = \lim_{k\to+\infty} \frac{a_{k+1}}{a_k} &= \lim_{k\to+\infty} \frac{(2(k+1))!}{4^{k+1}} \cdot \frac{4^k}{(2k)!} = \lim_{k\to+\infty} \frac{(2k+2)!}{\cancel{4^k}\cdot 4} \cdot \frac{\cancel{4^k}}{(2k)!} \\
&= \lim_{k\to+\infty} \frac{(2k+2)(2k+1)\cancel{(2k)!}}{4\cdot\cancel{(2k)!}} = \lim_{k\to+\infty} \frac{(2k+2)(2k+1)}{4} = +\infty.
\end{aligned}
$$

Concluímos então que $\displaystyle\sum_{k=1}^{+\infty} \frac{(2k)!}{4^k}$ é divergente.

- $\displaystyle\sum_{k=1}^{+\infty} a_k \;=\; \sum_{k=1}^{+\infty} \frac{k^5}{10^k}$

$$
\begin{aligned}
L = \lim_{k\to+\infty} \frac{a_{k+1}}{a_k} &= \lim_{k\to+\infty} \frac{(k+1)^5}{10^{k+1}} \cdot \frac{10^k}{k^5} = \lim_{k\to+\infty} \frac{(k+1)^5\cdot\cancel{10^k}}{\cancel{10^k}\cdot 10\cdot k^5} \\
&= \lim_{k\to+\infty} \frac{1}{10}\cdot\Bigg(\underbrace{\frac{k+1}{k}}_{\to 1}\Bigg)^5 = \frac{1}{10} < 1,
\end{aligned}
$$

logo, a série converge.

Exemplo: Verificar se a série a seguir é convergente ou divergente.

$$
\sum_{n=1}^{+\infty} \frac{1\cdot 3\cdot 5\cdots(2n-1)}{2\cdot 5\cdot 8\cdots(3n-1)} = \frac{1}{2} + \frac{1\cdot 3}{2\cdot 5} + \frac{1\cdot 3\cdot 5}{2\cdot 5\cdot 8} + \frac{1\cdot 3\cdot 5\cdot 7}{2\cdot 5\cdot 8\cdot 11} + \cdots
$$

Se $a_n = \dfrac{1\cdot 3\cdot 5\cdots(2n-1)}{2\cdot 5\cdot 8\cdots(3n-1)}$, então

$$
\begin{aligned}
L = \lim_{n\to+\infty} \frac{a_{n+1}}{a_n} &= \lim_{n\to+\infty} \left[a_{n+1}\cdot\frac{1}{a_n}\right] \\
&= \lim_{n\to+\infty} \left[\frac{1\cdot 3\cdot 5\cdots(2n-1)\cdot(2(n+1)-1)}{2\cdot 5\cdot 8\cdots(3n-1)\cdot(3(n+1)-1)} \cdot \frac{2\cdot 5\cdot 8\cdots(3n-1)}{1\cdot 3\cdot 5\cdots(2n-1)}\right] \\
&= \lim_{n\to+\infty} \left[\frac{\cancel{1}\cdot\cancel{3}\cdot\cancel{5}\cdots\cancel{(2n-1)}\cdot(2n+1)}{\cancel{2}\cdot\cancel{5}\cdot\cancel{8}\cdots\cancel{(3n-1)}\cdot(3n+2)} \cdot \frac{\cancel{2}\cdot\cancel{5}\cdot\cancel{8}\cdots\cancel{(3n-1)}}{\cancel{1}\cdot\cancel{3}\cdot\cancel{5}\cdots\cancel{(2n-1)}}\right] \\
&= \lim_{n\to+\infty} \frac{2n+1}{3n+2} = \frac{2}{3} < 1.
\end{aligned}
$$

Concluímos assim que a série dada é convergente.

Observação : Sempre que o termo geral da série possuir fatoriais ou vários produtos, então pode ser uma boa chance para se aplicar o Teste da Razão.

5.5 Teste da Comparação no Limite

O Teste da Comparação no Limite é muito útil quando se consegue calcular o limite de $\frac{a_k}{b_k}$, quando $k \to +\infty$, e $\sum_{k=1}^{+\infty} b_k$ tem um comportamento conhecido, ou seja, sabe-se da sua convergência ou divergência. Seu enunciado está no seguinte teorema:

Teorema: Sejam (a_k) e (b_k) sequências tais que $a_k > 0$ e $b_k > 0$, $\forall k \geqslant N$.

1) Se $\lim_{k\to+\infty} \frac{a_k}{b_k} = c > 0$, então $\sum_{k=1}^{+\infty} a_k$ e $\sum_{k=1}^{+\infty} b_k$ têm o mesmo comportamento, ou seja, são ambas convergentes ou ambas divergentes;

2) Se $\lim_{k\to+\infty} \frac{a_k}{b_k} = 0$, então $\sum_{k=1}^{+\infty} b_k$ converge $\Rightarrow \sum_{k=1}^{+\infty} a_k$ converge;

3) Se $\lim_{k\to+\infty} \frac{a_k}{b_k} = +\infty$, então $\sum_{k=1}^{+\infty} b_k$ diverge $\Rightarrow \sum_{k=1}^{+\infty} a_k$ diverge.

Demonstração:

1) Como $\lim_{k\to+\infty} \frac{a_k}{b_k} = c > 0$, temos que para todo $\varepsilon > 0$, existe $N > 0$ tal que $k > N \Rightarrow$ $|\frac{a_k}{b_k} - c| < \varepsilon \Rightarrow -\varepsilon < \frac{a_k}{b_k} - c < \varepsilon \Rightarrow -\varepsilon + c < \frac{a_k}{b_k} < \varepsilon + c$. Escolhendo $\varepsilon = \frac{c}{2}$, obtemos o seguinte:

$$k > N \;\Rightarrow\; \underbrace{-\frac{c}{2} + c}_{=\,c/2} < \frac{a_k}{b_k} < \underbrace{\frac{c}{2} + c}_{=\,3c/2},$$

ou seja,

$$k > N \;\Rightarrow\; \left(\frac{c}{2}\right) b_k < a_k < \left(\frac{3c}{2}\right) b_k.$$

– Se $\sum_{k=1}^{+\infty} b_k$ diverge, então $\sum_{k=1}^{+\infty} \left(\frac{c}{2}\right) b_k$ diverge. Como $(\frac{c}{2})b_k < a_k$, pelo Teste da Comparação, $\sum_{k=1} a_k$ também diverge;

– Se $\sum_{k=1}^{+\infty} b_k$ converge, então $\sum_{k=1}^{+\infty} \left(\frac{3c}{2}\right) b_k$ converge. Como $a_k < (\frac{3c}{2})b_k$, pelo Teste da Comparação, $\sum_{k=1}^{+\infty} a_k$ também converge;

2) Se $\lim_{k\to+\infty} \frac{a_k}{b_k} = 0$, então para todo $\varepsilon > 0$, existe $N > 0$ tal que $k > N \Rightarrow |\frac{a_k}{b_k}| < \varepsilon$. Escolhendo $\varepsilon = 1$, temos

$$k > N \Rightarrow \frac{a_k}{b_k} < 1 \Rightarrow a_k < b_k.$$

Concluímos assim que se $\sum_{k=1}^{+\infty} b_k$ converge, então $\sum_{k=1}^{+\infty} a_k$ converge.

3) Se $\lim_{k\to+\infty} \frac{a_k}{b_k} = +\infty$, então para todo $M > 0$, existe $N > 0$ tal que $k > N \Rightarrow |\frac{a_k}{b_k}| > M$. Escolhendo $M = 1$, temos

$$k > N \Rightarrow \frac{a_k}{b_k} > 1 \Rightarrow a_k > b_k.$$

Concluímos assim que se $\sum_{k=1}^{+\infty} b_k$ diverge, então $\sum_{k=1}^{+\infty} a_k$ também diverge.

Exemplos: Usando comparação no limite, verificar se as seguintes séries são convergentes ou divergentes.

- $\sum_{k=1}^{+\infty} \frac{3k+1}{k^2+4k-2}$

  Seja $a_k = \frac{3k+1}{k^2+4k-2}$ e b_k a fração que se obtém a partir de a_k, desprezando-se os termos de menor grau no numerador e no denominador: $b_k = \frac{3k}{k^2} = \frac{3}{k}$. Vamos calcular o limite de a_k/b_k, quando $k \to +\infty$.

$$L = \lim_{k\to+\infty} \frac{a_k}{b_k} = \lim_{k\to+\infty} \frac{\frac{3k+1}{k^2+4k-2}}{\frac{3}{k}} = \lim_{k\to+\infty} \left[\frac{3k+1}{k^2+4k-2} \cdot \frac{k}{3}\right]$$

$$= \lim_{k\to+\infty} \frac{3k^2+k}{3k^2+12k-6} = \lim_{k\to+\infty} \frac{\cancel{3k^2}}{\cancel{3k^2}} = 1.$$

  Como o limite é finito, diferente de zero e $\sum_{k=1}^{+\infty} \frac{3}{k}$ diverge, concluímos que a série $\sum_{k=1}^{+\infty} \frac{3k+1}{k^2+4k-2}$ também diverge.

- $\sum_{k=1}^{+\infty} \sqrt{\frac{k^2+2k+5}{5k^6+3k^3+7}}$

  Sejam $a_k = \sqrt{\frac{k^2+2k+5}{5k^6+3k^3+7}}$ e $b_k = \sqrt{\frac{k^2}{5k^6}} = \sqrt{\frac{1}{5k^4}} = \frac{1}{\sqrt{5}k^2}$.

$$L = \lim_{k\to+\infty} \frac{a_k}{b_k} = \lim_{k\to=\infty} \left[\sqrt{\frac{k^2+2k+5}{5k^6+3k^3+7}} \cdot \sqrt{\frac{5k^4}{1}}\right]$$

$$= \lim_{k\to+\infty} \sqrt{\frac{5k^6+10k^3+25k^2}{5k^6+3k^3+7}} = \lim_{k\to+\infty} \sqrt{\frac{\cancel{5k^6}}{\cancel{5k^6}}} = 1.$$

Como $\displaystyle\sum_{k=1}^{+\infty} \frac{1}{\sqrt{5}k^2}$ converge, concluímos que a série dada também converge.

- $\displaystyle\sum_{n=1}^{+\infty} \left(\frac{3n+4}{5n+6}\right)^n$

Sejam $a_n = \left(\dfrac{3n+4}{5n+6}\right)^n$ e $b_n = \left(\dfrac{3\cancel{n}}{5\cancel{n}}\right)^n = \left(\dfrac{3}{5}\right)^n$.

$$L = \lim_{n\to+\infty} \frac{a_n}{b_n} = \lim_{n\to+\infty} \left[\left(\frac{3n+4}{5n+6}\right)^n \cdot \left(\frac{5}{3}\right)^n\right] = \lim_{n\to+\infty} \left(\frac{15n+20}{15n+18}\right)^n$$

$$= \lim_{x\to+\infty} \left(\frac{15x+20}{15x+18}\right)^x = \lim_{x\to+\infty} e^{x\cdot\ln\left(\frac{15x+20}{15x+18}\right)}$$

$$= e^{\lim\limits_{x\to+\infty}\left[\frac{\ln(15x+20)-\ln(15x+18)}{1/x}\right]} = e^{\lim\limits_{x\to+\infty}\left[\frac{\frac{15}{15x+20}-\frac{15}{15x+18}}{-1/x^2}\right]}$$

$$= e^{\lim\limits_{x\to+\infty}\left[\frac{\frac{-30}{225x^2+570x+360}}{-1/x^2}\right]} = e^{\lim\limits_{x\to+\infty}\frac{30x^2}{225x^2+570x+360}}$$

$$= e^{\lim\limits_{x\to+\infty}\frac{30\cancel{x^2}}{225\cancel{x^2}}} = e^{30/225} = e^{2/15}.$$

Como $\displaystyle\sum_{n=1}^{+\infty} \left(\frac{3}{5}\right)^n$ converge, concluímos que $\displaystyle\sum_{n=1}^{+\infty} \left(\frac{3n+4}{5n+6}\right)^n$ converge.

- $\displaystyle\sum_{n=3}^{+\infty} \ln\left(1+\frac{1}{n^2}\right)$

Sejam $a_n = \ln\left(1+\dfrac{1}{n^2}\right)$ e $b_n = \dfrac{1}{n^2}$.

$$L = \lim_{n\to+\infty} \frac{a_n}{b_n} = \lim_{n\to+\infty} \frac{\ln\left(1+\frac{1}{n^2}\right)}{1/n^2} = \lim_{x\to+\infty} \frac{\ln\left(1+\frac{1}{x^2}\right)}{1/x^2}$$

$$= \lim_{x\to+\infty} \frac{\frac{1}{1+\frac{1}{x^2}}\cdot\left(\cancel{-2/x^3}\right)}{\left(\cancel{-2/x^3}\right)} = \lim_{x\to+\infty} \frac{1}{1+\frac{1}{x^2}} = 1.$$

Como $\displaystyle\sum_{n=1}^{+\infty} \frac{1}{n^2}$ converge, concluímos que a série dada também converge.

5.6 Teste da Série Alternada

Consideremos agora séries cujos termos são alternadamente positivos e negativos. Essas séries são denominadas **séries alternadas** e podem ser escritas na forma

$$\sum_{k=1}^{+\infty}(-1)^{k+1}a_k = a_1 - a_2 + a_3 - a_4 + a_5 - \cdots$$

ou na forma

$$\sum_{k=1}^{+\infty}(-1)^{k}a_k = -a_1 + a_2 - a_3 + a_4 - a_5 + \cdots ,$$

onde $a_k > 0$, $\forall k \in \mathbb{N}$.

Por exemplo, $\displaystyle\sum_{k=1}^{+\infty}\frac{(-1)^{k-1}}{k} = 1 - \frac{1}{2} + \frac{1}{3} - \frac{1}{4} + \frac{1}{5} - \frac{1}{6} + \ldots$ é uma série alternada.

O teorema a seguir é conhecido como Teste da Série Alternada e é muito útil na investigação da convergência desse tipo de série.

Teorema: Uma série alternada $\displaystyle\sum_{k=1}^{+\infty}(-1)^{k+1}a_k$, $a_k > 0$, $\forall k \in \mathbb{N}$, que possuir as propriedades

- $\displaystyle\lim_{k\to+\infty} a_k = 0$,
- a sequência (a_n) é decrescente, ou seja, $a_1 \geqslant a_2 \geqslant a_3 \geqslant \cdots$,

é uma série convergente.

A demonstração consiste em observar que uma soma parcial par, s_{2k}, pode ser escrita nos seguintes formatos:

$$\begin{aligned} s_{2k} &= \overbrace{(a_1 - a_2)}^{\geqslant 0} + \overbrace{(a_3 - a_4)}^{\geqslant 0} + \overbrace{(a_5 - a_6)}^{\geqslant 0} + \cdots + \overbrace{(a_{2k-1} - a_{2k})}^{\geqslant 0} \\ &= a_1 - \underbrace{(a_2 - a_3)}_{\geqslant 0} - \underbrace{(a_4 - a_5)}_{\geqslant 0} - \underbrace{(a_6 - a_7)}_{\geqslant 0} - \cdots - \underbrace{(a_{2k-2} - a_{2k-1})}_{\geqslant 0} - a_{2k} \leqslant a_1 \end{aligned}$$

onde essas expressões entre parênteses são maiores ou iguais a zero (porque a sequência (a_n) é decrescente).

Obtemos assim que as somas parciais pares formam uma sequência crescente e também que $s_{2k} \leqslant a_1$, logo, têm um limitante superior. Assim, essa sequência das somas parciais pares é convergente, ou seja, existe $S = \displaystyle\lim_{k\to+\infty} s_{2k}$.

Uma soma parcial ímpar pode ser escrita na forma

$$s_{2k+1} = a_1 - a_2 + a_3 - a_4 + a_5 - a_6 + \cdots - a_{2k} + a_{2k+1} = s_{2k} + a_{2k+1}.$$

Como $\displaystyle\lim_{k\to+\infty} a_{2k+1} = 0$, temos que $\displaystyle\lim_{k\to+\infty} s_{2k} = \lim_{k\to+\infty} s_{2k+1} = S$, ou seja, as somas parciais da série, tanto as pares, quanto as ímpares, convergem para S. Logo, $\displaystyle\sum_{k=1}^{+\infty}(-1)^{k+1}a_k = S$.

O diagrama a seguir, ilustra o comportamento das somas parciais de uma série alternada:

$$0 \leqslant s_2 \leqslant s_4 \leqslant s_6 \leqslant s_8 \leqslant \cdots \leqslant S \leqslant \cdots \leqslant s_7 \leqslant s_5 \leqslant s_3 \leqslant s_1$$

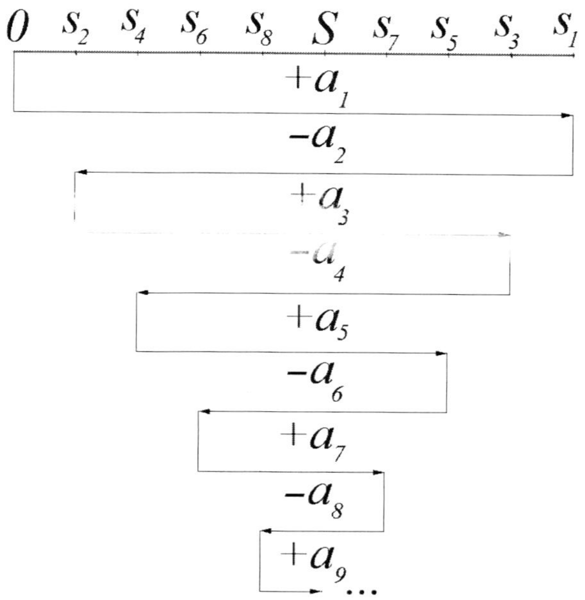

É importante observar que a soma S de uma série alternada é menor ou igual ao módulo do seu primeiro termo, ou seja, $S \leqslant |a_1|$. Como consequência disso, se S_k for uma soma parcial da série, então

$$\begin{aligned}|S - S_k| &= \big|\big(\cancel{a_1} - \cancel{a_2} + \cancel{a_3} - \cdots + \cancel{(-1)^k a_k} + (-1)^{k+1}a_{k+1} + (-1)^{k+2}a_{k+2} + \ldots\big) \\ &\qquad - (\cancel{a_1} - \cancel{a_2} + \cancel{a_3} - \cdots + \cancel{(-1)^k a_k})\big| \\ &= \Bigg|\underbrace{(-1)^{k+1}a_{k+1}}_{1^{\underline{o}} \text{ termo de } S-S_k} + (-1)^{k+2}a_{k+2} + (-1)^{k+3}a_{k+3} + \ldots\Bigg| \leqslant |a_{k+1}|,\end{aligned}$$

ou seja, o módulo da diferença entre S e uma soma parcial S_k é menor ou igual a $|a_{k+1}|$.

Exemplo: $\displaystyle\sum_{k=1}^{+\infty} \frac{(-1)^{k+1}k}{k+1} = \frac{1}{2} - \frac{2}{3} + \frac{3}{4} - \frac{4}{5} + \cdots$ é uma série alternada divergente porque $\displaystyle\lim_{k\to+\infty} \frac{k}{k-1} = 1 \neq 0$.

Exemplo: $\displaystyle\sum_{n=2}^{+\infty} \frac{\cos n\pi}{n} = \frac{\cos 2\pi}{2} + \frac{\cos 3\pi}{3} + \frac{\cos 4\pi}{4} + \frac{\cos 5\pi}{5} + \cdots = \frac{1}{2} - \frac{1}{3} + \frac{1}{4} - \frac{1}{5} + \cdots$ é uma série alternada convergente porque $\displaystyle\lim_{n\to+\infty} \frac{1}{n} = 0$ e a sequência $\left(\frac{1}{2}, \frac{1}{3}, \frac{1}{4}, \frac{1}{5}, \cdots\right)$ é decrescente.

Exemplo: $\displaystyle\sum_{n=3}^{+\infty} \frac{(-1)^{n+1}\ln n}{n} = \frac{\ln 3}{3} - \frac{\ln 4}{4} + \frac{\ln 5}{5} - \frac{\ln 6}{6} + \cdots$ é uma série alternada convergente.

Exemplo: Consideremos a série geométrica alternada

$$S = \sum_{k=1}^{+\infty} \left(-\frac{1}{2}\right)^{k-1} = 1 - \frac{1}{2} + \frac{1}{4} - \frac{1}{8} + \frac{1}{16} - \ldots$$

A soma parcial dos seus 10 primeiros termos é igual a

$$S_{10} = 1 - \frac{1}{2} + \frac{1}{4} - \frac{1}{8} + \frac{1}{16} - \frac{1}{32} + \frac{1}{64} - \frac{1}{128} + \frac{1}{256} - \frac{1}{512} = \frac{341}{512} = 0,6660156.$$

Pelo que vimos anteriormente, $|S - S_{10}| \leqslant |a_{11}| = \frac{1}{1024} = 0,0009765$.

Sem dificuldade, nesse caso podemos comprovar isso diretamente. Sabemos que $S = \frac{1}{1-(-\frac{1}{2})} = \frac{1}{\frac{3}{2}} = \frac{2}{3}$. Daí, temos

$$|S - S_{10}| = \left|\frac{2}{3} - \frac{341}{512}\right| = \frac{1}{1536} = 0,00065104 \leqslant 0,0009765.$$

5.7 Convergência absoluta e condicional

Definição: Uma série $\sum_{k=1}^{+\infty} a_k$ é **absolutamente convergente** se a série dos valores absolutos $\sum_{k=1}^{+\infty} |a_k|$ for convergente.

Exemplo: $\sum_{k=1}^{+\infty} \frac{(-1)^k}{k^2}$ é absolutamente convergente porque $\sum_{k=1}^{+\infty} \left|\frac{(-1)^k}{k^2}\right| = \sum_{k=1}^{+\infty} \frac{1}{k^2}$ é convergente.

Exemplo: Apesar da série $\sum_{k=1}^{+\infty} \frac{(-1)^k}{k}$ ser convergente, ela não é absolutamente convergente porque $\sum_{k=1}^{+\infty} \left|\frac{(-1)^k}{k}\right| = \sum_{k=1}^{+\infty} \frac{1}{k}$ é divergente.

Teorema: Se uma série for absolutamente convergente, então ela também é convergente.

Demonstração: O valor absoluto de um número real x possui as propriedades:

- $|x| = x$ ou $|x| = -x$, dependendo de x ser negativo ou não; daí, concluímos que $x + |x| \geqslant 0$;
- concluímos também que $x \leqslant |x|$;
- somando $|x|$ aos dois lados da desigualdade $x \leqslant |x|$, obtemos $x + |x| \leqslant |x| + |x|$, ou seja, $0 \leqslant x + |x| \leqslant 2|x|$.

Fazendo $x = a_k$ na desigualdade anterior, obtemos $0 \leqslant a_k + |a_k| \leqslant 2|a_k|$. Supondo $\sum_{k=1}^{+\infty} a_k$ absolutamente convergente, temos $\sum_{k=1}^{+\infty} |a_k|$ convergente, que implica $\sum_{k=1}^{+\infty} 2|a_k|$ convergente.

Pelo Teste da Comparação, $\sum_{k=1}^{+\infty}(a_k + |a_k|)$ também é convergente, e daí, como

$$\sum_{k=1}^{+\infty} a_k = \underbrace{\sum_{k=1}^{+\infty}(a_k + |a_k|)}_{\text{convergente}} - \underbrace{\sum_{k=1}^{+\infty} |a_k|}_{\text{convergente}}$$

chegamos à conclusão de que $\sum_{k=1}^{+\infty} a_k$ é convergente.

Exemplo: Verificar se a série $\sum_{n=1}^{+\infty} \frac{\cos n}{n^2 + 5n + 1}$ é convergente.

Antes de tudo, observamos que essa é uma série formada por termos positivos e negativos, uma vez que $\cos 1 > 0$, $\cos 2 < 0$, $\cos 3 < 0$, $\cos 4 < 0$, $\cos 5 > 0$, $\cos 6 > 0$, ... O valor absoluto do termo geral da série, $\left|\frac{\cos n}{n^2+5n+1}\right|$, possui a propriedade

$$0 \leqslant \left|\frac{\cos n}{n^2 + 5n + 1}\right| = \frac{|\cos n|}{n^2 + 5n + 1} \leqslant \frac{1}{n^2 + 5n + 1} \leqslant \frac{1}{n^2}.$$

Como $\sum_{n=1}^{+\infty} \frac{1}{n^2}$ converge, pelo Teste da Comparação, $\sum_{n=1}^{+\infty} \left|\frac{\cos n}{n^2 + 5n + 1}\right|$ também converge. Fica mostrado assim que a série dada é absolutamente convergente e, portanto, é convergente.

Definição: Uma série que é convergente, mas que não é absolutamente convergente, é denominada **condicionalmente convergente**.

Exemplo: $\sum_{k=1}^{+\infty} \frac{(-1)^k}{\sqrt{k}}$ é condicionalmente convergente porque

- Pelo Teste da Série Alternada, $\sum_{k=1}^{+\infty} \frac{(-1)^k}{\sqrt{k}}$ é convergente;
- $\sum_{k=1}^{+\infty} \left|\frac{(-1)^k}{\sqrt{k}}\right| = \sum_{k=1}^{+\infty} \frac{1}{\sqrt{k}}$ é uma p-série com $p = \frac{1}{2} < 1$, logo, é divergente.

Exemplo: Verificar se $\sum_{k=1}^{+\infty} (-1)^{k-1} \frac{2k-5}{3k^2-1}$ é divergente, condicionalmente convergente ou absolutamente convergente.

Se $f(x) = \frac{2x-5}{3x^2-1}$, então $f'(x) = \frac{2(3x^2-1)-6x(2x-5)}{(3x^2-1)^2} = \frac{-6x^2+30x-2}{(3x^2-1)^2} < 0$. A derivada negativa implica função $f(x)$ decrescente. Logo, a sequência $a_k = f(k)$ também é decrescente. Como

$$\lim_{k\to+\infty} a_k = \lim_{k\to+\infty} \frac{2k-5}{3k^2-1} = \lim_{k\to+\infty} \frac{2k}{3k^2} = \lim_{k\to+\infty} \frac{2}{3k} = 0,$$

temos, pelo Teste da Série Alternada, que a série dada é convergente. Comparando no limite a série de termos positivos $\displaystyle\sum_{k=3}^{+\infty} \frac{2k-5}{3k^2-1}$ com a série divergente $\displaystyle\sum_{k=3}^{+\infty} \frac{2k}{3k^2} = \sum_{k=3}^{+\infty} \frac{2}{3k}$, temos

$$\lim_{k \to +\infty} \frac{\frac{2k-5}{3k^2-1}}{\frac{2}{3k}} = \lim_{k \to +\infty} \frac{6k^2 - 15k}{6k^2 - 2} = 1,$$

temos que $\displaystyle\sum_{k=3}^{+\infty} \frac{2k-5}{3k^2-1}$ também é divergente. Concluímos dessa forma que a série $\displaystyle\sum_{k=3}^{+\infty} (-1)^{k-1} \frac{2k-5}{3k^2-1}$ é condicionalmente convergente.

5.8 Outros testes

Existem ainda diversos outros testes que podem ser usados para decidir se uma série numérica é convergente ou divergente. Entre esses testes, vamos mencionar superficialmente aqui os seguintes teoremas. Para maiores detalhes sobre eles, bem como suas demonstrações, consulte as referências bibliográficas [1] e [14].

Teorema: Consideremos uma série $\displaystyle\sum_{n=1}^{+\infty} a_n$ na qual $\displaystyle\lim_{n \to +\infty} n^p a_n = k$, para alguma constante p.

- Se $p > 1$ e k for finito, então $\displaystyle\sum_{n=1}^{+\infty} a_n$ converge.
- Se $p \leqslant 1$ e k não for nulo ou $k = \pm\infty$, então $\displaystyle\sum_{n=1}^{+\infty} a_n$ diverge.

Exemplo: $\displaystyle\sum_{n=1}^{+\infty} \frac{\ln n}{\sqrt{n+10}}$ diverge porque

$$\lim_{n \to +\infty} \left(\overbrace{\sqrt{n}}^{p=1/2<1} \cdot \frac{\ln n}{\sqrt{n+10}} \right) \lim_{n \to +\infty} (\overbrace{\ln n}^{\to +\infty}) \cdot \overbrace{\sqrt{\frac{n}{n+10}}}^{\to 1} = +\infty.$$

Exemplo: $\displaystyle\sum_{n=1}^{+\infty} \frac{n}{n^5 + 4n^2 - n - 15}$ converge porque

$$\lim_{n \to +\infty} \left[\overbrace{n^4}^{p=4>1} \cdot \left(\frac{n}{n^5 + 4n^2 - n - 15} \right) \right] = \lim_{n \to +\infty} \frac{n^5}{n^5 + 4n^2 - n - 15} = 1.$$

Teste da Raiz: Sejam $\displaystyle\sum_{n=1}^{+\infty} a_n$ uma série de termos positivos e $L = \displaystyle\lim_{n \to +\infty} \sqrt[n]{a_n}$. Então se $L < 1$, a série converge; se $L > 1$, a série diverge; se $L = 1$, o teste é inconclusivo.

Exemplo: $\displaystyle\sum_{n=1}^{+\infty}\left(1+\frac{1}{n}\right)^{n^2}$ diverge porque

$$L = \lim_{n\to+\infty} \sqrt[n]{\left(1+\frac{1}{n}\right)^{n^2}} = \lim_{n\to+\infty}\left(1+\frac{1}{n}\right)^{n} = e > 1.$$

Exemplo: $\displaystyle\sum_{n=1}^{+\infty}\left(\frac{3n+4}{10n+11}\right)$ converge porque

$$L = \lim_{n\to+\infty} \sqrt[n]{\left(\frac{3n+4}{10n+11}\right)^{n}} = \frac{3n+4}{10n+11} = \frac{3}{10} < 1.$$

Teste de Raabe*: Sejam $\displaystyle\sum_{n=1}^{+\infty} a_n$ uma série de termos positivos e

$$L = \lim_{n\to+\infty} n\left(1-\frac{a_{n+1}}{a_n}\right).$$

Se $L > 1$, a série converge; se $L < 1$, a série diverge; se $L = 1$, o teste é inconclusivo.

O Teste de Raabe, geralmente, é utilizado quando o Teste da Razão falha.

Exemplo: $\displaystyle\sum_{k=1}^{+\infty}\overbrace{\frac{2\cdot 5\cdot 8\cdots(3n-1)}{9\cdot 12\cdot 15\cdots(3n+6)}}^{a_n} = \frac{2}{9}+\frac{2\cdot 5}{9\cdot 12}+\frac{2\cdot 5\cdot 8}{9\cdot 12\cdot 15}+\cdots$ converge porque

$$L = \lim_{n\to+\infty} n\left(1-\frac{a_{n+1}}{a_n}\right) = \lim_{n\to+\infty} n\left(1-\frac{3n+2}{3n+9}\right) = \lim_{n\to+\infty}\frac{7n}{3n+9} = \frac{7}{3} > 1.$$

Exemplo: $\displaystyle\sum_{k=1}^{+\infty}\overbrace{\frac{1\cdot 4\cdot 7\cdots(3n-2)}{3\cdot 6\cdot 9\cdots(3n)}}^{a_n} = \frac{1}{3}+\frac{1\cdot 4}{3\cdot 6}+\frac{1\cdot 4\cdot 7}{3\cdot 6\cdot 9}+\cdots$ diverge porque

$$L = \lim_{n\to+\infty} n\left(1-\frac{a_{n+1}}{a_n}\right) = \lim_{n\to+\infty} n\left(1-\frac{3n+1}{3n+3}\right) = \lim_{n\to+\infty}\frac{2n}{3n+3} = \frac{2}{3} < 1.$$

Teste de Gauss†: Sejam $\displaystyle\sum_{n=1}^{+\infty} a_n$ uma série de termos positivos, L uma constante real e (c_n) uma sequência limitada (ou seja, $|c_n| \leqslant P$ para algum P) tais que

$$\frac{a_{n+1}}{a_n} = 1 - \frac{L}{n} + \frac{c_n}{n^2}.$$

Se $L > 1$, a série converge; se $L \leqslant 1$, a série diverge.

*Joseph Ludwig Raabe (1801–1859), matemático ucraniano

†Johann Carl Friedrich Gauss (1777–1855), matemático e físico alemão

O Teste de Gauss, geralmente, é utilizado quando o Teste de Raabe falha.

Exemplo: $\displaystyle\sum_{k=1}^{+\infty} \overbrace{\left[\frac{1\cdot 3\cdot 5\cdots(2n-1)}{2\cdot 4\cdot 6\cdots(2n)}\right]^2}^{a_n} = \left[\frac{1}{2}\right]^2 + \left[\frac{1\cdot 3}{2\cdot 4}\right]^2 + \left[\frac{1\cdot 3\cdot 5}{2\cdot 4\cdot 6}\right]^2 + \cdots$ diverge porque

$$\frac{a_{n+1}}{a_n} = \frac{\left[\frac{1\cdot 3\cdot 5\cdots(2n-1)\cdot(2n+1)}{2\cdot 4\cdot 6\cdots(2n)\cdot(2n+2)}\right]^2}{\left[\frac{1\cdot 3\cdot 5\cdots(2n-1)}{2\cdot 4\cdot 6\cdots(2n)}\right]^2} = \left[\frac{2n+1}{2n+2}\right]^2 = \frac{4n^2+4n+1}{4n^2+8n+4} = 1 - \frac{L}{n} + \frac{c_n}{n^2}.$$

Desenvolvendo as operações com frações e igualando os coeficientes dos termos de mesmo grau, obtemos no final dos cálculos que $L = 1$ e $c_n = \frac{5n^2+4n}{4n^2+8n+4}$. Obtemos dessa forma que

$$\frac{a_{n+1}}{a_n} = 1 - \frac{1}{n} + \frac{\frac{5n^2+4n}{4n^2+8n+4}}{n^2}.$$

Como (c_n) é limitada e $L = 1$, concluímos que a série dada é divergente.

5.9 Exercícios Resolvidos

R1) Determine os valores de p para os quais a série $\displaystyle\sum_{k=1}^{+\infty} \frac{1}{k(\ln k)^p}$ é convergente.

Solução : Seja $f(x) = \frac{1}{x(\ln x)^p}$. Como $\int f(x)\,dx$ pode ser calculada sem dificuldade, podemos usar o *Teste da Integral* para resolver esse problema. Usando a substituição $u = \ln x \Rightarrow du = \frac{1}{x}\,dx$, calculamos a seguinte integral indefinida:

$$\int \frac{1}{x(\ln x)^p}\,dx = \int \frac{1}{u^p}\,du = \int u^{-p}\,du = \begin{cases} \frac{u^{-p+1}}{-p+1} & \text{, se } p \neq 1 \\ \ln u & \text{, se } p = 1 \end{cases} = \begin{cases} \frac{(\ln x)^{-p+1}}{-p+1} & \text{, se } p \neq 1 \\ \ln(\ln x) & \text{, se } p = 1 \end{cases}$$

A partir daí, substituindo-se $x = M$ e $x = 2$, obtemos

$$\int_2^M f(x)\,dx = \begin{cases} \frac{(\ln M)^{-p+1} - (\ln 2)^{-p+1}}{-p+1} & \text{, se } p \neq 1 \\ \ln(\ln M) - \ln(\ln 2) & \text{, se } p = 1 \end{cases}$$

Por fim, vamos calcular $\displaystyle\int_2^{\infty} f(x)\,dx = \lim_{M\to\infty} \int_2^M f(x)\,dx$ separando em três casos: $p = 1$, $p < 1$ e $p > 1$.

- Se $p = 1$, então $\displaystyle\int_2^{\infty} f(x)\,dx = \lim_{M\to\infty} [\ln(\ln M) - \ln(\ln 2)] = +\infty$ e, nesse caso, a série diverge.

- Se $p < 1$, então $-p + 1 > 0$ e

$$\int_2^\infty f(x)\,dx = \lim_{M\to\infty}\left[\frac{(\ln M)^{\overbrace{-p+1}^{>0}} - (\ln 2)^{-p+1}}{-p+1}\right] = +\infty$$

e, nesse caso, a série também diverge.

- Se $p > 1$, então $-p + 1 < 0$ e

$$\int_2^\infty f(x)\,dx = \lim_{M\to\infty}\left[\frac{(\ln M)^{\overbrace{-p+1}^{<0}} - (\ln 2)^{-p+1}}{-p+1}\right] = \frac{0 - (\ln 2)^{-p+1}}{-p+1} = \frac{(\ln 2)^{-p+1}}{p-1}$$

e, nesse caso, a série converge.

Conclusão: a série $\displaystyle\sum_{k=2}^{\infty}\frac{1}{k(\ln k)^p}$ converge se, e somente se, $\boxed{p > 1}$.

R2) Determine os valores de x para os quais a série

$$\sum_{k=1}^{+\infty}(-1)^{k+1}(x-3)^{2k-2} = 1 - (x-3)^2 + (x-3)^4 - (x-3)^6 + (x-3)^8 - \cdots + (-1)^{n+1}(x-3)^{2n-2} + \cdots$$

é convergente e calcule sua soma.

Solução : (1) Esse tipo de exercício normalmente se resolve usando o *Teste da Razão*. Como esse teste se aplica a séries de termos positivos, devemos usar a função módulo no seu termo geral:

$$\begin{aligned} L = \lim_{k\to\infty}\frac{|u_{k+1}|}{|u_k|} &= \lim_{k\to\infty}\frac{|(-1)^{k+2}(x-3)^{2(k+1)-2}|}{|(-1)^{k+1}(x-3)^{2k-2}|} = \lim_{k\to\infty}\frac{|(x-3)^{2k}|}{|(x-3)^{2k-2}|} \\ &= \lim_{k\to\infty}\frac{|(x-3)^{2k}|}{|(x-3)^{2k}(x-3)^{-2}|} = \lim_{k\to\infty}\left|\frac{1}{(x-3)^{-2}}\right| = \lim_{k\to\infty}|(x-3)^2| \\ &= \lim_{k\to\infty}(x-3)^2 = (x-3)^2. \end{aligned}$$

(2) Daí, obtemos do Teste da Razão que se $L < 1$ a série converge. Como $L < 1$ implica $(x-3)^2 < 1$, devemos resolver essa inequação na variável x. Como $(x-3)^2 < 1$ é equivalente a $x^2 - 6x + 9 < 1$, ou seja, $x^2 - 6x + 8 < 0$, observando o gráfico da função $f(x) = x^2 - 6x + 8$, concluímos que a solução da inequação é $2 < x < 4$. Esse intervalo corresponde aos pontos do gráfico da função que estão abaixo do eixo x.

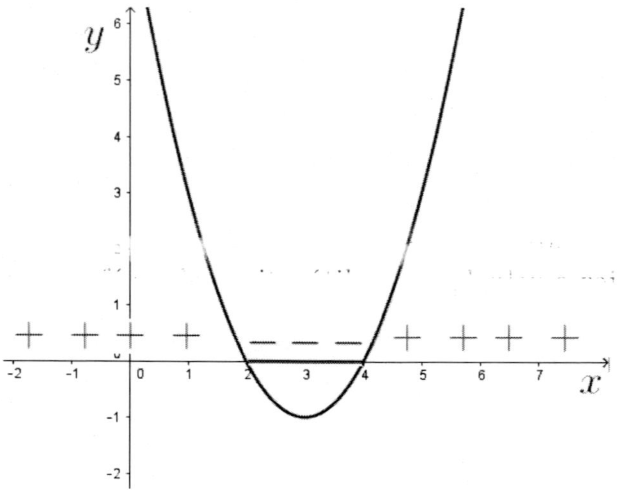

Sendo assim, a série converge se $2 < x < 4$.

(3) Como o Teste da Razão é inconclusivo quando $L = 1$, devemos analisar esse caso separadamente. Como $L = 1$ é equivalente a $(x-3)^2 = 1$, resolvendo essa equação do 2° grau obtemos as raízes $x = 2$ ou $x = 4$. Substituindo $x = 2$ na série, obtemos $1-1+1-1+1-1+\dots$ que é divergente. Substituindo $x = 4$ obtemos a mesma série divergente $1-1+1-1+\dots$.

Conclusão: a série dada converge apenas para x no intervalo $2 < x < 4$.

(4) A razão entre dois termos consecutivos da série dada é sempre igual a $r = \frac{u_{k+1}}{u_k} = -(x-3)^2$. Logo, ela é uma série geométrica de razão r e sua soma é igual a

$$S = \frac{a_1}{1-r} = \frac{1}{1+(x-3)^2} = \frac{1}{x^2-6x+10}.$$

R3) Determine os valores de x para os quais a série

$$\sum_{k=1}^{+\infty} \frac{(x+1)^{2k-2}}{(2k-2)!} = 1 + \frac{(x+1)^2}{2!} + \frac{(x+1)^4}{4!} + \frac{(x+1)^6}{6!} + \frac{(x-1)^8}{8!} + \dots + \frac{(x+1)^{2n-2}}{(2n-2)!} + \cdots$$

é convergente.

Solução : Vamos usar o *Teste da Razão*. Neste caso, não há necessidade de módulo no termo geral da série porque não tem termos negativos.

$$L = \lim_{k\to\infty} \frac{u_{k+1}}{u_k} = \lim_{k\to\infty} \left[\frac{\frac{(x+1)^{2(k+1)-2}}{(2(k+1)-2)!}}{\frac{(x+1)^{2k-2}}{(2k-2)!}} \right] = \lim_{k\to\infty} \left[\frac{(x+1)^{2k}}{(2k)!} \cdot \frac{(2k-2)!}{(x+1)^{2k-2}} \right]$$

$$= \lim_{k\to\infty} \left[\frac{\cancel{(x+1)^{2k}}}{(2k)(2k-1)\cancel{(2k-2)!}} \cdot \frac{\cancel{(2k-2)!}}{\cancel{(x+1)^{2k}}(x+1)^{-2}} \right]$$

$$= \lim_{k\to\infty} \left[\frac{1}{(2k)(2k-1)(x+1)^{-2}} \right] = (x+1)^2 \lim_{k\to\infty} \frac{1}{(2k)(2k-1)} = (x+1)^2 \cdot 0 = 0.$$

Daí, obtemos $L = 0$ que é menor do que 1, independentemente do valor de x. Isso significa que para qualquer valor de $x \in \mathbb{R}$ a série converge.

R4) Usando um teste de convergência apropriado, verifique se as seguintes séries são convergentes ou divergentes.

a) $\displaystyle\sum_{k=2}^{\infty}(k-1)^2 \operatorname{sen}^2\left(\frac{1}{k-1}\right)$

Solução :

$$\lim_{k\to\infty}(k-1)^2\operatorname{sen}^2\left(\frac{1}{k-1}\right)=\lim_{k\to\infty}\frac{\operatorname{sen}^2\left(\frac{1}{k-1}\right)}{\frac{1}{(k-1)^2}}=\lim_{k\to\infty}\left(\frac{\operatorname{sen}\left(\frac{1}{k-1}\right)}{\frac{1}{(k-1)}}\right)^2$$
$$=\left(\lim_{k\to\infty}\frac{\operatorname{sen}\left(\frac{1}{k-1}\right)}{\frac{1}{(k-1)}}\right)^2=\left(\lim_{\theta\to 0}\frac{\operatorname{sen}\theta}{\theta}\right)^2=1^2=1,$$

onde $\theta=\frac{1}{k-1}$. Como o limite quando $k\to\infty$ deu um resultado diferente de 0, temos pelo *Teste da Divergência* que a série é divergente.

b) $\displaystyle\sum_{k=1}^{\infty}\frac{8k^6-5k^3+10k^2-17k+7}{2k^6+30k^3+11k^2+k+3}$

Solução :

$$\lim_{k\to\infty}\frac{8k^6-5k^3+10k^2-17k+7}{2k^6+30k^3+11k^2+k+3}=\lim_{k\to\infty}\frac{8k^6}{2k^6}=\lim_{k\to\infty}\frac{8}{2}=\lim_{k\to\infty}4=4\neq 0.$$

Logo, pelo *Teste da Divergência*, a série é divergente.

Observação : Em um limite do tipo $\displaystyle\lim_{k\to\pm\infty}\frac{P(k)}{Q(k)}$ onde $P(k)$ e $Q(k)$ são polinômios, os termos com os menores graus podem ser desprezados.

c) $\displaystyle\sum_{k=1}^{\infty}\frac{8k^5-5k^3+10k^2-17k+7}{2k^6+30k^3+11k^2+k+3}$

Solução : Como

$$\lim_{k\to\infty}\frac{8k^5-5k^3+10k^2-17k+7}{2k^6+30k^3+11k^2+k+3}=\lim_{k\to\infty}\frac{8k^5}{2k^6}=\lim_{k\to\infty}\frac{8}{2k}=\lim_{k\to\infty}\frac{4}{k}=0,$$

temos que o Teste da Divergência não se aplica neste caso. Portanto, vamos usar outro teste.

Desprezando-se os termos de menor grau no numerador e no denominador da fração que é o termo geral da série, construímos uma outra série $\sum\frac{8k^5}{2k^6}=\sum\frac{4}{k}=4\sum\frac{1}{k}$ que sabemos que é divergente (por ser a série harmônica multiplicada por 4).

Comparando no limite a série dada com $\sum\frac{4}{k}$, obtemos:

$$\lim_{k\to\infty}\frac{\left(\frac{8k^5-5k^3+10k^2-17k+7}{2k^6+30k^3+11k^2+k+3}\right)}{\left(\frac{4}{k}\right)}=\lim_{k\to\infty}\frac{8k^6-5k^4+10k^3-17k^2+7k}{8k^6+120k^3+44k^2+4k+12}$$
$$=\lim_{k\to\infty}\frac{\cancel{8k^6}}{\cancel{8k^6}}=\lim_{k\to\infty}1=1\neq 0.$$

Logo, pelo *Teste da Comparação no Limite*, a série dada é divergente.

d) $\displaystyle\sum_{k=1}^{\infty} \frac{8k^4 - 5k^3 + 10k^2 - 17k + 7}{2k^6 + 30k^3 + 11k^2 + k + 3}$

Solução : Como $\lim_{k\to\infty} \frac{8k^4-5k^3+10k^2-17k+7}{2k^6+30k^3+11k^2+k+3} = \lim_{k\to\infty} \frac{8k^4}{2k^6} = \lim_{k\to\infty} \frac{8}{2k^2} = \lim_{k\to\infty} \frac{4}{k^2} = 0$, temos que o Teste da Divergência não se aplica.

Desprezando-se os termos de menor grau no numerador e no denominador da fração construímos uma série $\sum \frac{8k^4}{2k^6} = \sum \frac{4}{k^2} = 4\sum \frac{1}{k^2}$ que é convergente (porque é 4 vezes a p-série, $p = 2$).

Comparando no limite a série dada com $\sum \frac{4}{k^2}$, obtemos:

$$\lim_{k\to\infty} \frac{\left(\frac{8k^5-5k^3+10k^2-17k+7}{2k^6+30k^3+11k^2+k+3}\right)}{\left(\frac{4}{k^2}\right)} = \lim_{k\to\infty} \frac{8k^6 - 5k^5 + 10k^4 - 17k^3 + 7k^2}{8k^6 + 120k^3 + 44k^2 + 4k + 12}$$

$$= \lim_{k\to\infty} \frac{\cancel{8k^6}}{\cancel{8k^6}} = \lim_{k\to\infty} 1 = 1 \neq 0.$$

Logo, pelo *Teste da Comparação no Limite*, a série dada é convergente.

e) $\displaystyle\sum_{k=1}^{\infty} \frac{\operatorname{arctg}(2k+3)}{4k^2 + 12k + 10}$

Solução : Seja $f(x) = \frac{\operatorname{arctg}(2x+3)}{4x^2+12x+10}$. Se $\int f(x)\,dx$ for simples de se calcular, então podemos usar o *Teste da Integral.*

Fazendo $u = \operatorname{arctg}(2x+3)$, temos $du = \frac{2}{1+(2x+3)^2}\,dx = \frac{2}{4x^2+12x+10}\,dx$, e assim calculamos a integral indefinida $\displaystyle\int f(x)\,dx$ usando uma substituição de x por u:

$$\int \frac{\operatorname{arctg}(2x+3)}{4x^2+12x+10}\,dx = \int u\,\frac{du}{2} = \frac{u^2}{4} = \frac{(\operatorname{arctg}(2x+3))^2}{4}.$$

A partir daí, calculamos a integral imprópria $\int_1^{\infty} f(x)\,dx$ através de um limite:

$$\int_1^{\infty} \frac{\operatorname{arctg}(2x+3)}{4x^2+12x+10}\,dx = \lim_{M\to\infty} \int_1^{M} \frac{\operatorname{arctg}(2x+3)}{4x^2+12x+10}\,dx$$

$$= \lim_{M\to\infty} \left[\frac{(\operatorname{arctg}(2M+3))^2}{4} - \frac{(\operatorname{arctg} 5)^2}{4}\right] = \frac{(\frac{\pi}{2})^2}{4} - \frac{(\operatorname{arctg} 5)^2}{4} = \frac{\pi^2 - 4(\operatorname{arctg} 5)^2}{16},$$

que é um valor finito o que implica que a integral imprópria é convergente.

Logo, pelo *Teste da Integral*, a série dada também é convergente.

Observação : É muito comum nesse tipo de exercício utilizarmos a seguinte propriedade da função arco-tangente: $\displaystyle\lim_{\theta\to+\infty} \operatorname{arctg}(\theta) = \frac{\pi}{2}$.

f) $\displaystyle\sum_{k=3}^{\infty} \frac{1}{k(\ln k)[\ln(\ln k)]^5}$

Solução : Seja $f(x) = \frac{1}{x(\ln x)[\ln(\ln x)]^5}$. Usando a substituição $u = \ln(\ln x)$, temos $du = \frac{1}{x(\ln x)}\, dx$ e daí

$$\int f(x)\, dx = \int \frac{1}{x(\ln x)[\ln(\ln x)]^5}\, dx = \int \frac{1}{u^5}\, du = \int u^{-5}\, du = \frac{u^{-4}}{(-4)} = \frac{-1}{4u^4} = \frac{-1}{4[\ln(\ln x)]^4},$$

o que implica

$$\int_3^\infty f(x)\, dx = \lim_{M\to\infty} \int_3^M f(x)\, dx = \lim_{M\to\infty} \left[\overbrace{\frac{-1}{4[\ln(\ln M)]^4}}^{\to 0} + \frac{1}{4[\ln(\ln 3)]^4} \right]$$

$$= 0 + \frac{1}{[\ln(\ln 3)]^4} = \frac{1}{[\ln(\ln 3)]^4},$$

que é uma integral imprópria convergente. Logo, pelo *Teste da Integral*, a série dada também é convergente.

g) $\displaystyle\sum_{k=2}^{\infty} \frac{3 \operatorname{sen} k + 5 \cos k^2}{k^4}$

Solução : Como $|a+b| \leqslant |a| + |b|$, $|\operatorname{sen} k| \leqslant 1$ e $|\cos k^2| \leqslant 1$, temos:

$$|3 \operatorname{sen} k + 5 \cos k^2| \leqslant |3 \operatorname{sen} k| + |5 \cos k^2| = 3|\operatorname{sen} k| + 5|\cos k^2| \leqslant 3 \cdot 1 + 5 \cdot 1 = 8.$$

Por isso, $\left|\frac{3 \operatorname{sen} k + 5 \cos k^2}{k^4}\right| \leqslant \frac{8}{k^4}$ e como $\sum \frac{8}{k^4} = 8 \sum \frac{1}{k^4}$ é convergente (p-série com $p = 4$), pelo *Teste da Comparação* , temos que $\sum \left|\frac{3 \operatorname{sen} k + 5 \cos k^2}{k^4}\right|$ também o é. Assim, a série dada é *absolutamente convergente* o que implica que é convergente.

h) $\displaystyle\sum_{k=1}^{\infty} \frac{(2k)!}{3^{3k}(k!)^2}$

Solução : É muito comum usarmos o *Teste da Razão* nas séries cujos termos gerais possuírem algum fatorial. Sendo $u_k = \frac{(2k)!}{3^{3k}(k!)^2}$, vamos calcular $\lim_{k\to\infty} \frac{u_{k+1}}{u_k}$ e compará-lo com 1.

$$L = \lim_{k\to\infty} \frac{u_{k+1}}{u_k} = \lim_{k\to\infty} \left[\frac{\frac{(2(k+1))!}{3^{3(k+1)}((k+1)!)^2}}{\frac{(2k)!}{3^{3k}(k!)^2}} \right] = \lim_{k\to\infty} \left[\frac{(2k+2)!}{3^{3k+3}((k+1)!)^2} \cdot \frac{3^{3k}(k!)^2}{(2k)!} \right]$$

$$= \lim \left[\frac{(2k+2)(2k+1)(2k)!}{\text{[illegible]}} \cdot \frac{3^{3k}(k!)^2}{(2k)!} \right] = \lim \frac{4k^2 + 6k + 2}{27k^2 + 54k + 27}$$

$$= \lim_{k\to\infty} \frac{4k^2}{27k^2} = \frac{4}{27} < 1.$$

Portanto, pelo *Teste da Razão*, a série dada é convergente.

Observação : Nesse tipo de exercício, na hora de simplificar a fração que aparece no limite, as igualdades seguintes podem ser de alguma ajuda:

- $N! = N(N-1)! = N(N-1)(N-2)! = N(N-1)(N-2)(N-3)!$ etc.
- $(N+1)! = (N+1)N! = (N+1)N(N-1)! = (N+1)N(N-1)(N-2)!$ etc.
- $(N+2)! = (N+2)(N+1)! = (N+2)(N+1)N! = (N+2)(N+1)N(N-1)!$ etc.

i) $\displaystyle\sum_{k=1}^{\infty} \frac{(-1)^k(2k)!}{5^k}$

Solução : Como essa série possui termos positivos e negativos (é alternada), para usarmos o Teste da Razão, devemos usar a função módulo. Seja $u_k = \frac{(-1)^k(2k)!}{5^k}$. Vamos calcular o limite da razão $\frac{|u_{k+1}|}{|u_k|}$:

$$L = \lim_{k\to\infty} \frac{|u_{k+1}|}{|u_k|} = \lim_{k\to\infty} \frac{\left|\frac{(-1)^{k+1}(2(k+1))!}{5^{k+1}}\right|}{\left|\frac{(-1)^k(2k)!}{5^k}\right|} = \lim_{k\to\infty}\left[\frac{(2k+2)!}{5^{k+1}}\cdot\frac{5^k}{(2k)!}\right]$$

$$= \lim_{k\to\infty}\left[\frac{(2k+2)(2k+1)\cancel{(2k)!}}{\cancel{5^k}\cdot 5}\cdot\frac{\cancel{5^k}}{\cancel{(2k)!}}\right] = \lim_{k\to\infty}\frac{(2k+2)(2k+1)}{5} = +\infty.$$

Logo, pelo *Teste da Razão*, a série dada é divergente.

j) $\displaystyle\sum_{k=1}^{\infty} \frac{(-1)^k}{\sqrt{k^2+1}}$

Solução : Seja $f(x) = \dfrac{1}{\sqrt{x^2+1}}$. Observamos as seguintes propriedades:

- $f(x) > 0$ para todo x
- $f'(x) = \frac{-x}{(\sqrt{x^2+1})^3} < 0$ para todo $x > 0$ o que implica que a função é decrescente se x for positivo.
- $\displaystyle\lim_{x\to\infty} f(x) = 0$

Pelo *Teste da Série Alternada,* concluímos que a série dada, $\sum(-1)^k f(k)$, é convergente.

Observação : Se for acrescentado uma função módulo no termo geral dessa série, ou seja, se considerarmos a série $\sum|(-1)^k f(k)| = \sum f(k) = \sum \frac{1}{\sqrt{k^2+1}}$, então podemos comparar no limite essa última série com a série harmônica $\sum \frac{1}{k}$ (divergente):

$$\lim_{k\to\infty}\frac{\frac{1}{\sqrt{k^2+1}}}{\frac{1}{k}} = \lim_{k\to\infty}\frac{k}{\sqrt{k^2+1}} = \lim_{k\to\infty}\frac{k}{\sqrt{k^2(1+\frac{1}{k^2})}} = \lim_{k\to\infty}\frac{\cancel{k}}{\cancel{k}\sqrt{1+\frac{1}{k^2}}}$$

$$= \lim_{k\to\infty}\frac{1}{\sqrt{1+\frac{1}{k^2}}} = \frac{1}{\sqrt{1+0}} = 1.$$

Logo, $\sum \frac{1}{\sqrt{k^2+1}}$ é divergente e, consequentemente, a série alternada $\displaystyle\sum_{k=1}^{\infty}\frac{(-1)^k}{\sqrt{k^2+1}}$ é *condicionalmente convergente.*

5.10 Exercícios Propostos

P1) Verifique se as seguintes séries são convergentes ou divergentes:

a) $\sum_{n=1}^{+\infty} \frac{5}{n^3}$ b) $\sum_{n=1}^{+\infty} \frac{1}{\sqrt[3]{n}}$ c) $\sum_{n=5}^{+\infty} n^{-2/3}$ d) $\sum_{n=1}^{+\infty} \frac{1}{\sqrt[3]{n^5}}$ e) $\sum_{n=1}^{+\infty} n^{-2/3}$

f) $\sum_{n=3}^{+\infty} \frac{1}{n^{\pi}}$ g) $\sum_{n=4}^{+\infty} \frac{2021}{\sqrt[5]{n^7}}$

Resp.: São convergentes: a, d, f, g; são divergentes: b, c, e.

P2) Suponha que a série $\sum u_k$ seja convergente e que $\sum v_k$ seja divergente. Mostre que as séries $\sum(u_k + v_k)$ e $\sum(u_k - v_k)$ são divergentes.

Resp.: *Sugestão: mostre que se $\sum(u_k \pm v_k)$ fosse convergente, então $\sum v_k$ também seria convergente.*

P3) a) Dê exemplo de duas séries $\sum u_k$ e $\sum v_k$ divergentes tais que $\sum(u_k+v_k)$ seja convergente.

b) Dê exemplo de duas séries $\sum u_k$ e $\sum v_k$ divergentes tais que $\sum(u_k + v_k)$ seja divergente.

Resp.: a) $u_k = \frac{1}{k}$, $v_k = -\frac{1}{k} + \frac{1}{k^2}$ b) $u_k = \frac{1}{k}$, $v_k = \frac{1}{k} + \frac{1}{k^2}$

P5) Use o *Teste da Integral* para decidir se as seguintes séries são convergentes ou divergentes:

a) $\sum_{n=4}^{+\infty} \frac{1}{(n-3)\ln(n-3)}$ b) $\sum_{n=1}^{+\infty} ne^{-n^2}$ c) $\sum_{n=1}^{+\infty} n^2 e^{-n}$

d) $\sum_{n=1}^{+\infty} \sec^2 n$ e) $\sum_{n=1}^{+\infty} \frac{3}{7n+2}$ f) $\sum_{n=1}^{+\infty} \frac{3}{(7n+2)^2}$

g) $\sum_{n=1}^{+\infty} \frac{n}{n^4+1}$ h) $\sum_{n=1}^{+\infty} \frac{1}{\sqrt[3]{2n+1}}$ i) $\sum_{n=1}^{+\infty} \frac{1}{n\sqrt{\ln n}}$

j) $\sum_{n=1}^{+\infty} \frac{1}{(n+1)(\ln(n+1))^3}$ k) $\sum_{n=1}^{+\infty} \frac{e^{\operatorname{arctg} n}}{n^2+1}$ l) $\sum_{n=1}^{+\infty} \frac{\operatorname{arctg}(n+2)}{n^2+4n+5}$

Resp.: São convergentes: b, c, f, g, j, k, l; são divergentes: a, d, e, h, i.

P4) Determine os valores de p para os quais as seguintes séries são convergentes:

a) $\sum_{k=1}^{+\infty} \frac{2k+3}{(k^2+3k+5)^p}$ b) $\sum_{k=2}^{+\infty} \frac{1}{k(\ln k)^p}$ c) $\sum_{k=3}^{+\infty} \frac{1}{k(\ln k)[\ln(\ln k)]^p}$.

Resp.: a) $p > 1$ b) $p > 1$ c) $p > 1$

P5) Use o *Teste da Razão* para decidir se as seguintes séries são convergentes ou divergentes:

a) $\sum_{n=1}^{+\infty} \frac{2^n}{n!}$ b) $\sum_{n=1}^{+\infty} \frac{n+2}{3^n}$ c) $\sum_{n=1}^{+\infty} \frac{(n-1)!}{(n+1)^2}$ d) $\sum_{n=1}^{+\infty} \frac{2^{n+1}}{n3^{n-1}}$

e) $\sum_{n=1}^{+\infty} \frac{n^4}{4^n}$ f) $\sum_{n=2}^{+\infty} \frac{3^{n+2}}{\ln n}$ g) $\sum_{n=1}^{+\infty} \frac{n^2(n+2)!}{n!3^{2n}}$ h) $\sum_{n=1}^{+\infty} \frac{n5^n}{(2n+3)\ln(n+1)}$

Resp.: São convergentes: a, b, d, e, g ; são divergentes: c, f, h .

P6) Use o *Teste da Comparação* para decidir se as seguintes séries são convergentes ou divergentes:

a) $\displaystyle\sum_{n=1}^{+\infty} \frac{1}{n^2+10}$ b) $\displaystyle\sum_{n=1}^{+\infty} \frac{n-2}{n^4+5}$ c) $\displaystyle\sum_{n=5}^{+\infty} \frac{3}{\sqrt{n}-2}$ d) $\displaystyle\sum_{n=4}^{+\infty} \frac{n+3}{n^2-2n}$

e) $\displaystyle\sum_{n=1}^{+\infty} \frac{\cos^2 n}{n^{3/2}}$ f) $\displaystyle\sum_{n=1}^{+\infty} \frac{1}{n4^n}$ g) $\displaystyle\sum_{n=1}^{+\infty} \sqrt{\frac{n+3}{n^4+3}}$ h) $\displaystyle\sum_{n=2}^{+\infty} \frac{\sqrt{n}+2}{\sqrt{n^2+5}}$

Resp.: São convergentes: a, b, e, f, g ; são divergentes: c, d, h .

P7) Use o *Teste da Comparação no Limite* para decidir se as seguintes séries são convergentes ou divergentes:

a) $\displaystyle\sum_{n=1}^{+\infty} \frac{n-2}{n^3-n^2+3}$ b) $\displaystyle\sum_{n=1}^{+\infty} \sqrt{\frac{n+2}{n^2+3}}$ c) $\displaystyle\sum_{n=3}^{+\infty} \frac{n(n+4)}{(n+1)(n-1)(n-2)}$

d) $\displaystyle\sum_{n=1}^{+\infty} \frac{2^n}{3+5^n}$ e) $\displaystyle\sum_{n=2}^{+\infty} \frac{1}{\ln n}$ f) $\displaystyle\sum_{n=1}^{+\infty} \ln\left(1+\frac{1}{n^2}\right)$

g) $\displaystyle\sum_{n=1}^{+\infty} \frac{5^n}{\sqrt{n}4^n}$ h) $\displaystyle\sum_{n=1}^{+\infty} \left(\frac{2n+3}{5n+4}\right)^n$

Resp.: São convergentes: a, d, h ; são divergentes: b, c, e, f, g .

P8) Verifique se as seguintes séries são divergentes, condicionalmente convergentes ou absolutamente convergentes.

a) $\displaystyle\sum_{n=1}^{+\infty} (-1)^n \frac{1}{\sqrt{n}}$ b) $\displaystyle\sum_{n=1}^{+\infty} (-1)^{n+1} \frac{n!}{2^n}$ c) $\displaystyle\sum_{n=1}^{+\infty} (-1)^{n+1} \frac{n}{n^3+1}$

d) $\displaystyle\sum_{n=1}^{+\infty} (-1)^n \frac{\operatorname{sen} n}{n^2}$ e) $\displaystyle\sum_{n=1}^{+\infty} (-1)^{n+1} \sqrt[n]{10}$ f) $\displaystyle\sum_{n=1}^{+\infty} \frac{\cos n\pi}{n\sqrt{n}}$

g) $\displaystyle\sum_{n=1}^{+\infty} (-1)^{n-1} \frac{(n!)^2 3^n}{(2n+1)!}$ h) $\displaystyle\sum_{n=1}^{+\infty} (-1)^{n-1} \frac{(2n)!}{2^n n! n}$

Resp.: São divergentes: b, e, h; são absolutamente convergentes: c, d, f, g; é condicionalmente convergente: a.

P9) Determine os valores de x para os quais a série

$$\sum_{k=1}^{+\infty} \frac{(x+1)^{2k-2}}{(2k-2)!} = 1 + \frac{(x+1)^2}{2!} + \frac{(x+1)^4}{4!} + \frac{(x+1)^6}{6!} + \frac{(x-1)^8}{8!} + \cdots$$

é convergente.

Resp.: É convergente para todo valor de $x \in \mathbb{R}$.

5.11 Resumo dos Testes de Convergência

Teste	**Enunciado**	**Exemplos e observações**
Teste da divergência	Se $\lim_{k\to\infty} a_k \neq 0$, então $\sum a_k$ é divergente.	Exemplo: $\sum_{k=1}^{\infty} \frac{k^2-3k+1}{2k^2+k+7}$ diverge porque $\lim_{k\to+\infty} \frac{k^2-3k+1}{2k^2+k+7} = \frac{1}{2} \neq 0$.
Teste da Integral	Se $\sum f(k)$ for uma série de termos positivos em que f uma função contínua e decrescente em um intervalo $[a,\infty[$, então $\sum f(k)$ e $\int_a^{\infty} f(x)dx$ ambas convergem ou ambas divergem.	Exemplo: $\sum_{k=1}^{\infty} \frac{\ln k}{k}$ é divergente, porque $\int_1^{+\infty} \frac{\ln x}{x}\,\mathrm{d}x = +\infty$. Esse teste se aplica quando a série $\sum f(k)$ tem termos positivos e é fácil calcular a integral de $f(x)$.
Teste da Razão	Seja $\sum_{k=1}^{\infty} a_k$ uma série de termos positivos e $L = \lim_{k\to\infty} \frac{a_{k+1}}{a_k}$. Então a série converge se $L < 1$ e diverge se $L > 1$ ou $L = \infty$. Se $L = 1$, o teste é inconclusivo.	Exemplo: $\sum_{k=1}^{\infty} \frac{2^k}{k!}$ é convergente porque $L = \lim_{k\to+\infty} \frac{2^{k+1}/(k+1)!}{2^k/k!} = \lim_{k\to+\infty} \frac{2}{k+1} = 0 < 1$. Esse teste é recomendável quando a_k envolve fatoriais ou vários produtos.
Teste da Comparação	Sejam $\sum_{k=1}^{\infty} a_k$ e $\sum_{k=1}^{\infty} b_k$ séries de termos não negativos tais que $a_k \leqslant b_k$, $\forall k$. Se $\sum_{k=1}^{\infty} b_k$ converge, então $\sum_{k=1}^{\infty} a_k$ converge, e se $\sum_{k=1}^{\infty} a_k$ diverge, então $\sum_{k=1}^{\infty} b_k$ diverge.	Exemplo: $\sum_{k=1}^{\infty} \frac{k}{k^4+k^2+1}$ converge porque $\frac{k}{k^4+k^2+1} \leqslant \frac{k}{k^4} = \frac{1}{k^3}$, $\forall k \in \mathbb{N}$, e $\sum_{k=1}^{\infty} \frac{1}{k^3}$ converge. Esse teste se aplica apenas a séries de termos não negativos.
Teste da Comparação no Limite	Sejam $\sum a_k$ e $\sum b_k$ séries de termos positivos e $L = \lim_{k\to\infty} \frac{a_k}{b_k}$. Se $0 < L < \infty$, então ambas convergem ou ambas divergem. Se $L = 0$ e $\sum b_k$ converge, então $\sum a_k$ converge. Se $L = +\infty$ e $\sum b_k$ diverge, então $\sum a_k$ diverge.	Exemplo: $\sum_{k=1}^{\infty} \frac{k^4+5k^3+k-1}{k^6+k^2+5k+2}$ converge porque pode ser comparada no limite com a série convergente $\sum_{k=1}^{\infty} \frac{k^4}{k^6} = \sum_{k=1}^{\infty} \frac{1}{k^2}$.
Teste da Série Alternada	Se $a_k > 0$, $\forall k \in \mathbb{N}$, então a série $\sum^{\infty}(-1)^{k+1}a_k = a_1 - a_2 + a_3 - \dots$ [illegible] $\geq a_2 \geq$ [illegible]$_{+1}$, $\forall k$, e $\lim_{k\to\infty} a_k = 0$.	Exemplo: $\sum_{k=1}^{\infty}(-1)^{k+1}\frac{1}{\sqrt{k+5}}$ converge porque é uma série alternada em que $\left(\frac{1}{\sqrt{k+5}}\right)_{k\in}$ [illegible] é decrescente e $\lim_{k\to+\infty} \frac{1}{\sqrt{k+5}} = 0$.

Capítulo 6

Séries de Potências

Neste capítulo, introduzimos o conceito de série de potências e fazemos uma introdução ao importante tema do desenvolvimento de uma função em série de potências e às séries de Taylor. No final do capítulo, apresentamos um resumo com os principais desenvolvimentos de funções em série de potências.

6.1 Introdução

Definição: Uma **série de potências centrada em $\mathbf{x = a}$** é uma série de termos formados por potências de $(x-a)$ da forma

$$\sum_{n=0}^{+\infty} c_n(x-a)^n = c_0 + c_1(x-a) + c_2(x-a)^2 + c_3(x-a)^3 + \cdots$$

onde $c_0, c_1, c_2, \ldots$ são constantes e são chamados **coeficientes** e o valor de a é o **centro** da série.

Em particular, uma série de potências centrada em $x = 0$ é uma série da forma

$$\sum_{n=0}^{+\infty} c_n x^n = c_0 + c_1 x + c_2 x^2 + c_3 x^3 + c_4 x^4 + \cdots$$

É comum abreviar essa notação para $\sum x^n$ ou $\sum (x-a)^n$.

Exemplo: A série geométrica $\displaystyle\sum_{n=0}^{+\infty} x^n = 1 + x + x^2 + x^3 + x^4 + \cdots$ é uma série de potências centrada em $x = 0$. Se $|x| < 1$, então essa série converge para $f(x) = \dfrac{1}{1-x}$ e, por causa disso, escrevemos

$\dfrac{1}{1-x}$ [illegible], se $-1 < x < 1$.

Exemplos: Determine todos os valores de x para os quais cada uma das seguintes séries converge:

a) $$\sum_{n=1}^{+\infty} \overbrace{(-1)^{n-1}\frac{(x-2)^n}{n}}^{a_n} = (x-2) - \frac{(x-2)^2}{2} + \frac{(x-2)^3}{3} - \frac{(x-2)^4}{4} + \cdots$$

b) $\displaystyle\sum_{n=1}^{+\infty} \overbrace{\frac{(x-2)^{2n-1}}{2n-1}}^{a_n} = (x-2) + \frac{(x-2)^3}{3} + \frac{(x-2)^5}{5} + \frac{(x-2)^7}{7} + \cdots$

c) $\displaystyle\sum_{n=0}^{+\infty} \overbrace{\frac{(x-2)^n}{n!}}^{a_n} = 1 + (x-2) + \frac{(x-2)^2}{2!} + \frac{(x-2)^3}{3!} + \frac{(x-2)^4}{4!} + \cdots$

d) $\displaystyle\sum_{n=0}^{+\infty} \overbrace{n!(x-2)^n}^{a_n} = 1 + (x-2) + 2!(x-2)^2 + 3!(x-2)^3 + 4!(x-2)^4 + \cdots$

Solução : Nesses quatro exemplos, vamos usar o Teste da Razão para determinar os valores de x para os quais cada série converge. Pode-se provar que esse conjunto de valores é um intervalo de números reais e é chamado **intervalo de convergência**. Como esse teste se aplica a séries com termos positivos e nada sabemos a respeito de x (se é positivo ou negativo), devemos aplicar a função valor absoluto (módulo) aos termos da série. Assim, em cada caso, calculamos o limite $L = \displaystyle\lim_{n\to+\infty} \frac{|a_{n+1}|}{|a_n|}$.

a) $L = \displaystyle\lim_{n\to+\infty} \frac{\left|(-1)^n \frac{(x-2)^{n+1}}{n+1}\right|}{\left|(-1)^{n-1} \frac{(x-2)^n}{n}\right|} = \lim_{n\to+\infty} \left(\frac{|x-2|^{n+1}}{n+1} \cdot \frac{n}{|x-2|^n} \right)$

$= \displaystyle\lim_{n\to+\infty} \left(\frac{|x-2|^{\cancel{n+1}}}{n+1} \cdot \frac{n}{\cancel{|x-2|^n}} \right) = \lim_{n\to+\infty} \left(|x-2| \cdot \underbrace{\frac{n}{n+1}}_{\to 1} \right) = |x-2|.$

Sabemos pelo Teste da Razão que a série converge se $L = |x-2| < 1$ e diverge se $L = |x-2| > 1$. A desigualdade $|x-2| < 1$ equivale a $-1 < x-2 < 1 \Leftrightarrow 2-1 < x < 2+1 \Leftrightarrow 1 < x < 3$.

Se $x = 1$, então $L = |x-2| = |1-2| = 1$ e o Teste da Razão falha. Nesse caso, devemos substituir $x = 1$ na série e verificar a convergência ou divergência através de outro teste. Quando $x = 1$, a série fica $\displaystyle\sum_{n=1}^{+\infty} (-1)^{n-1} \frac{(1-2)^n}{n} = \sum_{n=1}^{+\infty} (-1)^{n-1} \frac{(-1)^n}{n} = \sum_{n=1}^{+\infty} \frac{(-1)^{2n-1}}{n} = \sum_{n=1}^{+\infty} \frac{(-1)}{n} = -\left(1 + \frac{1}{2} + \frac{1}{3} + \frac{1}{4} + \cdots\right)$ que é igual a (-1) vezes a série harmônica; logo, é divergente.

Concluímos dessa forma que o conjunto de valores de x para os quais a série converge é $\{x \in \mathbb{R} \,|\, 1 < x \leqslant 3\}$. Usando a notação de intervalo, esse conjunto pode ser representado como sendo $]1,\ 3]$. Dizemos também que esse intervalo tem centro em $x = 2$ (que é o ponto médio do intervalo) e tem raio igual a 1, que é a distância do centro a uma das extremidades.

Se $x = 3$, então $L = |x-2| = |3-2| = 1$ e o Teste da Razão falha. Nesse caso, devemos substituir $x = 3$ na série e verificar a convergência ou divergência através de outro teste. Quando $x = 3$, a série fica $\displaystyle\sum_{n=1}^{+\infty} (-1)^{n-1} \frac{(3-2)^n}{n} = \sum_{n=1}^{+\infty} (-1)^{n-1} \frac{1^n}{n} = \sum_{n=1}^{+\infty} \frac{(-1)^{n-1}}{n} = 1 - \frac{1}{2} + \frac{1}{3} - \frac{1}{4} + \cdots$ que é convergente, pelo Teste da Série Alternada.

b) $L = \displaystyle\lim_{n\to+\infty} \frac{\left|\frac{(x-2)^{2n+1}}{2n+1}\right|}{\left|\frac{(x-2)^{2n-1}}{2n-1}\right|} = \lim_{n\to+\infty} \left(\frac{|x-2|^{2n+1}}{2n+1} \cdot \frac{2n-1}{|x-2|^{2n-1}} \right)$

$$= \lim_{n\to+\infty}\left(|x-2|^2\cdot\underbrace{\frac{2n-1}{2n+1}}_{\to 1}\right) = |x-2|^2 = (x-2)^2.$$

Se $L < 1$, então $(x-2)^2 < 1$ a série é convergente. Essa última desigualdade equivale a $x^2 - 4x + 3 < 0$, cuja solução é $1 < x < 3$.

Quando $x = 1$, a série reduz-se a $\displaystyle\sum_{n=1}^{+\infty}\frac{(-1)^{2n-1}}{2n-1} = -\sum_{n=1}^{+\infty}\frac{1}{2n-1}$. Comparando no limite com a série harmônica $\displaystyle\lim_{n\to+\infty}\frac{-1/(2n-1)}{1/n} = -\frac{1}{2}$, chegamos à conclusão que essa série é divergente.

Quando $x = 3$, a série reduz-se a $\displaystyle\sum_{n=1}^{+\infty}\frac{1}{2n-1}$ que também é divergente.

Portanto, o intervalo de convergência dessa série é $]1,\ 3[$ que pode ser visto como um intervalo aberto de centro 2 e raio 1.

c) $$L = \lim_{n\to+\infty}\frac{\left|\frac{(x-2)^{n+1}}{(n+1)!}\right|}{\left|\frac{(x-2)^n}{n!}\right|} = \lim_{n\to+\infty}\left(\frac{|x-2|^{n+1}}{(n+1)!}\cdot\frac{n!}{|x-2|^n}\right)$$

$$= \lim_{n\to+\infty}\left(|x-2|\cdot\underbrace{\frac{n!}{(n+1)n!}}_{\to 0}\right) = 0.$$ Logo, $L < 1$ para todo valor de x. Isso significa que o conjunto de convergência é igual a $\mathbb{R}$. Com a notação de intervalo, ele pode ser escrito na forma $]-\infty,\ +\infty[$. Nesse caso, dizemos que o raio desse intervalo é infinito.

d) $$L = \lim_{n\to+\infty}\frac{|(n+1)!(x-2)^{n+1}|}{|n!(x-2)^n|} = \lim_{n\to+\infty}\frac{(n+1)n!\cdot|x-2|^{n+1}}{n!\cdot|x-2|^n}$$

$$= \lim_{n\to+\infty}((n+1)|x-2|) = \begin{cases}+\infty & \text{se } x\neq 2\\ 0 & \text{se } x = 2\end{cases}.$$ Assim, a série converge somente quando $x = 2$. Se $x \neq 2$, a série diverge. Concluímos assim que o conjunto de convergência é o conjunto unitário $\{2\}$. Usando a notação de intervalo, esse conjunto pode ser representado como $[2,\ 2]$. Nesse caso, dizemos que esse é um intervalo de centro em $x = 2$ e raio igual a 0.

6.2 Raio e intervalo de convergência

A convergência de uma série de potências $\sum c_n(x-a)^n$ é completamente descrita em um dos casos a seguir:

Caso 1 Existe um número real $R > 0$ tal que a série diverge para valor de x satisfazendo $|x-a| > R$ e converge absolutamente se $|x-a| < R$. Nas extremidades $x = a+R$ e $x = a-R$, a série pode [illegible] dependendo de cada série. [illegible]

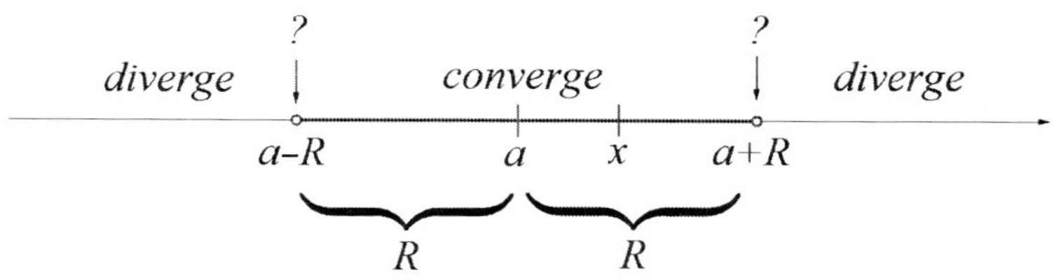

Caso 2 A série converge para todo $x \in \mathbb{R}$. Nesse caso, dizemos que o intervalo de convergência é $]-\infty,\ +\infty[$ e que tem raio infinito.

Caso 3 A série converge apenas para $x = a$. Nesse caso, o intervalo de convergência é $[a,\ a]$ que tem centro em a e raio 0.

Vamos agora deduzir uma fórmula muito útil para calcular o raio de convergência de uma série de potências. Suponhamos que a série tenha a seguinte forma:

$$\sum_{n=1}^{+\infty} a_n(x-a)^{np+q} = a_0 + a_1(x-a)^{p+q} + a_2(x-a)^{2p+q} + a_3(x-a)^{3p+q} + a_4(x-a)^{4p+q} + \cdots$$

onde os coeficientes a_k são não nulos e $p \geqslant 1$ e $q \geqslant 0$ são inteiros. Note que os expoentes das potências de $(x-a)$ formam uma progressão aritmética de razão igual a p: $(p+q, 2p+q, 3p+q, 4p+q, \dots)$. Usando o Teste da Razão, obtemos que a série converge, se x satisfizer a seguinte desigualdade:

$$L = \lim_{n\to+\infty} \frac{|a_{n+1}(x-a)^{(n+1)p+q}|}{|a_n(x-a)^{np+q}|} < 1.$$

Essa desigualdade equivale às seguintes:

$$\begin{aligned}
\lim_{n\to+\infty}\left|\frac{a_{n+1}}{a_n}\right| |x-a|^p < 1 &\Leftrightarrow |x-a|^p \lim_{n\to+\infty}\left|\frac{a_{n+1}}{a_n}\right| < 1 \\
&\Leftrightarrow |x-a|^p < \frac{1}{\displaystyle\lim_{n\to+\infty}\left|\frac{a_{n+1}}{a_n}\right|} \Leftrightarrow |x-a|^p < \lim_{n\to+\infty}\left|\frac{a_n}{a_{n+1}}\right| \\
&\Leftrightarrow |x-a| < \underbrace{\sqrt[p]{\lim_{n\to+\infty}\left|\frac{a_n}{a_{n+1}}\right|}}_{R}
\end{aligned}$$

A partir dessa última desigualdade, obtemos a fórmula para o cálculo do raio de convergência da série de potências $\displaystyle\sum_{n=1}^{+\infty} a_n(x-a)^{np+q}$:

$$R = \sqrt[p]{\lim_{n\to+\infty}\left|\frac{a_n}{a_{n+1}}\right|}.$$

O caso mais frequente é o caso particular em que $p = 1$. Nesse caso, essa fórmula pode ser simplificada, ficando sem o radical:

$$R = \lim_{n\to+\infty}\left|\frac{a_n}{a_{n+1}}\right|$$

Observação : Usando o Teste da Raiz, podemos obter outro tipo de fórmula

$$R = \frac{1}{\lim\limits_{n \to +\infty} \sqrt[n]{|a_n|}}$$

que também pode ser usada no cálculo do raio de convergência de $\sum\limits_{n=1}^{+\infty} a_n (x-a)^n$.

Exemplo: Encontre o raio e o intervalo de convergencia da série

$$\sum_{n=1}^{+\infty} \frac{x^n}{n\sqrt{n} \cdot 4^n} = \frac{x}{4} + \frac{x^2}{32\sqrt{2}} + \frac{x^3}{192\sqrt{3}} + \frac{x^4}{2048} + \frac{x^5}{5120\sqrt{5}} + \cdots$$

Solução : Nesse caso, temos $a_n = \frac{1}{n\sqrt{n} \cdot 4^n}$. Como $x = x - 0$, o centro da série é $a = 0$.

$$R = \lim_{n \to +\infty} \left| \frac{a_n}{a_{n+1}} \right| = \lim_{n \to +\infty} \left| \frac{\frac{1}{n\sqrt{n} \cdot 4^n}}{\frac{1}{(n+1)\sqrt{n+1} \cdot 4^{n+1}}} \right| = \lim_{n \to +\infty} \left(4 \cdot \overbrace{\frac{n+1}{n}}^{\to 1} \cdot \overbrace{\sqrt{\frac{n+1}{n}}}^{\to 1} \right) = 4.$$

Devemos agora testar a convergência da série quando $x = a - R = -4$ e quando $x = a + R = 4$.

Substituindo $x = -4$, obtemos $\sum\limits_{n=1}^{+\infty} \frac{(-4)^n}{n\sqrt{n} \cdot 4^n} = \sum\limits_{n=1}^{+\infty} \frac{(-1)^n}{n\sqrt{n}}$. Usando o Teste da Série Alternada (entre outros), obtemos que essa série é convergente.

Substituindo $x = 4$, obtemos $\sum\limits_{n=1}^{+\infty} \frac{4^n}{n\sqrt{n} \cdot 4^n} = \sum\limits_{n=1}^{+\infty} \frac{1}{n\sqrt{n}} = \sum\limits_{n=1}^{+\infty} \frac{1}{n^{3/2}}$ que é uma p-série com $p = \frac{3}{2} > 1$ e, consequentemente, é convergente.

Portanto, o intervalo de convergência de $\sum\limits_{n=1}^{+\infty} \frac{x^n}{n\sqrt{n} \cdot 4^n}$ é $[-4,\ 4]$.

Exemplo: Encontre o raio e o intervalo de convergência da série

$$\sum_{n=1}^{+\infty} \frac{(x+1)^n}{2 \cdot 4 \cdot 6 \cdots (2n)} = \frac{x+1}{2} + \frac{(x+1)^2}{8} + \frac{(x+1)^3}{48} + \frac{(x+1)^4}{384} + \cdots$$

Solução : Temos $a_n = \frac{1}{2 \cdot 4 \cdot 6 \cdots (2n)}$ e, como $x + 1 = x - (-1)$, o centro é $a = -1$. O raio pode ser calculado pela fórmula

$$R = \lim_{n \to +\infty} \left| \frac{a_n}{a_{n+1}} \right| = \lim_{n \to +\infty} \left| \frac{\frac{1}{2 \cdot 4 \cdot 6 \cdots (2n)}}{\frac{1}{2 \cdot 4 \cdot 6 \cdots (2n) \cdot (2n+2)}} \right| = \lim_{n \to +\infty} (2n+2) = +\infty$$

Logo, o raio é infinito e o intervalo de convergência é $]-\infty,\ +\infty[= \mathbb{R}$.

Exemplo: Encontre o raio e o intervalo de convergência da série

$$\sum_{n=1}^{+\infty} \left(\frac{n+1}{2n+3} \right)^n (x-4)^{2n} = \frac{2}{5}(x-4)^2 + \left(\frac{3}{7} \right)^2 (x-4)^4 + \left(\frac{4}{9} \right)^3 (x-4)^6 + \cdots$$

Solução : Os termos da série contêm potências de $(x-4)^2$; logo, nesse caso, $a = 4$ e $p = 2$, e daí

$$R = \sqrt[p]{\lim_{n\to+\infty}\left|\frac{a_n}{a_{n+1}}\right|} = \sqrt{\lim_{n\to+\infty}\frac{\left(\frac{n+1}{2n+3}\right)^n}{\left(\frac{n+2}{2n+5}\right)^{n+1}}} = \sqrt{\lim_{n\to+\infty}\frac{\left(\frac{n+1}{2n+3}\right)^n}{\frac{n+2}{2n+5}\cdot\left(\frac{n+2}{2n+5}\right)^n}}$$

$$= \sqrt{\lim_{n\to+\infty}\underbrace{\frac{2n+5}{n+2}}_{\to\,2}\underbrace{\left[\frac{(n+1)(2n+5)}{(2n+3)(n+2)}\right]^n}_{\to\,1}} = \sqrt{2}.$$

Logo, o raio do intervalo de convergência é $\sqrt{2}$. Como o centro é 4, temos que as extremidades do intervalo são $a - R = 4 - \sqrt{2}$ e $a + R = 4 + \sqrt{2}$.

Vamos investigar agora o comportamento da série nas extremidades do intervalo. Quando $x = 4 - \sqrt{2}$, a série é $\displaystyle\sum_{n=1}^{+\infty}\left(\frac{n+1}{2n+3}\right)^n(-\sqrt{2})^{2n} = \sum_{n=1}^{+\infty}\left(\frac{2n+2}{2n+3}\right)^n$ que é divergente porque $\displaystyle\lim_{n\to+\infty}\left(\frac{2n+2}{2n+3}\right)^n = e^{-1/2} \neq 0$. Pelo mesmo motivo, quando $x = 4 + \sqrt{2}$, a série também é divergente.

Portanto, o intervalo de convergência de $\displaystyle\sum_{n=1}^{+\infty}\left(\frac{n+1}{2n+3}\right)^n(x-4)^{2n}$ é o intervalo aberto $]4-\sqrt{2},\ 4+\sqrt{2}[$.

6.3 Série de Taylor

A soma de uma série de potências é um valor que depende de x pertencente ao seu intervalo de convergência. Assim, a série de potências pode ser considerada como sendo uma função de x, cujo domínio é seu intervalo de convergência.

Suponhamos que f seja uma função representada por uma série de potências centrada em a:

$$f(x) = \sum_{n=0}^{+\infty} c_n(x-a)^n = c_0 + c_1(x-a) + c_2(x-a)^2 + c_3(x-a)^3$$
$$+ c_4(x-a)^4 + c_5(x-a)^5 + c_6(x-a)^6 + \cdots$$

Substituindo $x = a$ nessa série, obtemos:

$$f(a) = c_0 + c_1\cdot 0 + c_2\cdot 0 + c_3\cdot 0 + c_4\cdot 0 + \cdots = c_0 \Rightarrow c_0 = f(a)$$

Supondo qu[illegible] derivadas $f'(x)$, $f''(x)$, $f'''(x)$, $\ldots$, vamos calcular as derivadas dos termos da série anterior:

- $f'(x) = c_1 + 2c_2(x-a) + 3c_3(x-a)^2 + 4c_4(x-a)^3 + 5c_5(x-a)^4 + 6c_6(x-a)^5 + \cdots$
- $f''(x) = 2c_2 + 3\cdot 2c_3(x-a) + 4\cdot 3c_4(x-a)^2 + 5\cdot 4c_5(x-a)^3 + 6\cdot 5c_6(x-a)^4 + \cdots$
- $f'''(x) = 3\cdot 2c_3 + 4\cdot 3\cdot 2c_4(x-a) + 5\cdot 4\cdot 3c_5(x-a)^2 + 6\cdot 5\cdot 4c_6(x-a)^3 + \cdots$

- $f^{(4)}(x) = 4 \cdot 3 \cdot 2c_4 + 5 \cdot 4 \cdot 3 \cdot 2c_5(x-a) + 6 \cdot 5 \cdot 4 \cdot 3c_6(x-a)^2 \cdots$
- $f^{(5)}(x) = 5 \cdot 4 \cdot 3 \cdot 2c_5 + 6 \cdot 5 \cdot 4 \cdot 3 \cdot 2c_6(x-a) + \cdots$

Substituindo $x = a$ nos itens anteriores, obtemos

- $f'(a) = c_1 + 0 + 0 + 0 + 0 + 0 + \cdots \Rightarrow f'(a) = c_1$
- $f''(a) = 2c_2 + 0 + 0 + 0 + 0 + \cdots \Rightarrow f''(a) = 2!c_2$
- $f'''(a) = 3 \cdot 2c_3 + +0 + 0 + 0 + \cdots \Rightarrow f'''(a) = 3!c_3$
- $f^{(4)}(a) = 4 \cdot 3 \cdot 2c_4 + 0 + 0 + \cdots \Rightarrow f^{(4)}(a) = 4!c_4$
- $f^{(5)}(a) = 5 \cdot 4 \cdot 3 \cdot 2c_5 + 0 + 0 + \cdots \Rightarrow f^{(5)}(a) = 5!c_5$

de onde resulta em $c_1 = f'(a) = \frac{f'(a)}{1!}$, $c_2 = \frac{f''(a)}{2} = \frac{f''(a)}{2!}$, $c_3 = \frac{f'''(a)}{3!}$, $c_4 = \frac{f^{(4)}(a)}{4!}$, $c_5 = \frac{f^{(5)}(a)}{5!}$ etc.

Obtivemos no início que $c_0 = f(a)$. Como $f^{(0)}(a) = f(a)$ e $0! = 1$, então essa igualdade também pode ser escrita na forma $c_0 = \frac{f^{(0)}(a)}{0!}$.

Em geral, obtemos $\boxed{c_n = \dfrac{f^{(n)}(a)}{n!}}$, com $n = 0, 1, 2, 3, \ldots$, e daí,

$$f(x) = \sum_{n=0}^{+\infty} \frac{f^{(n)}(a)}{n!}(x-a)^n = f(a) + f'(a)(x-a) + \frac{f''(a)}{2!}(x-a)^2 + \frac{f'''(a)}{3!}(x-a)^3 + \frac{f^{(4)}(a)}{4!}(x-a)^4 + \cdots$$

Essa série é denominada **série de Taylor*** de $f(x)$, centrada em a. Quando $a = 0$, a série de Taylor também pode ser chamada de **série de Maclaurin**†.

Exemplo: Encontre a série de Maclaurin da função $f(x) = e^x$ e seu raio de convergência.

As derivadas de $f(x) = e^x$ são dadas por $f'(x) = f''(x) = f'''(x) = f^{(4)}(x) = \cdots = f^{(n)}(x) = e^x$. Substituindo x por 0, obtemos $f^{(}n)(0) = e^0 = 1$, $n = 0, 1, 2, 3, \ldots$. A partir daí, obtemos $c_n = \frac{f^{(n)}(0)}{n!} = \frac{1}{n!}$ e que a série procurada é $f(x) = \sum_{n=0}^{+\infty} c_n x^n = \sum_{n=0}^{+\infty} \frac{x^n}{n!}$, ou seja,

$$e^x = 1 + x + \frac{x^2}{2!} + \frac{x^3}{3!} + \frac{x^4}{4!} + \frac{x^5}{5!} + \frac{x^6}{6!} + \cdots$$

Em particular, fazendo $x = 1$ nessa série, obtemos que

$$e = 1 + 1 + \frac{1}{2!} + \frac{1}{3!} + \frac{1}{4!} + \frac{1}{5!} + \frac{1}{6!} + \cdots$$

Podemos usar essa série para calcular o valor de e com muitas casas decimais. Por exemplo, somando os primeiros 8 termos dessa série, obtemos o seguinte valor aproximado: $e \approx 1 + 1 + \frac{1}{2!} + \frac{1}{3!} + \frac{1}{4!} + \frac{1}{5!} + \frac{1}{6!} + \frac{1}{7!} = \frac{685}{252} = 2,71825$.

*Brook Taylor (1685–1731), matemático inglês

†Colin Maclaurin (1698–1746), matemático escocês

Agora vamos calcular o raio de convergência da série de e^x. Para isso, basta calcular o seguinte limite:

$$R = \lim_{n\to+\infty}\left|\frac{c_n}{c_{n+1}}\right| = \lim_{n\to+\infty}\frac{1/n!}{1/(n+1)!} = \lim_{n\to+\infty}\frac{(n+1)\cancel{n!}}{\cancel{n!}} = \lim_{n\to+\infty}(n+1) = +\infty.$$

Logo, o raio de convergência é infinito, ou seja, a série converge para qualquer valor de $x \in \mathbb{R}$.

Observação : Na figura, estão construídos os gráficos de $f(x) = e^x$, $s_3(x) = 1 + x + \frac{x^2}{2}$, $s_4(x) = 1 + x + \frac{x^2}{2} + \frac{x^3}{6}$ e $s_5(x) = 1 + x + \frac{x^2}{2} + \frac{x^3}{6} + \frac{x^4}{24}$.

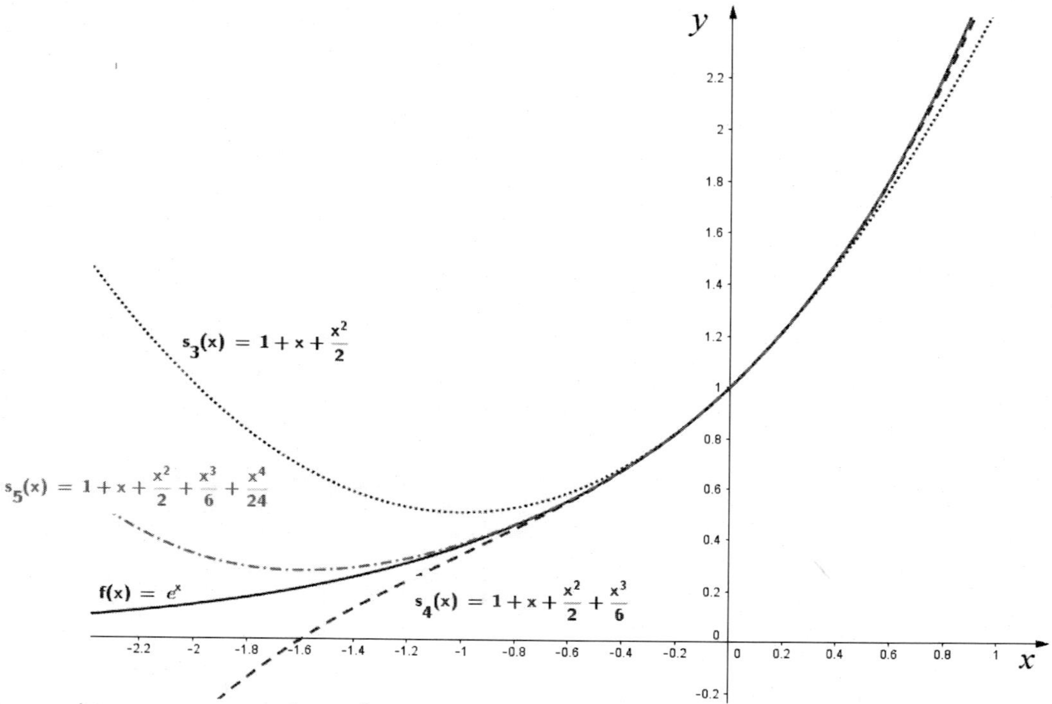

Quanto mais o x se aproxima do centro $a = 0$ e quanto mais termos são somados, mais os gráficos de $s_k(x)$ ficam próximos de e^x.

Exemplo: Encontre a série de Maclaurin da função $f(x) = \operatorname{sen} x$ e seu raio de convergência.

Inicialmente, calculamos as derivadas de f aplicadas em $x = 0$.

- $f(x) = \operatorname{sen} x \Rightarrow f(0) = 0$
- $f'(x) = \cos x \Rightarrow f'(0) = 1$
- $f''(x) = -\operatorname{sen} x \Rightarrow f''(0) = 0$
- $f'''(x) = -\cos x \Rightarrow f'''(0) = -1$

A partir daí, as derivadas se repetem de quatro em quatro: $f^{(4)}(0) = f(0) = 0$, $f^{(5)}(0) = f'(0) = 1$, $f^{(6)}(0) = f''(0) = 0$, $f^{(7)}(0) = f'''(0) = -1$ etc.

Substituindo as derivadas $f^{(n)}(0)$ na fórmula

$$f(x) = \sum_{n=0}^{+\infty}\frac{f^{(n)}(0)}{n!}x^n = f(0) + f'(0)x + \frac{f''(0)}{2!}x^2 + \frac{f'''(0)}{3!}x^3 + \frac{f^{(4)}(0)}{4!}x^4 + \cdots$$

obtemos o desenvolvimento de $\operatorname{sen} x$ em série de Maclaurin:

$$\operatorname{sen} x = x - \frac{x^3}{3!} + \frac{x^5}{5!} - \frac{x^7}{7!} + \frac{x^9}{9!} - \frac{x^{11}}{11!} + \cdots = \sum_{n=1}^{+\infty} \overbrace{\frac{(-1)^{n-1}}{(2n-1)!}}^{c_n} x^{2n-1}$$

Em geral, nas fórmulas trigonométricas que aparecem no Cálculo, a unidade padrão de medida dos ângulos é o [illegible]

O raio de convergência dessa série é dado por

$$R = \sqrt{\lim_{n \to +\infty} \left| \frac{c_n}{c_{n+1}} \right|} = \sqrt{\lim_{n \to +\infty} \left| \frac{(-1)^{2n-1}/(2n-1)!}{(-1)^{2n+1}/(2n+1)!} \right|}$$

$$= \sqrt{\lim_{n \to +\infty} \frac{(2n+1)(2n)\cancel{(2n-1)!}}{\cancel{(2n-1)!}}} = \sqrt{\lim_{n \to +\infty} (2n+1)(2n)} = +\infty$$

Logo, o raio de convergência é infinito, ou seja, a série converge para todo valor de x. O motivo da raiz quadrada na fórmula do raio é que os expoentes das potências de x da série $(1, 3, 5, 7, 9, \ldots)$ formam uma progressão aritmética de razão igual a 2.

Observação 1: Na figura a seguir, estão construídos os gráficos de $f(x) = \operatorname{sen} x$, $s_1(x) = x$, $s_2(x) = x - \frac{x^3}{6}$ e $s_3(x) = x - \frac{x^3}{6} + \frac{x^5}{120}$.

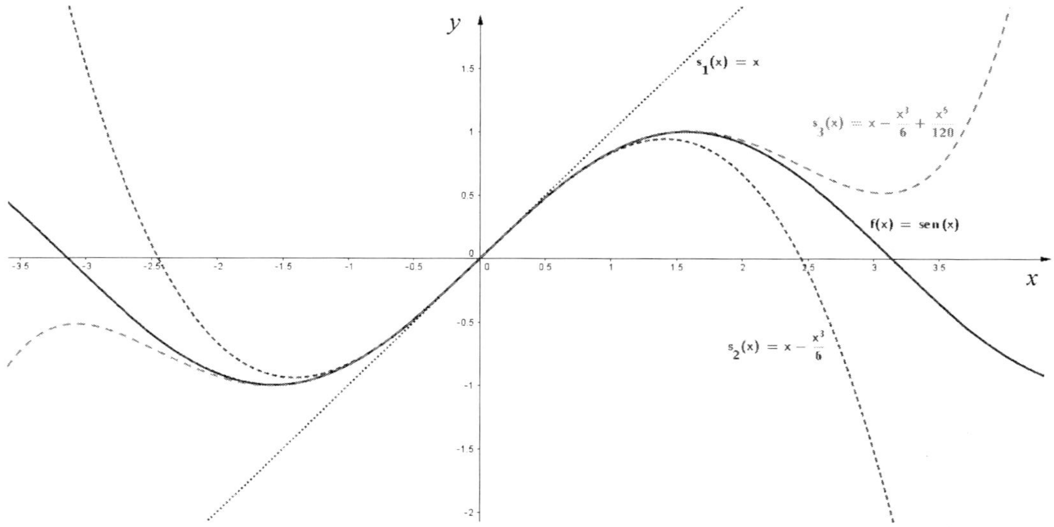

Note que quanto mais o x se aproxima do centro $a = 0$ e se aumenta a quantidade de termos [illegible] gráficos de $s_i(x)$ e $\operatorname{sen} x$.

Observação 2: Se $g(x) = \cos x$, então as derivadas de g calculadas em $x = 0$ são $g(0) = g^{(4)}(0) = 1$, $g'(0) = g^{(5)}(0) = 0$, $g''(0) = g^{(6)}(0) = -1$, $g'''(0) = g^{(7)}(0) = 0$ etc. A partir daí, obtemos a série de Maclaurin da função $g(x)$:

$$\cos x = 1 - \frac{x^2}{2!} + \frac{x^4}{4!} - \frac{x^6}{6!} + \frac{x^8}{8!} - \frac{x^{10}}{10!} + \cdots = \sum_{n=0}^{+\infty} \frac{(-1)^n}{(2n)!} x^{2n}.$$

Note que essa série também pode ser obtida se for calculada cada derivada de cada um dos termos da série do $\operatorname{sen} x$.

Observação 3: Podemos usar a série de Maclaurin do $\operatorname{sen} x$ para calcular o valor numérico do seno de qualquer ângulo escolhido. Se usarmos os 3 primeiros termos da série, então obtemos a aproximação $\operatorname{sen} x \approx x - \frac{x^3}{3!} + \frac{x^5}{5!}$. Por exemplo, escolhendo o ângulo $x = 7^\circ = \frac{7\pi}{180}$ radianos, obtemos

$$\operatorname{sen} 7^\circ = \operatorname{sen} \frac{7\pi}{180} \approx \frac{7\pi}{180} - \frac{\left(\frac{7\pi}{180}\right)^3}{3!} + \frac{\left(\frac{7\pi}{180}\right)^5}{5!}$$

Usando $\pi \approx 3,141592$, substituindo na expressão anterior, obtemos $\boxed{\operatorname{sen} 7^\circ \approx 0,121869}$ que é uma ótima aproximação de $\operatorname{sen} 7^\circ$. Note que, nesse caso, é obrigatória a transformação do ângulo para radianos. Se tivéssemos substituído $x = 7$ na função $x - \frac{x^3}{3!} + \frac{x^5}{5!}$, então teríamos obtido a resposta $89,8916$, que não tem nada a ver com $\operatorname{sen} 7^\circ$.

Observação 4: Na figura a seguir, construímos os gráficos de $f(x) = \cos x$, $s_2(x) = 1 - \frac{x^2}{2}$, $s_3(x) = 1 - \frac{x^2}{2} + \frac{x^4}{24}$ e $s_4(x) = 1 - \frac{x^2}{2} + \frac{x^4}{24} - \frac{x^6}{720}$.

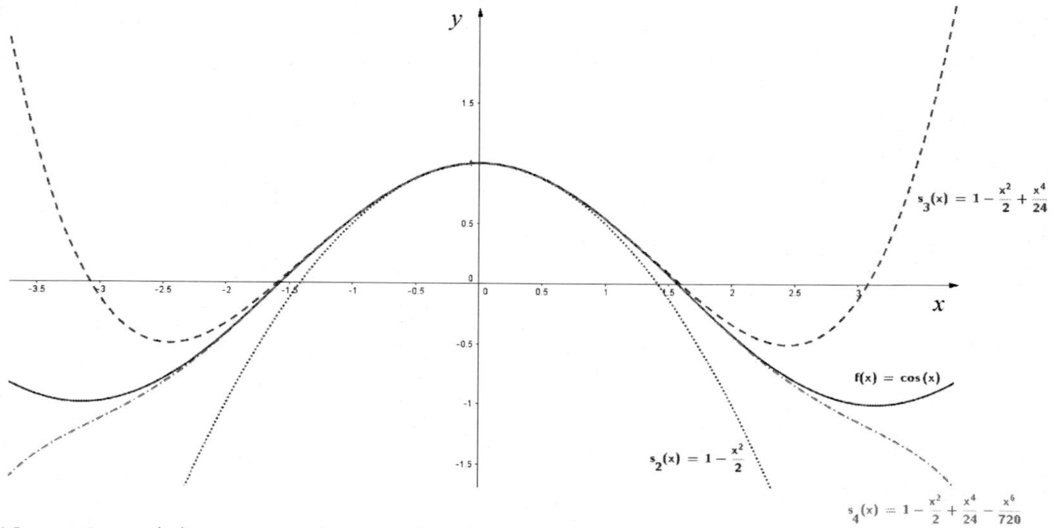

Os gráficos de $s_k(x)$ se aproximam de $\cos x$ à medida que x se aproxima de 0 e a quantidade de termos somados é aumentada.

6.4 Operações com séries de potências

Dadas algumas séries de potências, podemos fazer várias operações com elas tais como adição termo a termo, subtração, multiplicação, divisão, bem como calcular derivadas e integrais termo a termo. [illegible] operações são válidas para valores de x pertencentes aos domínios comuns a todas as funções envolvidas, ou seja, x pertencente à interseção dos intervalos de convergência.

Teorema: As seguintes séries de potências têm o mesmo raio de convergência:

- $f(x) = c_0 + c_1(x-a) + c_2(x-a)^2 + c_3(x-a)^3 + \cdots = \sum_{n=0}^{+\infty} c_n(x-a)^n$

- Derivação termo a termo:

$$f'(x) = c_1 + 2c_2(x-a) + 3c_3(x-a)^2 + 4c_4(x-a)^3 + \cdots = \sum_{n=1}^{+\infty} \overbrace{nc_n}^{b_n}(x-a)^{n-1}$$

- Integração termo a termo em $[a,\ x]$:

$$\int_a^x f(t)\ \mathrm{d}t = \int_a^x c_0\ \mathrm{d}t + \int_a^x c_1(t-a)\ \mathrm{d}t + \int_a^x c_2(t-a)^2\ \mathrm{d}t$$
$$+ \int_a^x c_3(t-a)^3\ \mathrm{d}t + \cdots = c_0(x-a) + \frac{c_1(x-a)^2}{2} + \frac{c_2(x-a)^3}{3}$$
$$+ \frac{c_3(x-a)^4}{4} + \cdots = \sum_{n=0}^{+\infty} \overbrace{\frac{c_n}{n+1}}^{u_n}(x-a)^{n+1}$$

Demonstração : Suponhamos que o raio de convergência do desenvolvimento em série de $f(x)$ seja igual a R_1. Então, $R_1 = \lim\limits_{n\to+\infty}\left|\dfrac{c_n}{c_{n+1}}\right|$. Vamos calcular os raios de convergência R_2 e R_3 dos desenvolvimentos de $f'(x)$ e de $\int_a^x f(t)\ \mathrm{d}t$, respectivamente:

- $R_2 = \lim\limits_{n\to+\infty}\left|\dfrac{b_n}{b_{n+1}}\right| = \lim\limits_{n\to+\infty}\left|\dfrac{nc_n}{(n+1)c_{n+1}}\right| = \lim\limits_{n\to+\infty}\overbrace{\left(\dfrac{n}{n+1}\right)}^{\to 1}\left|\dfrac{c_n}{c_{n+1}}\right| = R_1$

- $R_3 = \lim\limits_{n\to+\infty}\left|\dfrac{u_n}{u_{n+1}}\right| = \lim\limits_{n\to+\infty}\left|\dfrac{c_n/(n+1)}{c_{n+1}/(n+2)}\right| = \lim\limits_{n\to+\infty}\overbrace{\left(\dfrac{n+2}{n+1}\right)}^{\to 1}\left|\dfrac{c_n}{c_{n+1}}\right| = R_1$

Portanto, as três séries têm o mesmo raio de convergência.

O intervalo de convergência pode não ser o mesmo porque a convergência nas extremidades do intervalo depende de propriedades particulares da função envolvida.

Exemplo: Consideremos a série geométrica $1 - x + x^2 - x^3 + \ldots$, de razão $-x$, onde $|x| < 1$. Essa série converge para $\frac{1}{1+x}$, ou seja,

$$\frac{1}{1+x} = 1 - x + x^2 - x^3 + x^4 - \cdots$$

Calculando integral no intervalo $[0,\ x]$, termo a termo, obtemos

$$\frac{x^2}{2} \quad \frac{x^3}{3} \quad \frac{x^4}{4} \quad \frac{x^5}{5}$$

A princípio, temos que o intervalo de convergência de $\ln|x+1|$ contém o intervalo aberto $]-1,\ 1[$. Por verificação direta, temos que a série converge para $x = 1$ (Teste da Série Alternada) e diverge para $x = -1$ (comparável com a série harmônica). Concluímos dessa forma que o intervalo de convergência de $\ln|1+x|$ é $]-1,\ 1]$.

Observação : Esse desenvolvimento em série de potências também poderia ser obtido usando-se a fórmula de Maclaurin. Se $f(x) = \ln|1+x|$, então

- $f'(x) = \frac{1}{1+x} = (1+x)^{-1}$,
- $f'' = -(1+x)^{-2} = -1!(1+x)^{-2}$,
- $f'''(x) = 2(1+x)^{-3} = 2!(1+x)^{-3}$,
- $f^{(4)}(x) = -6(1+x)^{-4} = -3!(1+x)^{-4}$,
- $\vdots$
- e, em geral, $f^{(n)}(x) = (-1)^{n-1}(n-1)!(1+x)^{-n}$.

A partir daí, obtemos $f^{(n)}(0) = (-1)^{n-1}(n-1)!$ e o seguinte desenvolvimento

$$\ln|1+x| = \sum_{n=1}^{+\infty} \frac{f^{(n)}(0)x^n}{n!} = \sum_{n=1}^{+\infty} \frac{(-1)^{n-1}(n-1)!x^n}{n!}$$

$$= \sum_{n=1}^{+\infty} \frac{(-1)^{n-1}\cancel{(n-1)!}x^n}{n\cancel{(n-1)!}} = \sum_{n=1}^{+\infty} \frac{(-1)^{n-1}x^n}{n} = x - \frac{x^2}{2} + \frac{x^3}{3} - \frac{x^4}{4} + \cdots$$

Exemplo: Consideremos agora a série geométrica $1 - x^2 + x^4 - x^6 + \ldots$, de razão $-x^2$, onde $|x| < 1$. Essa série converge para $\frac{1}{1+x^2}$. Logo,

$$\frac{1}{1+x^2} = 1 - x^2 + x^4 - x^6 + x^8 - \cdots$$

Calculando integral no intervalo $[0,\ x]$, termo a termo, obtemos

$$\operatorname{arctg} x = x - \frac{x^3}{3} + \frac{x^5}{5} - \frac{x^7}{7} + \frac{x^9}{9} - \cdots$$

O intervalo de convergência contém $]-1,\ 1[$. Testando diretamente as extremidades desse intervalo, obtemos que a série de $\operatorname{arctg} x$ converge para $x = -1$ e também para $x = 1$. Sendo assim, seu intervalo de convergência é o intervalo fechado $[-1,\ 1]$.

Exemplo: A partir da série geométrica $\frac{1}{1-x} = 1 + x + x^2 + x^3 + x^4 + \ldots$, onde $|x| < 1$, obtenha o desenvolvimento em série de $\frac{1}{(1-x)^2}$.

Antes de tudo, aqui deve ser respondida a pergunta: que operação pode ser feita com a função $\frac{1}{1-x}$ para resultar na função $\frac{1}{(1-x)^2}$? Diversas operações são possíveis, mas a que parece ser mais simples é a operação de calcular derivada termo a termo da série:

$$\frac{d}{dx}\left[\frac{1}{1-x}\right] = \frac{1}{(1-x)^2} = 1 + 2x + 3x^2 + 4x^3 + 5x^4 + \cdots = \sum_{n=0}^{+\infty}(n+1)x^n$$

O intervalo de convergência dessa série obtida é o mesmo intervalo $]-1,\ 1[$ da série geométrica descrita no enunciado.

Exemplo: Escrever o desenvolvimento em série da integral $\int_0^1 \operatorname{sen}(x^4)\ \mathrm{d}x$.

A partir do desenvolvimento em série de Maclaurin da função seno que foi obtido anteriormente,

$$\operatorname{sen} x = x - \frac{x^3}{3!} + \frac{x^5}{5!} - \frac{x^7}{7!} + \frac{x^9}{9!} - \frac{x^{11}}{11!} + \cdots\ ,$$

substituímos x por x^4 e calculamos integral termo a termo no intervalo $[0,\ 1]$:

$$
\begin{aligned}
\operatorname{sen}(x^4) &= x^4 - \frac{(x^4)^3}{3!} + \frac{(x^4)^5}{5!} - \frac{(x^4)^7}{7!} + \frac{(x^4)^9}{9!} - \frac{(x^4)^{11}}{11!} + \cdots \\
\Rightarrow \int_0^1 \operatorname{sen}(x^4)\ \mathsf{d}x &= \int_0^1 x^4\ \mathsf{d}x - \int_0^1 \frac{x^{12}}{3!}\ \mathsf{d}x + \int_0^1 \frac{x^{20}}{5!}\ \mathsf{d}x - \int_0^1 \frac{x^{28}}{7!}\ \mathsf{d}x \\
&\quad + \int_0^1 \frac{x^{36}}{9!}\ \mathsf{d}x - \int_0^1 \frac{x^{44}}{11!}\ \mathsf{d}x + \cdots \\
\Rightarrow \int_0^1 \operatorname{sen}(x^4)\ \mathsf{d}x &= \left.\frac{x^5}{5}\right|_0^1 - \left.\frac{x^{13}}{13\cdot 3!}\right|_0^1 + \left.\frac{x^{21}}{21\cdot 5!}\right|_0^1 - \left.\frac{x^{29}}{29\cdot 7!}\right|_0^1 \\
&\quad + \left.\frac{x^{37}}{37\cdot 9!}\right|_0^1 - \left.\frac{x^{45}}{45\cdot 11!}\right|_0^1 + \cdots \\
\Rightarrow \int_0^1 \operatorname{sen}(x^4)\ \mathsf{d}x &= \frac{1}{5\cdot 1!} - \frac{1}{13\cdot 3!} + \frac{1}{21\cdot 5!} - \frac{1}{29\cdot 7!} + \frac{1}{37\cdot 9!} - \frac{1}{45\cdot 11!} + \cdots \\
&= \sum_{n=1}^{+\infty} \frac{(-1)^{n+1}}{(8n-3)\cdot(2n-1)!}.
\end{aligned}
$$

Observação 1: O termo geral do resultado da integral foi obtido observando-se três coisas:

1) os numeradores das frações são $(1, -1, 1, -1, 1, -1, \dots)$. Essa sequência é muito conhecida e pode ser descrita por $(-1)^{n+1}$ ou $(-1)^{n-1}$, com $n = 1, 2, 3, \dots$

2) nos denominadores, aparecem duas sequências numéricas. Uma delas é dada por $(5, 13, 21, 29, 37, 45, \dots)$ que é uma progressão aritmética cuja razão é **8** e primeiro termo igual a **5**. Logo, seu termo geral é $\mathbf{5} + \mathbf{8}(n-1) = 8n - 3$

3) a outra sequência que aparece nos denominadores é a progressão aritmética $(1, 3, 5, 7, 9, \dots)$ de razão **2** e primeiro termo igual a **1**. Logo, seu termo geral é dado por $\mathbf{1} + \mathbf{2}(n-1) = 2n - 1$.

Observação 2: O valor numérico da integral é dado como sendo igual à soma de uma série. Para obter uma aproximação desse valor numérico, devemos somar alguns termos iniciais da série. Por exemplo, somando-se os quatro primeiros termos, obtemos a seguinte aproximação :

$$\int_0^1 \operatorname{sen}(x^4)\ \mathsf{d}x \approx 0,2 - 0,01282051 + 0,00039682 - 0,00000684 = 0,18756947.$$

Exemplo: Determine uma série cuja soma seja igual a $\displaystyle\int_0^{1/2} x^3 \operatorname{arctg} x\ \mathsf{d}x$.

Inicialmente, usamos o desenvolvimento em série do arco-tangente obtido anteriormente:

$$\operatorname{arctg} x \ = \ x - \frac{x^3}{3} + \frac{x^5}{5} - \frac{x^7}{7} + \frac{x^9}{9} - \cdots, \ \text{onde } |x| \leqslant 1.$$

Multiplicamos tudo por x^3 e calculamos integral termo a termo no intervalo $[0,\ 1/2]$:

$$
\begin{aligned}
x^3 \operatorname{arctg} x &= x^4 - \frac{x^6}{3} + \frac{x^8}{5} - \frac{x^{10}}{7} + \frac{x^{12}}{9} - \cdots \\
\Rightarrow \int_0^{1/2} x^3 \operatorname{arctg} x \, \mathrm{d}x &= \int_0^{1/2} x^4 \, \mathrm{d}x - \int_0^{1/2} \frac{x^6}{3} \, \mathrm{d}x + \int_0^{1/2} \frac{x^8}{5} \, \mathrm{d}x \\
&\quad - \int_0^{1/2} \frac{x^{10}}{7} \, \mathrm{d}x + \int_0^{1/2} \frac{x^{12}}{9} \, \mathrm{d}x - \cdots \\
\Rightarrow \int_0^{1/2} x^3 \operatorname{arctg} x \, \mathrm{d}x &= \frac{x^5}{5}\Big|_0^{1/2} - \frac{x^7}{7\cdot 3}\Big|_0^{1/2} + \frac{x^9}{9\cdot 5}\Big|_0^{1/2} - \frac{x^{11}}{11\cdot 7}\Big|_0^{1/2} + \frac{x^{13}}{13\cdot 9}\Big|_0^{1/2} - \cdots \\
\Rightarrow \int_0^{1/2} x^3 \operatorname{arctg} x \, \mathrm{d}x &= \frac{1}{2^5\cdot 5\cdot 1} - \frac{1}{2^7\cdot 7\cdot 3} + \frac{1}{2^9\cdot 9\cdot 5} - \frac{1}{2^{11}\cdot 11\cdot 7} \\
&\quad + \frac{1}{2^{13}\cdot 13\cdot 9} - \cdots = \sum_{n=1}^{+\infty} \frac{(-1)^{n+1}}{2^{2n+3}\cdot(2n+3)\cdot(2n-1)}.
\end{aligned}
$$

Observação : Uma aproximação para o valor numérico da integral pode ser obtida somando-se alguns poucos termos iniciais da série. Por exemplo, somando-se os cinco primeiros termos, obtemos a seguinte aproximação :

$$
\begin{aligned}
\int_0^{1/2} x^3 \operatorname{arctg} x \, \mathrm{d}x &\approx \frac{1}{160} - \frac{1}{2688} + \frac{1}{23040} - \frac{1}{157696} + \frac{1}{958464} \\
&= 0,00625000 - 0,00037223 + 0,00004340 - 0,00000634 \\
&\quad + 0,00000104 = 0,00591608.
\end{aligned}
$$

Se fossem utilizadas as regras de integração para calcular o valor exato da integral, então o resultado obtido seria igual a $\frac{22 - 45 \operatorname{arctg}(1/2)}{192} = 0,00591592$.

6.5 Outras séries de potências

A partir das séries de potências básicas como e^x, $\cos x$, $\operatorname{sen} x$, ... podemos obter as séries de outras funções através de operações aritméticas com essas séries tais como adição, subtração, multiplicação e divisão de séries. Essas operações podem ser efetuadas de maneira semelhante ao que é feito com polinômios.

Exemplo: As funções **seno hiperbólico** e **cosseno hiperbólico** de x, denotadas por $\operatorname{senh} x$ e $\cosh x$, respectivamente, são definidas por

$$\operatorname{senh} x = \frac{e^x - e^{-x}}{2}$$

e

$$\cosh x = \frac{e^x + e^{-x}}{2}$$

A partir da série da exponencial

$$e^x = 1 + x + \frac{x^2}{2!} + \frac{x^3}{3!} + \frac{x^4}{4!} + \frac{x^5}{5!} + \frac{x^6}{6!} + \frac{x^7}{7!} + \frac{x^8}{8!} + \frac{x^9}{9!} + \cdots$$

obtemos a série de e^{-x}

$$e^{-x} = 1 - x + \frac{x^2}{2!} - \frac{x^3}{3!} + \frac{x^4}{4!} - \frac{x^5}{5!} + \frac{x^6}{6!} - \frac{x^7}{7!} + \frac{x^8}{8!} - \frac{x^9}{9!} + \cdots$$

e, a partir daí, somando-se e subtraindo-se essas séries e dividindo-se por 2, termo a termo, obtemos

$$\cosh x = 1 + \frac{x^2}{2!} + \frac{x^4}{4!} + \frac{x^6}{6!} + \frac{x^8}{8!} + \frac{x^{10}}{10!} + \cdots$$

e

$$\operatorname{senh} x = x + \frac{x^3}{3!} + \frac{x^5}{5!} + \frac{x^7}{7!} + \frac{x^9}{9!} + \frac{x^{11}}{11!} + \cdots$$

Exemplo: Agora, vamos dividir a série do $\operatorname{sen} x$ pela série do $\cos x$ para obtermos a série da $\operatorname{tg} x$.

$$\begin{array}{l|l}
\cancel{x} - \frac{x^3}{6} + \frac{x^5}{120} - \frac{x^7}{5040} + \frac{x^9}{362880} - \cdots & 1 - \frac{x^2}{2} + \frac{x^4}{24} - \frac{x^6}{720} + \frac{x^8}{40320} - \cdots \\ \cline{2-2}
-\cancel{x} + \frac{x^3}{2} - \frac{x^5}{24} + \frac{x^6}{720} - \frac{x^9}{40320} + \cdots & x + \frac{x^3}{3} + \frac{2x^5}{15} + \frac{17x^7}{315} + \frac{62x^9}{2835} + \cdots \\ \cline{1-1}
\cancel{\frac{x^3}{3}} - \frac{x^5}{30} + \frac{x^7}{840} - \frac{x^9}{45360} + \cdots & \\
-\cancel{\frac{x^3}{3}} + \frac{x^5}{6} - \frac{x^7}{72} + \frac{x^9}{2160} - \cdots & \\ \cline{1-1}
\cancel{\frac{2x^5}{15}} - \frac{4x^7}{315} + \frac{x^9}{2268} - \cdots & \\
-\cancel{\frac{2x^5}{15}} + \frac{x^7}{15} - \frac{x^9}{180} + \cdots & \\ \cline{1-1}
\cancel{\frac{17x^7}{315}} - \frac{29x^9}{5670} + \cdots & \\
-\cancel{\frac{17x^7}{315}} + \frac{17x^9}{630} - \cdots & \\ \cline{1-1}
\frac{62x^9}{2835} - \cdots &
\end{array}$$

Através de operação como essa, obtemos a seguinte série:

$$\operatorname{tg} x = x + \frac{1}{3}x^3 + \frac{2}{15}x^5 + \frac{17}{315}x^7 + \frac{62}{2835}x^9 + \frac{1382}{155925}x^{11} + \frac{21844}{6081075}x^{13} + \cdots$$

É possível provar que o intervalo de convergência é $]-\frac{\pi}{2}, \frac{\pi}{2}[$ e que o termo geral da série de $\operatorname{tg} x$ é da forma $\dfrac{2^{2n}(2^{2n}-1)B_n}{(2n)!}x^{2n-1}$, onde B_n é o enésimo número da sequência

$$\left(\frac{1}{6}, \frac{1}{30}, \frac{1}{42}, \frac{1}{30}, \frac{5}{66}, \frac{691}{2730}, \frac{7}{6}, \frac{3617}{510}, \frac{43867}{798}, \frac{174611}{330}, \frac{854513}{138}, \dots\right)$$

que é conhecida como sequência dos **números de Bernoulli**.[‡]

Usando um processo semelhante a esse, podemos obter também o desenvolvimento em série da função **tangente hiperbólica**, denotada por $\operatorname{tgh} x$ e definida por $\operatorname{tgh} = \dfrac{\operatorname{senh} x}{\cosh x}$:

$$\operatorname{tgh} x = x - \frac{1}{3}x^3 + \frac{2}{15}x^5 - \frac{17}{315}x^7 + \frac{62}{2835}x^9 - \frac{1382}{155925}x^{11} + \frac{21844}{6081075}x^{13} - \cdots$$

6.6 Série binomial

Seja $f(x) = (1+x)^m$, onde $m \in \mathbb{R}$ é uma constante. Vamos encontrar o desenvolvimento em série de Maclaurin de $f(x)$. Para isso, calculamos suas derivadas e substituímos x por 0 em cada uma.

- $f'(x) = m(1+x)^{m-1} \Rightarrow f'(0) = m$
- $f''(x) = m(m-1)(1+x)^{m-2} \Rightarrow f''(0) = m(m-1)$
- $f'''(x) = m(m-1)(m-2)(1+x)^{m-3} \Rightarrow f'''(0) = m(m-1)(m-2)$
- $f^{(4)}(x) = m(m-1)(m-2)(m-3)(1+x)^{m-4}$
  $\Rightarrow f^{(4)}(0) = m(m-1)(m-2)(m-3)$
- $\vdots \qquad \vdots$
- $f^{(n)}(x) = m(m-1)(m-2)\cdots(m-n+1)(1+x)^{m-n}$
  $\Rightarrow f^{(n)}(0) = m(m-1)(m-2)\cdots(m-n+1)$

Portanto, o desenvolvimento em série de Maclaurin de $f(x)$ é dado por

$$f(x) = \sum_{n=0}^{+\infty} \frac{f^{(n)}(0)}{n!} = f(0) + f'(0)x + \frac{f''(0)}{2!}x^2 + \frac{f'''(0)}{3!}x^3 + \frac{f^{(4)}(0)}{4!}x^4 + \cdots$$

$$\Rightarrow (1+x)^m = 1 + mx + \frac{m(m-1)}{2!}x^2 + \frac{m(m-1)(m-2)}{3!}x^3 + \frac{m(m-1)(m-2)(m-3)}{4!}x^4 + \cdots = 1 + \sum_{n=1}^{+\infty} c_n x^n,$$

[‡]Jacob Bernoulli (1655–1705), membro de uma família com várias gerações de célebres matemáticos suíços.

onde $c_n = \dfrac{m(m-1)\cdots(m-n+1)}{n!}$. Essa série é conhecida pelo nome de **série binomial**.

Se m for inteiro positivo, então algum dos fatores $(m-k)$ é nulo e, consequentemente, os termos se anulam a partir de certa ordem. Por exemplo, se $m=2$, $f(x)=(1+x)^2 = 1+2x+\frac{2(2-1)}{2!}x^2+\frac{2(2-1)(2-2)}{3!}x^3+\frac{2(2-1)(2-2)(2-3)}{4!}x^4+\cdots \Rightarrow (1+x)^2 = 1+2x+x^2+0+0+0+\cdots = 1+2x+x^2$.

Se m não for inteiro positivo, então seu raio de convergência é dado por [illegible]

$$R = \lim_{n\to+\infty}\left|\frac{c_n}{c_{n+1}}\right| = \lim_{n\to+\infty}\left|\frac{\frac{m(m-1)(m-2)\cdots(m-(n-1))}{n!}}{\frac{m(m-1)(m-2)\cdots(m-n)}{(n+1)!}}\right|$$

$$= \lim_{n\to+\infty}\left|\frac{m(m-1)\cdots(m-(n-1))}{n!}\cdot\frac{(n+1)n!}{m(m-1)\cdots(m-(n-1))(m-n)}\right|$$

$$= \lim_{n\to+\infty}\left|\frac{n+1}{m-n}\right| = 1$$

Logo, o raio de convergência é 1. Isso significa que o intervalo de convergência contém o intervalo aberto $]-1,\ 1[$. Dependendo do valor de m, as extremidades $x=-1$ e $x=1$ podem pertencer ao intervalo de convergência. Cada caso deve ser verificado separadamente.

- se $m \geqslant 0$ for inteiro, então os termos são nulos a partir de certa ordem. Isso significa que o intervalo de convergência é $]-\infty,\ +\infty[=\mathbb{R}$;

- se $m \geqslant 0$ não for inteiro, o intervalo de convergência é $[-1,\ 1]$;

- se $-1 < m < 0$, o intervalo de convergência é $]-1,\ 1]$;

- se $m \leqslant -1$, o intervalo de convergência é $]-1,\ 1[$.

6.7 Algumas séries binomiais particulares

Vamos verificar alguns exemplos da série binomial para valores particulares de m.

1) Quando $m=-1$, a série anterior se transforma em

$$(1+x)^{-1} = 1 + (-1)x + \frac{(-1)(-2)}{2!}x^2 + \frac{(-1)(-2)(-3)}{3!}x^3$$
$$+ \frac{(-1)(-2)(-3)(-4)}{4!}x^4 + \frac{(-1)(-2)(-3)(-4)(-5)}{5!}x^5 + \cdots$$
$$= 1 - x + x^2 - x^3 + x^4 - x^5 + \cdots$$

que é uma série geométrica de razão $(-x)$.

2) Quando $m = \frac{1}{2}$, a série se transforma em

$$
\begin{aligned}
(1+x)^{1/2} = \sqrt{1+x} &= 1 + \left(\frac{1}{2}\right)x + \frac{\left(\frac{1}{2}\right)\left(\frac{1}{2}-1\right)}{2!}x^2 + \frac{\left(\frac{1}{2}\right)\left(\frac{1}{2}-1\right)\left(\frac{1}{2}-2\right)}{3!}x^3 \\
&\quad + \frac{\left(\frac{1}{2}\right)\left(\frac{1}{2}-1\right)\left(\frac{1}{2}-2\right)\left(\frac{1}{2}-3\right)}{4!}x^4 + \frac{\left(\frac{1}{2}\right)\left(\frac{1}{2}-1\right)\left(\frac{1}{2}-2\right)\left(\frac{1}{2}-3\right)\left(\frac{1}{2}-4\right)}{5!}x^5 + \cdots \\
&= 1 + \left(\frac{1}{2}\right)x + \frac{\left(\frac{1}{2}\right)\left(-\frac{1}{2}\right)}{2!}x^2 + \frac{\left(\frac{1}{2}\right)\left(-\frac{1}{2}\right)\left(-\frac{3}{2}\right)}{3!}x^3 + \frac{\left(\frac{1}{2}\right)\left(-\frac{1}{2}\right)\left(-\frac{3}{2}\right)\left(-\frac{5}{2}\right)}{4!}x^4 \\
&\quad + \frac{\left(\frac{1}{2}\right)\left(-\frac{1}{2}\right)\left(-\frac{3}{2}\right)\left(-\frac{5}{2}\right)\left(-\frac{7}{2}\right)}{5!}x^5 + \cdots \\
&= 1 + \left(\frac{1}{2}\right)x - \left(\frac{1}{2^2\cdot 2!}\right)x^2 + \left(\frac{1\cdot 3}{2^3\cdot 3!}\right)x^3 - \left(\frac{1\cdot 3\cdot 5}{2^4\cdot 4!}\right)x^4 + \left(\frac{1\cdot 3\cdot 5\cdot 7}{2^5\cdot 5!}\right)x^5 - \cdots \\
&= 1 + \frac{x}{2} + \sum_{n=2}^{+\infty}(-1)^{n+1}\frac{1\cdot 3\cdot 5\cdots(2n-3)}{2^n\cdot n!}x^n, \quad \text{onde } -1 \leqslant x \leqslant 1.
\end{aligned}
$$

Observação : Como $2^n \cdot n! = (\overbrace{2\cdot 2\cdot 2\cdots 2}^{n \text{ fatores}})\cdot(\overbrace{1\cdot 2\cdot 3\cdots n}^{n \text{ fatores}}) = 2\cdot 4\cdot 6\cdots(2n)$, a série anterior também pode ser escrita na forma

$$
\sqrt{1+x} = 1 + \frac{x}{2} + \sum_{n=2}^{+\infty}(-1)^{n+1}\frac{1\cdot 3\cdot 5\cdots(2n-3)}{2\cdot 4\cdot 6\cdots(2n)}x^n
$$

3) Quando $m = -\frac{1}{2}$, a série binomial se transforma em

$$
\begin{aligned}
(1+x)^{-1/2} = \frac{1}{\sqrt{1+x}} &= 1 + \left(-\frac{1}{2}\right)x + \frac{\left(-\frac{1}{2}\right)\left(-\frac{1}{2}-1\right)}{2!}x^2 \\
&\quad + \frac{\left(-\frac{1}{2}\right)\left(-\frac{1}{2}-1\right)\left(-\frac{1}{2}-2\right)}{3!}x^3 + \frac{\left(-\frac{1}{2}\right)\left(-\frac{1}{2}-1\right)\left(-\frac{1}{2}-2\right)\left(-\frac{1}{2}-3\right)}{4!}x^4 \\
&\quad + \frac{\left(-\frac{1}{2}\right)\left(-\frac{1}{2}-1\right)\left(-\frac{1}{2}-2\right)\left(-\frac{1}{2}-3\right)\left(-\frac{1}{2}-4\right)}{5!}x^5 + \cdots \\
&= 1 - \left(\frac{1}{2}\right)x + \frac{\left(-\frac{1}{2}\right)\left(-\frac{3}{2}\right)}{2!}x^2 + \frac{\left(-\frac{1}{2}\right)\left(-\frac{3}{2}\right)\left(-\frac{5}{2}\right)}{3!}x^3 + \frac{\left(-\frac{1}{2}\right)\left(-\frac{3}{2}\right)\left(-\frac{5}{2}\right)\left(-\frac{7}{2}\right)}{4!}x^4 \\
&\quad + \frac{\left(-\frac{1}{2}\right)\left(-\frac{3}{2}\right)\left(-\frac{5}{2}\right)\left(-\frac{7}{2}\right)\left(-\frac{9}{2}\right)}{5!}x^5 + \cdots \\
&= 1 - \left(\frac{1}{2}\right)x + \left(\frac{1\cdot 3}{2^2\cdot 2!}\right)x^2 - \left(\frac{1\cdot 3\cdot 5}{2^3\cdot 3!}\right)x^3 + \left(\frac{1\cdot 3\cdot 5\cdot 7}{2^4\cdot 4!}\right)x^4 \\
&\quad - \left(\frac{1\cdot 3\cdot 5\cdot 7\cdot 9}{2^5\cdot 5!}\right)x^5 + \cdots = 1 + \sum_{n=1}^{+\infty}(-1)^n\frac{1\cdot 3\cdot 5\cdots(2n-1)}{2^n\cdot n!}x^n,
\end{aligned}
$$

onde $-1 < x \leqslant 1$.

Observação : A série anterior também pode ser escrita na forma

$$
\frac{1}{\sqrt{1+x}} = 1 + \sum_{n=1}^{+\infty}(-1)^n\frac{1\cdot 3\cdot 5\cdots(2n-1)}{2\cdot 4\cdot 6\cdots(2n)}x^n
$$

Exemplo: A partir do exemplo anterior ($m = -\frac{1}{2}$), obter as séries de $\frac{1}{\sqrt{1-x^2}}$ e de $\operatorname{arcsen} x$.

Substituindo x por $(-x^2)$ na série

$$\frac{1}{\sqrt{1+x}} = 1 + \sum_{n=1}^{+\infty} \frac{1 \cdot 3 \cdot 5 \cdots (2n-1)}{2 \cdot 4 \cdot 6 \cdots (2n)} (-x)^n \,,$$

obtemos

$$\frac{1}{\sqrt{1-x^2}} = 1 + \sum_{n=1}^{+\infty} \frac{1 \cdot 3 \cdot 5 \cdots (2n-1)}{2 \cdot 4 \cdot 6 \cdots (2n)} x^{2n}$$

Calculando a integral (com relação a x) de todos os termos da série anterior, obtemos:

$$\operatorname{arcsen} x = x + \sum_{n=1}^{+\infty} \frac{1 \cdot 3 \cdot 5 \cdots (2n-1)}{2 \cdot 4 \cdot 6 \cdots (2n)} \frac{x^{2n+1}}{2n+1} \,,$$

ou seja,

$$\operatorname{arcsen} x = x + \frac{1}{2} \cdot \frac{x^3}{3} + \frac{1 \cdot 3}{2 \cdot 4} \cdot \frac{x^5}{5} + \frac{1 \cdot 3 \cdot 5}{2 \cdot 4 \cdot 6} \cdot \frac{x^7}{7} + \frac{1 \cdot 3 \cdot 5 \cdot 7}{2 \cdot 4 \cdot 6 \cdot 8} \cdot \frac{x^9}{9} + \frac{1 \cdot 3 \cdot 5 \cdot 7 \cdot 9}{2 \cdot 4 \cdot 6 \cdot 8 \cdot 10} \cdot \frac{x^{11}}{11} + \frac{1 \cdot 3 \cdot 5 \cdot 7 \cdot 9 \cdot 11}{2 \cdot 4 \cdot 6 \cdot 8 \cdot 10 \cdot 12} \cdot \frac{x^{13}}{13} + \cdots$$

Inicialmente, temos $-1 < x < 1$. Testando as extremidades separadamente, concluímos que o intervalo de convergência de $\operatorname{arcsen} x$ é o intervalo fechado $[-1,\, 1]$.

6.8 Exercícios Resolvidos

R1) Usando séries de potências conhecidas, calcular os limites:

a) $\displaystyle\lim_{x\to 0} \frac{x - \operatorname{sen} x}{2e^x - 2 - 2x - x^2}$ b) $\displaystyle\lim_{x\to 0} \frac{\operatorname{sen}(5x) - \operatorname{arctg}(5x)}{x^3}$ c) $\displaystyle\lim_{x\to 0} \frac{1 - \cos x}{e^x - x - 1}$

Solução : Vamos substituir as funções seno, cosseno, exponencial e arco-tangente que aparecem nesses limites pelos primeiros termos dos seus desenvolvimentos em série de Maclaurin.

a) $\displaystyle\lim_{x\to 0} \frac{3e^x - 3 - 3x + x^2}{x - \operatorname{sen} x}$

$$= \lim_{x\to 0} \frac{x - \left(x - \frac{x^3}{6} + \frac{x^5}{120} - \cdots\right)}{2\left(1 + x + \frac{x^2}{2} + \frac{x^3}{6} + \frac{x^4}{24} + \cdots\right) - 2 - 2x - x^2}$$

$$= \lim_{x\to 0} \frac{\frac{x^3}{6} - \frac{x^5}{120} + \cdots}{\frac{x^3}{3} + \frac{x^4}{12} + \cdots} = \lim_{x\to 0} \frac{x^3\left(\frac{1}{6} - \frac{x^2}{120} + \cdots\right)}{x^3\left(\frac{1}{3} + \frac{x}{12} + \cdots\right)}$$

$$= \lim_{x\to 0} \frac{\frac{1}{6} - \frac{x^2}{120} + \cdots}{\frac{1}{3} + \frac{x}{12} + \cdots} = \frac{1/6}{1/3} = \frac{1}{2}.$$

b) $\lim_{x\to 0} \dfrac{\operatorname{sen}(5x) - \operatorname{arctg}(5x)}{x^3}$

$$= \lim_{x\to 0} \frac{\left(\cancel{(5x)} - \frac{(5x)^3}{3!} + \frac{(5x)^5}{5!} - \cdots\right) - \left(\cancel{(5x)} - \frac{(5x)^3}{3} + \frac{(5x)^5}{5} - \cdots\right)}{x^3}$$

$$= \lim_{x\to 0} \frac{\left(\frac{5^3}{3} - \frac{5^3}{3!}\right)x^3 - \left(\frac{5^5}{5} - \frac{5^5}{5!}\right)x^5 + \cdots}{x^3}$$

$$= \lim_{x\to 0} \left[\left(\frac{5^3}{3} - \frac{5^3}{3!}\right) - \left(\frac{5^5}{5} - \frac{5^5}{5!}\right)x^2 + \cdots\right] = \frac{5^3}{3} - \frac{5^3}{3!} = \frac{125}{6}.$$

c) $\lim_{x\to 0} \dfrac{1 - \cos x}{e^x - x - 1}$

$$= \lim_{x\to 0} \frac{\cancel{1} - \left(\cancel{1} - \frac{x^2}{2} + \frac{x^4}{24} - \cdots\right)}{\left(\cancel{1} + \cancel{x} + \frac{x^2}{2} + \frac{x^3}{6} + \cdots\right) - \cancel{x} - \cancel{1}} = \lim_{x\to 0} \frac{\frac{x^2}{2} - \frac{x^4}{24} + \cdots}{\frac{x^2}{2} + \frac{x^3}{6} + \cdots}$$

$$= \lim_{x\to 0} \frac{\cancel{x^2}\left(\frac{1}{2} - \frac{x^2}{24} + \cdots\right)}{\cancel{x^2}\left(\frac{1}{2} + \frac{x}{6} + \cdots\right)} = \lim_{x\to 0} \frac{\frac{1}{2} - \frac{x^2}{24} + \cdots}{\frac{1}{2} + \frac{x}{6} + \cdots} = \frac{1/2}{1/2} = 1.$$

R2) Calcule a soma da série

$$S = \sum_{n=0}^{+\infty} (-1)^{n+1} \frac{\pi^{2n}}{(2n)!} \;=\; 1 - \frac{\pi^2}{2!} + \frac{\pi^4}{4!} - \frac{\pi^6}{6!} + \frac{\pi^8}{8!} - \frac{\pi^{10}}{10!} + \frac{\pi^{12}}{12!} - \cdots$$

Solução : Comparando com as séries conhecidas, recentemente estudadas, devemos perceber que essa série é igual à série do cosseno, subtituindo-se x por π. Portanto, a partir de $1 - \frac{x^2}{2!} + \frac{x^4}{4!} - \frac{x^6}{6!} + \frac{x^8}{8!} - \cdots = \cos x$, obtemos

$$1 - \frac{\pi^2}{2!} + \frac{\pi^4}{4!} - \frac{\pi^6}{6!} + \frac{\pi^8}{8!} - \frac{\pi^{10}}{10!} + \frac{\pi^{12}}{12!} - \cdots = \cos \pi = -1.$$

Concluímos assim que $S = -1$.

Observação : Podemos confirmar esse resultado, calculando diretamente a soma dos 7 primeiros termos:

$$S \approx 1 - 4,9348 + 4,0587 - 1,3352 + 0,2353 - 0,0258 + 0,0019 = -0,9999.$$

R3) Sabendo que $\cos 3x = 4\cos^3 x - 3\cos x$, obtenha o desenvolvimento em série de Maclaurin de $\cos^3 x$.

Solução : Como $\cos^3 x = \dfrac{\cos 3x + 3\cos x}{4}$, temos que

$$\cos^3 x = \frac{\displaystyle\sum_{n=0}^{+\infty}(-1)^n \frac{(3x)^{2n}}{(2n)!} + 3\sum_{n=0}^{+\infty}(-1)^n \frac{x^{2n}}{(2n)!}}{4} = \sum_{n=0}^{+\infty}(-1)^n \left(\frac{3^{2n}+3}{4\cdot(2n)!}\right) x^{2n}$$

$$\Rightarrow \cos^3 x = 1 - \frac{3}{2}x^2 + \frac{7}{8}x^4 - \frac{61}{240}x^6 + \frac{547}{13440}x^8 - \frac{703}{172800}x^{10} + \cdots$$

R4) Fazendo $x = \frac{1}{2}$ na soma parcial dos 5 primeiros termos da série de $\operatorname{arcsen} x$, obtenha uma aproximação para o valor de π.

Solução : Sabemos que

$$\operatorname{arcsen} x = x + \frac{1}{2}\cdot\frac{x^3}{3} + \frac{1\cdot 3}{2\cdot 4}\cdot\frac{x^5}{5} + \frac{1\cdot 3\cdot 5}{2\cdot 4\cdot 6}\cdot\frac{x^7}{7} + \frac{1\cdot 3\cdot 5\cdot 7}{2\cdot 4\cdot 6\cdot 8}\cdot\frac{x^9}{9} + \cdots$$

se $|x| \leqslant 1$.

Fazendo $x = \frac{1}{2}$ nos 5 primeiros termos dessa série, temos

$$\begin{aligned}\operatorname{arcsen}\frac{1}{2} &\approx \frac{1}{2} + \frac{1}{2}\cdot\frac{\left(\frac{1}{2}\right)^3}{3} + \frac{1\cdot 3}{2\cdot 4}\cdot\frac{\left(\frac{1}{2}\right)^5}{5} + \frac{1\cdot 3\cdot 5}{2\cdot 4\cdot 6}\cdot\frac{\left(\frac{1}{2}\right)^7}{7} + \frac{1\cdot 3\cdot 5\cdot 7}{2\cdot 4\cdot 6\cdot 8}\cdot\frac{\left(\frac{1}{2}\right)^9}{9}\\ &= \frac{1}{2} + \frac{1}{48} + \frac{3}{1280} + \frac{5}{14336} + \frac{35}{589824} \approx 0,523585.\end{aligned}$$

Como $\operatorname{arcsen}\frac{1}{2} = \frac{\pi}{6}$, temos $\frac{\pi}{6} \approx 0,523585 \Rightarrow \pi \approx 6\cdot 0,523585 = \mathbf{3,1415}10$.

R5) Desenvolver $\dfrac{1}{x}$ em série de potências de $x - 4$.

Solução : Entre os desenvolvimentos básicos em série conhecidos, o que mais se parece com a função $\dfrac{1}{x}$ é o da série geométrica $\frac{1}{1+x} = 1 - x + x^2 - x^3 + x^4 - \cdots$ que é válido para $-1 < x < 1$. Vamos direcionar o problema proposto para cair no caso da série geométrica em potências de $x - 4$.

Forçamos o aparecimento do $x - 4$ subtraindo e somando 4 a x:

$$\frac{1}{x} = \frac{1}{(x-4)+4} = \frac{1}{4+(x-4)}.$$

Agora, para ficar mais parecido com a série geométrica, forçamos o aparecimento de um 1 no lugar do 4. Para isso, dividimos numerador e denominador por 4:

$$\frac{1}{4+(x-4)} = \frac{1/4}{[4+(x-4)]/4} = \frac{1}{4}\cdot\frac{1}{1+\underbrace{\dfrac{x-4}{4}}_{a}}$$

e daí, podemos usar o desenvolvimento da série geométrica:

$$\frac{1}{4}\cdot\frac{1}{1+\underbrace{\frac{x-4}{4}}}=\frac{1}{4}\left[1-\underbrace{\frac{x-4}{4}}_{a}+\underbrace{\left(\frac{x-4}{4}\right)^2}_{a^2}-\underbrace{\left(\frac{x-4}{4}\right)^3}_{a^3}+\underbrace{\left(\frac{x-4}{4}\right)^4}_{a^4}-\cdots\right]$$

que é o mesmo que

$$\frac{1}{x}=\frac{1}{4}-\frac{x-4}{4^2}+\frac{(x-4)^2}{4^3}-\frac{(x-4)^3}{4^4}+\frac{(x-4)^4}{4^5}-\frac{(x-4)^5}{4^6}+\cdots$$

Nesse desenvolvimento, devemos ter $\left|\frac{x-4}{4}\right|<1$, ou seja, $|x-4|<4$ $\Leftrightarrow -4<x-4<4 \Leftrightarrow 0<x<8$.

R6) Determine o domínio da função

$$f(x)=\sum_{k=1}^{+\infty}\frac{1\cdot 3\cdot 5\ldots(2k-1)}{(2k-2)!}x^k$$

Solução: Determinar o domínio de uma função definida por uma série de potências é o mesmo que determinar o intervalo de convergência da série. Para isso, calculamos inicialmente, o raio de convergência.

$$R=\lim_{k\to\infty}\left|\frac{c_k}{c_{k+1}}\right|=\lim_{k\to\infty}\frac{\frac{1\cdot 3\cdot 5\ldots(2k-1)}{(2k-2)!}}{\frac{1\cdot 3\cdot 5\ldots(2k-1)\cdot(2(k+1)-1)}{(2(k+1)-2)!}}=\lim_{k\to\infty}\frac{4k^2-2k}{2k+1}$$

$$=\lim_{k\to\infty}\frac{4k^2}{2k}=\lim_{k\to\infty}2k=\infty.$$

Como o raio de convergência é infinito, chegamos à conclusão de que o domínio da função é $]-\infty,+\infty[\,=\mathbb{R}$.

R7) Usando um desenvolvimento em série de potências de x para $\frac{1}{(1-x)^2}$, mostre que $\sum_{k=1}^{+\infty}\frac{k}{2^k}=2$.

Solução: Supondo $|x|<1$ e derivando termo a termo a série geométrica $\frac{1}{1-x}=1+x+x^2+x^3+\ldots$, obtemos:

$$\frac{1}{(1-x)^2}=1+2x+3x^2+4x^3+5x^4+\ldots$$

Substituindo $x=\frac{1}{2}$ na série anterior:

$$\frac{1}{(1-\frac{1}{2})^2}=1+2\cdot\frac{1}{2}+3\cdot\left(\frac{1}{2}\right)^2+4\cdot\left(\frac{1}{2}\right)^3+5\cdot\left(\frac{1}{2}\right)^4+\ldots$$

que equivale a

$$4 = 1 + 2 \cdot \frac{1}{2} + 3 \cdot \left(\frac{1}{2}\right)^2 + 4 \cdot \left(\frac{1}{2}\right)^3 + 5 \cdot \left(\frac{1}{2}\right)^4 + \dots$$

Dividindo todos os termos por 2, obtemos finalmente que

$$2 = \frac{1}{2} + \frac{2}{2^2} + \frac{3}{2^3} + \frac{4}{2^4} + \frac{5}{2^5} + \dots = \sum_{k=1}^{+\infty} \frac{k}{2^k}.$$

Observação 1: *podemos substituir x por qualquer valor do intervalo aberto $]-1,\ 1[$, mas somente $x = \frac{1}{2}$ leva ao resultado desejado.*

Observação 2: *essa é uma série aritmético-geométrica que foi estudada no capítulo 3.*

R8) Encontre uma série de potências para representar a função $\dfrac{e^x - 1}{x}$ e, derivando termo a termo, mostre que $\displaystyle\sum_{n=1}^{+\infty} \frac{n}{(n+1)!} = 1.$

Solução: Para todo $x \in \mathbb{R}$ temos: $e^x = 1 + x + \frac{x^2}{2!} + \frac{x^3}{3!} + \frac{x^4}{4!} \dots$ Subtraindo 1 dos dois membros e dividindo por x, obtemos:

$$\frac{e^x - 1}{x} = 1 + \frac{x}{2!} + \frac{x^2}{3!} + \frac{x^3}{4!} + \frac{x^4}{5!} + \dots$$

Derivando termo a termo:

$$\frac{d}{dx}\left(\frac{e^x - 1}{x}\right) = \frac{e^x \cdot x - (e^x - 1) \cdot 1}{x^2} = 0 + \frac{1}{2!} + \frac{2x}{3!} + \frac{3x^2}{4!} + \frac{4x^3}{5!} + \dots$$

Escolhendo $x = 1$, obtemos finalmente:

$$\frac{e^1 \cdot 1 - (e^1 - 1) \cdot 1}{1^2} = 1 = \frac{1}{2!} + \frac{2}{3!} + \frac{3}{4!} + \frac{4}{5!} + \dots = \sum_{n=1}^{+\infty} \frac{n}{(n+1)!}$$

Observação: *Podemos escolher qualquer valor não nulo para x. Cada valor escolhido, leva a um resultado diferente. Por tentativa, podemos observar que somente $x = 1$ leva ao resultado desejado.*

R9) Encontre uma série de potências para representar a função $x^2 e^{-x}$ e, derivando termo a termo, mostre que $\displaystyle\sum_{n=0}^{+\infty} \frac{(-1)^n (n+2) 2^{n+1}}{n!} = 8.$

Solução: A partir de $e^{-x} = 1 - x + \frac{x^2}{2!} - \frac{x^3}{3!} + \dots$, $\forall x \in \mathbb{R}$, multiplicando por x^2 obtemos:

$$x^2 e^{-x} = x^2 - x^3 + \frac{x^4}{2!} - \frac{x^5}{3!} + \frac{x^6}{4!} - \dots$$

Derivando dos dois lados da equação com relação a x, obtemos:

$$2xe^{-x} - x^2 e^{-x} = 2x - 3x^2 + \frac{4x^3}{2!} - \frac{5x^4}{3!} + \frac{6x^5}{4!} - \dots$$

Para obter o resultado mostrado no enunciado da questão, devemos substituir x por 2 na série anterior:

$$\underbrace{2\cdot 2\cdot e^{-2} - 2^2e^{-2}}_{=0} = \underbrace{2\cdot 2 - 3\cdot 2^2}_{=-8} + \underbrace{\frac{4\cdot 2^3}{2!} - \frac{5\cdot 2^4}{3!} + \frac{6\cdot 2^5}{4!} - \dots}_{=\sum_{n=2}^{+\infty}\frac{(-1)^n(n+2)2^{n+1}}{n!}}$$

que implica

$$\sum_{n=2}^{+\infty}\frac{(-1)^n(n+2)2^{n+1}}{n!} = \frac{4\cdot 2^3}{2!} - \frac{5\cdot 2^4}{3!} + \frac{6\cdot 2^5}{4!} - \frac{7\cdot 2^6}{5!} + \cdots = 8.$$

R10) Integrando de $x = 0$ até $x = 1$ uma série de potências representando a função xe^x, mostre que $\displaystyle\sum_{n=1}^{+\infty}\frac{1}{n!(n+2)} = \frac{1}{2}$.

Solução: Como $e^x = 1 + x + \frac{x^2}{2!} + \frac{x^3}{3!} + \dots$, temos

$$xe^x = x + x^2 + \frac{x^3}{2!} + \frac{x^4}{3!} + \frac{x^5}{4!}\dots$$

Calculando a integral de 0 a 1 de todos os termos da série anterior:

$$\int_0^1 xe^x dx = \int_0^1 x dx + \int_0^1 x^2 dx + \int_0^1 \frac{x^3}{2!}dx + \int_0^1 \frac{x^4}{3!}dx + \int_0^1 \frac{x^5}{4!}dx + \dots,$$

ou seja,

$$[xe^x - e^x]_0^1 = 1 = \frac{1}{2} + \frac{1}{1!\cdot 3} + \frac{1}{2!\cdot 4} + \frac{1}{3!\cdot 5} + \frac{1}{4!\cdot 6} + \dots$$

que implica

$$1 - \frac{1}{2} = \frac{1}{2} = \frac{1}{1!\cdot 3} + \frac{1}{2!\cdot 4} + \frac{1}{3!\cdot 5} + \frac{1}{4!\cdot 6} + \cdots = \sum_{n=1}^{+\infty}\frac{1}{n!(n+2)}$$

Observação: *$\int xe^x dx$ é calculada usando-se integração por partes com $u = x$, $dv = e^x dx$ e obtemos o seguinte: $\int xe^x dx = \int u dv = uv - \int v du = xe^x - e^x$.*

R11) Obtenha o desenvolvimento em série de Taylor com centro em $x = 2$ da função $f(x) = \sqrt{x^3}$. *Sugestão:* $x = 2 + (x - 2)$

Solução:

$$f(x) = \sqrt{x^3} = \sqrt{(2 + (x-2))^3} = \sqrt{2^3\left(1 + \frac{x-2}{2}\right)^3} = \sqrt{8}\left(1 + \frac{x-2}{2}\right)^{3/2}$$

Usando o desenvolvimento da série binomial

$$(1+x)^m = 1 + mx + \frac{m(m-1)}{2}x^2 + \frac{m(m-1)(m-2)}{3!}x^3 + \dots$$

com $m = \frac{3}{2}$ e $\frac{x-2}{2}$ no lugar de x, temos:

$$f(x) = \sqrt{8}\left[1 + \frac{3}{2}\left(\frac{x-2}{2}\right) + \frac{\frac{3}{2}(\frac{3}{2}-1)}{2}\left(\frac{x-2}{2}\right)^2 \right.$$
$$\left. + \frac{\frac{3}{2}(\frac{3}{2}-1)(\frac{3}{2}-2)}{3!}\left(\frac{x-2}{2}\right)^3 + \dots\right],$$

ou seja,

$$f(x) = \sqrt{8} + \frac{3\sqrt{8}}{2^2}(x-2) + \frac{3\cdot 1\cdot\sqrt{8}}{2!\cdot 2^3}(x-2)^2 + \frac{3\cdot 1\cdot(-1)\cdot\sqrt{8}}{3!\cdot 2^4}(x-2)^3 + \dots$$

R12) Obtenha o desenvolvimento em série de Taylor em torno de $x = 3$ da função $f(x) = e^x$. *Sugestão:* $x = 3 + (x-3)$

Solução:

$$f(x) = e^x = e^{3+(x-3)} = e^3 \cdot e^{x-3} = e^3 \cdot \left(1 + (x-3) + \frac{(x-3)^2}{2!} + \frac{(x-3)^3}{3!} + \dots\right)$$

$$\Longrightarrow f(x) = e^3 + e^3(x-3) + \frac{e^3}{2!}(x-3)^2 + \frac{e^3}{3!}(x-3)^3 + \frac{e^3}{4!}(x-3)^4 + \dots$$

R13) Usando a fórmula

$$\frac{\pi}{4} = 4\,\text{arctg}\,\frac{1}{5} - \text{arctg}\,\frac{1}{239}$$

e os 5 primeiros termos do desenvolvimento em série de $\text{arctg}\,x$, obtenha uma aproximação para o valor de π. Use 8 casas decimais em todos os cálculos.

Solução: A partir de $\text{arctg}\,x \approx x - \frac{x^3}{3} + \frac{x^5}{5} - \frac{x^7}{7} + \frac{x^9}{9}$, obtemos:

$$\frac{\pi}{4} = 4\left(\frac{1}{5} - \frac{1}{3}\left(\frac{1}{5}\right)^3 + \frac{1}{5}\left(\frac{1}{5}\right)^5 - \frac{1}{7}\left(\frac{1}{5}\right)^7 + \frac{1}{9}\left(\frac{1}{5}\right)^9\right)$$
$$- \left(\frac{1}{239} - \frac{1}{3}\left(\frac{1}{139}\right)^3 + \frac{1}{5}\left(\frac{1}{239}\right)^5 - \frac{1}{7}\left(\frac{1}{239}\right)^7 + \frac{1}{9}\left(\frac{1}{239}\right)^9\right),$$

ou seja, $\frac{\pi}{4} \approx 0.78539817 \Rightarrow \pi \approx 3,14159268$.

Observação: Esse valor aproximado de π está correto até a 7ª casa decimal e foi obtido usando-se apenas operações básicas com frações . Em 1706, esse tipo de cálculo foi utilizado com 70 termos da série para se calcular o valor de π com 100 casas decimais.

R14) A partir do desenvolvimento em série de e^x, calcule o valor de $e^{1/2}$ com um erro menor do que $\varepsilon = 10^{-6}$.

Solução: O que chamamos de **erro da aproximação** na soma S de uma série é o valor $\varepsilon(k) = |S - S_k|$, onde S_k é a soma parcial dos k primeiros termos da série. No caso particular de uma série alternada, vimos em capítulo anterior que $\varepsilon(k) \leqslant |a_{k+1}|$.

Como $e^x = 1+x+\frac{x^2}{2}+\frac{x^3}{3!}+\dots$, temos $e^{1/2} = 1+\frac{1}{2}+\frac{1}{8}+\frac{1}{48}+\dots$ e $e^{-1/2} = 1-\frac{1}{2}+\frac{1}{8}-\frac{1}{48}+\dots$. Observamos dessa forma que a série de $e^{-1/2}$ é alternada e por isso é mais fácil calcular o erro da aproximação com ela. Sendo assim, vamos calcular inicialmente $e^{-1/2}$ e, no final, usaremos que $e^{1/2} = \frac{1}{e^{-1/2}}$.

O módulo do termo geral do desenvolvimento em série de e^x com $x = -1/2$ é $\varepsilon(k) = \left|\frac{(-1/2)^k}{k!}\right|$. Calculando $\varepsilon(k)$ atribuindo diversos valores a $k = 1, 2, 3, 4, \dots$ chegamos a $\varepsilon(8) = 9,68 \cdot 10^{-8} < 10^{-6}$. Portanto, devemos somar os 8 primeiros termos da série para obtermos um erro menor do que 10^{-6}.

$$e^{-1/2} \approx 1 - \frac{1}{2} + \frac{1}{2^2 \cdot 2!} - \frac{1}{2^3 \cdot 3!} + \frac{1}{2^4 \cdot 4!} - \frac{1}{2^5 \cdot 5!} + \frac{1}{2^6 \cdot 6!} - \frac{1}{2^7 \cdot 7!}$$
$$= \frac{78257}{129024} = 0,60653056$$

Portanto, $e^{1/2} = \sqrt{e} = 1/0,60653056 = 1,64872127$.

R15) Determine a série de MacLaurin de $f(x) = \dfrac{x}{1-x^2}$ e calcule $f^{(100)}(0)$ e $f^{(101)}(0)$.

Solução: A partir da série geométrica $1 + x + x^2 + x^3 + \cdots = \frac{1}{1-x}$, substituindo x por x^2 e, depois, multiplicando por x, obtemos o seguinte desenvolvimento em série de potências de x:

$$\frac{x}{1-x^2} = x + x^3 + x^5 + x^7 + x^9 + \dots$$

De um modo geral, o coeficiente de x^k na série de MacLaurin de $f(x)$ é igual a $\frac{f^{(k)}(0)}{k!}$. Portanto, se $f(x) = \frac{x}{1-x^2}$, então:

$$\frac{f^{(k)}(0)}{k!} = \begin{cases} 1 & \text{, se } k \text{ for ímpar} \\ 0 & \text{, se } k \text{ for par} \end{cases}$$

que é equivalente a

$$f^{(k)}(0) = \begin{cases} k! & \text{, se } k \text{ for ímpar} \\ 0 & \text{, se } k \text{ for par} \end{cases}$$

Concluímos assim que $f^{(100)}(0) = 0$ e $f^{(101)}(0) = 101!$.

R16) A partir do desenvolvimento da série binomial da função $(1+x)^m$, obtenha os 6 primeiros termos do desenvolvimento em série das funções $F(x) = \sqrt[5]{32+x^2}$ e $G(x) = \int_0^x \sqrt[5]{32+t^2}\,dt$. Obtenha também o intervalo de convergência dessas séries.

Solução: Como $\sqrt[5]{32+x^2} = \sqrt[5]{32(1+\frac{x^2}{32})} = \sqrt[5]{32}\sqrt[5]{1+\frac{x^2}{32}} = 2\sqrt[5]{1+\frac{x^2}{32}} = 2(1+\frac{x^2}{32})^{1/5}$, a série de $F(x)$ pode ser obtida fazendo-se $m = \frac{1}{5}$ e substituindo-se x por $\frac{x^2}{32}$ na série binomial:

$$(1+x)^m = 1 + mx + \frac{m(m-1)}{2!}x^2 + \frac{m(m-1)(m-2)}{3!}x^3 + \cdots$$

$$\Rightarrow F(x) = 2\left[1 + \frac{1}{5}\left(\frac{x^2}{32}\right) + \frac{\frac{1}{5}(\frac{1}{5}-1)}{2!}\left(\frac{x^2}{32}\right)^2 + \frac{\frac{1}{5}(\frac{1}{5}-1)(\frac{1}{5}-2)}{3!}\left(\frac{x^2}{32}\right)^3 + \frac{\frac{1}{5}(\frac{1}{5}-1)(\frac{1}{5}-2)(\frac{1}{5}-3)}{4!}\left(\frac{x^2}{32}\right)^4 + \frac{\frac{1}{5}(\frac{1}{5}-1)(\frac{1}{5}-2)(\frac{1}{5}-3)(\frac{1}{5}-4)}{5!}\left(\frac{x^2}{32}\right)^5 + \cdots\right]$$

$$F(x) = 2 + \frac{2\cdot 1}{5\cdot 32}x^2 - \frac{2\cdot 1\cdot 4}{2!\cdot 5^2\cdot 32^2}x^4 + \frac{2\cdot 1\cdot 4\cdot 9}{3!\cdot 5^3\cdot 32^3}x^6 - \frac{2\cdot 1\cdot 4\cdot 9\cdot 14}{4!\cdot 5^4\cdot 32^4}x^8 + \frac{2\cdot 1\cdot 4\cdot 9\cdot 14\cdot 19}{5!\cdot 5^5\cdot 32^5}x^{10} - \frac{2\cdot 1\cdot 4\cdot 9\cdot 14\cdot 19\cdot 24}{6!\cdot 5^6\cdot 32^6}x^{12} + \cdots$$

Calculando a integral no intervalo $[0, x]$ de todos os termos da série anterior, obtemos:

$$G(x) = \int_0^x F(t)\ \mathsf{d}t = \int_0^x 2\ \mathsf{d}t + \int_0^x \frac{2\cdot 1}{5\cdot 32}t^2\ \mathsf{d}t - \int_0^x \frac{2\cdot 1\cdot 4}{2!\cdot 5^2\cdot 32^2}t^4\ \mathsf{d}t + \int_0^x \frac{2\cdot 1\cdot 4\cdot 9}{3!\cdot 5^3\cdot 32^3}t^6\ \mathsf{d}t - \int_0^x \frac{2\cdot 1\cdot 4\cdot 9\cdot 14}{4!\cdot 5^4\cdot 32^4}t^8\ \mathsf{d}t + \int_0^x \frac{2\cdot 1\cdot 4\cdot 9\cdot 14\cdot 19}{5!\cdot 5^5\cdot 32^5}t^{10}\ \mathsf{d}t - \cdots$$

$$G(x) = 2x + \frac{2\cdot 1}{5\cdot 32\cdot 3}x^3 - \frac{2\cdot 1\cdot 4}{2!\cdot 5^2\cdot 32^2\cdot 5}x^5 + \frac{2\cdot 1\cdot 4\cdot 9}{3!\cdot 5^3\cdot 32^3\cdot 7}x^7 - \frac{2\cdot 1\cdot 4\cdot 9\cdot 14}{4!\cdot 5^4\cdot 32^4\cdot 9}x^9 + \frac{2\cdot 1\cdot 4\cdot 9\cdot 14\cdot 19}{5!\cdot 5^5\cdot 32^5\cdot 11}x^{11} - \cdots$$

O intervalo de convergência é formado pelos valores de x que satisfazem a desigualdade $|\frac{x^2}{32}| < 1$ que equivale a $\frac{x^2}{32} < 1$, ou seja, $x^2 < 32$. A solução dessa inequação é $-\sqrt{32} < x < \sqrt{32}$. Logo, o intervalo de convergência das séries é o intervalo aberto $]-\sqrt{32}, \sqrt{32}[$ que é o mesmo que $]-4\sqrt{2}, 4\sqrt{2}[$.

Observação: *Simplificando-se as frações anteriores, obtemos:*

$$F(x) = 2 + \frac{1}{80}x^2 - \frac{1}{6400}x^4 + \frac{3}{1024000}x^6 - \frac{21}{327680000}x^8 + \frac{399}{262144000000}x^{10} - \cdots$$

$$G(x) = 2x + \frac{1}{240}x^3 - \frac{1}{32000}x^5 + \frac{3}{7168000}x^7 - \frac{7}{983040000}x^9 + \cdots$$

No entanto, em geral, essa simplificação não é realizada.

R17) A partir da série geométrica, obtenha o desenvolvimento em série de potências de x da função $f(x) = \dfrac{1}{x^2 + 11x + 30}$ e determine seu raio de convergência.

Solução: As raízes da equação $x^2+11x+30=0$ são $x=-5$ ou $x=-6$. Como consequência disso temos que o polinômio $x^2+11x+30$ pode ser fatorado na forma $(x-(-5))(x-(-6))$, ou seja, $(x+5)(x+6)$ e que a fração $\frac{1}{x^2+11x+30}$ pode ser separada em frações parciais do seguinte modo:

$$\frac{1}{x^2+11x+30} = \frac{A}{x+5} + \frac{B}{x+6}.$$

A partir daí, obtemos $1 = A(x+6)+B(x+5)$ e atribuindo-se dois valores quaisquer para x (por exemplo, $x=-5$ e $x=-6$), obtemos os valores de A e B: $A=1$ e $B=-1$. Obtemos dessa forma a seguinte separação em frações parciais:

$$\frac{1}{x^2+11x+30} = \frac{1}{5+x} - \frac{1}{6+x} = \frac{1}{5(1+\frac{x}{5})} - \frac{1}{6(1+\frac{x}{6})}.$$

Utilizando agora a soma da série geométrica de razão $|x|<1$

$$\frac{1}{1+x} = 1+x+x^2+x^3+x^4+x^5+\cdots$$

e substituindo x por $\frac{x}{5}$, depois por $\frac{x}{6}$, obtemos:

$$\begin{aligned} f(x) &= \frac{1}{5}\left[\frac{1}{1+\frac{x}{5}}\right] - \frac{1}{6}\left[\frac{1}{1+\frac{x}{6}}\right] = \frac{1}{5}\left[1+\frac{x}{5}+\left(\frac{x}{5}\right)^2+\left(\frac{x}{5}\right)^3+\cdots\right] \\ &\quad -\frac{1}{6}\left[1+\frac{x}{6}+\left(\frac{x}{6}\right)^2+\left(\frac{x}{6}\right)^3+\cdots\right] = \left(\frac{1}{5}-\frac{1}{6}\right)+\left(\frac{1}{5^2}-\frac{1}{6^2}\right)x \\ &\quad +\left(\frac{1}{5^3}-\frac{1}{6^3}\right)x^2+\left(\frac{1}{5^4}-\frac{1}{6^4}\right)x^3+\left(\frac{1}{5^5}-\frac{1}{6^5}\right)x^4+\left(\frac{1}{5^6}-\frac{1}{6^6}\right)x^5+\cdots \\ &= \frac{1}{30}+\frac{(6^2-5^2)x}{30^2}+\frac{(6^3-5^3)x^2}{30^3}+\frac{(6^4-5^4)x^3}{30^4} \\ &\quad +\frac{(6^5-5^5)x^4}{30^5}+\frac{(6^6-5^6)x^5}{30^6}+\cdots = \sum_{k=0}^{\infty}\frac{6^{k+1}-5^{k+1}}{30^{k+1}}x^k. \end{aligned}$$

Como na série geométrica devemos ter $|x|<1$, nas duas séries anteriores devemos ter $|\frac{x}{5}|<1$ e $|\frac{x}{6}|<1$ que é o mesmo que $|x|<5$ e $|x|<6$. A **interseção** desses dois intervalos é o intervalo formado pelos x que satisfazem $|x|<5$. Logo, o intervalo de convergência da série de $f(x)$ é $]-5,5[$. Isso significa que o raio de convergência é igual a 5.

R18) A partir do desenvolvimento em série da função seno de x, escreva os seis primeiros termos do desenvolvimento em série de $F(x)=\dfrac{5x-\operatorname{sen}5x}{x^3}$.

Solução: Como $\operatorname{sen} x = x - \frac{x^3}{3!} + \frac{x^5}{5!} - \frac{x^7}{7!} + \frac{x^9}{9!} - \cdots$, temos

$$\operatorname{sen}5x = 5x - \frac{(5x)^3}{3!} + \frac{(5x)^5}{5!} - \frac{(5x)^7}{7!} + \frac{(5x)^9}{9!} - \frac{(5x)^{11}}{11!} + \frac{(5x)^{13}}{13!} - \cdots,$$

e daí,

$$F(x) = \frac{5x-\operatorname{sen}5x}{x^3} = \frac{\cancel{5x} - \left(\cancel{5x} - \frac{5^3x^3}{3!} + \frac{5^5x^5}{5!} - \frac{5^7x^7}{7!} + \frac{5^9x^9}{9!} - \frac{5^{11}x^{11}}{11!} + \frac{5^{13}x^{13}}{13!} - \cdots\right)}{x^3},$$

ou seja,

$$F(x) = \frac{5^3}{3!} - \frac{5^5 x^2}{5!} + \frac{5^7 x^4}{7!} - \frac{5^9 x^6}{9!} - \frac{5^8 x^{11}}{11!} + \cdots .$$

Observação: *o raio de convergência dessa série é infinito.*

R19) Obtenha o desenvolvimento em série de Maclaurin da função

$$f(x) = \frac{\sqrt{2}}{4} \cdot \left[\ln\left(\sqrt{\frac{x^2 - x\sqrt{2} + 1}{x^2 + x\sqrt{2} + 1}} \right) - \operatorname{arctg}\left(\frac{x\sqrt{2}}{x^2 - 1} \right) \right]$$

Sugestão: antes do desenvolvimento em série, calcule $f'(x)$ e simplifique.

Solução: Usando propriedades da função logaritmo natural, a função $f(x)$ pode ser escrita na forma

$$f(x) = \frac{\sqrt{2}}{4} \cdot \left[\frac{\ln(x^2 - x\sqrt{2} + 1) - \ln(x^2 + x\sqrt{2} + 1)}{2} - \operatorname{arctg}\left(\frac{x\sqrt{2}}{x^2 - 1} \right) \right]$$

A derivada de $f(x)$ é dada por

$$f'(x) = \frac{\sqrt{2}}{4} \cdot \left[\frac{1}{2} \cdot \left(\frac{2x - \sqrt{2}}{x^2 - x\sqrt{2} + 1} - \frac{2x + \sqrt{2}}{x^2 + x\sqrt{2} + 1} \right) \right.$$

$$\left. - \frac{1}{1 + \left(\frac{x\sqrt{2}}{x^2 - 1} \right)^2} \cdot \frac{\sqrt{2}(x^2 - 1) - (2x) \cdot x\sqrt{2}}{(x^2 - 1)^2} \right]$$

$$\Rightarrow f'(x) = \frac{\sqrt{2}}{4} \cdot \left[\frac{1}{\cancel{2}} \cdot \left(\frac{\cancel{2}\sqrt{2}(x^2 - 1)}{(x^2 + 1)^2 - 2x^2} \right) + \frac{\sqrt{2}(x^2 + 1)}{(x^2 - 1)^2 + 2x^2} \right]$$

$$\Rightarrow f'(x) = \frac{(\sqrt{2})^2}{4} \cdot \left[\frac{(x^2 \cancel{-1}) + (x^2 \cancel{+1})}{1 + x^4} \right] = \frac{\cancel{4}x^2}{\cancel{4}(1 + x^4)} = \frac{x^2}{1 + x^4}$$

Lembrando que o desenvolvimento da série geométrica com $|x| < 1$ é

$$\frac{1}{1 + x} = 1 - x + x^2 - x^3 + x^4 - x^5 + x^6 - x^7 + \cdots$$

Substituindo x por x^4, depois multiplicando todos os termos por x^2, obtemos:

$$f'(x) = \frac{x^2}{1 + x^4} = x^2 - x^6 + x^{10} - x^{14} + x^{18} - x^{22} + x^{26} - x^{30} + \cdots$$

Calculando a integral em $[0, x]$ de todos os termos dessa série, observando que $f(0) = 0$, chegamos à seguinte conclusão:

$$f(x) = \frac{x^3}{3} - \frac{x^7}{7} + \frac{x^{11}}{11} - \frac{x^{15}}{15} + \frac{x^{19}}{19} - \frac{x^{23}}{23} + \frac{x^{27}}{27} - \frac{x^{31}}{31} + \cdots$$

para $-1 < x < 1$.

6.9 Resumos

6.9.1 Série de Maclaurin e de Taylor

- Série de Maclaurin:

$$f(x) = f(0) + f'(0)x + \frac{f''(0)}{2!}x^2 + \frac{f'''(0)}{3!}x^3 + \frac{f^{(4)}(0)}{4!}x^4 + \cdots + \frac{f^{(n)}(0)}{n!}x^n + \cdots$$

- Série de Taylor:

$$f(x) = f(a) + f'(a)(x-a) + \frac{f''(a)}{2!}(x-a)^2 + \frac{f'''(a)}{3!}(x-a)^3 + \frac{f^{(4)}(a)}{4!}(x-a)^4 + \cdots + \frac{f^{(n)}(a)}{n!}(x-a)^n + \cdots$$

6.9.2 Séries de potências básicas

As séries de potências mais conhecidas podem ser usadas para obtenção de outras séries através de operações ou substituições realizadas com seus termos.

- Série geométrica: $\frac{1}{1-x} = 1 + x + x^2 + x^3 + \cdots + x^n + \cdots$, se $|x| < 1$

- Exponencial: $e^x = 1 + x + \frac{x^2}{2!} + \frac{x^3}{3!} + \frac{x^4}{4!} + \cdots + \frac{x^n}{n!} + \cdots$, se $x \in \mathbb{R}$

- Seno: $\operatorname{sen} x = x - \frac{x^3}{3!} + \frac{x^5}{5!} - \frac{x^7}{7!} + \cdots + (-1)^n \frac{x^{2n+1}}{(2n+1)!} + \cdots$, se $x \in \mathbb{R}$

- Cosseno: $\cos x = 1 - \frac{x^2}{2!} + \frac{x^4}{4!} - \frac{x^6}{6!} + \cdots + (-1)^n \frac{x^{2n}}{(2n)!} + \cdots$, se $x \in \mathbb{R}$

- Arco-tangente: $\operatorname{arctg} x = x - \frac{x^3}{3} + \frac{x^5}{5} - \frac{x^7}{7} + \cdots + (-1)^n \frac{x^{2n+1}}{2n+1} + \cdots$, se $|x| \leqslant 1$

- Logaritmo natural: $\ln(1+x) = x - \frac{x^2}{2} + \frac{x^3}{3} - \frac{x^4}{4} + \cdots + (-1)^{n+1}\frac{x^n}{n} + \cdots$, se $-1 < x \leqslant 1$

- Série binomial:

$$(1+x)^m = 1 + mx + \frac{m(m-1)}{2!}x^2 + \frac{m(m-1)(m-2)}{3!}x^3 + \cdots + \frac{m(m-1)(m-2)\cdots(m-n+1)}{n!}x^n + \cdots, \text{ se } |x| < 1.$$

6.10 Exercícios Propostos

P1) Determine o raio de convergência R e o intervalo de convergência I de cada série:

a) $\displaystyle\sum_{k=0}^{+\infty} \frac{x^k}{k+1}$ b) $\displaystyle\sum_{k=0}^{+\infty} 3^k x^k$ c) $\displaystyle\sum_{k=0}^{+\infty} \frac{(-1)^k x^k}{k!}$

d) $\displaystyle\sum_{k=0}^{+\infty} \frac{k!}{2^k} x^k$ e) $\displaystyle\sum_{k=1}^{+\infty} \frac{5^k}{k^2} x^k$ f) $\displaystyle\sum_{k=2}^{+\infty} \frac{x^k}{\ln k}$

g) $\displaystyle\sum_{k=1}^{+\infty} \frac{x^k}{k(k+1)}$ h) $\displaystyle\sum_{k=0}^{+\infty} \frac{(-2)^k x^{k+1}}{k+1}$ i) $\displaystyle\sum_{k=1}^{+\infty} \frac{(-1)^{k-1} x^k}{\sqrt{k}}$

j) $\displaystyle\sum_{k=0}^{+\infty} \frac{(-1)^k}{(2k)!} x^{2k}$ k) $\displaystyle\sum_{k=1}^{+\infty} \frac{3^k}{k!} x^k$ l) $\displaystyle\sum_{k=3}^{+\infty} (-1)^{k+1} \frac{x^k}{k(\ln k)^2}$

m) $\displaystyle\sum_{k=0}^{+\infty} \left(\frac{3}{4}\right)^k (x+5)^k$ n) $\displaystyle\sum_{k=0}^{+\infty} \frac{(x-3)^k}{2^k}$ o) $\displaystyle\sum_{k=0}^{+\infty} \frac{(-1)^{k+1}(x+1)^k}{k}$

p) $\displaystyle\sum_{k=0}^{+\infty} (-1)^k \frac{(x-4)^k}{(k+1)^2}$ q) $\displaystyle\sum_{k=1}^{+\infty} (-1)^k \frac{(x+1)^{2k+1}}{k^2+4}$ r) $\displaystyle\sum_{k=1}^{+\infty} \frac{\pi^k (x+1)^{2k}}{(2k+3)!}$

s) $\displaystyle\sum_{k=2}^{+\infty} \frac{(2k+1)!}{k^3} (x-1)^{5k}$ t) $\displaystyle\sum_{k=0}^{+\infty} \frac{(2x-3)^k}{2^{3k}}$

Resp.: a) $R=1$, $I=[-1,\,1[$ b) $R=\frac{1}{3}$, $I=]-\frac{1}{3},\,\frac{1}{3}[$ c) $R=\infty$, $I=\mathbb{R}$
d) $R=0$, $I=\{0\}$ e) $R=\frac{1}{5}$, $I=[-\frac{1}{5},\,\frac{1}{5}]$ f) $R=1$, $I=[-1,\,1[$
g) $R=1$, $I=[-1,\,1]$ h) $R=\frac{1}{2}$, $I=]-\frac{1}{2},\,\frac{1}{2}]$ i) $R=1$, $I=]-1,\,1]$
j) $R=\infty$, $I=\mathbb{R}$ k) $R=\infty$, $I=\mathbb{R}$ l) $R=1$, $I=[-1,\,1]$
m) $R=\frac{4}{3}$, $I=]-\frac{19}{3},\,-\frac{11}{3}[$ n) $R=2$, $I=]1,\,5[$ o) $R=1$, $I=]-2,\,0]$
p) $R=1$, $I=[3,\,5]$ q) $R=1$, $I=[-2,\,0]$ r) $R=\infty$, $I=\mathbb{R}$
s) $R=0$, $I=\{1\}$ t) $R=4$, $I=]-\frac{5}{2},\,\frac{11}{2}[$

P2) Determine o domínio da função

$$f(x) = \sum_{k=1}^{+\infty} \frac{2\cdot 4\cdot 6 \ldots (2k)}{(2k)!} x^k$$

Resp.: $\mathsf{Dom}(f) = \mathbb{R}$

P3) Suponha que a função f seja representada pela seguinte série de potências:

$$f(x) = 1 - \frac{x-5}{3} + \frac{(x-5)^2}{3^2} - \frac{(x-5)^3}{3^3} + \cdots + \frac{(-1)^k (x-5)^k}{3^k} + \ldots$$

Determine o domínio de f e calcule $f(3)$ e $f(6)$.
Resp.: $\mathsf{Dom}(f) =]2,\,8[$, $f(3)=3$, $f(6)=\frac{3}{4}$

P4) Suponha que a função g seja representada pela seguinte série de potências:

$$g(x) = 1 - \frac{x}{2} + \frac{x^2}{4} - \frac{x^3}{8} + \cdots + (-1)^k \frac{x^k}{2^k} + \ldots$$

Determine o domínio de g e calcule $g(0)$ e $g(1)$.
Resp.: $\mathsf{Dom}(g) =]-2, 2[$, $g(0) = 1$, $g(1) = \frac{2}{3}$

P5) Usando a fórmula da soma de uma série geométrica $\frac{1}{1-x} = \sum_{k=0}^{+\infty} x^k$, com $|x| < 1$, obtenha uma série de potências de x para representar cada uma das seguintes funções . Em cada caso, especifique o conjunto de valores de x onde a representação é válida.

a) $\dfrac{1}{3-x}$ b) $\dfrac{1}{x+2}$ c) $\dfrac{5}{2-3x}$ d) $\dfrac{1}{6-x-x^2}$ e) $x^3 \operatorname{arctg} x$
f) $x^2 \ln(5-x)$ g) $\dfrac{1}{(1-x)^3}$ h) $\dfrac{1}{x^4-1}$ i) $\dfrac{x}{(1+x^2)^2}$ j) $\ln(1-x)$
k) $\dfrac{x}{x^2-3x+2}$ l) $\operatorname{arctg}(x-2)$

Resp.: a) $\frac{1}{3-x} = \frac{1}{3(1-\frac{x}{3})} = \frac{1}{3} + \frac{x}{3^2} + \frac{x^2}{3^3} + \frac{x^3}{3^4} + \frac{x^4}{3^5} + \ldots$, se $|x| < 3$
b) $\frac{1}{x+2} = \frac{1}{2(1+\frac{x}{2})} = \frac{1}{2} - \frac{x}{2^2} + \frac{x^2}{2^3} - \frac{x^3}{2^4} + \frac{x^4}{2^5} - \ldots$, se $|x| < 2$
c) $\frac{5}{2-3x} = \frac{5}{2(1-\frac{3x}{2})} = \frac{5}{2} + \frac{5\cdot 3x}{2^2} + \frac{5\cdot 3^2x^2}{2^3} + \frac{5\cdot 3^3x^3}{2^4} + \frac{5\cdot 3^4x^4}{2^5} + \ldots$, se $|x| < \frac{2}{3}$
d) $\frac{1}{6-x-x^2} = \frac{1}{5}\left(\frac{1}{3(1+\frac{x}{3})} + \frac{1}{2(1-\frac{x}{2})}\right) = \frac{1}{6} + \frac{x}{36} + \frac{7x^2}{216} + \frac{13x^3}{1296} + \frac{55x^4}{7776} + \frac{133x^5}{46656} + \ldots$,
se $|x| < 2$
e) $x^3 \operatorname{arctg} x = x^4 - \frac{x^6}{3} + \frac{x^8}{5} - \frac{x^{10}}{7} + \frac{x^{12}}{9} - \ldots$, se $|x| < 1$
f) $x^2\ln(5-x) = -x^2\int_0^x \frac{1}{5-t}\,\mathrm{d}t + x^2\ln 5 = x^2\ln 5 - \frac{x^3}{1\cdot 5} - \frac{x^4}{2\cdot 5^2} - \frac{x^5}{3\cdot 5^3} - \frac{x^6}{4\cdot 5^4} - \frac{x^7}{5\cdot 5^5}\ldots$, se $|x| < 5$
g) $\frac{1}{(1-x)^3} = \frac{1}{2}\frac{d^2}{dx^2}\left(\frac{1}{1-x}\right) = 1 + 3x + 6x^2 + 10x^3 + 15x^4 + 21x^5 + \ldots$, se $|x| < 1$
h) $\frac{-1}{1-x^4} = -1 - x^4 - x^8 - x^{12} - x^{16} - x^{20} - \ldots$, se $|x| < 1$
i) $\frac{x}{(1+x^2)^2} = \frac{1}{2}\frac{d}{dx}\left(\frac{1}{1+x^2}\right) = 1 - 2x^3 + 3x^5 - 4x^7 + 5x^9 - 6x^{11} + \ldots$, se $|x| < 1$
j) $\ln(1-x) = -\int_0^x \frac{1}{1-t}\,\mathrm{d}t = -x - \frac{x^2}{2} - \frac{x^3}{3} - \frac{x^4}{4} - \frac{x^5}{5} - \ldots$, se $|x| < 1$
k) $\frac{x}{x^2-3x+2} = \frac{-1}{1-\frac{x}{2}} + \frac{1}{1-x} = \frac{x}{2} + \frac{3x^2}{4} + \frac{7x^3}{8} + \frac{15x^4}{16} + \frac{31x^5}{32} + \ldots$, se $|x| < 1$
l) $\operatorname{arctg}(x-2) = (x-2) - \frac{(x-2)^3}{3} + \frac{(x-2)^5}{5} - \frac{(x-2)^7}{7} - \ldots$, se $1 < x < 3$

P6) Usando a série de Maclaurin de e^x, determine a série de Maclaurin de $f(x) = 10^x$.
Resp.: $f(x) = 1 + (\ln 10)x + (\ln 10)^2\frac{x^2}{2!} + (\ln 10)^3\frac{x^3}{3!} + (\ln 10)^4\frac{x^4}{4!} + \cdots$

P7) Usando a série de Maclaurin de e^x, calcule o valor da soma $\displaystyle\sum_{k=0}^{+\infty}\frac{(-1)^k}{k!2^k}$. Resp.: $e^{-1/2}$

P8) Usando um desenvolvimento em série de potências de x para $\dfrac{1}{(1-x)^2}$, mostre que $\displaystyle\sum_{k=1}^{+\infty}\frac{k}{2^k} = 2.$

Resp.: A partir da série geométrica $1 + x + x^2 + x^3 + \ldots$ calcule sua derivada, substitua $x = 2$ e divida por 2.

P9) Encontre uma série de potências para representar a função $\dfrac{e^x - 1}{x}$ e, derivando termo a termo, mostre que $\displaystyle\sum_{n=1}^{+\infty} \frac{n}{(n+1)!} = 1$.

Resp.: $\frac{d}{dx}\left(\frac{e^x-1}{x}\right) = \frac{d}{dx}\left(1 + \frac{x}{2!} + \frac{x^2}{3!} + \frac{x^3}{4!} + \frac{x^4}{5!} + \dots\right) \Rightarrow \frac{xe^x - e^x + 1}{x^2} = \frac{1}{2!} + \frac{2}{3!}x + \frac{3}{4!}x^2 + \frac{4}{5!}x^3 + \dots$ Daí, é só substituir $x = 1$.

P10) Encontre uma série de potências para representar a função x^2e^{-x} e, derivando termo a termo, mostre que $\displaystyle\sum_{n=2}^{+\infty} \frac{(-1)^n (n+2)2^{n-1}}{n!} = 8$.

Resp.: $\frac{d}{dx}(x^2e^{-x}) = \frac{d}{dx}\left(x^2 - x^3 + \frac{x^4}{2!} - \frac{x^5}{3!} + \frac{x^6}{4!} + \dots\right) \Rightarrow (2xe^{-x} - x^2e^{-x}) - (2x - 3x^2) = \frac{4}{2!}x^3 - \frac{5}{3!}x^4 + \frac{6}{4!}x^5 + \dots$ Daí, é só substituir $x = 2$.

P11) Integrando de $x = 0$ até $x = \sqrt{3}$ uma série de potências representando a função xe^{x^2}, calcule a soma da série $\displaystyle\sum_{n=2}^{+\infty} \frac{3^n}{(n-1)!\cdot 2n}$.

Resp.: $\int_0^{\sqrt{3}} xe^{x^2}\,dx = \int_0^{\sqrt{3}} x\,dx + \int_0^{\sqrt{3}} x^3\,dx + \int_0^{\sqrt{3}} \frac{x^5}{2!}\,dx + \int_0^{\sqrt{3}} \frac{x^7}{3!}\,dx + \dots \Rightarrow \frac{e^3-1}{2} = \frac{3}{2} + \underbrace{\frac{3^2}{1!\cdot 4} + \frac{3^3}{2!\cdot 6} + \frac{3^4}{3!\cdot 8} + \dots}_{\sum_{n=2}^{\infty} \frac{3^n}{(n-1)!\cdot 2n}} \Rightarrow \sum_{n=2}^{+\infty} \frac{3^n}{(n-1)!\cdot 2n} = \frac{e^3-4}{2}$

P12) Encontre a série de MacLaurin de cada uma das funções :

a) $f(x) = e^{-x^2}$	b) $f(x) = e^{x+4}$	c) $f(x) = x\cos x$
d) $f(x) = x^2 \operatorname{arctg} x$	e) $f(x) = x^3 \operatorname{sen} x$	f) $f(x) = \frac{\operatorname{sen} x}{x}$
g) $f(x) = \cos 3x$	h) $f(x) = \operatorname{sen}^2 x$	i) $f(x) = \cos^2 5x$
j) $f(x) = \frac{\operatorname{arctg} 2x}{x}$	k) $f(x) = \cosh x$	l) $f(x) = \operatorname{senh} 4x$
m) $f(x) = \operatorname{arcsen} x$	n) $f(x) = \sqrt[3]{1+x}$	o) $f(x) = \frac{1}{\sqrt[5]{1+x}}$
p) $f(x) = \int_0^x \operatorname{sen}(t^3)\,dt$	q) $f(x) = \int_0^x \frac{1}{64+t^6}\,dt$	r) $f(x) = \int_0^x e^{-\frac{t^2}{4}}\,dt$
s) $f(x) = \frac{1}{\sqrt[3]{8+x}}$	t) $f(x) = \int_0^x \operatorname{arctg}(t^4)\,dt$	

Resp.: a) $e^{-x^2} = 1 - x^2 + \frac{x^4}{2!} - \frac{x^6}{3!} + \frac{x^8}{4!} - \frac{x^{10}}{5!} + \dots$

b) $e^{x+4} = e^4 + e^4x + \frac{e^4x^2}{2!} + \frac{e^4x^3}{3!} + \frac{e^4x^4}{4!} + \frac{e^4x^5}{5!} \dots$

c) $x\cos x = x - \frac{x^3}{2!} + \frac{x^5}{4!} - \frac{x^7}{6!} + \frac{x^9}{8!} - \frac{x^{11}}{10!} + \dots$

d) $x^2 \operatorname{arctg} x = x^3 - \frac{x^5}{3} + \frac{x^7}{5} - \frac{x^9}{7} + \frac{x^{11}}{9} - \frac{x^{13}}{11} + \dots$

e) [illegible]

f) $\frac{\operatorname{sen} x}{x} = 1 - \frac{x^2}{3!} + \frac{x^4}{5!} - \frac{x^6}{7!} + \frac{x^8}{9!} - \frac{x^{10}}{11!} + \dots$

g) $\cos 3x = 1 - \frac{3^2x^2}{2!} + \frac{3^4x^4}{4!} - \frac{3^6x^6}{6!} + \frac{3^8x^8}{8!} - \frac{3^{10}x^{10}}{10!} + \dots$

h) $\operatorname{sen}^2 x = \frac{2x^2}{2!} - \frac{2^3x^4}{4!} + \frac{2^5x^6}{6!} - \frac{2^7x^8}{8!} + \frac{2^9x^{10}}{10!} - \frac{2^{11}x^{12}}{12!} + \dots$

i) $\cos^2 5x = 1 - \frac{50x^2}{2!} + \frac{5000x^4}{4!} - \frac{500000x^6}{6!} + \frac{50000000x^8}{8!} - \frac{5000000000x^{10}}{10!} + \dots$

j) $\frac{\operatorname{arctg} 2x}{x} = 2 - \frac{8x^2}{3} + \frac{32x^4}{5} - \frac{128x^6}{7} + \frac{512x^8}{9} - \frac{2048x^{10}}{11} + \dots$

k) $\cosh x = 1 + \frac{x^2}{2!} + \frac{x^4}{4!} + \frac{x^6}{6!} + \frac{x^8}{8!} + \frac{x^{10}}{10!} + \dots$

l) $\operatorname{senh} 4x = 4x + \frac{4^3x^3}{3!} + \frac{4^5x^5}{5!} + \frac{4^7x^7}{7!} + \frac{4^9x^9}{9!} + \frac{4^{11}x^{11}}{11!} + \dots$
m) $\operatorname{arcsen} x = x + \frac{1x^3}{3 \cdot 2^1 \cdot 1!} + \frac{1 \cdot 3x^5}{5 \cdot 2^2 \cdot 2!} + \frac{1 \cdot 3 \cdot 5x^7}{7 \cdot 2^3 \cdot 3!} + \frac{1 \cdot 3 \cdot 5 \cdot 7x^9}{9 \cdot 2^4 \cdot 4!} + \frac{1 \cdot 3 \cdot 5 \cdot 7 \cdot 9x^{11}}{11 \cdot 2^5 \cdot 5!} + \frac{1 \cdot 3 \cdot 5 \cdot 7 \cdot 9 \cdot 11x^{13}}{13 \cdot 2^6 \cdot 6!} + \dots$
n) $\sqrt[3]{1+x} = 1 + \frac{x}{3} - \frac{2x^2}{3^2 \cdot 2!} + \frac{2 \cdot 5x^3}{3^3 \cdot 3!}x^3 - \frac{2 \cdot 5 \cdot 8x^4}{3^4 \cdot 4!} + \frac{2 \cdot 5 \cdot 8 \cdot 11x^5}{3^5 \cdot 5!} - \frac{2 \cdot 5 \cdot 8 \cdot 11 \cdot 14x^7}{3^7 \cdot 7!} + \dots$
o) $\frac{1}{\sqrt[5]{1+x}} = 1 - \frac{x}{5} + \frac{1 \cdot 6x^2}{5^2 \cdot 2!} - \frac{1 \cdot 6 \cdot 11 \cdot x^3}{5^3 \cdot 3!} + \frac{1 \cdot 6 \cdot 11 \cdot 16x^4}{5^4 \cdot 4!} - \frac{1 \cdot 6 \cdot 11 \cdot 16 \cdot 21x^5}{5^5 \cdot 5!} + \dots$
p) $\int_0^x \operatorname{sen}(t^3)\,\mathrm{d}t = \frac{x^4}{4} - \frac{x^{10}}{10 \cdot 3!} + \frac{x^{16}}{16 \cdot 5!} - \frac{x^{22}}{22 \cdot 7!} + \frac{x^{28}}{28 \cdot 9!} - \dots$
q) $\int_0^x \frac{1}{64+t^6}\,\mathrm{d}t = \frac{x}{64} - \frac{x^7}{64 \cdot 7 \cdot 2^6} + \frac{x^{13}}{64 \cdot 13 \cdot 2^{12}} - \frac{x^{19}}{64 \cdot 19 \cdot 2^{18}} + \frac{x^{25}}{64 \cdot 25 \cdot 2^{24}} - \dots$
r) $\int_0^x e^{-\frac{t^2}{4}}\,\mathrm{d}t = x - \frac{x^3}{3 \cdot 4^1 \cdot 1!} + \frac{x^5}{5 \cdot 4^2 \cdot 2!} - \frac{x^7}{7 \cdot 4^3 \cdot 3!} + \frac{x^9}{9 \cdot 4^4 \cdot 4!} - \frac{x^{11}}{11 \cdot 4^5 \cdot 5!} + \dots$
s) $\frac{1}{\sqrt[3]{8+x}} = \frac{1}{2} - \frac{x}{2 \cdot 24 \cdot 1!} + \frac{1 \cdot 4x^2}{2 \cdot 24^2 \cdot 2!} - \frac{1 \cdot 4 \cdot 7x^3}{2 \cdot 24^3 \cdot 3!} + \frac{1 \cdot 4 \cdot 7 \cdot 10x^4}{2 \cdot 24^4 \cdot 4!} - \frac{1 \cdot 4 \cdot 7 \cdot 10 \cdot 13x^5}{2 \cdot 24^5 \cdot 5!} + \dots$
t) $\int_0^x \operatorname{arctg}(t^4)\,\mathrm{d}t = \frac{x^5}{5 \cdot 1} - \frac{x^{13}}{13 \cdot 3} + \frac{x^{21}}{21 \cdot 5} - \frac{x^{29}}{29 \cdot 7} + \frac{x^{37}}{37 \cdot 9} - \dots$

P13) Obtenha o desenvolvimento em série de Taylor em torno de $x = 2$ da função $f(x) = \sqrt{x^3}$.
Sugestão: $x = 2 + (x-2)$
Resp.: $\sqrt{x^3} = \sqrt{8} + \frac{3\sqrt{8}}{2^2}(x-2) + \frac{3 \cdot 1 \cdot \sqrt{8}}{2! \cdot 2^3}(x-2)^2 + \frac{3 \cdot 1 \cdot (-1) \cdot \sqrt{8}}{3! \cdot 2^4}(x-2)^3 + \dots$

P14) Obtenha o desenvolvimento em série de Taylor em torno de $x = 3$ da função $f(x) = e^x$.
Sugestão: $x = 3 + (x-3)$.
Resp.: $e^x = e^3 + e^3(x-3) + \frac{e^3}{2!}(x-3)^2 + \frac{e^3}{3!}(x-3)^3 + \frac{e^3}{4!}(x-3)^4 + \dots$

P15) Obtenha o desenvolvimento em série de Taylor em torno de $x = \frac{\pi}{4}$ da função $f(x) = \cos x$.
Sugestão: $x = \frac{\pi}{4} + (x - \frac{\pi}{4})$.
Resp.: $\cos x = \frac{\sqrt{2}}{2} - \frac{\sqrt{2}}{2}(x - \frac{\pi}{4}) - \frac{\sqrt{2}}{2}\frac{(x-\frac{\pi}{4})^2}{2!} + \frac{\sqrt{2}}{2}\frac{(x-\frac{\pi}{4})^3}{3!} + \frac{\sqrt{2}}{2}\frac{(x-\frac{\pi}{4})^4}{4!} - \frac{\sqrt{2}}{2}\frac{(x-\frac{\pi}{4})^5}{5!} - \frac{\sqrt{2}}{2}\frac{(x-\frac{\pi}{4})^6}{6!} + \dots$

P16) A partir do desenvolvimento em série de e^x, calcule o valor de $e^{-1/2}$ com um erro menor do que $\varepsilon = 10^{-6}$. Resp.: $1,64872127$

P17) Determine a série de Maclaurin de $f(x) = \dfrac{x}{1-x^2}$ e calcule $f^{(100)}(0)$ e $f^{(101)}(0)$.
Resp.: $f^{(100)}(0) = 0$, $f^{(101)}(0) = 101!$

P18) Sendo $f(x) = x^2 \cos x$, calcule $f^{(2021)}(0)$ e $f^{(2022)}(0)$.
Resp.: $f^{(2021)}(0) = 0$, $f^{(2022)}(0) = -4086462$

P19) A partir dos 4 primeiros termos do desenvolvimento em série da função arco-tangente, obtenha um valor aproximado para a integral $\displaystyle\int_0^{1/2} \frac{\operatorname{arctg}(x^2)}{x}\,\mathrm{d}x$.
Resp.: $0,12415085$

P20) A fórmula

$$\frac{\pi}{4} = 44\operatorname{arctg}\frac{1}{57} + 7\operatorname{arctg}\frac{1}{239} - 12\operatorname{arctg}\frac{1}{682} + 24\operatorname{arctg}\frac{1}{12943}$$

foi utilizada em dezembro de 2002 por supercomputadores japoneses para calcular π com mais de um trilhão e duzentos bilhões de casas decimais. Utilizando essa fórmula e os dois primeiros termos do desenvolvimento em série de potências de $\operatorname{arctg} x$, calcule um valor aproximado para π. Use 8 casas decimais em todos os cálculos.
Resp.: $\pi \approx 3,14159265$.

P21) a) A função $\ln\sqrt{\frac{1+x}{1-x}}$, com $-1 < x < 1$, é conhecida pelo nome de **arco-tangente hiperbólica** de x e é denotada por $\operatorname{arctgh} x$. Obtenha o desenvolvimento de Maclaurin dessa função;

b) Usando a fórmula

$$\ln 2 = 10 \operatorname{arctgh} \frac{1}{17} + 4 \operatorname{arctgh} \frac{13}{499}$$

e os três primeiros termos do desenvolvimento em série da função arco-tangente hiperbólica, calcule uma aproximação para $\ln 2$. Utilize 8 casas decimais nos cálculos.

Resp.: a) $\operatorname{arctgh} x = \frac{1}{2}[\ln(1+x) - \ln(1-x)] = x + \frac{x^3}{3} + \frac{x^5}{5} + \frac{x^7}{7} + \cdots$ b) $\ln 2 \approx 0,693147177$.

P22) Usando desenvolvimento de uma função em série de Maclaurin, calcule os limites:

a) $\displaystyle\lim_{x\to 0} \frac{e^x + \operatorname{sen} x - 1}{\ln(1+x)}$ b) $\displaystyle\lim_{x\to 0} \frac{\sqrt[5]{1+x} - 1}{\sqrt[3]{1+x} - 1}$ c) $\displaystyle\lim_{x\to 0} \frac{3^x - 2^x}{x}$

Resp.: a) 2; b) 3/5; c) $\ln(3/2)$.

P23) Obtenha o desenvolvimento em série de Maclaurin da função

$$f(x) = \frac{1}{12} \ln\left[\frac{x^2 - 2x + 4}{(x+2)^2}\right] + \frac{1}{2\sqrt{3}} \operatorname{arctg}\left(\frac{x-1}{\sqrt{3}}\right).$$

Sugestão: calcule e simplifique $f'(x)$.

Resp.: $f'(x) = \frac{x}{x^3+8}$, $f(x) = f(0) + \displaystyle\sum_{n=0}^{+\infty} \frac{(-1)^n x^{3n+2}}{(3n+2)\cdot 2^{3n+3}}$

$\Rightarrow f(x) = -\frac{\pi}{12\sqrt{3}} + \frac{x^2}{16} - \frac{x^5}{320} + \frac{x^8}{4096} - \frac{x^{11}}{45056} + \frac{x^{14}}{458752} - \frac{x^{17}}{4456448} + \cdots$

7.8 – Equações Diferenciais Lineares de Primeira Ordem

Obtivemos assim uma [illegible] achamos que é mais fácil resolver esse tipo de equação seguindo o passo a passo descrito anteriormente, [illegible] mostrado nos exemplos a seguir.

Capítulo 7

Noções de Equações Diferenciais

7.1 Definições e exemplos

Uma **equação diferencial** é uma equação que envolve derivadas de uma função. Por exemplo, são exemplos de equações diferenciais os seguintes:

- $\frac{dy}{dx} = 3x^2$
- $2y' + (\cos x)y = e^x + 1$
- $y''' + 4y'' - 5y' + 10y = e^x \cos x$
- $3x\frac{d^2y}{dx^2} + \left(\frac{dy}{dx}\right)^2 = x^4y - 3x^2y^5 + 11$
- $\frac{d^4y}{dx^4} - x^2\frac{d^2y}{dx^2} + y^2 = \operatorname{tg}(x+1)$

Em todos esses exemplos, as equações envolvem uma função y. Da forma como as equações estão escritas, são funções com uma única variável independente x.

Definição: Uma **equação diferencial ordinária**, abreviada como EDO, é uma equação que envolve uma função desconhecida e algumas de suas derivadas $y', y'', y''', \ldots$ As derivadas são relacionadas a uma única variável independente, geralmente denotada por x. Os exemplos anteriores são exemplos de equações diferenciais ordinárias.

Definição: Se a função da equação diferencial possuir mais de uma variável independente, então chamamos a equação de **equação diferencial parcial**, abreviada como EDP. As equações $\frac{\partial z}{\partial x} + 3\frac{\partial z}{\partial y} = 3xy$ e $\frac{\partial^2 z}{\partial x^2} + \frac{\partial^2 z}{\partial y^2} = 0$ envolvem derivadas parciais e são exemplos de EDPs.

Nestes capítulos 7 e 8, fazemos apenas uma brevíssima introdução às EDOs. O estudo das equações diferenciais é algo muito extenso e não há possibilidade alguma de alguém aprender tudo o [illegible] geral, escolhe-se uma única subárea e passa-se a vida inteira estudando-a. Inúmeros fenomenos naturais estão relacionados com equações diferenciais, nas mais diversas áreas como Física, Química, Engenharia etc.

Definição: A **ordem** de uma equação diferencial é a maior ordem de derivada que aparecer na equação. Por exemplo, $y'' + x^3y' + y = x^4$ tem ordem 2, enquanto que $x^5y''' + y' - 4y = x^6$ tem ordem 3.

Definição: Uma solução de uma equação diferencial é uma função $f(x)$ que satisfaz a equação dada. Ou seja, quando y é substituído por $f(x)$ na equação, obtemos uma sentença verdadeira para todo valor de x.

Exemplo: Consideremos a equação $y'' + y = 0$. Temos que

- $y = \cos x$ é uma solução dessa equação porque
$$y' = -\operatorname{sen} x \Rightarrow y'' = -\cos x \Rightarrow y'' + y = -\cos x + \cos x = 0.$$
- $y = 4\operatorname{sen} x$ é outra solução dessa mesma equação porque $y'' = -4\operatorname{sen} x$ e $y'' + y = -4\operatorname{sen} x + 4\operatorname{sen} x = 0$.
- $y = x^2 + 1$ não é solução dessa equação, pois $y' = 2x$, $y'' = 2$ e daí $y'' + y = 2 + x^2 + 1 = x^2 + 3 \neq 0$
- É possível se provar que toda solução dessa equação é uma combinação linear das funções $\cos x$ e $\operatorname{sen} x$, ou seja, é da forma $y = C_1 \cos x + C_2 \operatorname{sen} x$, onde C_1 e C_2 são constantes quaisquer. Nesse caso, dizemos que a **solução geral** da equação $y'' + y = 0$ é $y = C_1 \cos x + C_2 \operatorname{sen} x$. A solução geral de uma equação é o conjunto de todas as suas soluções.

Exemplo: Verifique se $y(x) = 2e^{-x} + xe^{-x}$ é uma solução de $y'' + 2y' + y = 0$.

Derivando duas vezes com relação a x, temos: $y' = -2e^{-x} + (e^{-x} - xe^{-x}) = -e^{-x} - xe^{-x}$ e $y'' = \cancel{e^{-x}} - (\cancel{e^{-x}} - xe^{-x}) = xe^{-x}$. Substituindo na equação dada: $y'' + 2y' + y = \cancel{xe^{-x}} + 2(\cancel{-e^{-x}} - \cancel{xe^{-x}}) + (\cancel{2e^{-x}} + \cancel{xe^{-x}}) = 0$. Concluímos dessa forma que $y(x)$ satisfaz a equação dada, ou seja, é uma solução dessa equação.

Exemplo: Verifique se $y(x) = 2x^3$ é solução de $y'' + 2y' + y = x$.

Derivando duas vezes $y(x)$ e substituindo na equação dada:

$$y' = 6x^2 \Rightarrow y'' = 12x \Rightarrow y'' + 2y' + y = 12x + 2 \cdot 6x^2 + 2x^3 = 2x^3 + 12x^2 + 12x.$$

Como deu um resultado diferente de x (o segundo membro da equação dada), chegamos à conclusão de que $y(x)$ não é solução da equação dada.

Definição: Uma equação diferencial da forma

$$c_n(x)\frac{d^n y}{dx^n} + c_{n-1}(x)\frac{d^{n-1}y}{dx^{n-1}} + \cdots + c_1(x)\frac{dy}{dx} + c_0(x)y = f(x)$$

é denominada **equação diferencial linear**. As funções $c_0(x), c_1(x), \ldots c_n(x)$, e $f(x)$ podem ser de quaisquer tipos. Por exemplo, $x^2\frac{d^3y}{dx^3} + 2x\frac{dy}{dx} - x^5 y = e^x + 1$ e $y'' + 5x^2 y' + 2x^4 y = \operatorname{sen} x + \cos x$ são exemplos de equações diferenciais lineares.

7.2 Problema de Valor Inicial

Definição: Uma equação diferencial de ordem n, juntamente com n condições auxiliares sobre os valores da função $y(x)$ e suas derivadas em determinado ponto x_0,

$$y(x_0) = y_0,\ y'(x_0) = y_1,\ y''(x_0) = y_2,\ \ldots, y^{(n-1)}(x_0) = y_{n-1}$$

é denominado **problema de valor inicial** (PVI).

Por exemplo, $y'' + 2y' = e^{4x}$, $y(\pi) = 1$, $y'(\pi) = 0$ é um problema de valor inicial.

Exemplo: Verifique se $y(x) = \frac{1}{2}\operatorname{sen} 2x$ é solução do problema de valor inicial $y'' + 4y = 0$, $y(0) = 0$, $y'(0) = 1$.

- Derivando duas vezes com relação a x, obtemos: $y' = \cos 2x$ e $y'' = -2\operatorname{sen} 2x$;
- Substituindo na equação : $y'' + 4y = -2\operatorname{sen} 2x + 4 \cdot \frac{1}{2}\operatorname{sen} 2x = 0$. Logo, $y(x)$ satisfaz a equação dada;
- Substituindo agora $x = 0$ em $y(x)$ e em $y'(x)$: $y(0) = \frac{1}{2}\operatorname{sen} 0 = 0$ e $y'(0) = \cos 0 = 1$.

E assim, chegamos à conclusão de que $y(x)$ dado é realmente uma solução do PVI.

Exemplo: Determine o valor da constante C_1 sabendo que $y(x) = C_1 e^{-x}$ é solução de $y' + y = 0$, $y(3) = 2$.

Basta calcular $y(3)$ usando o $y(x)$ dado:

$$y(3) = C_1 e^{-3} = 2 \;\Rightarrow\; C_1 = 2e^3.$$

7.3 Forma padrão e forma diferencial

Uma equação diferencial de primeira ordem do tipo $y' = f(x, y)$ é considerada na **forma padrão**. Como y' também costuma ser denotado por $\frac{\mathsf{d}y}{\mathsf{d}x}$, então essa equação pode ser escrita na forma $\frac{dy}{dx} = f(x, y)$.

Pensando em $\frac{\mathsf{d}y}{\mathsf{d}x}$ como sendo uma fração com numerador dy e denominador dx, temos que essa equação também pode ser escrita no formato $\mathsf{d}y = f(x, y)\,\mathsf{d}x \Rightarrow -f(x, y)\,\mathsf{d}x + \mathsf{d}y = 0$. Baseado na observação dessa última equação, definimos $M(x, y)\,\mathsf{d}x + N(x, y)\,\mathsf{d}y = 0$ como sendo a **forma diferencial** desse tipo de equação, onde $M(x, y)$ e $N(x, y)$ são funções de duas variáveis.

Por outro lado, temos que toda equação $M(x, y)\,\mathsf{d}x + N(x, y)\,\mathsf{d}y = 0$, também pode ser escrita na forma padrão: $y' = \frac{\mathsf{d}y}{\mathsf{d}x} = -\frac{M(x,y)}{N(x,y)}$.

Algumas equações podem ser escritas de ambas as maneiras, tanto na forma padrão, quanto na forma diferencial. Por exemplo, $y' = x^2$ e $(-x^2)\,\mathsf{d}x + \mathsf{d}y = 0$ correspondem à mesma equação escrita nas formas padrão e diferencial, respectivamente. No entanto, tem equação que não pode ser escrita nesses formatos. Por exemplo, $(y' + y)^5 = x^2 + e^{y'}$ é uma equação diferencial de primeira ordem na qual não podemos isolar o valor de y' e, consequentemente, não podemos escrevê-la na forma padrão nem na forma diferencial.

Exemplo: Dada a equação $y^2\,\mathsf{d}x - x\,\mathsf{d}y = 0$, escrevê-la na forma padrão.

Dividindo-se por $\mathsf{d}x$ (como se $\mathsf{d}x$ fosse um número), obtemos que essa equação é equivalente a $y^2 \frac{\mathsf{d}x}{\mathsf{d}x} - x\frac{\mathsf{d}y}{\mathsf{d}x} = 0$, ou seja, $y^2 - xy' = 0$ que é o mesmo que $xy' = y^2$, ou seja, $y' = \frac{y^2}{x}$. Essa última é a forma padrão dessa equação.

Exemplo: Escrever $e^x y' + \dfrac{e^{2x}}{x^2} y = \dfrac{\operatorname{sen} x}{x}$ na forma padrão e na forma diferencial.

Isolando o valor de y', obtemos

$$y' = \frac{\frac{\operatorname{sen} x}{x} - \frac{e^{2x}}{x^2} y}{e^x} = \frac{x \operatorname{sen} x - e^{2x} y}{x^2 e^x}.$$

Essa é a forma padrão dessa equação. Substituindo y' por $\frac{\mathsf{d}y}{\mathsf{d}x}$, obtemos $\dfrac{\mathsf{d}y}{\mathsf{d}x} = \dfrac{x \operatorname{sen} x - e^{2x} y}{x^2 e^x}$ que é o mesmo que $x^2 e^x \, \mathsf{d}y = (x \operatorname{sen} x - e^{2x} y) \, \mathsf{d}x$, ou seja, $\underbrace{(e^{2x} - x \operatorname{sen} x)}_{M(x,y)} \mathsf{d}x + \underbrace{(x^2 e^x y)}_{N(x,y)} \mathsf{d}y = 0$. Essa é a forma diferencial dessa mesma equação.

7.4 Equações Com Variáveis Separáveis

Definição: Se uma equação diferencial de primeira ordem for da forma $y' = f(x)g(y)$, então a chamamos de equação com **variáveis separáveis**.

A forma diferencial de uma equação com variáveis separáveis é $A(x) \, \mathsf{d}x + B(y) \, \mathsf{d}y = 0$. Para determinar a solução desse tipo de equação, basta calcular integrais (indefinidas) dos dois lados da equação para obtermos:

$$\int A(x) \, \mathsf{d}x + \int B(y) \, \mathsf{d}y = C,$$

onde C é uma constante arbitrária. Essa última equação obtida, define y como função implícita de x que é considerada a solução da equação, também conhecida como **curva integral**.

Exemplo: Resolver $y' + 3y = 5$.

Substituindo y' por $\frac{\mathsf{d}y}{\mathsf{d}x}$ nessa equação, obtemos

$$\frac{\mathsf{d}y}{\mathsf{d}x} = 5 - 3y \Rightarrow \frac{\mathsf{d}y}{5 - 3y} = \mathsf{d}x \Rightarrow \int \frac{\mathsf{d}y}{5 - 3y} = \int \mathsf{d}x$$
$$\Rightarrow -\frac{1}{3} \ln|5 - 3y| = x + C \Rightarrow \ln|5 - 3y| = -3x - 3C,$$

onde C é uma constante.

Nos casos mai[illegible] [illegible]olar y na solução da equação . Nesse exemplo, supondo $y < \frac{5}{3}$, temos $3y < 5 \Rightarrow 5 - 3y > 0 \Rightarrow |5 - 3y| = 5 - 3y$, e daí, a solução pode ser escrita na forma $\ln(5 - 3y) = -3x - 3C \Rightarrow 5 - 3y = e^{-3x-3C} \Rightarrow 3y - 5 = -e^{-3x} \cdot e^{-3C}$ Como C é constante, então $-e^{-3C}$ também é constante; logo, vamos denotar essa constante por k. Com isso, a equação anterior se transforma em $3y - 5 = ke^{-3x} \Rightarrow \boxed{y = \dfrac{5 + ke^{-3x}}{3}}$. Podemos atribuir a k alguns valores particulares e construir os gráficos das curvas assim obtidas. Na figura a seguir, construímos a curva integral que corresponde a $k = 1/4$.

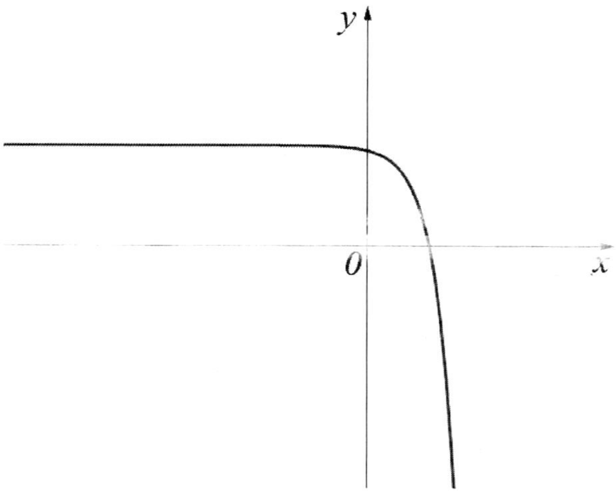

Exemplo: Resolver $4y^3\,\mathsf{d}y - 5x^4\sqrt{10+y^4}\,\mathsf{d}x = 0$.

Dividindo por $\sqrt{10+y^4}$, obtemos

$$\frac{4y^3\,\mathsf{d}y}{\sqrt{10+y^4}} = \frac{5x^4\cancel{\sqrt{10+y^4}}\,\mathsf{d}x}{\cancel{\sqrt{10+y^4}}} \Rightarrow \frac{4y^3}{\sqrt{10+y^4}}\,\mathsf{d}y = 5x^4\,\mathsf{d}x$$

$$\Rightarrow \int \frac{4y^3}{\sqrt{10+y^4}}\,\mathsf{d}y = \int 5x^4\,\mathsf{d}x \Rightarrow 2\sqrt{10+y^4} = x^5 + C.$$

Portanto, a solução encontrada é a equação $\boxed{2\sqrt{10+y^4} = x^5 + C}$, que define y como função implícita de x, para qualquer constante C.

Foi utilizada acima uma integração por substituição:

$$u = 10 + y^4 \Rightarrow \mathsf{d}u = 4y^3\,\mathsf{d}y \Rightarrow \int \frac{1}{\sqrt{\underbrace{10+y^4}_{u}}}\overbrace{4y^3\,\mathsf{d}y}^{\mathsf{d}u} =$$

$$\int \frac{1}{\sqrt{u}}\,\mathsf{d}u = \int u^{-1/2}\,\mathsf{d}u = \frac{u^{-\frac{1}{2}+1}}{-\frac{1}{2}+1} = 2\sqrt{u} = 2\sqrt{10+y^4}.$$

Exemplo:

A equação dada é equivalente a

$$e^{2x}\cdot e^{y}\,\mathsf{d}x = 2e^{x}\cdot e^{-y}\,\mathsf{d}y \Rightarrow \frac{e^{2x}\cdot \cancel{e^{y}}\,\mathsf{d}x}{e^{x}\cancel{e^{y}}} = \frac{2\cancel{e^{x}}\cdot e^{-y}\,\mathsf{d}y}{\cancel{e^{x}}e^{y}} \Rightarrow \frac{e^{2x}}{e^{x}}\,\mathsf{d}x = 2\frac{e^{-y}}{e^{y}}\,\mathsf{d}y$$

$$\Rightarrow e^{x}\,\mathsf{d}x = 2e^{-2y}\,\mathsf{d}y \Rightarrow \int e^{x}\,\mathsf{d}x = \int 2e^{-2y}\,\mathsf{d}y \Rightarrow e^{x} = -e^{-2y} + C.$$

Portanto, a solução é a equação $\boxed{e^x = -e^{-2y} + C}$ que define y como função implícita de x, C constante.

Exemplo: Resolver $(x^2+1)(y^2+1)\,\mathsf{d}x - xy\,\mathsf{d}y = 0$.

Dividindo a equação dada por $x(y^2+1)$, obtemos

$$\frac{(x^2+1)\cancel{(y^2+1)}\,\mathsf{d}x}{x\cancel{(y^2+1)}} = \frac{\cancel{x}y\,\mathsf{d}y}{\cancel{x}(y^2+1)} \Rightarrow \frac{x^2+1}{x}\,\mathsf{d}x = \frac{y}{y^2+1}\,\mathsf{d}y$$
$$\Rightarrow \int\left(x+\frac{1}{x}\right)\mathsf{d}x = \int\frac{y}{y^2+1}\,\mathsf{d}y \Rightarrow \frac{x^2}{2} + \ln|x| = \frac{1}{2}\ln|y^2+1| + C.$$

Portanto, a solução encontrada é $\boxed{\frac{x^2}{2} + \ln|x| = \frac{1}{2}\ln|y^2+1| + C}$, onde C é constante.

Observação: A equação $y' = f(x) + g(y)$ não é de variáveis separáveis. Em geral, não sabemos como resolver esse tipo de equação. Por exemplo, apesar da aparência simples, não temos como resolver $y' = x^2 + y^2$.

7.5 Funções Homogêneas

Definição: Uma função de duas variáveis $f(x,y)$ é denominada **homogênea de grau n** se, e somente se,

$$f(tx,ty) = t^n f(x,y), \text{ para todo } t > 0 \text{ e } (x,y) \neq (0,0).$$

Exemplos:

- A função $f(x,y) = x^5 + 3x^2y^3 - 10xy^4 + y^5$ é homogênea de grau 5, porque

$$f(tx,ty) = (tx)^5 + 3(tx)^2(ty)^3 - 10(tx)(ty^4 + (ty)^5$$
$$= t^5(x^5 + 3x^2y^3 - 10xy^4 + y^5) = t^5 f(x,y).$$

- A função $f(x,y) = \sqrt{x^4 + y^4 - xy^3}$ é homogênea de grau 2, porque

$$f(tx,ty) \;=\; \sqrt{(tx)^4 + (ty)^4 - (tx)(ty)^3} \;=\; \sqrt{t^4(x^4 + y^4 - xy^3)} \;=\; t^2 f(x,y).$$

- $f(x,y) = \frac{x^2+5y^2}{5xy+4y^2}$ é homogênea de grau 0, porque

$$f(tx,ty) \;=\; \frac{(tx)^2 + 5(ty)^2}{5(tx)(ty) + 4(ty)^2} \;=\; \frac{\cancel{t^2}(x^2+5y^2)}{\cancel{t^2}(5xy+4y^2)} \;=\; f(x,y) \;=\; t^0 f(x,y).$$

- $f(x,y) = \frac{1}{\sqrt[3]{x^2+y^2}}$ é homogênea de grau $-\frac{2}{3}$, porque

$$f(tx,ty) = \frac{1}{\sqrt[3]{(tx)^2+(ty)^2}} = \frac{1}{\sqrt[3]{t^2(x^2+y^2)}}$$
$$= \frac{1}{t^{2/3}\sqrt[3]{x^2+y^2}} = \frac{t^{-2/3}}{\sqrt[3]{x^2+y^2}} = t^{-2/3}f(x,y).$$

- $f(x,y) = x^2+2y^2+5$ não é homogênea, porque $f(tx,ty) \neq t^n f(x,y)$, $\forall n, t > 0$.

Uma equação diferencial da forma $P(x,y)dx + Q(x,y)dy = 0$ chama-se **homogênea** quando as funções P e Q forem homogêneas do mesmo grau. Por exemplo, $x\sqrt{x^2+y^2}\,\mathsf{d}x + 5xy\,\mathsf{d}y = 0$ é uma equação homogênea.

Toda equação homogênea nas variáveis x, y pode ser transformada em uma equação de variáveis separáveis nas variáveis x, v, se for feita a seguinte transformação : $y(x) = xv(x)$, abreviadamente $y = xv$. Derivando com relação a x, obtemos $y'(x) = v(x) + xv'(x)$ que pode ser escrita na forma $\frac{\mathsf{d}y}{\mathsf{d}x} = v + x\frac{\mathsf{d}v}{\mathsf{d}x}$, ou seja, $\mathsf{d}y = v\,\mathsf{d}x + x\,\mathsf{d}v$.

Ao ser substituído na equação diferencial dada, obtemos: $P(x,vx)dx + Q(x,vx)(x\,\mathsf{d}v + v\,\mathsf{d}x) = 0$. Supondo P e Q homogêneas de grau n e $x > 0$, temos: $P(x,vx) = P(x\cdot 1, x\cdot v) = x^nP(1,v)$ e $Q(x,vx) = Q(x\cdot 1, x\cdot v) = x^nQ(1,v)$ e daí a equação anterior pode ser escrita na forma

$$x^nP(1,v)\,\mathsf{d}x + x^nQ(1,v)(x\,\mathsf{d}v + v\,\mathsf{d}x) = 0$$
$$\Rightarrow [P(1,v) + vQ(1,v)]\,\mathsf{d}x + xQ(1,v)\,\mathsf{d}v = 0 \Rightarrow \frac{dx}{x} = -\frac{Q(1,v)}{P(1,v)+vQ(1,v)}dv.$$

Se $x < 0$, então $P(x,vx) = P((-x)(-1),(-x)(-v)) = (-x)^nP(-1,-v)$ e $Q(x,vx) = Q((-x)(-1),(-x)(-v)) = (-x)^nQ(-1,-v)$. Daí, obtemos uma equação semelhante a anterior:

$$\frac{dx}{x} = -\frac{Q(-1,-v)}{P(-1,-v)+vQ(-1,-v)}dv.$$

Essas duas equações diferenciais anteriores são de variáveis separáveis e podem ser resolvidas calculando-se integrais nos dois lados de cada equação.

Exemplo: Resolver $\frac{\mathsf{d}y}{\mathsf{d}x} = \frac{x^2+y^2}{2xy}$.

Essa equação pode ser escrita na forma $2xy\,\mathsf{d}y = (x^2+y^2)\,\mathsf{d}x$. As funções $2xy$ e x^2+y^2 são homogêneas de grau 2. Logo, a equação dada é homogênea e pode ser transformada em uma equação de variáveis separáveis se for realizada a transformação de variáveis $y = xv$ que implica $\mathrm{d}y = x\,\mathrm{d}v + v\,\mathrm{d}x$. Substituindo y e $\mathrm{d}y$ na equação dada, obtemos

$$
\begin{aligned}
(x\,\mathrm{d}v + v\,\mathrm{d}x)(2\cancel{x^2}v) = \cancel{x^2}(1+v^2)\,\mathrm{d}x &\Rightarrow \frac{v}{1-v^2}\,\mathrm{d}v = \frac{1}{2x}\,\mathrm{d}x \\
&\Rightarrow \int \frac{v}{1-v^2}\,\mathrm{d}v = \int \frac{1}{2x}\,\mathrm{d}x \Rightarrow -\frac{1}{2}\ln|1-v^2| = \frac{1}{2}\ln|x| + C \\
&\Rightarrow \ln|x| + \ln|1-v^2| = 2C = k \Rightarrow \ln|x(1-v^2)| = k \Rightarrow |x(1-v^2)| = e^k = K \\
&\Rightarrow \left|x\left(1-\left(\frac{y}{x}\right)^2\right)\right| = K \Rightarrow \left|x - \frac{y^2}{x}\right| = K \Rightarrow x - \frac{y^2}{x} = \pm K \Rightarrow x^2 - y^2 = \pm Kx \\
&\Rightarrow y^2 = x^2 \pm Kx \Rightarrow y = \pm\sqrt{x^2 \pm Kx}.
\end{aligned}
$$

Portanto, a solução da equação dada é $\boxed{y = \pm\sqrt{x^2 \pm Kx}}$, K constante.

7.6 Equações Diferenciais Exatas

Definição: Uma equação diferencial $P(x,y)\,\mathrm{d}x + Q(x,y)\,\mathrm{d}y = 0$ é denominada **exata** quando $\dfrac{\partial P}{\partial y} = \dfrac{\partial Q}{\partial x}$.

No caso da equação $P\,\mathrm{d}x + Q\,\mathrm{d}y = 0$ ser exata, existe uma função $g(x,y)$ tal que $dg = \frac{\partial g}{\partial x}\,\mathrm{d}x + \frac{\partial g}{\partial y}\,\mathrm{d}y = P\,\mathrm{d}x + Q\,\mathrm{d}y$. Dizemos que a equação $g(x,y) = C$, C constante, que define implicitamente y como função de x, é uma solução da equação.

Se (x_0, y_0) for um ponto qualquer no domínio comum a essas funções, definimos

$$g(x,y) = \int_{x_0}^{x} P(x,y_0)\,\mathrm{d}x + \int_{y_0}^{y} Q(x,y)\,\mathrm{d}y.$$

Vamos calcular as derivadas parciais de g com relação a x e a y:

- $\frac{\partial g}{\partial y} = \frac{\partial}{\partial y}\left(\int_{x_0}^{x} P(x,y_0)\,\mathrm{d}x\right) + \frac{\partial}{\partial y}\left(\int_{y_0}^{y} Q(x,y)\,\mathrm{d}y\right) = 0 + Q(x,y) = Q(x,y)$
- $\frac{\partial g}{\partial x} = \frac{\partial}{\partial x}\left(\int_{x_0}^{x} P(x,y_0)\,\mathrm{d}x\right) + \frac{\partial}{\partial x}\left(\int_{y_0}^{y} Q(x,y)\,\mathrm{d}y\right) = P(x,y_0) + \int_{y_0}^{y} \frac{\partial Q}{\partial x}\,\mathrm{d}y = P(x,y_0) + \int_{y_0}^{y} \frac{\partial P}{\partial y}\,\mathrm{d}y = P(x,y_0) + P(x,y)|_{y_0}^{y} = \cancel{P(x,y_0)} + P(x,y) - \cancel{P(x,y_0)} = P(x,y)$

Observação: Outra opção para definir a função g é

$$g(x,y) = \int_{x_0}^{x} P(x,y)\,\mathrm{d}x + \int_{y_0}^{y} Q(x_0,y)\,\mathrm{d}y.$$

Exemplo: Resolver $(3x^2 + 4xy - y^2 - 2)\,\mathrm{d}x + (2x^2 - 2xy + 3y^2 + 3)\,\mathrm{d}y = 0$.

Sejam $P(x,y) = 3x^2 + 4xy - y^2 - 2$ e $Q(x,y) = 2x^2 - 2xy + 3y^2 + 3$. Temos $\frac{\partial P}{\partial y} = 4x - 2y = \frac{\partial Q}{\partial x}$. Logo, a equação é exata. Sua solução é dada implicitamente pela equação $g(x,y) = C$, C constante, onde

$$g(x,y) = \int_{x_0}^{x} P(x,y_0)\,\mathrm{d}x + \int_{y_0}^{y} Q(x,y)\,\mathrm{d}y$$

e (x_0, y_0) é um qualquer ponto dos domínios de P e Q. Podemos escolher, por exemplo, $(x_0, y_0) = (0, 0)$ e daí

$$\begin{aligned} g(x,y) &= \int_0^x P(x,0)\,\mathrm{d}x + \int_0^y Q(x,y)\,\mathrm{d}y \\ &= \int_0^x (3x^2 - 2)\,\mathrm{d}x + \int_0^y (2x^2 - 2xy + 3y^2 + 3)\,\mathrm{d}y \\ &= [x^3 - 2x]\big|_0^x + [2x^2y - xy^2 + y^3 + 3y]\big|_0^y \\ &= (x^3 - 2x) + (2x^2y - xy^2 + y^3 + 3y) = x^3 + y^3 + 2x^2y - xy^2 - 2x + 3y \end{aligned}$$

Para comprovar que a solução encontrada está correta, é só verificar que $\frac{\partial g}{\partial x} = P$ e $\frac{\partial g}{\partial y} = Q$.

Exemplo: Resolver $y' = -\dfrac{2x \operatorname{sen} y + e^x \cos y}{x^2 \cos y - e^x \operatorname{sen} y}$.

Substituindo y' por $\dfrac{\mathrm{d}y}{\mathrm{d}x}$, obtemos $\dfrac{\mathrm{d}y}{\mathrm{d}x} = -\dfrac{2x \operatorname{sen} y + e^x \cos y}{x^2 \cos y - e^x \operatorname{sen} y}$ que é o mesmo que

$$\underbrace{(2x \operatorname{sen} y + e^x \cos y)}_{P(x,y)}\,\mathrm{d}x + \underbrace{(x^2 \cos y - e^x \operatorname{sen} y)}_{Q(x,y)}\,\mathrm{d}y = 0.$$

Como $\dfrac{\partial P}{\partial y} = 2x \cos y - e^x \operatorname{sen} y = \dfrac{\partial Q}{\partial x}$, isso significa que a equação é exata. Escolhendo $(x_0, y_0) = (0, 0)$, temos que sua solução é dada implicitamente pela equação $g(x, y) = C$, C constante, onde

$$\begin{aligned} g(x,y) &= \int_0^x P(x,0)\,\mathrm{d}x + \int_0^y Q(x,y)\,\mathrm{d}y = \int_0^x e^x\,\mathrm{d}x + \int_0^y (x^2 \cos y - e^x \operatorname{sen} y)\,\mathrm{d}y \\ &= [e^x]\big|_0^x + [x^2 \operatorname{sen} y + e^x \cos y]\big|_0^y = (\cancel{e^x} - 1) + (x^2 \operatorname{sen} y + e^x \cos y - 0 \cancel{- e^x}) \\ &= x^2 \operatorname{sen} y + e^x \cos y - 1 \end{aligned}$$

7.7 Fatores integrantes

Uma equação $P\,\mathrm{d}x + Q\,\mathrm{d}y = 0$ que não é exata pode passar a ser exata se for multiplicada por uma função I de duas variáveis: $IP\,\mathrm{d}x + IQ\,\mathrm{d}y = 0$. Nesse caso, dizemos que a função I é o **fator integrante** da equação.

Não há uma fórmula ou regra geral que possa ser utilizada para se calcular a função I em todos os casos. Somente em alguns poucos casos podemos calculá-la. Nesta seção, vamos citar apenas dois [illegible]

- Se $\dfrac{1}{Q}\left(\dfrac{\partial P}{\partial y} - \dfrac{\partial Q}{\partial x}\right) = g(x)$ é uma função de x, então o fator integrante é $I(x,y) = e^{\int g(x)\,\mathrm{d}x}$

- Se $\dfrac{1}{P}\left(\dfrac{\partial P}{\partial y} - \dfrac{\partial Q}{\partial x}\right) = h(y)$ é uma função de y, então o fator integrante é $I(x,y) = e^{-\int h(y)\,\mathrm{d}y}$

Exemplo: Resolver $y^2\,\mathsf{d}x + xy\,\mathsf{d}y = 0$.

Sejam $P = y^2$ e $Q = xy$. Então, $\frac{\partial P}{\partial y} = 2y$ e $\frac{\partial Q}{\partial x} = y$. Como $\frac{\partial P}{\partial y} \neq \frac{\partial Q}{\partial x}$, a equação não é exata. No entanto, $\frac{1}{Q}\left(\frac{\partial P}{\partial y} - \frac{\partial Q}{\partial x}\right) = \frac{1}{xy}(2y - y) = \frac{1}{x} = g(x)$. Logo, $I = e^{\int g(x)\,\mathsf{d}x} = e^{\int \frac{1}{x}\,\mathsf{d}x} = e^{\ln x} = x$ é um fator integrante.

Multiplicando a equação dada por I, obtemos $xy^2\,\mathsf{d}x + x^2y\,\mathsf{d}y = 0$. Sejam $P_2 = xy^2$ e $Q_2 = x^2y$. Temos que $\frac{\partial P_2}{\partial y} = 2xy = \frac{\partial Q_2}{\partial x}$. Logo, a equação anterior é exata. Daí, sua solução é dada implicitamente pela equação $G(x, y) = C$, onde C é qualquer valor constante. Escolhendo $(x_0, y_0) = (0, 0)$, temos

$$G(x,y) = \int_{x_0}^{x} P_2(x, y_0)\,\mathsf{d}x + \int_{y_0}^{y} Q_2(x,y)\,\mathsf{d}y = \int_0^x 0\,\mathsf{d}x + \int_0^y x^2y\,\mathsf{d}y = \frac{x^2y^2}{2}$$

Portanto, a solução encontrada é $\frac{(xy)^2}{2} = C$, que é o mesmo que $xy = \sqrt{2C}$, ou seja, $\boxed{xy = K}$, K constante.

Observação: Isolando y na equação $xy = K$, obtemos $y = \frac{K}{x}$, e daí, $y' = -\frac{K}{x^2}$ Por outro lado, isolando y' na equação dada, obtemos $y' = \frac{\mathsf{d}y}{\mathsf{d}x} = \frac{-y^2}{xy} = -\frac{y}{x}$. Substituindo y por $\frac{K}{x}$: $y' = -\frac{K/x}{x} = -\frac{K}{x^2}$ que coincide com o y' obtido anteriormente. Isso mostra que não tem erro na solução encontrada.

Exemplo: Resolver $2x\,\mathsf{d}x + x^2\,\mathsf{d}y = 0$.

Sejam $P = 2x$ e $Q = x^2$. Então, $\frac{\partial P}{\partial y} = 0$ e $\frac{\partial Q}{\partial x} = 2x$. Como $\frac{\partial P}{\partial y} \neq \frac{\partial Q}{\partial x}$, a equação dada não é exata.

No entanto, $\frac{1}{P}\left(\frac{\partial P}{\partial y} - \frac{\partial Q}{\partial x}\right) = \frac{1}{2x}(0 - 2x) = -1 = h(y)$. Logo, $I = e^{-\int h(y)\,\mathsf{d}y} = e^{\int 1\,\mathsf{d}y} = e^y$ é um fator integrante.

Multiplicando a equação dada por I, obtemos $2xe^y\,\mathsf{d}x + x^2e^y\,\mathsf{d}y = 0$. Sejam $P_2 = 2xe^y$ e $Q_2 = x^2e^y$. Temos que $\frac{\partial P_2}{\partial y} = 2xe^y$ e $\frac{\partial Q_2}{\partial x} = 2xe^y$. Como $\frac{\partial P_2}{\partial y} = \frac{\partial Q_2}{\partial x}$, a equação anterior é exata. Procedemos como na seção 7.6: a solução da equação diferencial dada é definida implicitamente pela equação $G(x, y) = C$, C constante. Escolhendo $(x_0, y_0) = (0, 0)$, temos que

$$G(x,y) = \int_{x_0}^{x} P_2(x, y_0)\,\mathsf{d}x + \int_{y_0}^{y} Q_2(x,y)\,\mathsf{d}y = \int_0^x 2x\,\mathsf{d}x + \int_0^y x^2e^y\,\mathsf{d}y$$

$$= x^2\Big|_0^x + x^2e^y\Big|_0^y = x^2 + x^2e^y - x^2 = x^2e^y.$$

Portanto, a solução da equação diferencial é dada por $\boxed{x^2e^y = C}$.

Observação: Podemos comprovar que esse resultado encontrado está correto de várias maneiras. A forma padrão da equação dada é $y' = \frac{\mathsf{d}y}{\mathsf{d}x} = \frac{-2x}{x^2} = -\frac{2}{x}$. Por outro lado, isolando y na equação $x^2e^y = C$, obtemos $e^y = \frac{C}{x^2}$ que é o mesmo que $y = \ln\left(\frac{C}{x^2}\right) = \ln C - \ln x^2 = \ln C - 2\ln x$. Derivando com relação a x, obtemos $y' = -\frac{2}{x}$ que corresponde à forma padrão da equação obtida anteriormente. Isso mostra que o resultado encontrado está correto.

7.8 Equações Diferenciais Lineares de Primeira Ordem

Definição: Uma equação diferencial linear de primeira ordem é uma equação da forma $a_0(x)y' + a_1(x)y = b(x)$, onde $a_0(x)$, $a_1(x)$ e $b(x)$ são funções de quaisquer tipos e $a_0(x) \neq 0$. Dividindo os dois lados por $a_0(x)$, temos que essa equação pode ser colocada na forma $y' + p(x)y = q(x)$, onde $p(x) = a_1(x)/a_0(x)$ e $q(x) = b(x)/a_0(x)$.

Para determinar a solução da equação $y' + p(x)y = q(x)$, multiplicamos ambos os lados por

$$I(x) = e^{\int p(x)\,\mathsf{d}x}.$$

Essa função $I(x)$ é denominada **fator integrante**. Dessa forma, obtemos $I(x)y' + I(x)p(x)y = I(x)q(x)$.

Como $I'(x) = \underbrace{e^{\int p(x)\,\mathsf{d}x}}_{I(x)} \cdot \underbrace{\frac{d}{\mathsf{d}x}\int p(x)\,\mathsf{d}x}_{p(x)} = I(x)p(x)$

e $\frac{d}{\mathsf{d}x}[I(x)y] = I'(x)y + I(x)y' = I(x)p(x)y + I(x)y'$,

temos que $I(x)y' + I(x)p(x)y = I(x)q(x)$ equivale a $\frac{d}{\mathsf{d}x}[I(x)y] = I(x)q(x)$ que implica $I(x)y = \int I(x)q(x)\,\mathsf{d}x + C$, onde C é uma constante genérica. Daí, concluímos que

$$y = \frac{\int I(x)q(x)\,\mathsf{d}x + C}{I(x)} = \frac{\int q(x)e^{\int p(x)\,\mathsf{d}x} + C}{e^{\int p(x)\,\mathsf{d}x}}$$

$$\Rightarrow \boxed{y = e^{-\int p(x)\,\mathsf{d}x}\left(\int q(x)e^{\int p(x)\,\mathsf{d}x}\,\mathsf{d}x + C\right).}$$

Obtivemos assim uma fórmula de resolução para a equação $y' + p(x)y = q(x)$. No entanto, [illegible] da equação seguindo o passo a passo descrito anteriormente, conforme mostrado nos exemplos a seguir.

Exemplo: Resolver $y' - 2xy = x$.

Temos que $p(x) = -2x$, $q(x) = x$ e $I(x) = e^{\int p(x)\,\mathsf{d}x} = e^{\int(-2x)\,\mathsf{d}x} = e^{-x^2}$. Multiplicamos a equação dada pelo fator integrante $I(x)$:

$$\underbrace{e^{-x^2}y' - 2xe^{-x^2}y}_{\frac{d}{dx}\left(e^{-x^2}y\right)} = xe^{-x^2} \Rightarrow \frac{d}{dx}\left(e^{-x^2}y\right) = xe^{-x^2}$$

$$\Rightarrow e^{-x^2}y = \overbrace{\int xe^{-x^2}\,dx}^{u=-x^2,\ x\,dx=-\frac{1}{2}\,du} = \int\left(-\frac{1}{2}\right)e^{u}\,du = -\frac{1}{2}e^{u} + C$$

$$\Rightarrow e^{-x^2}y = -\frac{1}{2}e^{-x^2} + C \Rightarrow y = \frac{-\frac{1}{2}e^{-x^2} + C}{e^{-x^2}} \Rightarrow y = -\frac{1}{2} + Ce^{x^2}$$

Portanto, a solução da equação dada é $\boxed{y = -\frac{1}{2} + Ce^{x^2}}$, onde C é qualquer valor constante.

Podemos comprovar que a solução encontrada está correta. Para isso, basta calcular y' e substituir y e y' na equação dada:

$$y' = 2Cxe^{x^2} \Rightarrow y' - 2xy = \cancel{2Cxe^{x^2}} - (\cancel{2}x)\left(-\frac{1}{\cancel{2}}\right) - \cancel{2Cxe^{x^2}} = x.$$

Exemplo: Resolver $xy' + 4y = x^5$.

Inicialmente, dividimos os dois lados por x para que a equação fique no formato $y' + p(x)y = q(x)$:

$$xy' + 4y = x^5 \Rightarrow \frac{xy' + 4y}{x} = \frac{x^5}{x} \Rightarrow y' + \underbrace{\frac{4}{x}}_{p(x)}y = x^4.$$

Multiplicamos a equação pelo fator integrante

$$I(x) = e^{\int p(x)\,dx} = e^{\int \frac{4}{x}\,dx} = e^{4\ln|x|} = e^{\ln|x|^4} = e^{\ln x^4} = x^4.$$

$$x^4\left(y' + \frac{4}{x}y\right) = x^4 \cdot x^4 \Rightarrow \underbrace{x^4y' + 4x^3y}_{\frac{d}{dx}(x^4y)} = x^8$$

$$\Rightarrow \frac{d}{dx}\left(x^4y\right) = x^8 \Rightarrow x^4y = \int x^8\,dx \Rightarrow x^4y = \frac{x^9}{9} + C$$

$$\Rightarrow y = \frac{\frac{x^9}{9} + C}{x^4} \Rightarrow y = \frac{x^5}{9} + \frac{C}{x^4}$$

Logo, a solução da equação diferencial dada é $\boxed{y = \frac{x^5}{9} + \frac{C}{x^4}}$, onde C é uma constante.

Exemplo: Determinar a solução do PVI: $xy' + y = x^2,\ \ y(2) = 8$.

Dividindo os dois lados da equação por x, obtemos: $y' + \underbrace{\frac{1}{x}}_{p(x)} y = x$. O fator integrante é

$$I(x) = e^{\int p(x)\,\mathrm{d}x} = e^{\int \frac{1}{x}\,\mathrm{d}x} = e^{\ln x} = x.$$

Aqui, ao usar que $\int \frac{1}{x}\,\mathrm{d}x = \ln x$, estamos supondo que $x > 0$. Multiplicando a equação pelo fator integrante, obtemos:

$$x\left(y' + \frac{1}{x}y\right) = x \cdot x \Rightarrow xy' + y = x^2 \Rightarrow \frac{d}{\mathrm{d}x}(xy) = x^2 \Rightarrow xy = \int x^2\,\mathrm{d}x$$

$$\Rightarrow xy = \frac{x^3}{3} + C \Rightarrow y = \frac{x^2}{3} + \frac{C}{x}.$$

Usamos agora a condição $y(2) = 8$ para calcular o valor da constante C:

$$x = 2 \Rightarrow y(2) = \frac{2^2}{3} + \frac{C}{2} = 8 \Rightarrow \frac{C}{2} = 8 - \frac{4}{3} \Rightarrow C = \frac{40}{3}.$$

Portanto, a solução do PVI é $\boxed{y = \frac{x^2}{3} + \frac{40}{3x}}$.

7.9 Campos de direção

É impossível se resolver a maioria dos tipos de equações diferenciais. Mas, mesmo sem resolvê-la, podemos obter muitas informações sobre as soluções. Podemos construir gráficos que dão uma boa ideia do comportamento da solução, seja ela uma função conhecida ou desconhecida.

Um **campo de direção** é uma representação gráfica das soluções de uma equação diferencial de primeira ordem $y' = f(x, y)$. Não é preciso resolver a equação para fazer esse tipo de gráfico. O valor de $f(x, y)$ fornece a inclinação da reta tangente ao gráfico da curva solução da equação, no ponto (x, y).

O campo de direções é definido como um conjunto de pequenos segmentos de retas passando por vários pontos do plano e com inclinações dadas pelos valores de f nesses pontos.

Exemplo: Consideremos a equação $y' = 2x$. Se $A = (x_0, y_0)$ for um ponto genérico pertencente a uma das curvas integrais $y(x)$ que representam graficamente as soluções da equação, então a declividade da reta tangente em A é dada por $m_A = y'(x_0)$. Como $y' = 2x$, temos $m_A = 2x_0$.

As soluções dessa equação são do tipo $y = x^2 + C$, com C constante. Escolhendo $C = 0$, obtemos [illegible] é uma parábola. Sejam $P = (-\frac{3}{2}, \frac{9}{4})$, $Q = (-1, 1)$, $R = (1, 1)$ e $S = (\frac{3}{2}, \frac{9}{4})$ [illegible] pontos nessa parábola. As declividades das retas tangentes nesses pontos são $m_P = 2 \cdot (-\frac{3}{2}) = -3$, $m_Q = 2 \cdot (-1) = -2$, $m_R = 2 \cdot 1 = 2$, $m_S = 2 \cdot (\frac{3}{2}) = 3$. Na figura a seguir, representamos os pontos P, Q, R e S, bem como alguns segmentos de retas tangentes à parábola nesses pontos. O conjunto de todos esses segmentos é o campo de direções. Note que não é preciso resolver a equação para traçar esses segmentos. Basta conhecer as coordenadas do ponto e calcular as declividades usando a fórmula para y' dada na equação.

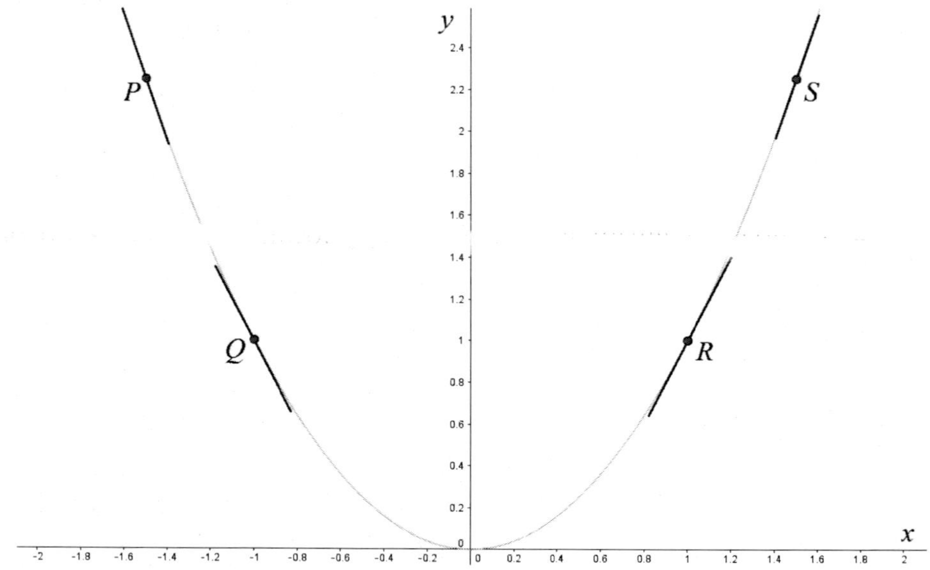

Exemplo: Determinar o campo de direções de $y' = x + 2y$.

Ao ser escolhido um ponto do plano $P = (x_0, y_0)$, a declividade da reta tangente à curva integral que passa por P é dada por $m_P = x_0 + 2y_0$. Com essa informação, traçamos um segmento de reta que contém P. Fazemos isso para vários pontos e, desse modo, obtemos o campo de direções que está representado na figura a seguir.

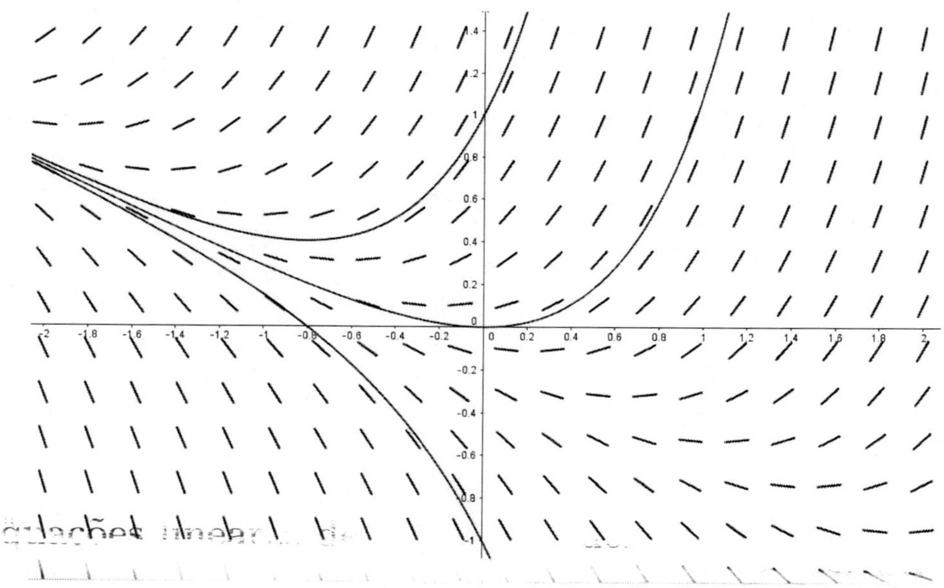

Como essa equação é linear, podemos resolvê-la usando o método da seção 7.8. Obtemos assim que a solução dessa equação é da forma $y = -\frac{1}{4} - \frac{x}{2} + Ce^{2x}$. Na figura, construímos também os gráficos que correspondem a $C = -\frac{3}{4}$, $C = \frac{1}{4}$ e $C = \frac{5}{4}$.

Exemplo: Determinar o campo de direções de $y' = -\frac{x}{y}$.

Escolhemos um ponto $P = (x_0, y_0)$ do plano, calculamos a declividade da reta tangente à curva integral que passa por esse ponto que é igual a $m_P = -\frac{x_0}{y_0}$ e desenhamos um segmento que contenha P e declividade m_P. Com isso, obtemos o seguinte campo de direções:

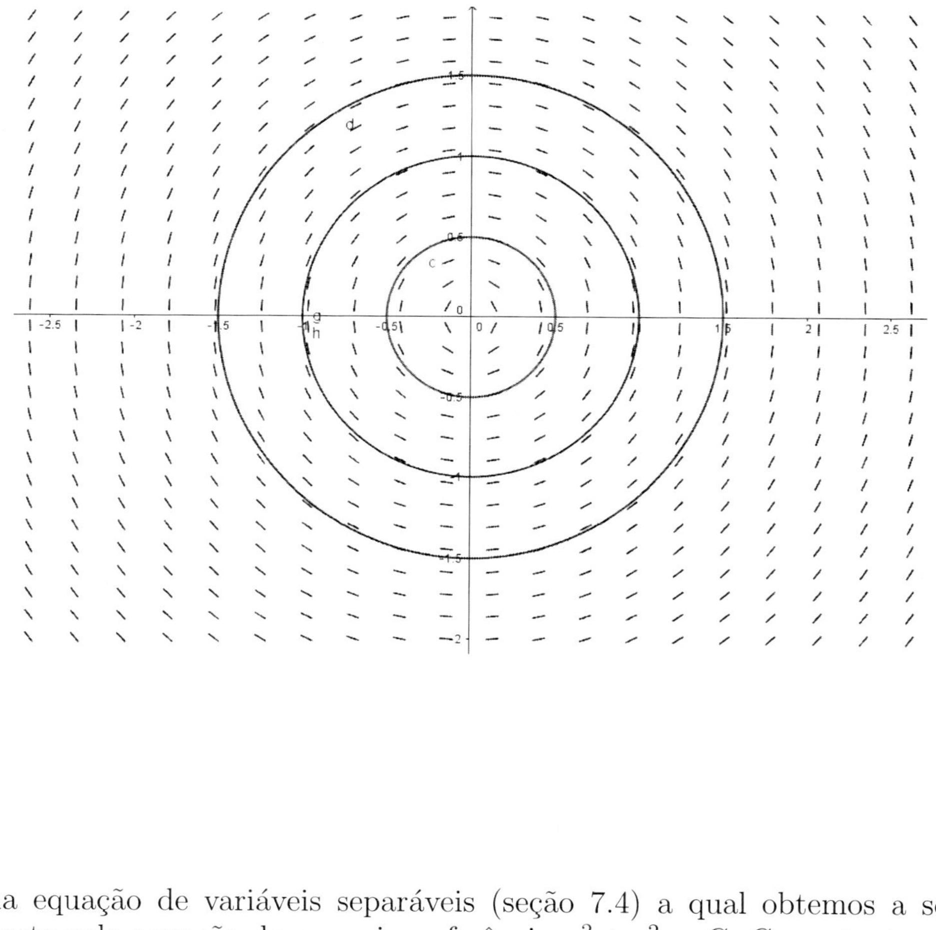

Essa é uma equação de variáveis separáveis (seção 7.4) a qual obtemos a solução definida implicitamente pela equação de uma circunferência $x^2 + y^2 = C$, C constante. Atribuindo a C os valores 1, $\frac{1}{4}$ e $\frac{9}{4}$, construímos também os gráficos de três curvas integrais.

Exemplo: Determinar o campo de direções de $y' = \frac{4x^2-2y}{x}$.

Desenhamos um segmento que contenha um ponto (x_0, y_0) com declividade $\frac{4x_0^2-2y_0}{x_0}$. Fazemos isso para diversos valores de x_0 e y_0 e obtemos o seguinte campo de direções:

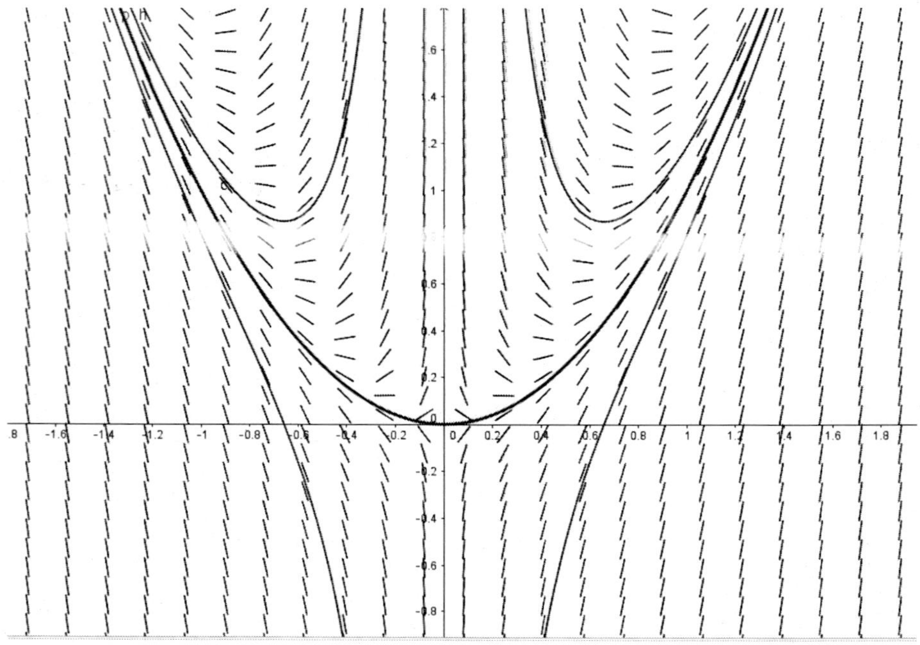

Essa é uma equação linear (seção 7.8) cuja solução é $y = \frac{x^4+C}{x^2}$. Nessa figura, construímos também os gráficos que correspondem a $C = 0$, $C = \frac{3}{16}$ e $C = -\frac{3}{16}$.

Exemplo: Determinar o campo de direções de $y' = \frac{x^2}{1-y^2}$.

Para diversos valores de x_0 e y_0, desenhamos um segmento que contenha um ponto (x_0, y_0) com declividade $\frac{x_0^2}{1-y_0^2}$, e obtemos o seguinte campo de direções:

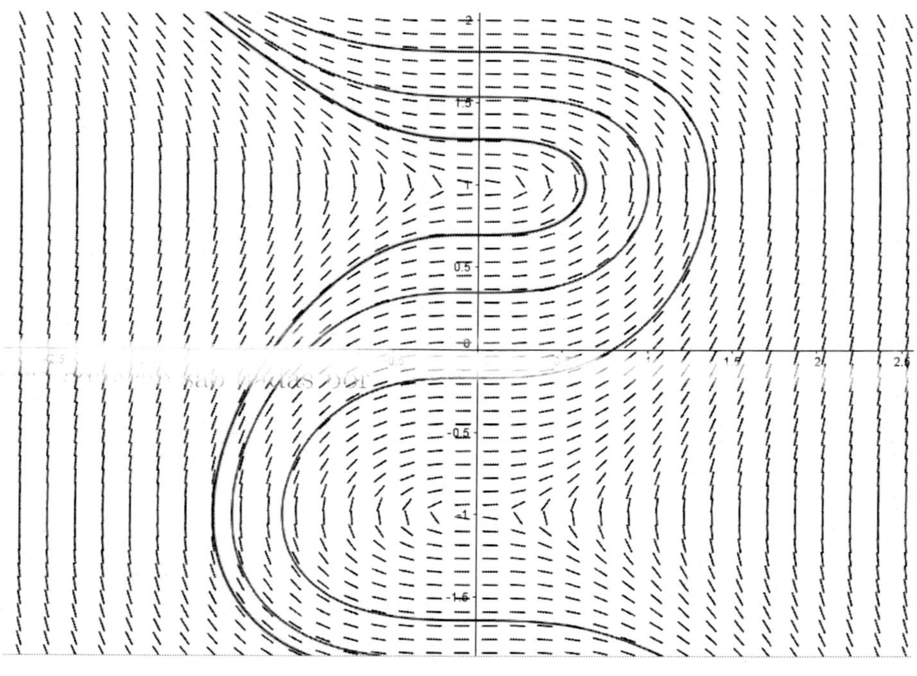

Essa é uma equação de variáveis separáveis (seção 7.4) cuja solução é definida implicitamente por $x^3 + y^3 - 3y = C$, C constante. Construímos também os gráficos que correspondem a $C = -1$, $C = \frac{1}{2}$ e $C = -\frac{7}{4}$.

7.10 Exercícios Resolvidos

R1) Determine a solução da equação $y' \operatorname{tg} x = y - 1$.

Solução : Dividindo por $\operatorname{tg} x$, obtemos: $y' = \frac{y}{\operatorname{tg} x} - \frac{1}{\operatorname{tg} x}$, ou seja, $y' - (\operatorname{cotg} x)y = -\operatorname{cotg} x$ que é uma equação no formato $y' + p(x)y = q(x)$. Logo, é linear de primeira ordem. O fator integrante é

$$I(x) = e^{\int p(x)\,\mathrm{d}x} = e^{\int(-\operatorname{cotg} x)\,\mathrm{d}x} = e^{-\int \frac{\cos x}{\operatorname{sen} x}\,\mathrm{d}x} = e^{-\ln \operatorname{sen} x} = e^{\ln(\operatorname{sen} x)^{-1}} = (\operatorname{sen} x)^{-1} = \operatorname{cossec} x.$$

Multiplicando a equação por $\operatorname{cossec} x$, obtemos

$$(\operatorname{cossec} x)y' - \operatorname{cossec} x(\operatorname{cotg} x)y = -\operatorname{cotg} x \operatorname{cossec} x$$

que é equivalente a

$$(y \operatorname{cossec} x)' = -\operatorname{cotg} x \operatorname{cossec} x \Rightarrow y \operatorname{cossec} x = \int(-\operatorname{cotg} x \operatorname{cossec} x)\,\mathrm{d}x$$
$$\Rightarrow y \operatorname{cossec} x = \operatorname{cossec} x + C \Rightarrow y = \frac{\operatorname{cossec} x + C}{\operatorname{cossec} x} \Rightarrow y = 1 + \frac{C}{\operatorname{cossec} x}$$
$$\Rightarrow y = 1 + C \operatorname{sen} x,$$

onde C é uma constante.

Observação : Podemos verificar se a resolução está mesmo correta substituindo $y = 1 + C \operatorname{sen} x$ na equação dada:

$$y' \operatorname{tg} x = y - 1 \Rightarrow (C \cos x) \operatorname{tg} x = (1 + C \operatorname{sen} x) - 1$$
$$\Rightarrow C\cancel{\cos x} \cdot \frac{\operatorname{sen} x}{\cancel{\cos x}} = C \operatorname{sen} x \Rightarrow C \operatorname{sen} x = C \operatorname{sen} x,$$

que é uma sentença verdadeira.

R2) Resolva $x \ln x \,\mathrm{d}y = y \,\mathrm{d}x$.

Solução: [illegible] ...btemos:

$$\frac{\cancel{x \ln x}\,\mathrm{d}y}{\cancel{x}y\cancel{\ln x}} = \frac{\cancel{y}\,\mathrm{d}x}{x\cancel{y}\ln x} \Rightarrow \frac{1}{y}\,\mathrm{d}y = \frac{1}{x \ln x}\,\mathrm{d}x$$

que é uma equação de variáveis separáveis. Integrando dos dois lados da equação:

$$\int \frac{1}{y}\,\mathrm{d}y = \int \frac{1}{x \ln x}\,\mathrm{d}x \Rightarrow \ln y = \ln \ln x + c \Rightarrow y = e^{\ln \ln x + c} \Rightarrow y = e^{\ln \ln x} \cdot e^c \Rightarrow y = \ln x \cdot C.$$

Portanto, a solução encontrada é $\boxed{y = C \ln x}$, onde C é uma constante.

Observação: Verificando se a solução encontrada está correta. Primeiramente, escrevendo a equação na forma padrão: $x \ln x \, \mathrm{d}y = y \, \mathrm{d}x \Rightarrow \frac{\mathrm{d}y}{\mathrm{d}x} = \frac{y}{x \ln x}$, ou seja, $y' = \frac{y}{x \ln x}$. Agora, é só substituir a solução encontrada:

$$y' = \frac{y}{x \ln x} \Rightarrow (C \ln x)' = \frac{C \ln x}{x \ln x} \Rightarrow \frac{C}{x} = \frac{C \ln x}{x \ln x} \Rightarrow \frac{C}{x} = \frac{C}{x}$$

que é uma sentença verdadeira.

R3) Verifique se a função $y = x^{-2} \ln x$ é solução da equação diferencial $x^2 y'' + 5xy' + 4y = 0$.

Solução: Calculamos as derivadas primeira e segunda:

- $y' = -2x^{-3} \ln x + x^{-2} \cdot \frac{1}{x} = -2x^{-3} \ln x + x^{-3} = x^{-3}(1 - 2 \ln x)$
- $y'' = -3x^{-4}(1 - 2\ln x) + x^{-3}(-\frac{2}{x}) = -3x^{-4}(1 - 2 \ln x) - 2x^{-4}$
  $= x^{-4}(-5 + 6 \ln x)$

Substituímos y, y' e y'' na equação dada e simplificamos:

- $x^2 y'' + 5xy' + 4y = 0 \Rightarrow x^2 \cdot x^{-4}(-5 + 6 \ln x) + 5x \cdot x^{-3}(1 - 2 \ln x) + 4x^{-2} \ln x$
  $= 0 \Rightarrow \cancel{-5x^{-2}} + \cancel{6x^{-2} \ln x} + \cancel{5x^{-2}} - \cancel{10x^{-2} \ln x} + \cancel{4x^{-2} \ln x} = 0 \Rightarrow 0 = 0$

que é uma sentença verdadeira. Logo, y é solução da equação diferencial dada.

R4) A função $y = C_1 e^x + C_2 x e^x + x^2 e^x$ é solução de uma equação diferencial. Determine os valores das constantes C_1 e C_2 de modo que $y(1) = 1$ e $y'(1) = -1$.

Solução: Calculamos a derivada y' e os valores de $y(1)$ e $y'(1)$:

- $y' = C_1 e^x + C_2(e^x + xe^x) + (2xe^x + x^2 e^x)$,
- $y(1) = eC_1 + eC_2 + e = 1$,
- $y'(1) = eC_1 + 2eC_2 + 3e = -1$.

Da primeira equação, obtemos: $C_1 = \frac{1}{e} - C_2 - 1$. Daí, substituímos esse valor na segunda equação $e(\frac{1}{e} - C_2 - 1) + 2eC_2 + 3e = -1$, ou seja, $1 - eC_2 - e + 2eC_2 + 3e = -1$. Concluímos assim que $C_2 = \frac{[illegible]}{e} = \frac{[illegible]}{e}$ e que $C_1 = \frac{1}{e} + \frac{2(e+1)}{e} - 1 = \frac{1+2e+2-e}{e} = \frac{e+3}{e}$.

R5) Resolva a **equação diferencial logística** $y' = Ky\left(1 - \dfrac{y}{A}\right)$, onde K e A são constantes dadas.

Solução: Essa equação pode ser escrita na forma $\dfrac{\mathrm{d}y}{\mathrm{d}x} == ky\left(1 - \dfrac{y}{A}\right)$ e é uma equação com variáveis separáveis equivalente a

$$\frac{\mathsf{d}y}{y\left(1-\frac{y}{A}\right)} = K\,\mathsf{d}x \Rightarrow \int \frac{\mathsf{d}y}{y\left(1-\frac{y}{A}\right)} = \int K\,\mathsf{d}x$$
$$\Rightarrow \int \left(\frac{1}{y} - \frac{1}{y-A}\right) = \int K\,\mathsf{d}x \Rightarrow \ln|y| - \ln|y-A| = Kx + C$$
$$\Rightarrow \ln\left|\frac{y}{y-A}\right| = Kx + C \Rightarrow \left|\frac{y}{y-A}\right| = e^{Kx+C} \Rightarrow \frac{y}{y-A} = \pm e^{Kx}e^{C}$$
$$\Rightarrow \frac{y}{y-A} = be^{Kx},\ b = \pm e^{C} \Rightarrow y = (y-A)\cdot be^{Kx} \Rightarrow y\left(1-be^{Kx}\right) = -Abe^{Kx}$$
$$\Rightarrow y = \frac{Abe^{Kx}}{be^{Kx}-1} \Rightarrow y = \frac{\frac{Abe^{Kx}}{be^{Kx}}}{\frac{be^{Kx}-1}{be^{Kx}}}$$
$$\Rightarrow y = \frac{A}{1-\frac{1}{be^{Kx}}} \Rightarrow y = \frac{A}{1-Be^{-Kx}},\ \text{onde } B = \frac{1}{b}.$$

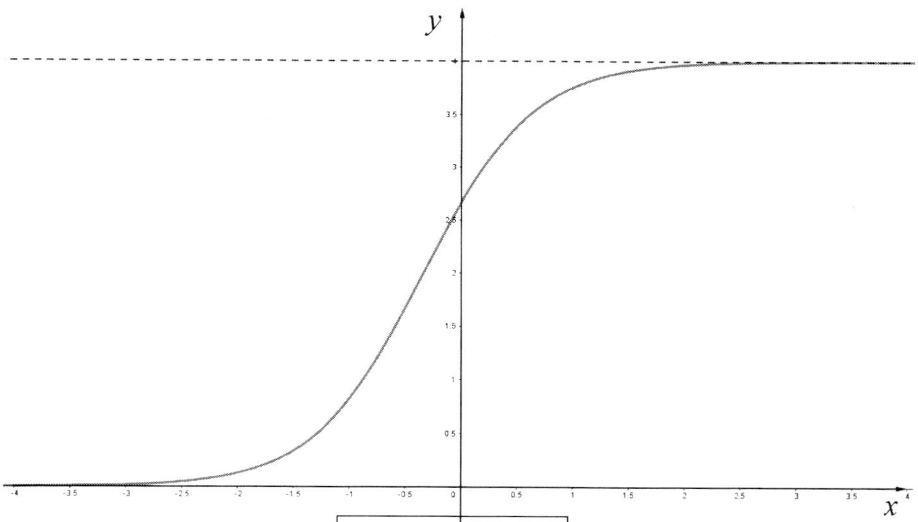

Desse modo, encontramos a solução $\boxed{y = \dfrac{A}{1-Be^{-Kx}}}$ para a equação diferencial logística, onde A, B e K são constantes. A título de curiosidade, mostramos o gráfico dessa solução no caso particular em que $A = 4$, $B = -\frac{1}{2}$ e $K = 2$.

R6) Resolva o problema de valor inicial: $y' = \dfrac{x^2y - y}{y+1}$, $y(3) = -1$.

Solução: Substituindo y' por $\frac{\mathsf{d}y}{\mathsf{d}x}$, temos $\dfrac{\mathsf{d}y}{\mathsf{d}x} = \dfrac{x^2y-y}{y+1} = (x^2-1)\cdot\dfrac{y}{y+1} \Rightarrow \frac{y+1}{y}\,\mathsf{d}y = (x^2-1)\,\mathsf{d}x \Rightarrow (1+\frac{1}{y})\,\mathsf{d}y - (x^2-1)\,\mathsf{d}x = 0$ que é uma equação de primeira ordem com variáveis separáveis. Calculamos a integral indefinida dos dois membros dessa equação e obtemos $\int(1+\frac{1}{y})\,\mathsf{d}y - \int(x^2-1)\,\mathsf{d}x = C$, onde C é qualquer constante. Calculamos as integrais que aparecem na equação e obtemos $(y+\ln|y|) - (\frac{x^3}{3} - x) = C$ e, por fim, substituímos $x = 3$ e $y = -1$ nessa última equação:: $-1 + \ln|-1| - (\frac{3^3}{3} - 3) = C$, ou seja, $C = -1+0-9+3 = -7$. Portanto, a solução procurada é dada implicitamente pela equação $\boxed{y + \ln|y| - \frac{x^3}{3} + x = -7}$.

R7) Mostre que $I(x,y) = \dfrac{1}{x^2+y^2}$ é um fator integrante de $y\,\mathrm{d}y + x\,\mathrm{d}x = 0$ e resolva.

Solução: Multiplicando a equação dada pelo fator integrante, obtemos:

$$\underbrace{\frac{y}{x^2+y^2}}\,\mathrm{d}y + \underbrace{\frac{x}{x^2+y^2}}\,\mathrm{d}x = 0.$$

Sejam $P = \frac{x}{x^2+y^2}$ e $Q = \frac{y}{x^2+y^2}$. Como $\frac{\partial P}{\partial y} = \frac{-2xy}{(x^2+y^2)^2}$ e $\frac{\partial Q}{\partial x} = \frac{-2xy}{(x^2+y^2)^2}$, temos $\frac{\partial P}{\partial y} = \frac{\partial Q}{\partial x}$ e isso mostra que $I(x,y)$ é um fator integrante e que a equação: obtida depois da multiplicação por I é exata. Vamos determinar sua solução que é definida implicitamente pela equação: $g(x,y) = 0$, onde $\frac{\partial g}{\partial x} = P$ e $\frac{\partial g}{\partial y} = Q$.

Temos que

$$g(x,y) = \int P(x,y)\,\mathrm{d}x = \int \frac{x}{x^2+y^2}\,\mathrm{d}x = \frac{1}{2}\ln(x^2+y^2) + h(y).$$

Daí, derivando com relação a y, obtemos $\frac{\partial g}{\partial y} = \frac{1}{2}\left(\frac{2y}{x^2+y^2}\right) + h'(y) = Q = \frac{y}{x^2+y^2}$. Logo, $h'(y) = 0 \Rightarrow h(y) = C =$ constante. Portanto, $g(x,y) = \frac{1}{2}\ln(x^2+y^2) + C$ e daí a solução da equação: diferencial é $\frac{1}{2}\ln(x^2+y^2) + C = 0$ que é o mesmo que $\ln(x^2+y^2) = -2C$ que equivale a $x^2+y^2 = e^{-2C} = c$. Desse modo, a solução da equação diferencial é dada implicitamente por $x^2+y^2 = c$, onde c é uma constante genérica.

R8) Uma equação da forma $y' + p(x)y = q(x)y^n$, com $n \in \mathbb{R}$, é denominada **equação de Bernoulli***. Mostre que se for feita a mudança de variável $z = y^{1-n}$, então esse tipo de equação pode ser transformada em uma equação linear.

Solução: A igualdade $z = y^{1-n}$ pode ser pensada como sendo $z(x) = y(x)^{1-n}$. Calculando a derivada com relação a x dos dois lados da equação, obtemos $z'(x) = (1-n)y(x)^{-n}y'(x)$ que equivale a

$$z' = (1-n)y^{-n}y' \Rightarrow z' = \frac{(1-n)y'}{y^n} \Rightarrow (1-n)y' = z'y^n \Rightarrow y' = \frac{z'y^n}{1-n}.$$

Isolando y na igualdade $z = y^{1-n} = \frac{y}{y^n}$, obtemos $y = zy^n$. Daí, substituindo y e y' na equação dada:

$$y' + p(x)y = q(x)y^n \Rightarrow \frac{z'y^n}{1-n} + p(x)zy^n = q(x)y^n.$$

Dividindo por y^n:

$$\frac{z'}{1-n} + p(x)z = q(x) \Rightarrow z' + (1-n)p(x)z = (1-n)q(x),$$

que é uma equação linear de primeira ordem nas variáveis z e x.

*Jacob Bernoulli (1655–1705), membro de uma família com várias gerações de célebres matemáticos suíços.

R9) Resolver a equação de Bernoulli $4xy' + 3y = -e^x x^4 y^5$.

Solução: Dividindo por $4x$, temos que a equação dada equivale a

$$y' + \underbrace{\frac{3}{4x}}_{p(x)} y = \underbrace{-\frac{e^x x^4}{4x}}_{q(x)} \underbrace{y^5}_{y^n}.$$

Nesse caso, temos $p(x) = \frac{3}{4x}$, $q(x) = -\frac{e^x x^4}{4x} = -\frac{e^x x^3}{4}$ e $n = 5 \Rightarrow 1 - n = -4$.

Pelo que vimos no exercício **R7**, a mudança de variável $z = y^{1-n} = y^{-4}$ transforma a equação dada na seguinte equação linear:

$$z' + (-\not{4}) \cdot \frac{3}{\not{4}x} \cdot z = (-\not{4}) \cdot \left(-\frac{x^3 e^x}{\not{4}} \right).$$

O fator integrante dessa equação é $I = e^{\int \frac{-3}{x}\,\mathrm{d}x} = e^{-3\ln x} = e^{\ln x^{-3}} = x^{-3}$.

Multiplicando por I os dois lados da equação:

$$x^{-3} \cdot (z' - \frac{3}{x} z) = x^{-3} \cdot (x^3 e^x) \Rightarrow x^{-3} z' - 3x^{-4} z = e^x,$$

que é o mesmo que $[x^{-3}z]' = e^x \Rightarrow x^{-3}z = \int e^x\,\mathrm{d}x = e^x + C \Rightarrow z = x^3(e^x + C)$.

Como $z = y^{-4}$, concluímos que a solução encontrada é dada por

$$y^{-4} = x^3(e^x + C),$$

onde C é qualquer constante.

Observação: A solução encontrada também pode ser escrita na forma

$$\frac{1}{y^4} = x^3(e^x + C) \Rightarrow y^4 = \frac{1}{x^3(e^x + C)} \Rightarrow y = \pm \sqrt[4]{\frac{1}{x^3(e^x + C)}}.$$

R10) Resolver a equação de Bernoulli $y' + \frac{2y}{x} = 3x^2 \sqrt[3]{y^4}$.

Solução: Nesse caso, $n = \frac{4}{3} \Rightarrow 1 - n = 1 - \frac{4}{3} = -\frac{1}{3}$ e fazemos a troca de variável $z = y^{-1/3} \Rightarrow y = z^{-3}$. Baseado em **R7**, temos que a equação transformada é

$$z' + \left(-\frac{1}{3}\right) \cdot \left(\frac{2z}{x}\right) = \left(-\frac{1}{\not{3}}\right) \cdot \not{3}x^2 \Rightarrow z' - \left(\frac{2}{3x}\right) z = -x^2.$$

O fator integrante dessa última equação é $I = e^{\int (-\frac{2}{3x})\,\mathrm{d}x} = e^{-\frac{2}{3}\ln x} = e^{\ln x^{-2/3}} = x^{-2/3}$.

Multiplicando os dois lados da equação por I, temos:

$$x^{-2/3} \cdot z' - \frac{2z}{3x} \cdot x^{-2/3} = -x^2 \cdot x^{-2/3} \Rightarrow x^{-2/3} z' - \frac{2x^{-5/3} z}{3} = -x^{4/3}$$

$$\Rightarrow [x^{-2/3} z]' = -x^{4/3} \Rightarrow x^{-2/3} z = -\int x^{4/3}\,\mathrm{d}x \Rightarrow x^{-2/3} = -\frac{x^{7/3}}{7/3} + C$$

$$\Rightarrow z = -\frac{3}{7}x^3 + Cx^{2/3} \Rightarrow y^{-1/3} = x^3 + Cx^{2/3}$$

$$\Rightarrow (y^{-1/3})^{-3} = (x^3 + Cx^{2/3})^{-3} \Rightarrow y = (x^3 + Cx^{2/3})^{-3},$$

onde C é qualquer constante.

7.11 Exercícios Propostos

P1) Verifique se a função $y = f(x)$ é solução da equação diferencial dada em cada um dos seguintes casos:

a) $y'' - y = 0, \quad y = e^x$ b) $y^{(4)} + 4y''' + 3y = x, \quad y = e^{-x} + x/3$
c) $y'' + 2y' - 3y = 0, \quad y = e^x$ d) $y'' - 2y' - 3y = 0, \quad y = e^{-3x}$
e) $xy' - y = x^2, \; y = 3x + x^2$ f) $y' - 2xy = 1, \quad y = e^{x^2}\displaystyle\int_0^x e^{-s^2}ds + e^{x^2}$
g) $y'' - y = 0, \quad y = \cosh x$ h) $x^2y'' + 5xy' + 4y = 0, \quad y = x^{-2}\ln x$

Resp.: Todas são soluções, exceto (d)

P2) Quais das seguintes funções são soluções da equação diferencial

$$\frac{dy}{dx} = \frac{2y^4 + x^4}{xy^3} \quad ?$$

a) $y = x$ b) $y = x^2$ c) $y = x^8$ d) $y = x^8 - x^4$
e) $y = \sqrt{x^8 - x^4}$ f) $y = \sqrt[4]{x^8 - x^4}$

Resp.: A única que é solução é (f).

P3) Determine o valor de r de modo que $y = e^{rx}$ seja uma solução de $y''' - 3y'' + 2y' = 0$.
Resp.: $r = 0$ ou $r = 1$ ou $r = 2$.

P4) Se $t > 0$, determine r para que $y = t^r$ seja solução de $t^2y'' - 4ty' + 4y = 0$.
Resp.: $r = 1$ ou $r = 4$.

P5) A função $y(x) = C_1 \operatorname{sen} x + C_2 \cos x + 1$ é solução de uma equação diferencial. Determine os valores das constantes C_1 e C_2 de modo que $y(\pi) = 0$ e $y'(\pi) = 0$.
Resp.: $C_1 = 0$ e $C_2 = 1$.

P6) A função $y(x) = C_1e^{2x-4} + C_2xe^{2x-4} + 5(x-2)^2e^{2x-4}$ é solução de uma equação diferencial. Determine os valores das constantes C_1 e C_2 de modo que $y(2) = 1$ e $y'(2) = 2$.
Resp.: $C_1 = 1$ e $C_2 = 0$.

P7) Escreva a equação $e^x y' + e^{2x}y = \operatorname{sen} x$ na forma padrão e na forma diferencial.
Resp.: Forma padrão: $y' = \frac{\operatorname{sen} x - e^{2x}y}{e^x}$; Forma diferencial: $(e^{2x}y - \operatorname{sen} x)dx + e^x dy = 0$.

P8) Escreva a equação $e^x y\,dx + (x-5)\,dy = 0$ na forma padrão.
Resp.: Forma padrão: $y' = \frac{e^x y}{5-x}$.

P9) Resolva as seguintes equações diferenciais:

a) $xdx + ydy = 0$ b) $y^4dx - xdy = 0$ c) $xdx - y^3dy = 0$
d) $(t+1)dt = \frac{1}{y^2}dy$ e) $\frac{dx}{dt} = x^2t^2$ f) $y' = (\cos^2 x)(\cos^2 2y)$
g) $\frac{dy}{dt} = 3 + 5y$ h) $\frac{dy}{dx} = y^2$ i) $dx - \dfrac{1}{y^2 - 6y + 13}dy = 0$
j) $y' = \frac{xe^x}{2y}$ k) $y' = \frac{y}{x^2}$ l) $\frac{4}{y-3}dx - \frac{x}{y}dy = 0$
m) $y' = \frac{x^2}{y(1+x^3)}$ n) $y' + y^2 \operatorname{sen} x = 0$ o) $(y^3 + y)dx = (-y^2 + 1)xdy$
p) $\frac{dx}{dt} = \frac{x}{t}$ q) $\frac{dy}{dx} = \frac{x - e^{-x}}{y + e^y}$ r) $(1 + e^{x^2})dy = 2xye^{x^2}dx$
s) $xy' = \sqrt{1 - y^2}$ t) $\frac{dy}{dx} = \frac{x^2}{1+y^2}$

Resp.: O c que é usado em todas as respostas é uma constante genérica.

a) $x^2 - y^2 = c$ b) $y = \frac{1}{\sqrt[3]{c - 3\ln x}}$
c) $y = \pm\sqrt[4]{2x^2 - c}$ d) $y = \frac{-2}{t^2+2t}$
e) $-\frac{1}{x} = \frac{t^3}{3} + c$ f) $2\operatorname{tg} 2y = 2x + \operatorname{sen} 2x + c$
g) $y = ce^{5t} - \frac{3}{5}$ h) $y = \frac{-1}{x+c}$
i) $y = 2\operatorname{tg}(2x - c) + 3$ j) $y = \pm\sqrt{(x-1)e^x + c}$
k) $y = ce^{-1/x}$ l) $\ln(x^4y^3) = y + c$
m) $3y^2 = 2\ln(1 + x^3) + c$ n) $y = \frac{1}{c - \cos x}$
o) $xy^2 + x = cy$ p) $x = tc$
q) $\frac{y^2}{2} + e^y = \frac{x^2}{2} + e^{-x} + c$ r) $y = c(1 + e^{x^2})$
s) $y = \operatorname{sen}(\ln x + c)$ t) $y^3 + 3y = x^3 + c$

P10) Resolva os seguintes problemas de valor inicial:

a) $\operatorname{sen} x\, dx + y\, dy = 0,\ y(0) = -2$
b) $(x^2 + 1)\, dx + \frac{1}{y}\, dy = 0,\ y(-1) = 1$
c) $xe^{x^2}\, dx + (y^5 - 1)\, dy = 0,\ y(0) = 0$

Resp.: a) $y = -\sqrt{2 + 2\cos x}$ b) $y = e^{-\frac{1}{3}(x^3+3x+4)}$
c) $3e^{x^2} + y^6 - 6y = 3$

P11) Mostre que cada equação a seguir é exata e determine sua solução.

a) $(y + 2xy^3)\, dx + (1 + 3x^2y^2 + x)\, dy = 0$
b) $e^{x^3}(3x^2y - x^2)\, dx + e^{x^3}\, dy = 0$
c) $3x^2y^2\, dx + (2x^3y + 4y^3)\, dy = 0$
d) $y\, dx + x\, dy = 0$
e) $(y \operatorname{sen} x + xy\cos x)\, dx + (x \operatorname{sen} x + 1)\, dy = 0$
f) $-\frac{y^2}{t^2}\, dt + \frac{2y}{t}\, dy = 0$
g) $-\frac{2y}{t^3}\, dt + \frac{1}{t^2}\, dy = 0$
h) $(4t^3y^3 - 2ty)\, dt + (3t^4y^2 - t^2)\, dy = 0$
i) $2xe^{2t}\, dt + (1 + e^{2t})\, dx = 0$
j) $(\cos x + x\cos t)\, dt + (\operatorname{sen} t - t\operatorname{sen} x)\, dx = 0$

Resp.: a) $xy + x^2y^3 + y = c$ b) $(3y - 1)e^{x^3} = 3c$
e) $(x\operatorname{sen} x + 1)y = c$ f) $y^2 = tc$
g) $y = ct^2$ h) $t^4y^3 - t^2y = c$
i) $xe^{2t} + x = c$ j) $t\cos x + x\operatorname{sen} t = c$

P12) Sendo k uma constante genérica, mostre que cada equação mostrada na tabela a seguir tem o fator integrante $I(x,y)$ e a solução que são apresentados a cada linha.

	Equação	Fator integrante	Solução
a)	$y\,dx - x\,dy = 0$	$I(x,y) = -\dfrac{1}{x^2}$	$y = kx$
b)	$y\,dx - x\,dy = 0$	$I(x,y) = \dfrac{1}{y^2}$	$x = ky$
c)	$y\,dx + x\,dy = 0$	$I(x,y) = \dfrac{1}{xy}$	$xy = k$
d)	$ay\,dx + bx\,dy = 0$	$I(x,y) = x^{a-1}y^{b-1}$	$x^a y^b = k$

P13) Determine um fator integrante apropriado e resolva cada uma das equações:

a) $2xy\,dx + y^2\,dy = 0$ b) $dx - 2xy\,dy = 0$

c) $xy^2\,dx + x^2y\,dy = 0$ d) $3x^2y^2\,dx + (2x^3y + x^3y^4)\,dy = 0$

Resp.: a) $2x^2 + y^2 = 2c$ b) $\ln x - y^2 = c$

c) $x^2y^2 = c$ d) $x^3y^2e^{y^3/3} = c$, c constante

P14) Resolva as seguintes equações:

a) $\frac{dy}{dx} + 5y = 0$ b) $\frac{dy}{dx} + 2xy = 0$

c) $\frac{dy}{dx} - x^2y = 0$ d) $y' + 3x^2y = 0$

e) $y' - 3x^4y = 0$ f) $y' - 7y = e^x$

g) $y' - 7y = \operatorname{sen} 2x$ h) $y' + 2xy = 2x^3,\ y(0) = 1$

i) $y' + 6xy = 0,\ y(\pi) = 5$ j) $y' + 2y = 32,\ y(0) = 0$

k) $q' + q = 4\cos 2t,\ q(0) = 1$ l) $y' + \frac{2}{x}y = x,\ y(1) = 0$

Resp.:

a) $y = ce^{-5x}$ b) $y = ce^{-x^2}$

c) $y = ce^{x^3/3}$ d) $y = ce^{-x^3}$

e) $y = ce^{3x^5/5}$ f) $y = -\frac{e^x}{6} + ce^{7x}$

g) $-\frac{1}{53}(7\operatorname{sen} 2x + 2\cos 2x)$ h) $y = x^2 - 1 + 2e^{-x^2}$

i) $y = 5e^{3(\pi^2 - x^2)}$ j) $y = 16(1 - e^{-2x})$

k) $q = \frac{4}{5}(2\operatorname{sen} 2t + \cos 2t) + \frac{e^{-t}}{5}$ l) $y = \frac{1}{4}(x^2 - \frac{1}{x^2})$

P15) Mostre que a equação $(x^2 - xy + y^2)\,\mathsf{d}x + x^2\,\mathsf{d}y = 0$ é homogênea e determine sua solução.

Resp.: $y = x\operatorname{tg}(C - \ln|x|)$, C constante.

P16) Resolva as seguintes equações de Bernoulli:

a) $x\frac{\mathsf{d}y}{\mathsf{d}x} + y = y^2\ln x$, Resp.: $y = \frac{1}{1+\ln x + Cx}$, C constante

b) $y' - y = \frac{\operatorname{sen} 2x}{y^2}$, Resp.: $y = \sqrt[3]{Ce^{3x} - \frac{3}{13}(3\operatorname{sen} 2x + 2\cos 2x)}$

c) $\frac{\mathsf{d}y}{\mathsf{d}x} = \frac{x^2+y^2}{2xy}$, Resp.: $y^2 = x^2 + Cx$

d) $y' + xy =$ [illegible]

e) $y - y'\cos x = y^2\cos x(1 - \operatorname{sen} x)$, Resp.: $y = \frac{\sec x + \operatorname{tg} x}{C + \operatorname{sen} x}$

Capítulo 8

Equações Diferenciais Lineares

Neste capítulo, apresentamos as equações lineares com coeficientes constantes. Inicialmente, apresentamos as equações de segunda ordem. Depois, as equações de ordem n, com $n > 2$. Ao contrário de outros tipos de equações diferenciais, para resolver equações desse tipo, nenhum cálculo de integrais se faz necessário. No entanto, operações básicas com números complexos, resolução de equações polinomiais e resolução de sistemas lineares são muito frequentes.

Definição: Dado um inteiro positivo n, uma equação da forma

$$a_0(x)y^{(n)} + a_1(x)y^{(n-1)} + \cdots + a_{n-1}(x)y' + a_n(x)y = f(x),$$

onde y é uma função derivável na variável $x \in \,]a,\ b[$ e $a_0(x), a_1(x), \ldots, a_n(x), f(x)$ são funções contínuas com $a_0(x) \neq 0$ para todo x desse intervalo, é denominada **equação diferencial linear de ordem n**.

Podemos dividir a equação anterior por $a_0(x)$ e verificarmos que ela também pode ser escrita na forma

$$y^{(n)} + b_1(x)y^{(n-1)} + \cdots + b_{n-1}(x)y' + b_n(x)y = g(x)$$

Se $g(x) = 0$ (ou, equivalentemente, $f(x) = 0$), então esse tipo de equação também passa a ser chamado de **homogênea**.

Dizemos que $y^{(n)} + \cdots + b_{n-1}(x)y' + b_n(x)y = 0$ é a equação **homogênea associada** à equação $y^{(n)} + \cdots + b_{n-1}(x)y' + b_n(x)y = g(x)$.

Exemplo: A equação $y'' + x^2y' + xy = \cos x$ é uma equação diferencial linear de segunda ordem cuja equação homogênea associada é $y'' + x^2y' + xy = 0$.

8.1 Equações lineares de segunda ordem

Nos enunciados e exemplos a seguir, por questão de simplicidade, daremos preferência a equações de segunda ordem. No final do capítulo, retornaremos a alguns desses conceitos com equações de ordem n.

Teorema 8.1.1. *Se y_1 e y_2 são soluções particulares da equação $y'' + a_1(x)y' + a_0(x)y = 0$ e $k \in \mathbb{R}$, então $y_1 + y_2$ e ky_1 também são soluções dessa mesma equação.*

Demonstração: Substituindo $y_1 + y_2$ na equação dada, obtemos

$$\begin{aligned}(y_1+y_2)'' + a_1(x)(y_1+y_2)' + a_0(x)(y_1+y_2) &= \\ y_1'' + y_2'' + a_1(x)y_1' + a_1(x)y_2' + a_0(x)y_1 + a_0(x)y_2 &= \\ \underbrace{(y_1'' + a_1(x)y_1' + a_0(x)y_1)}_{=0} + \underbrace{(y_2'' + a_1(x)y_2' + a_0(x)y_2)}_{=0} &= 0,\end{aligned}$$

o que significa que $y_1 + y_2$ é uma solução dessa equação.

Temos também

$$(ky_1)'' + a_1(x)(ky_1)' + a_0(x)(ky_1) = k\underbrace{(y_1'' + a_1(x)y_1' + a_0(x)y_1)}_{=0} = 0.$$

Logo, ky_1 é solução.

Definição: Duas soluções y_1 e y_2 de uma equação são chamadas **linearmente independentes** em um intervalo $I \subset \mathbb{R}$ quando $c_1y_1 + c_2y_2 = 0$ implicar $c_1 = c_2 = 0$. Se a equação $c_1y_1 + c_2y_2 = 0$ admitir outra solução em que $c_1 \neq 0$ ou $c_2 \neq 0$, então y_1 e y_2 são ditas **linearmente dependentes**.

Definição: Se $y_1(x)$ e $y_2(x)$ são funções deriváveis de uma variável, então o determinante

$$W(y_1, y_2) = \begin{vmatrix} y_1(x) & y_2(x) \\ y_1'(x) & y_2'(x) \end{vmatrix} = y_1(x)y_2'(x) - y_2(x)y_1'(x)$$

se chama **determinante de Wronski*** ou **wronskiano** das funções dadas.

Teorema 8.1.2. *As funções y_1 e y_2 são linearmente dependentes em um intervalo, se, e somente se, $W(y_1, y_2) = 0$, para todo x nesse intervalo.*

Demonstração: Sejam $c_1, c_2 \in \mathbb{R}$ tais que $c_1y_1(x) + c_2y_2(x) = 0$. Derivando com relação a x, obtemos $c_1y_1'(x) + c_2y_2'(x) = 0$. Para calcular c_1 e c_2, devemos resolver o seguinte sistema linear:

$$\begin{cases} c_1y_1(x) + c_2y_2(x) = 0 \\ c_1y_1'(x) + c_2y_2'(x) = 0 \end{cases}$$

Esse sistema admite solução não nula se, e somente se, $\begin{vmatrix} y_1(x) & y_2(x) \\ y_1'(x) & y_2'(x) \end{vmatrix} = 0$, ou seja, $W(y_1, y_2) = 0$.

Sendo assim, o cálculo do wronskiano é um critério para verificar se as funções y_1 e y_2 são linearmente dependentes (caso em que $W(y_1, y_2) = 0$) ou independentes (no caso em que $W(y_1, y_2) \neq 0$).

Exemplo: Considerando as soluções $y_1 = e^{2x}$ e $y_2 = e^{-2x}$ da equação $y'' + 4y = 0$, temos que

$$\begin{aligned}W(y_1, y_2) = \begin{vmatrix} y_1(x) & y_2(x) \\ y_1'(x) & y_2'(x) \end{vmatrix} &= \begin{vmatrix} e^{2x} & e^{-2x} \\ 2e^{2x} & -2e^{-2x} \end{vmatrix} \\ &= e^{2x} \cdot (-2e^{-2x}) - e^{-2x} \cdot (2e^{2x}) = -2 - 2 = -4 \neq 0.\end{aligned}$$

*Jozéf-Maria Hoëné de Wronski (1778–1853), matemático polonês

Logo, as funções y_1 e y_2 são linearmente independentes.

Definição: Dada uma equação diferencial linear de segunda ordem, um conjunto com duas soluções $\{y_1, y_2\}$ linearmente independentes é chamado **conjunto de soluções fundamental** da equação. Nesse caso, dizemos que $y = C_1y_1 + C_2y_2$, onde C_1 e C_2 são constantes reais genéricas, é a **solução geral** da equação.

8.2 Equações lineares de segunda ordem homogênea

Definição: Uma equação da forma $ay'' + by' + cy = 0$ $(*)$, onde a, b, c são constantes reais com $a \neq 0$, é chamada **equação diferencial linear homogênea** de segunda ordem. A esse tipo de equação, corresponde uma equação polinomial na variável λ (lambda) $a\lambda^2 + b\lambda + c = 0$ que é denominada **equação característica** de $(*)$.

Exemplo: $y'' + 5y' - 6y = 0$ é uma equação diferencial linear homogênea de segunda ordem com coeficientes constantes, cuja equação característica é $\lambda^2 + 5\lambda - 6 = 0$.

Para determinar a solução geral da equação $(*)$, determinamos as raízes λ_1 e λ_2 da sua equação característica. São possíveis três casos:

(1) Se λ_1 e λ_2 são reais e distintas, então a solução geral é dada por $\boxed{y = C_1e^{\lambda_1 x} + C_2e^{\lambda_2 x}}$, onde C_1 e C_2 são constantes reais genéricas. Como $W(e^{\lambda_1 x}, e^{\lambda_2 x}) = (\lambda_2 - \lambda_1)e^{(\lambda_1+\lambda_2)x} \neq 0$, temos que as funções $e^{\lambda_1 x}$ e $e^{\lambda_2 x}$ são linearmente independentes.

(2) Se $\lambda_1 = \lambda_2$ são reais e iguais, então a solução geral é $\boxed{y = C_1e^{\lambda_1 x} + C_2xe^{\lambda_1 x}}$, onde C_1 e C_2 são constantes. Neste caso, note que as funções $e^{k_1 x}$ e $xe^{k_1 x}$ são linearmente independentes porque $W(e^{k_1 x}, xe^{k_1 x}) = e^{2k_1 x} \neq 0$.

(3) Se $\lambda_1 = A + Bi$ e $\lambda_2 = A - Bi$ são números complexos distintos, onde $i = \sqrt{-1}$, então a solução geral é $\boxed{y = C_1e^{Ax}\cos(Bx) + C_2e^{Ax}\,\text{sen}(Bx)}$, C_1 e C_2 constantes genéricas. Neste caso, $W(e^{Ax}\cos(Bx), e^{Ax}\,\text{sen}(Bx) = Be^{2Ax} \neq 0$ de onde concluímos que as funções $e^{Ax}\cos(Bx)$ e $e^{Ax}\,\text{sen}(Bx)$ são linearmente independentes.

Exemplo: Resolver a equação $y'' - 5y' + 6y = 0$.

Solução: A equação característica é uma equação do segundo grau:

$$\lambda^2 - 5\lambda + 6 = 0.$$

As raízes dessa equação são dadas por

$$\lambda = \frac{5 \pm \sqrt{(-5)^2 - 4 \cdot 6}}{2} = \frac{5 \pm 1}{2} \Rightarrow \lambda_1 = 3,\ \lambda_2 = 2.$$

Portanto, a solução geral da equação dada é $y = C_1e^{3x} + C_2e^{2x}$, onde C_1 e C_2 são constantes genéricas reais.

Exemplo: Resolver a equação $y'' + 10y' + 25y = 0$.

Solução: A equação característica é $\lambda^2 + 10\lambda + 25 = 0$, cujas raízes são $\lambda_1 = \lambda_2 = -5$. Portanto, a solução geral da equação dada é $y = C_1e^{5x} + C_2xe^{5x}$, C_1 e C_2 constantes.

Exemplo: Resolver a equação $y'' - 6y' + 25y = 0$.

Solução: A equação característica é $\lambda^2 - 6\lambda + 25 = 0$. As raízes dessa equação do segundo grau são dadas por $\lambda = \dfrac{6 \pm \sqrt{(-6)^2 - 4 \cdot 25}}{2} = \dfrac{6 \pm \sqrt{-64}}{2} = \dfrac{6 \pm \sqrt{64 \cdot (-1)}}{2} = \dfrac{6 \pm 8i}{2} \Rightarrow \lambda_1 = 3+4i$, $\lambda_2 = 3-4i$. Portanto, a solução geral da equação dada é $y = C_1e^{3x}\cos(4x) + C_2e^{3x}\,\mathrm{sen}(4x)$, C_1 e C_2 constantes genéricas reais.

Exemplo: Resolver a equação $y'' + 13y = 0$.

Solução: A equação característica é $\lambda^2 + 13 = 0$. As raízes dessa equação do segundo grau são dadas por $\lambda^2 = -13 \Rightarrow \lambda = \pm\sqrt{-13} = \pm\sqrt{13 \cdot (-1)} = \pm\sqrt{13}i \Rightarrow \lambda_1 = \sqrt{13}i$ e $\lambda_2 = -\sqrt{13}i$. Portanto, a solução geral da equação dada é $y = C_1\cos(\sqrt{13}x) + C_2\,\mathrm{sen}(\sqrt{13}x)$, C_1 e C_2 constantes.

Exemplo: Resolver a equação $y'' + 13y' = 0$.

Solução: A equação característica é $\lambda^2 + 13\lambda = 0$, cujas raízes são $\lambda_1 = 0$ e $\lambda_2 = -13$. Portanto, a solução geral da equação dada é $y = C_1e^{0x} + C_2e^{-13x} = C_1 + C_2e^{-13x}$, C_1 e C_2 constantes.

Exemplo: Resolver a equação $y'' - 3y' + 4y = 0$.

Solução: A equação característica é $\lambda^2 - 3\lambda + 4 = 0$. As raízes dessa equação do segundo grau são dadas por $\lambda = \dfrac{3 \pm \sqrt{-7}}{2} = \dfrac{3 \pm \sqrt{7 \cdot (-1)}}{2} = \dfrac{3 \pm \sqrt{7}i}{2} \Rightarrow \lambda_1 = \dfrac{3}{2} + \dfrac{\sqrt{7}}{2}i$, $\lambda_2 = \dfrac{3}{2} - \dfrac{\sqrt{7}}{2}i$. Portanto, a solução geral é dada por

$$y = C_1e^{\frac{3}{2}x}\cos\left(\frac{\sqrt{7}}{2}x\right) + C_2e^{\frac{3}{2}x}\,\mathrm{sen}\left(\frac{\sqrt{7}}{2}x\right),$$

C_1 e C_2 constantes.

Exemplo: Dê exemplo de uma equação diferencial linear de coeficientes constantes cuja solução geral seja $y = C_1e^{-8x} + C_2e^{4x}$, onde C_1 e C_2 são constantes genéricas.

Solução: Observando a solução geral, obtemos que as raízes da equação característica são $\lambda_1 = -8$ e $\lambda_2 = 4$. Uma equação do segundo grau cujas raízes são λ_1 e λ_2 é $(\lambda - \lambda_1)(\lambda - \lambda_2) = 0$, ou seja, $(\lambda + 8)(\lambda - 4) = 0$. Efetuando o produto indicado, resulta em $\lambda^2 + 4\lambda - 32 = 0$. Essa equação característica corresponde à equação diferencial $y'' + 4y' - 32y = 0$ e essa é a equação procurada.

Observação 1: *A unidade imaginária i é a raiz quadrada de -1. Como consequência disso, podemos calcular as potências $i^1 = i$, $i^2 = (\sqrt{-1})^2 = -1$, $i^3 = i^2 \cdot i = -1 \cdot i = -i$, $i^4 = (i^2)^2 = (-1)^2 = 1$ e, a partir daí, as potências se repetem de 4 em 4: $i^5 = i^4 \cdot i = 1 \cdot i = i$, $i^6 = i^4 \cdot i^2 = 1 \cdot (-1) = -1$, $i^7 = i^4 \cdot i^3 = 1 \cdot (-i) = -i$, $i^8 = i^4 \cdot i^4 = 1 \cdot 1 = 1$, … Resumindo, as potências de i, $a_k = i^k$, formam a seguinte sequência:*

$$(i, -1, -i, 1, \quad i, -1, -i, 1, \quad i, -1, -i, 1, \quad i, -1, -i, 1, \quad i, -1, -i, 1, \quad i, -1, -i, 1, \dots)$$

Do estudo das séries de potências, sabemos que a série de MacLaurin da função exponencial é

$$e^x = 1 + x + \frac{x^2}{2!} + \frac{x^3}{3!} + \frac{x^4}{4!} + \frac{x^5}{5!} + \frac{x^6}{6!} + \frac{x^7}{7!} + \frac{x^8}{8!} + \dots$$

Substituindo $x = i\theta$ nessa série, obtemos:

$$e^{i\theta} = 1 + x + \frac{(i\theta)^2}{2!} + \frac{(i\theta)^3}{3!} + \frac{(i\theta)^4}{4!} + \frac{(i\theta)^5}{5!} + \frac{(i\theta)^6}{6!} + \frac{(i\theta)^7}{7!} + \frac{(i\theta)^8}{8!} + \dots$$

$$\Rightarrow e^{i\theta} = 1 + i\theta + \frac{i^2\theta^2}{2!} + \frac{i^3\theta^3}{3!} + \frac{i^4\theta^4}{4!} + \frac{i^5\theta^5}{5!} + \frac{i^6\theta^6}{6!} + \frac{i^7\theta^7}{7!} + \frac{i^8\theta^8}{8!} + \dots$$

$$\Rightarrow e^{i\theta} = 1 + i\theta - \frac{\theta^2}{2!} - i\frac{\theta^3}{3!} + \frac{\theta^4}{4!} + i\frac{\theta^5}{5!} - \frac{\theta^6}{6!} - i\frac{\theta^7}{7!} + \frac{\theta^8}{8!} + \dots$$

$$\Rightarrow e^{i\theta} = \left(\underbrace{1 - \frac{\theta^2}{2!} + \frac{\theta^4}{4!} - \frac{\theta^6}{6!} + \frac{\theta^8}{8!} + \dots}_{\cos\theta}\right) + i\left(\underbrace{\theta - \frac{\theta^3}{3!} + \frac{\theta^5}{5!} - \frac{\theta^7}{7!} + \dots}_{\operatorname{sen}\theta}\right)$$

$$\Rightarrow \boxed{e^{i\theta} = \cos\theta + i\operatorname{sen}\theta},$$

para todo número real θ, e daí, obtemos também que

$$e^{a+bi} = e^a \cdot e^{bi} = e^a(\cos b + \operatorname{sen} b).$$

E assim, ficamos sabendo como calcular qualquer exponencial em que o expoente seja um número complexo, como por exemplo:

- $e^{3+5i} = e^3(\cos 5 + i\operatorname{sen} 5)$ *(OBS.: a unidade padrão de medida de ângulos é o* **radiano***)*
- $e^{\frac{\pi i}{4}} = \cos\frac{\pi}{4} + i\operatorname{sen}\frac{\pi}{4} = \frac{\sqrt{2}}{2} + i\frac{\sqrt{2}}{2}$
- $e^{(2-9i)x} = e^{2x}(\cos 9x + i\operatorname{sen} 9x)$, *etc.*

Observação 2: Se a equação característica de uma equação diferencial homogênea linear com coeficientes constantes possuir raízes complexas $\lambda_1 = a + bi$ e $\lambda_2 = a - bi$, então a solução geral [illegible]

$$c_1 e^{ax}\cos bx + c_2 e^{ax}\operatorname{sen} bx$$

o que é equivalente a escrevê-la na forma de combinação linear de exponenciais complexas

$$C_1 e^{\lambda_1 x} + C_2 e^{\lambda_2 x} = C_1 e^{(a+bi)x} + C_2 e^{(a-bi)x}.$$

8.3 Equações lineares não homogêneas de segunda ordem

Definição: Uma equação da forma $ay'' + by' + cy = f(x)$ $(**)$, onde a, b, c são constantes reais com $a \neq 0$ e $f(x) \neq 0$ é uma função contínua em um intervalo I, é uma **equação diferencial linear não homogênea** de segunda ordem. A esse tipo de equação, corresponde uma equação linear homogênea na variável λ (lambda) $ay'' + by' + cy = 0$, denominada **equação homogênea associada** à equação $(**)$.

A solução da equação $(**)$ pode ser apresentada na forma $\boxed{y = y_H + y_P}$, onde y_H é a solução geral da equação homogênea associada $ay'' + by' + cy = 0$ e y_P é uma solução particular da equação dada.

Para verificar que esse y é solução, basta substituir $y = y_H + y_P$ na equação dada:

$$\begin{aligned} ay'' + by' + cy = a(y_H + y_P)'' + b(y_H + y_P)' + c(y_H + y_P) = \\ ay_H'' + ay_P'' + by_H' + by_P' + cy_H + cy_P = \\ \underbrace{(ay_H'' + by_H' + cy_H)}_{=0} + \underbrace{(ay_P'' + by_P' + cy_P)}_{=f(x)} = 0 + f(x) = f(x) \end{aligned}$$

Existem algumas regras para encontrar a solução particular y_P e estão representadas na seguinte tabela. Nessa tabela os valores k, K_1, K_2, $\ldots K_n$ são constantes que podem ser calculadas ao substituirmos y_P na equação dada.

Por exemplo, se $f(x) = 4\cos(7x)$, então, de acordo com as informações da tabela, tentamos encontrar solução particular na forma $y_P = K_1 \operatorname{sen}(7x) + K_2 \cos(7x)$.

$f(x)$	$y_P(x)$
k	K_1x^s, onde s é a menor ordem de derivada na equação
kx^n	$K_nx^n + K_{n-1}x^{n-1} + \cdots + K_1x + K_0$
ke^{ax}	K_1e^{ax}, se a não for raiz da equação característica $K_1x^me^{ax}$, se a for raiz de multiplicidade m da equação característica
$k\cos\beta x$	$K_1 \operatorname{sen}\beta x + K_2\cos\beta x$, se βi não for raiz da equação característica $x^m(K_1 \operatorname{sen}\beta x + K_2\cos\beta x)$, se βi for raiz de multiplicidade m da equação característica
$k \operatorname{sen}\beta x$	$K_1 \operatorname{sen}\beta x + K_2\cos\beta x$, se βi não for raiz da equação característica $x^m(K_1 \operatorname{sen}\beta x + K_2\cos\beta x)$, se βi for raiz de multiplicidade m da equação característica

Observações a respeito da solução particular $y_P(x)$:

- Ignorando-se os coeficientes constantes, se $y_P(x)$ possuir algum termo em comum com a solução geral da equação homogênea associada, então devemos multiplicar $y_P(x)$ por uma potência de x, x^m, de modo que $x^my_P(x)$ não tenha termos em comum com essa solução da homogênea associada. Por exemplo, na equação $y'' - 4y = 3e^{2x}$, a solução geral da equação homogênea associada $y'' - 4y = 0$ é $y_H = C_1e^{2x} + C_2e^{-2x}$. De acordo com a tabela anterior, deveríamos tentar encontrar uma solução particular da forma $y_P = K_1e^{2x}$. Ignorando-se os coeficientes constantes K_1, C_1 e C_2, temos que o termo e^{2x} é um termo comum a y_H e y_P. Logo, devemos multiplicar y_P por uma potência de x. Multiplicando por x, obtemos uma nova possibilidade para y_P, $y_P = K_1 x e^{2x}$. A partir daí, substituímos y_P na equação dada para encontrarmos o valor de K_1: $K_1 = \frac{3}{4}$.

- Se $f(x)$ for um produto de funções x^n, e^{kx}, $\cos(kx)$ e $\operatorname{sen}(kx)$, então podemos tentar encontrar uma solução particular formada pelo produto das funções K_1, $a_n x^n + \cdots + a_1 x + a_0$, e^{kx} e $A\operatorname{sen}(kx) + B\cos(kx)$. Por exemplo, na equação $y'' - 3y' + 2y = 5e^{4x}\cos(6x)$, podemos tentar encontrar solução particular da forma $y_P = K_1 e^{4x}(A\cos(6x) + B\operatorname{sen}(6x))$. Substituindo y_P na equação dada, obtemos $K_1 = 5$, $A = -\frac{1}{60}$ e $B = \frac{1}{60}$.

Exemplo: Resolver a equação $y'' - 9y' + 8y = 10x^2$.

Solução: A equação homogênea associada é $y'' - 9y' + 8y = 0$, cuja equação característica é $\lambda^2 - 9\lambda + 8 = 0$. As raízes da equação característica são $\lambda_1 = 1$ e $\lambda_2 = 8$. Daí, a solução geral da homogênea é $y_H = C_1 e^x + C_2 e^{8x}$.

Da equação dada, obtemos $f(x) = 10x^2$. Por isso, a solução particular dessa equação é da forma $y_P = K_2 x^2 + K_1 x + K_0 \Rightarrow y_P' = 2K_2 x + K_1$ e $y_P'' = 2K_2$. Substituindo na equação dada, obtemos

$$y_P'' - 9y_P' + 8y_P = 8K_2 x^2 + (8K_1 - 18K_2)x + (2K_2 - 9K_1 + 8K_0) = 10x^2.$$

Comparando as potências de x dos dois lados dessa última equação, temos

$$\begin{cases} 8K_2 = 10 & \Rightarrow \quad K_2 = \frac{5}{4} \\ 8K_1 - 18K_2 = 0 & \Rightarrow \quad K_1 = \frac{9K_2}{4} = \frac{45}{16} \\ 2K_2 - 9K_1 + 8K_0 = 0 & \Rightarrow \quad K_0 = \frac{9K_1 - 2K_2}{8} = \frac{365}{128} \end{cases}$$

Portanto, a solução particular é $y_P = \frac{5}{4}x^2 + \frac{45}{16}x + \frac{325}{128}$ e, consequentemente, a solução da equação dada é

$$y = C_1 e^x + C_2 e^{8x} + \frac{5}{4}x^2 + \frac{45}{16}x + \frac{325}{128},$$

onde C_1 e C_2 são constantes genéricas.

Exemplo: Resolver a equação $y'' - 9y' + 8y = e^{4x}$.

Solução: A equação homogênea associada é a mesma do exemplo anterior. Logo, sua solução geral é $y_H = C_1 e^x + C_2 e^{8x}$.

O segundo membro da equação dada é $f(x) = e^{4x}$. Assim, temos uma solução particular da forma $y_P(x) = K_1 e^{4x}$. Substituindo na equação, obtemos

$$y_P'' - 9y_P' + 8y_P = 16K_1 e^{4x} - 36K_1 e^{4x} + 8K_1 e^{4x} = -12K_1 e^{4x} = e^{4x},$$

e daí, $-12K_1 = 1 \Rightarrow K_1 = -\frac{1}{12}$.

Concluímos assim que a solução da equação dada é

$$y = C_1 e^x + C_2 e^{8x} - \frac{1}{12}e^{4x},$$

com C_1 e C_2 constantes.

Exemplo: Resolver a equação $y'' + 11y' + 10y = \cos 2x$.

Solução: A equação homogênea associada é $y'' + 11y' + 10y = 0$, cuja equação característica é $\lambda^2 + 11\lambda + 10 = 0$ que tem raízes $\lambda_1 = -1$ e $\lambda_2 = -10$. Logo, a solução geral da equação homogênea é $y_H = C_1 e^{-x} + C_2 e^{-10x}$.

O segundo membro da equação dada é $f(x) = \cos 2x$. Daí, devemos procurar uma solução particular da forma $y_P = K_1 \cos 2x + K_2 \operatorname{sen} 2x$. Substituindo na equação dada, obtemos

$$\begin{aligned} y_P'' + 11y_P' + 10y_P &= (-4K_1 \cos 2x - 4K_2 \operatorname{sen} 2x) \\ &\quad + 11(-2K_1 \operatorname{sen} 2x + 2K_2 \cos 2x) + 10(K_1 \cos 2x + K_2 \operatorname{sen} 2x) \\ &= (6K_1 + 22K_2)\cos 2x + (-20K_1 + 6K_2)\operatorname{sen} 2x = \cos 2x \\ &\Rightarrow \begin{cases} 6K_1 + 22K_2 = 1 \\ -20K_1 + 6K_2 = 0 \end{cases} \Rightarrow K_1 = \frac{3}{260},\ K_2 = \frac{11}{260}. \end{aligned}$$

Concluímos dessa forma que a solução da equação dada é

$$y = y_H + y_P = C_1 e^{-x} + C_2 e^{-10x} + \frac{3}{260}\cos 2x + \frac{11}{260}\operatorname{sen} 2x,$$

com C_1 e C_2 constantes genéricas.

8.4 Equações lineares homogêneas de ordem n

Definição: Uma equação da forma $a_n y^{(n)} + a_{n-1}y^{(n-1)} + \cdots + a_1 y' + a_0 y = 0$, onde $a_n, a_{n-1}, \ldots, a_0$ são constantes reais com $a_n \neq 0$, é chamada **equação diferencial linear homogênea de ordem n**. A esse tipo de equação, corresponde uma equação polinomial $a_n\lambda^n + a_{n-1}\lambda^{n-1} + \cdots + a_1\lambda + a_0 = 0$ que é denominada **equação característica** da equação dada.

Exemplo: $11y^{(4)} + 10y''' - 6y'' + 8y' - 15y = 0$ é uma equação diferencial linear homogênea de ordem 4 com coeficientes constantes, cuja equação característica é $11\lambda^4 + 10\lambda^3 - 6\lambda^2 + 8\lambda - 15 = 0$.

Exemplo: A equação característica de

$$\frac{d^6y}{dx^6} - 8\frac{d^5y}{dx^5} + 5\frac{d^4y}{dx^4} - 20\frac{d^3y}{dx^3} + 13\frac{d^2y}{dx^2} - 50\frac{dy}{dx} + 100y = 0$$

é dada por

$$\lambda^6 - 8\lambda^5 + 5\lambda^4 - 20\lambda^3 + 13\lambda^2 - 50\lambda + 100 = 0.$$

Definição: Se $y_1(x), y_2(x), \ldots, y_n(x)$ são funções deriváveis, então o determinante

$$W(y_1, y_2, \ldots, y_n) = \begin{vmatrix} y_1(x) & y_2(x) & \ldots & y_n(x) \\ y_1'(x) & y_2'(x) & \ldots & y_n'(x) \\ \vdots & \vdots & \ddots & \vdots \\ y_1^{(n-1)}(x) & y_2^{(n-1)}(x) & \ldots & y_n^{(n-1)}(x) \end{vmatrix}$$

é denominado **wronskiano** das funções $y_1, y_2, \ldots, y_n$.

As funções $y_1, y_2, \ldots, y_n$ são linearmente dependentes em um intervalo, se, e somente se, $W(y_1, y_2, \ldots, y_n) = 0$, para todo x nesse intervalo. Assim, o cálculo do wronskiano é um critério útil para decidir sobre dependência ou independência linear de funções.

Exemplo: Verificar se as funções $y_1(x) = 1$, $y_2(x) = e^x$, $y_3(x) = \cos x$ e $y_4(x) = \operatorname{sen} x$ são linearmente dependentes ou independentes.

Solução: Vamos determinar o wronskiano dessas funções:

$$W(y_1, y_2, y_3, y_4) = \begin{vmatrix} y_1 & y_2 & y_3 & y_4 \\ y_1' & y_2' & y_3' & y_4' \\ y_1'' & y_2'' & y_3'' & y_4'' \\ y_1''' & y_2''' & y_3''' & y_4''' \end{vmatrix} = \begin{vmatrix} 1 & e^x & \cos x & \operatorname{sen} x \\ 0 & e^x & -\operatorname{sen} x & \cos x \\ 0 & e^x & -\cos x & -\operatorname{sen} x \\ 0 & e^x & \operatorname{sen} x & -\cos x \end{vmatrix}$$

Desenvolvendo esse determinante e simplificando, obtemos

$$W(y_1, y_2, y_3, y_4) = 2e^x \cos^2 x + 2e^x \operatorname{sen}^2 x = 2e^x \neq 0.$$

Como o wronskiano das funções deu um resultado diferente de zero, concluímos que as funções são linearmente independentes.

8.4.1 Método de resolução

Nesta seção, C_1, C_2, ..., C_n representam constantes reais genéricas.

- Dada uma equação diferencial linear $a_n y^{(n)} + \cdots + a_1 y' + a_0 y = 0$, para calcularmos sua solução geral, inicialmente, escrevemos sua equação característica $a_n\lambda^n + \cdots + a_1\lambda + a_0 = 0$ e determinamos todas as suas n raízes reais ou complexas, λ_1, λ_2, ..., λ_n. Dependendo da equação, essa pode ser a etapa mais trabalhosa.

- Se λ_k for uma raiz real simples (ou seja, não repetida), então a essa raiz corresponde uma parcela $C_j e^{\lambda_k x}$ na solução geral.

  Em particular, se todas as raízes λ_k forem reais e distintas entre si, então a solução geral é $y = C_1 e^{\lambda_1 x} + C_2 e^{\lambda_2 x} + C_3 e^{\lambda_3 x} + \cdots + C_n e^{\lambda_n x}$.

- Se λ_k for uma raiz real de multiplicidade m (ou seja, se ela aparece repetida m vezes), então a essa raiz corresponde uma combinção linear das funções $e^{\lambda_k x}$, $xe^{\lambda_k x}$, $x^2 e^{\lambda_k x}$, ..., $x^{m-1}e^{\lambda_k x}$, na solução geral.

  Em particular, se λ_k for uma raiz real de multiplicidade 4, então ela contribui com a soma $C_1 e^{\lambda_k x} + C_2 x e^{\lambda_k x} + C_3 x^2 e^{\lambda_k x} + C_4 x^3 e^{\lambda_k x}$ na solução geral.

- A cada par de raízes complexas $\lambda_j = a+bi$, $\lambda_k = a-bi$ simples (sem repetição), corresponde uma parte da solução geral que é combinação linear das funções $e^{ax}\cos(bx)$ e $e^{ax}\operatorname{sen}(bx)$.

- Se $\lambda_j = a$ [illegible] complexas de multiplicidade m (cada uma aparece repetida m vezes), então elas contribuem para a solução geral com uma combinação linear das funções $e^{ax}\cos(bx)$, $e^{ax}\operatorname{sen}(bx)$, $xe^{ax}\cos(bx)$, $xe^{ax}\operatorname{sen}(bx)$, $x^2e^{ax}\cos(bx)$, $x^2e^{ax}\operatorname{sen}(bx)$, ..., $x^{m-1}e^{ax}\cos(bx)$, $x^{m-1}e^{ax}\operatorname{sen}(bx)$.

Através do cálculo do wronskiano, podemos concluir que todas essas funções citadas anteriormente ($e^{\lambda x}$, $xe^{\lambda x}$, ... $e^{ax}\cos(bx)$, $e^{ax}\operatorname{sen}(bx)$, ...) são linearmente independentes.

Exemplo: Determine a solução geral de uma equação diferencial linear homogênea de ordem 8 com coeficientes constantes, sabendo que as raízes de sua equação característica são $\lambda_1 = 2$, $\lambda_2 = -4$, $\lambda_3 = 7$, $\lambda_4 = 9$, $\lambda_5 = 9$, $\lambda_6 = 9$, $\lambda_7 = -11$ e $\lambda_8 = -11$.

Solução: Do enunciado, observamos que $2, -4$ e 7, são raízes simples, 9 é raiz tripla e -11 é uma raiz dupla. Logo, a solução geral é dada por

$$y = \underbrace{C_1e^{2x} + C_2e^{-4x} + C_3e^{7x}}_{\text{raízes simples } 2,\ -4 \text{ e } 7} + \underbrace{C_4e^{9x} + C_5xe^{9x} + C_6x^2e^{9x}}_{\text{raiz tripla } 9} + \underbrace{C_7e^{-11x} + C_8xe^{-11x}}_{\text{raiz dupla } -11},$$

onde $C_1, \ldots, C_8$ são constantes.

Exemplo: Determine a solução geral de uma equação diferencial linear homogênea de ordem 8 com coeficientes constantes, sabendo que as raízes de sua equação característica são $\lambda_1 = 1$, $\lambda_2 = -1$, $\lambda_3 = 3 + 4i$, $\lambda_4 = 3 - 4i$, $\lambda_5 = 3 + 4i$, $\lambda_6 = 3 - 4i$, $\lambda_7 = -2 + 5i$ e $\lambda_8 = -2 - 5i$.

Solução: Observando os dados, temos que $1, -1$ são raízes reais simples, $3 + 4i, 3 - 4i$ são raízes complexas duplas e $-2 + 5i, -2 - 5i$ são raízes complexas simples. Portanto, a solução geral é

$$y = \underbrace{C_1e^{x} + C_2e^{-x}}_{\text{raízes simples } 1 \text{ e } -1} + \underbrace{C_3e^{3x}\cos(4x) + C_4e^{3x}\operatorname{sen}(4x) + C_5xe^{3x}\cos(4x) + C_6xe^{3x}\operatorname{sen}(4x)}_{\text{raízes duplas } 3\pm 4i}$$
$$+ \underbrace{C_7e^{-2x}\cos(5x) + C_8e^{-2x}\operatorname{sen}(5x)}_{\text{raízes simples } -2\pm 5i},$$

onde $C_1, \ldots, C_8$ são constantes.

Exemplo: Resolver a equação $y^{(4)} - 5y'' + 6y = 0$.

Solução: A equação característica é biquadrada: $\lambda^4 - 5\lambda^2 + 6 = 0$. Fazendo a mudança de variável $\lambda^2 = z$ nessa equação, obtemos $z^2 - 5z + 6 = 0$ que é uma equação do segundo grau cujas raízes são $z = 2$ e $z = 3$. Daí, obtemos $\lambda^2 = 2 \Rightarrow \lambda = \pm\sqrt{2}$ e $\lambda^2 = 3 \Rightarrow \lambda = \pm\sqrt{3}$. Concluímos assim que as raízes da equação característica são $\lambda_1 = -\sqrt{2}$, $\lambda_2 = \sqrt{2}$, $\lambda_3 = -\sqrt{3}$ e $\lambda_4 = \sqrt{3}$ e que a solução geral da equação dada é

$$y = C_1e^{-\sqrt{2}x} + C_2e^{\sqrt{2}x} + C_3e^{-\sqrt{3}x} + C_4e^{\sqrt{3}x},$$

com C_1, C_2, C_3,, C_4 constantes.

Exemplo: Resolver a equação $y''' + 4y'' + 13y' = 0$.

Solução: Equação característica: $\lambda^3 + 4\lambda^2 + 13\lambda = 0 \Rightarrow \lambda(\lambda^2 + 4\lambda + 13) = 0 \Rightarrow \lambda = 0$ ou $\lambda^2 + 4\lambda + 13 = 0 \Rightarrow \lambda = \frac{-4\pm\sqrt{-36}}{2} \Rightarrow \lambda = \frac{-4\pm 6i}{2} = -2 \pm 3i$. Logo, as raízes da equação característica são $\lambda_1 = 0$, $\lambda_2 = -2 + 3i$ e $\lambda_3 = -2 - 3i$. A partir daí, temos a solução geral da equação

$$y = C_1e^0 + C_2e^{-2x}\cos(3x) + C_3e^{-2x}\operatorname{sen}(3x) = C_1 + C_2e^{-2x}\cos(3x) + C_3e^{-2x}\operatorname{sen}(3x),$$

C_1, C_2, C_3 constantes.

Exemplo: Resolver a equação $y''' + 3y'' + 6y' + 8y = 0$.

Solução: A equação característica é $\lambda^3 + 3\lambda^2 + 6\lambda + 8 = 0$. As possíveis raízes inteiras dessa equação são os divisores de 8: $\pm 1, \pm 2, \pm 4, \pm 8$. Substituindo esses valores na equação, concluímos que somente -2 é raiz. Isso significa que $\lambda^3 + 3\lambda^2 + 6\lambda + 8$ é divisível por $\lambda - (-2) = \lambda + 2$.

$$
\begin{array}{r|l}
\lambda^3 + 3\lambda^2 + 6\lambda + 8 & \lambda + 2 \\ \cline{2-2}
-\lambda^3 - 2\lambda^2 \qquad\qquad & \lambda^2 + \lambda + 4 \\ \cline{1-1}
\lambda^2 + 6\lambda \qquad & \\
-\lambda^2 - 2\lambda \qquad & \\ \cline{1-1}
4\lambda + 8 & \\
-4\lambda - 8 & \\ \cline{1-1}
0 &
\end{array}
$$

Depois de efetuar a divisão, obtemos $\lambda^2 + \lambda + 4$ como quociente. Resolvendo agora a equação do segundo grau $\lambda^2 + \lambda + 4 = 0$, obtemos as raízes $\lambda = \frac{-1 \pm \sqrt{-15}}{2} = \frac{-1 \pm \sqrt{15}i}{2}$.

Assim, todas as raízes da equação característica são $\lambda_1 = -2$, $\lambda_2 = -\frac{1}{2} + \frac{\sqrt{15}}{2}i$ e $\lambda_3 = -\frac{1}{2} - \frac{\sqrt{15}}{2}i$ e chegamos à conclusão de que a solução geral da equação dada é

$$y = C_1 e^{-2x} + C_2 e^{-\frac{x}{2}} \cos\left(\frac{\sqrt{15}x}{2}\right) + C_3 e^{-\frac{x}{2}} \operatorname{sen}\left(\frac{\sqrt{15}x}{2}\right).$$

Exemplo: Resolver a equação $y^{(5)} - 2y^{(4)} + 2y''' - 4y'' + y' - 2y = 0$.

Solução: A equação característica é $\lambda^5 - 2\lambda^4 + 2\lambda^3 - 4\lambda^2 + \lambda - 2 = 0$, que pode ser escrita na forma $\lambda^4(\lambda - 2) + 2\lambda^2(\lambda - 2) + (\lambda - 2) = (\lambda - 2)(\lambda^4 + 2\lambda^2 + 1) = 0$. Logo, $\lambda - 2 = 0 \Rightarrow \lambda = 2$ e $\lambda^4 + 2\lambda^2 + 1 = 0 \Rightarrow (\lambda^2 + 1)^2 = 0 \Rightarrow \lambda^2 = -1 \Rightarrow \lambda = \pm\sqrt{-1} \Rightarrow \lambda = \pm i$. Note que essas raízes $\pm i$ são raízes duplas (por causa do expoente 2 em $(\lambda^2 + 1)^{\mathbf{2}} = 0$). Assim, todas as raízes da equação característica são: $\lambda_1 = 2$, $\lambda_2 = i$, $\lambda_3 = -i$, $\lambda_4 = i$, $\lambda_5 = -i$. Portanto, a solução geral da equação dada é

$$y = C_1 e^{2x} + C_2 \cos x + C_3 \operatorname{sen} x + C_4 x \cos x + C_5 x \operatorname{sen} x,$$

com C_1, C_2, C_3, C_4, C_5 constantes.

8.5 Equações lineares não homogêneas de ordem n

Definição: Uma equação da forma $a_n y^{(n)} + a_{n-1} y^{(n-1)} + \cdots + a_1 y' + a_0 y = f(x)$, onde $a_n, a_{n-1}, \ldots, a_0$ são constantes reais com $a_n \neq 0$ e $f(x) \neq 0$ é uma função contínua em um intervalo I, é denominada **equação diferencial linear não homogênea de ordem n**. A esse tipo de equação, corresponde uma equação linear homogênea $a_n y^{(n)} + a_{n-1} y^{(n-1)} + \cdots + a_1 y' + a_0 y = 0$, denominada **equação homogênea associada** e uma **equação característica**

$a_n\lambda^n + a_{n-1}\lambda^{n-1} + \cdots + a_1\lambda + a_0 = 0.$

A solução desse tipo de equação é da forma $\boxed{y = y_H + y_P}$, onde y_H é a solução geral da equação homogênea associada e y_P é uma solução particular.

Exemplo: Determinar a solução geral de $y''' - y'' + 2y' - 2y = 13x^2 + 5x$.

Solução: A equação característica da homogênea associada é $\lambda^3 - \lambda^2 + 2\lambda - 2 = 0$, que pode ser escrita na forma $\lambda^2(\lambda-1)+2(\lambda-1) = 0 \Rightarrow (\lambda-1)(\lambda^2+2) = 0 \Rightarrow \lambda - 1 = 0$ ou $\lambda^2 = -2 \Rightarrow \lambda = \pm\sqrt{-2} = \pm\sqrt{2}i$, de onde temos as suas raízes: $\lambda_1 = 1$, $\lambda_2 = \sqrt{2}i$ e $\lambda_3 = -\sqrt{2}i$. E assim, obtemos a solução geral da equação homogênea associada: $y_H = C_1e^x + C_2\cos\sqrt{2}x + C_3\operatorname{sen}\sqrt{2}x$.

Devemos agora determinar uma solução particular da equação dada. Como $f(x) = 13x^2+5x$ é um polinômio do segundo grau, então vamos tentar encontrar solucção particular da forma $y_P = Ax^2 + Bx + C$. Substituindo y_P, $y_P' = 2Ax + B$, $y_P'' = 2A$, $y_P''' = 0$ na equação dada, obtemos:

$$\begin{aligned} y_P''' - y_P'' + 2y_P' - 2y_P &= 0 - 2A + 2\cdot(2Ax+B) - 2\cdot(Ax^2+Bx+C) \\ &= -2Ax^2 + (4A-2B)x + (2B-2A-2C) = 13x^2 + 5x \end{aligned}$$

$$\Rightarrow \begin{cases} -2A = 13 & \Rightarrow\ A = -\frac{13}{2} \\ 4A - 2B = 5 & \Rightarrow\ B = \frac{4A-5}{2} = -\frac{31}{2} \\ 2B - 2A - 2C = 0 & \Rightarrow\ C = B - A = -9 \end{cases} \Rightarrow y_P = -\frac{13}{2}x^2 - \frac{31}{2}x - 9.$$

Concluímos assim que a solução da equação dada é

$$y = y_H + y_P = C_1e^x + C_2\cos\sqrt{2}x + C_3\operatorname{sen}\sqrt{2}x - \frac{13}{2}x^2 - \frac{31}{2}x - 9,$$

C_1, C_2, C_3 constantes genéricas.

Exemplo: Determinar a solução geral de $y^{(4)} + 6y'' + 9y = \cos 5x$.

Solução: A equação homogênea associada é $y^{(4)} + 6y'' + 9y = 0$, cuja equação característica é $\lambda^4 + 6\lambda^2 + 9 = 0 \Rightarrow (\lambda^2+3)^2 = 0$. A partir daí obtemos todas as suas raízes: $\lambda_1 = -\sqrt{3}i$, $\lambda_2 = \sqrt{3}i$, $\lambda_3 = -\sqrt{3}i$ e $\lambda_4 = \sqrt{3}i$. Logo, a solução geral da equação homogênea é

$$y = C_1\cos\sqrt{3}x + C_2\operatorname{sen}\sqrt{3}x + C_3x\cos\sqrt{3}x + C_4x\operatorname{sen}\sqrt{3}x.$$

Vamos determinar agora uma solução particular da forma $y_P = A\cos 5x + B\operatorname{sen} 5x$. Como $y_P' = -5A\operatorname{sen} 5x + 5B\cos 5x$, $y_P'' = -25A\cos 5x - 25B\operatorname{sen} 5x$, $y_P''' = 125A\operatorname{sen} 5x - 125B\cos 5x$, $y_P^{(4)} = 625A\cos 5x + 625B\operatorname{sen} 5x$, temos

$$\begin{aligned} y_P^{(4)} + 6y_P'' + 9y_P &= 625A\cos 5x + 625B\operatorname{sen} 5x + 6(-25A\cos 5x - 25B\operatorname{sen} 5x) \\ &\quad + 9(A\cos 5x + B\operatorname{sen} 5x) = 484A\cos 5x + 484B\operatorname{sen} 5x \\ &= \cos 5x \Rightarrow 484A = 1,\ 484B = 0 \Rightarrow A = \frac{1}{484},\ B = 0 \Rightarrow y_P = \frac{\cos 5x}{484}. \end{aligned}$$

Concluímos assim que a solução da equação dada é

$$y = y_H + y_P = C_1\cos\sqrt{3}x + C_2\operatorname{sen}\sqrt{3}x + C_3x\cos\sqrt{3}x + C_4x\operatorname{sen}\sqrt{3}x + \frac{\cos 5x}{484},$$

C_1, C_2, C_3, C_4 constantes genéricas.

Exemplo: Resolver a equação $y'' - 7y' + 6y = e^x$.

Solução: A equação característica é $\lambda^2 - 7\lambda + 6 = 0$ cujas raízes são $\lambda_1 = 1$ e $\lambda_2 = 6$. Assim, a solução geral da equação homogênea $y'' - 7y' + 6y = 0$ é dada por $y_H = C_1e^x + C_2e^{6x}$.

O termo do segundo membro, $f(x) = e^x$, é da forma $e^{\lambda x}$ com $\lambda = 1$. Como λ é uma raiz simples da equação característica, uma solução particular da equação dada tem a forma $y_P = Kxe^x$. Substituindo y_P e suas derivadas $y'_P = Ke^x + Kxe^x$ e $y''_P = 2Ke^x + Kxe^x$ na equação dada, obtemos:

$$y''_P - 7y'_P + 6y_P = e^x \Rightarrow (2Ke^x + \cancel{Kxe^x}) - 7(Ke^x + \cancel{Kxe^x}) + \cancel{6Kxe^x} = e^x$$
$$\Rightarrow -5Ke^x = e^x \Rightarrow -5K = 1 \Rightarrow K = -\frac{1}{5}$$

Portanto, $y_P = -\dfrac{xe^x}{5}$ e a solução da equação dada é

$$y = y_P + y_H = -\frac{xe^x}{5} + C_1e^x + C_2e^{6x},$$

com C_1 e C_2 constantes.

Observação: Alguém poderia resolver essa equação por outro método e encontrar a seguinte solução

$$y = -\frac{(5x+1)e^x}{25} + k_1e^x + k_2e^{6x}.$$

Essa solução pode ser escrita na forma $y = -\frac{5xe^x}{25} - \frac{e^x}{25} + k_1e^x + k_2e^{6x} = -\frac{xe^x}{5} + \underbrace{\left(k_1 - \frac{1}{25}\right)}_{C_1} e^x + k_2e^{6x} = -\frac{xe^x}{5} + C_1e^x + k_2e^{6x}$, onde $C_1 = k_1 - \frac{1}{25}$ e k_2 são constantes. Logo, essas duas soluções encontradas são equivalentes.

Exemplo: Resolver a equação $y'' - 6y' + 9y = e^{3x}$.

Solução: A equação característica é $\lambda^2 - 6\lambda + 9 = 0$ que tem uma raiz dupla $\lambda_1 = \lambda_2 = 3$. Logo, a solução geral da homogênea associada é $y_H = C_1e^{3x} + C_2xe^{3x}$.

A função $f(x) = e^{3x}$ é da forma $e^{\lambda x}$, com $\lambda = 3$. Como λ é raiz dupla da equação característica, devemos procurar uma solução particular da forma $y_P = Kx^2e^{3x}$.

Substituindo y_P e suas derivadas $y'_P = 2Kxe^{3x} + 3Kx^2e^{3x}$ e $y''_P = 2Ke^{3x} + 12Kxe^{3x} + 9Kx^2e^{3x}$ na equação:

$$y''_P - 6y'_P + 9y_P = e^{3x} \Rightarrow (2Ke^{3x} + \cancel{12Kxe^{3x}} + \cancel{9Kx^2e^{3x}}) - 6(\cancel{2Kxe^{3x}} + \cancel{3Kx^2e^{3x}}) + \cancel{9Kx^2e^{3x}} = e^{3x}$$
$$\Rightarrow 2Ke^{3x} = e^{3x} \Rightarrow 2K = 1 \Rightarrow K = \frac{1}{2}$$

Portanto, $y_P = \dfrac{x^2e^x}{2}$ e a solução da equação é

$$y = y_P + y_H = \frac{x^2e^x}{2} + C_1e^{3x} + C_2xe^{3x},$$

com C_1 e C_2 constantes.

8.6 Exercícios Resolvidos

R1) Dê exemplo de uma equação diferencial linear homogênea e coeficientes constantes que possua as funções $y = e^{-x}$, $y = e^{3x}$ e $y = e^{5x}$ como soluções particulares.

Solução: Essas soluções são da forma $y = e^{\lambda_k x}$, $\lambda_k \in \{-1,\ 3,\ 5\}$. Essas são raízes da equação $(\lambda - (-1))(\lambda - 3)(\lambda - 5) = 0$ que é o mesmo que $(\lambda + 1)(\lambda^2 - 8\lambda + 15) = 0$, ou seja,

$$\lambda^3 - 7\lambda^2 + 7\lambda + 15 = 0.$$

Essa última equação pode ser pensada como sendo a equação característica de uma equação diferencial linear homogênea de coeficientes constantes que é

$$y''' - 7y'' + 7y' + 15y = 0$$

e esse é o exemplo procurado.

R2) Dê exemplo de uma equação diferencial linear homogênea de segunda ordem e coeficientes constantes que admita as soluções particulares $y = e^{2x}$ e $y = e^{-5x}$.

Solução: A função $y = e^{2x}$ corresponde um fator $(\lambda - 2)$ da equação característica, e a função $y = e^{-5x}$ corresponde $(\lambda - (-5)) = (\lambda + 5)$. Portanto, a equação característica é $(\lambda - 2)(\lambda + 5) = 0$ que equivale a $\lambda^2 + 3\lambda - 10 = 0$. A partir daí, chegamos à conclusão de que a equação diferencial procurada é $y'' + 3y' - 10y = 0$.

R3) Dê exemplo de uma equação diferencial linear homogênea de segunda ordem e coeficientes constantes que admita as soluções particulares $y = e^{-5x}\cos 2x$ e $y = e^{-5x}\operatorname{sen} 2x$.

Solução: Ao par de funções $e^{-5x}\cos 2x$ e $e^{-5x}\operatorname{sen} 2x$ corresponde as raízes $\lambda_1 = -5 + 2i$ e $\lambda_2 = -5 - 2i$ da equação característica. Logo, a equação característica é $(\lambda - \lambda_1)(\lambda - \lambda_2) = 0$, ou seja, $(\lambda - (-5 + 2i))(\lambda - (-5 - 2i)) = 0$ que é equivalente a

$$((\underbrace{\lambda + 5}_{(a}) - \underbrace{2i}_{-b)})((\underbrace{\lambda + 5}_{(a}) + \underbrace{2i}_{+b)}) = \underbrace{(\lambda + 5)^2 - (2i)^2}_{a^2 - b^2} = 0$$

$$\Rightarrow \lambda^2 + 10\lambda + 25 \underbrace{-4i^2}_{+4} = 0 \Rightarrow \lambda^2 + 10\lambda + 29 = 0.$$

Concluímos assim que a equação diferencial procurada é $y'' + 10y' + 29y = 0$.

R4) Dê exemplo de uma equação diferencial linear homogênea de quarta ordem e coeficientes constantes que possua a solução geral

$$y = C_1 e^{x}\cos 3x + C_2 e^{x}\operatorname{sen} 3x + C_3 e^{-4x}\cos x + C_4 e^{-4x}\operatorname{sen} x,$$

com C_1, C_2, C_3, C_4 constantes genéricas.

Solução: Podemos associar às funções $e^x \cos 3x$ e $e^x \operatorname{sen} 3x$ as raízes complexas $\lambda_1 = 1 + 3i$ e $\lambda_2 = 1 - 3i$ de uma equação característica e associar às funções $e^{-4x} \cos x$ e $e^{-4x} \operatorname{sen} x$ as raízes $\lambda_3 = -4 + i$ e $\lambda_4 = -4 - i$. Esses valores λ_1, λ_2, λ_3 e λ_4 são raízes da equação $(\lambda - \lambda_1)(\lambda - \lambda_2)(\lambda - \lambda_3)(\lambda - \lambda_4) = 0$, ou seja,

$$(\lambda - 1 - 3i)(\lambda - 1 + 3i)(\lambda + 4 - i)(\lambda + 4 + i) = 0.$$

Efetuando todos os produtos indicados e levando em consideração que $i^2 = -1$, obtemos que a equação anterior é o mesmo que

$$(\lambda^2 - 2\lambda + 10)(\lambda^2 + 8\lambda + 17) = 0$$

que é equivalente a

$$\lambda^4 + 16\lambda^3 + 98\lambda^2 + 272\lambda + 289 = 0.$$

Essa última equação pode ser interpretada como sendo a equação característica da seguinte equação diferencial linear homogênea de coeficientes constantes

$$y^{(4)} + 16y''' + 98y'' + 272y' + 289y = 0,$$

que é o exemplo procurado.

Observação: Se $\lambda_1 = a + bi$ e $\lambda_2 = a - bi$, então $(\lambda - \lambda_1)(\lambda - \lambda_2) = \lambda^2 - \lambda_1\lambda - \lambda_2\lambda + \lambda_1\lambda_2 = \lambda^2 - (\lambda_1 + \lambda_2)\lambda + \lambda_1\lambda_2 = \lambda 2 - (a + \cancel{bi} + a - \cancel{bi})\lambda + (a + bi)(a - bi) = \lambda^2 - 2a\lambda + (a^2 + \cancel{abi} - \cancel{abi} - b^2 i^2) = \lambda^2 - 2a\lambda + a^2 - (-1)b^2 = \lambda^2 - 2a\lambda + a^2 + b^2$. Portanto,

$$\boxed{(\lambda - a - bi)(\lambda - a + bi) = \lambda^2 - 2a\lambda + a^2 + b^2}.$$

Por exemplo, $(\lambda - 1 - 3i)(\lambda - 1 + 3i) = \lambda^2 - (2 \cdot 1)\lambda + (1^2 + 3^2) = \lambda^2 - 2\lambda + 10$.

R5) Resolver a equação $y''' - 2y'' + y' - 2y = 0$.

Solução: A equação característica é $\lambda^3 - 2\lambda^2 + \lambda - 2 = 0$. O termo constante dessa equação é -2 e os divisores dele são $\{1, -1, 2, -2\}$. Essas são as possíveis **raízes inteiras** dessa equação. Por substituição direta na equação, obtemos que as raízes são $1, -1$ e 2. Daí, concluímos que a solução geral da equação diferencial é

$$y = C_1 e^x + C_2 e^{-x} + C_3 e^{2x},$$

com C_1, C_2, C_3 constantes.

Observação: A partir dessa solução geral, podemos calcular facilmente as derivadas $y' = C_1 e^x - C_2 e^{-x} + 2C_3 e^{2x}$, $y'' = C_1 e^x + C_2 e^{-x} + 4C_3 e^{2x}$ e $y''' = C_1 e^x - C_2 e^{-x} + 8C_3 e^{2x}$ que podem ser substituídas na equação: $y''' - 2y'' + y' - 2y = C_1 e^x - C_2 e^{-x} + 8C_3 e^{2x} - 2(C_1 e^x + C_2 e^{-x} + 4C_3 e^{2x}) + (C_1 e^x - C_2 e^{-x} + 2C_3 e^{2x}) - 2(C_1 e^x + C_2 e^{-x} + C_3 e^{2x}) = 0$. Simplificando, obtemos $0 = 0$, o que é verdadeiro. Logo, a solução geral encontrada está correta.

R6) Determine a solução geral $y(x)$ de uma equação diferencial de sexta ordem linear homogênea, com coeficientes reais, sabendo que uma solução é $x^2 e^{7x} \cos 5x$. Qual é a equação diferencial a que esta questão se refere?

Solução: Com esse tipo de equação, se $x^2e^{7x}\cos 5x$ for solução, então também são soluções: $x^2e^{7x}\,\text{sen}\,5x$, $xe^{7x}\cos 5x$, $xe^{7x}\,\text{sen}\,5x$, $e^{7x}\cos 5x$ e $e^{7x}\,\text{sen}\,5x$. Logo, essas 6 soluções (linearmente independentes) formam a solução geral da equação diferencial linear homogênea de 6ª ordem dada:

$$y = C_1x^2e^{7x}\cos 5x + C_2x^2e^{7x}\,\text{sen}\,5x + C_3xe^{7x}\cos 5x + C_4xe^{7x}\cos 5x \\ + C_5e^{7x}\cos 5x + C_6e^{7x}\cos 5x,$$

onde C_1, C_2, C_3, C_4, C_5 e C_6 são quaisquer constantes.

Agora, para saber qual é a equação diferencial a que o problema se refere, observamos inicialmente que podemos associar a cada uma das seis soluções listadas uma raiz da sua equação característica:

$$\lambda_1 = 7+5i,\ \lambda_2 = 7-5i,\ \lambda_3 = 7+5i,\ \lambda_4 = 7-5i,\ \lambda_5 = 7+5i,\ \lambda_6 = 7-5i.$$

Concluímos então que a equação característica é dada por

$$\underbrace{(\lambda-\lambda_1)(\lambda-\lambda_2)}_{\lambda^2-14\lambda+74}\underbrace{(\lambda-\lambda_3)(\lambda-\lambda_4)}_{\lambda^2-14\lambda+74}\underbrace{(\lambda-\lambda_5)(\lambda-\lambda_6)}_{\lambda^2-14\lambda+74} = 0,$$

ou seja,

$$\lambda^6 - 42\lambda^5 + 810\lambda^4 - 8960\lambda^3 + 59940\lambda^2 - 229992\lambda + 405224 = 0.$$

a equação diferencial linear homogênea de sexta ordem procurada é

$$y^{(6)} - 42y^{(5)} + 810y^{(4)} - 8960y''' + 59940y'' - 229992y' + 405224y = 0.$$

R7) Resolva $\dfrac{d^4y}{dx^4} - 4\dfrac{d^3y}{dx^3} - 5\dfrac{d^2y}{dx^2} + 36\dfrac{dy}{dx} - 36y = 0$ sabendo que uma solução é xe^{2x}.

Solução: Sendo xe^{2x} uma solução, temos que e^{2x} também é solução; logo, a equação característica

$$p(\lambda) = \lambda^4 - 4\lambda^3 - 5\lambda^2 + 36\lambda - 36 = 0$$

admite a raiz dupla (repetida) $\lambda = 2$. Isso significa que $p(\lambda)$ é divisível por $(\lambda-2)^2 = \lambda^2-4\lambda+4$. Efetuando essa divisão, obtemos como quociente $\lambda^2 - 9$.

$$\begin{array}{l|l} \lambda^4 + -4\lambda^3 - 5\lambda^2 + 36\lambda - 36 & \lambda^2 - 4\lambda + 4 \\ \hline -\lambda^4 + 4\lambda^3 - 4\lambda^2 & \lambda^2 - 9 \\ \hline \quad -9\lambda^2 + 36\lambda - 36 & \\ \quad 9\lambda^2 - 36\lambda + 36 & \\ \hline \quad\quad 0 & \end{array}$$

Resolvendo a equação $\lambda^2 - 9 = 0$, obtemos $\lambda = \pm 3$. Concluímos assim que as raízes da equação característica são $\lambda_1 = 2$, $\lambda_2 = 2$, $\lambda_3 = 3$ e $\lambda_4 = -3$ e que a solução geral da equação diferencial é

$$y = C_1e^{2x} + C_2xe^{2x} + C_3e^{3x} + C_4e^{-3x},$$

onde C_1, C_2, C_3 e C_4 são quaisquer constantes .

R8) Encontre a solução geral da equação

$$\frac{d^6y}{dx^6} + \frac{d^5y}{dx^5} - 13\frac{d^4y}{dx^4} - 17\frac{d^3y}{dx^3} - 52\frac{d^2y}{dx^2} + 16\frac{dy}{dx} + 64y = 0$$

sabendo que uma solução particular é $11e^{\frac{-x}{2}} \operatorname{sen}\left(\frac{\sqrt{15}x}{2}\right)$.

Solução: Como $11e^{\frac{-x}{2}} \operatorname{sen}\left(\frac{\sqrt{15}x}{2}\right)$ é solução particular, temos que $\lambda_1 = -\frac{1}{2} + i\frac{\sqrt{15}}{2}$ é raiz da sua equação característica. Daí, temos que $\lambda_2 = -\frac{1}{2} - i\frac{\sqrt{15}}{2}$ também é raiz dessa mesma equação.

Nesse caso, a equação característica é $p(\lambda) = \lambda^6 + \lambda^5 - 13\lambda^4 - 17\lambda^3 - 52\lambda^2 + 16\lambda + 64 = 0$. Como λ_1 e λ_2 são raízes de $p(\lambda) = 0$, temos que $p(\lambda)$ é divisível por $(\lambda - \lambda_1)(\lambda - \lambda_2) = \lambda^2 - (\lambda_1 + \lambda_2)\lambda + \lambda_1\lambda_2$. Como $\lambda_1 + \lambda_2 = -\frac{1}{2} + \cancel{i\frac{\sqrt{15}}{2}} - \frac{1}{2} - \cancel{i\frac{\sqrt{15}}{2}} = -1$ e $\lambda_1\lambda_2 = (-\frac{1}{2} + i\frac{\sqrt{15}}{2})(-\frac{1}{2} - i\frac{\sqrt{15}}{2}) = (-\frac{1}{2})^2 - (i\frac{\sqrt{15}}{2})^2 = \frac{1}{4} - (-1)\frac{15}{4} = \frac{16}{4} = 4$ temos que $p(\lambda)$ é divisível por $\lambda^2 + \lambda + 4$. Efetuamos a divisão a seguir e obtemos um quociente igual a $\lambda^4 - 17\lambda^2 + 16$.

$$\begin{array}{l|l}
\cancel{\lambda^6} + \cancel{\lambda^5} - 13\lambda^4 - 17\lambda^3 - 52\lambda^2 + 16\lambda + 64 & \lambda^2 + \lambda + 4 \\ \cline{2-2}
\underline{\cancel{-\lambda^6} - \cancel{\lambda^5} - 4\lambda^4} & \lambda^4 - 17\lambda^2 + 16 \\
\qquad \cancel{-17\lambda^4} - \cancel{17\lambda^3} - 52\lambda^2 & \\
\qquad \underline{\cancel{17\lambda^4} + \cancel{17\lambda^3} + 68\lambda^2} & \\
\qquad\qquad \cancel{16\lambda^2} + \cancel{16\lambda} + \cancel{64} & \\
\qquad\qquad \underline{\cancel{-16\lambda^2} - \cancel{16\lambda} - \cancel{64}} & \\
\qquad\qquad\qquad 0 &
\end{array}$$

Por fim, determinamos as raízes da equação biquadrada $\lambda^4 - 17\lambda^2 + 16 = 0$. Para isso, fazemos uma mudança de variável $\lambda^2 = \alpha$ e obtemos a equação do segundo grau: $\alpha^2 - 17\alpha + 16 = 0$ cujas raízes são $\alpha = 1$ ou $\alpha = 16$. Logo, $\lambda^2 = 1$ ou $\lambda^2 = 16$ e, a partir daí, obtemos $\lambda = \pm 1$ ou $\lambda = \pm 4$. Uma vez obtidas todas as raízes da equação característica $p(\lambda) = 0$, podemos escrever a solução geral da equação diferencial dada:

$$y = C_1e^x + C^2e^{-x} + C_3e^{4x} + C_4e^{-4x} + C_5e^{\frac{-x}{2}} \operatorname{sen}\left(\frac{\sqrt{15}x}{2}\right) + C_6e^{\frac{-x}{2}} \cos\left(\frac{\sqrt{15}x}{2}\right),$$

onde C_1, C_2, C_3, C_4, C_5 e C_6 são constantes genéricas.

8.7 Exercícios Propostos

P1) Resolva as seguintes equações:

a) $y'' - y' - 30y = 0$ b) $y'' - 2y' + y = 0$
c) $y'' - 7y = 0$ d) $y'' + 2y' + 2y = 0$
e) $y'' + 6y' + 9y = 0$ f) $y'' + 2y' + 3y = 0$
g) $y'' - 3y' - 5y = 0$ h) $4y'' + 4y' + y = 0$
i) $q'' + q' + 2q = 0$ j) $y''' - 2y'' - y' + 2y = 0$
k) $y''' - y'' - y' + y = 0$ l) $y''' - 3y'' + 3y' - y = 0$
m) $y''' - y'' + y' - y = 0$ n) $y^{(4)} + 2y'' + y = 0$
o) $y^{(4)} - y = 0$ p) $y^{(4)} + 2y''' - 2y' - y = 0$
q) $y^{(4)} + 2y''' + 3y'' + 2y' + y = 0$ r) $q^{(4)} + q'' - 2q = 0$

Resp.:
a) $y = c_1 e^{6x} + c_2 e^{-5x}$
b) $y = c_1 e^{x} + c_2 x e^{x}$
c) $y = c_1 e^{\sqrt{7}x} + c_2 e^{-\sqrt{7}x}$
d) $y = c_1 e^{-x}\cos x + c_2 e^{-x}\operatorname{sen} x$
e) $y = c_1 e^{-3x} + c_2 x e^{-3x}$
f) $y = c_1 e^{-x}\cos\sqrt{2}x + c_2 e^{-x}\operatorname{sen}\sqrt{2}x$
g) $y = c_1 e^{\frac{3+\sqrt{29}}{2}x} + c_2 e^{\frac{3-\sqrt{29}}{2}x}$
h) $y = c_1 e^{\frac{x}{2}} + c_2 x e^{-\frac{x}{2}}$
i) $q = c_1 e^{-x/2}\cos\frac{\sqrt{7}}{2}x + c_2 e^{-x/2}\operatorname{sen}\frac{\sqrt{7}}{2}x$
j) $y = c_1 e^{2x} + c_2 e^{-x} + c_3 e^{x}$
k) $y = c_1 e^{-x} + c_2 e^{x} + c_3 x e^{x}$
l) $y = c_1 e^{x} + c_2 x e^{x} + c_3 x^2 e^{x}$
m) $y = c_1 e^{x} + c_2\cos x + c_3\operatorname{sen} x$
n) $y = c_1\cos x + c_2 x\cos x + c_3\operatorname{sen} x + c_4 x\operatorname{sen} x$
o) $y = c_1 e^{x} + c_2 e^{-x} + c_3\cos x + c_4\operatorname{sen} x$
p) $y = c_1 e^{x} + c_2 x e^{x} + c_3 x^2 e^{x} + c_4 e^{-x}$
q) $y = c_1 e^{-x/2}\cos\frac{\sqrt{3}}{2}x + c_2 e^{-x/2}\operatorname{sen}\frac{\sqrt{3}}{2}x + c_3 x e^{-x/2}\cos\frac{\sqrt{3}}{2}x + c_4 x e^{-x/2}\operatorname{sen}\frac{\sqrt{3}}{2}x$
r) $q = c_1 e^{x} + c_2 e^{-x} + c_3\cos\sqrt{2}x + c_4\operatorname{sen}\sqrt{2}x$

P2) Determine a solução geral $y(x)$ de uma equação diferencial de quarta ordem linear homogênea, com coeficientes reais, sabendo que uma solução é $10xe^{3x}\operatorname{sen} 2x$. Qual é a equação diferencial a que esta questão se refere?
Resp.: A solução geral é $y(x) = C_1 e^{3x}\cos 2x + C_2 x e^{3x}\cos 2x + C_3 e^{3x}\operatorname{sen} 2x + C_4 x e^{3x}\operatorname{sen} 2x$ e a equação é $y^{(4)} - 12y''' + 62y'' - 156y' + 169y = 0$.

P3) Resolva $\frac{d^4y}{dx^4} + 5\frac{d^3y}{dx^3} - 9\frac{d^2y}{dx^2} - 81\frac{dy}{dx} - 108y = 0$ sabendo que uma solução é x^2e^{-3x}.
Resp.: $y(x) = C_1 e^{-3x} + C_2 x e^{-3x} + C_3 e^{-3x} + C_4 e^{4x}$, onde C_1, C_2, C_3, C_4 são constantes.

P4) Encontre a solução geral da equação

$$9\frac{d^6y}{dx^6} + 6\frac{d^5y}{dx^5} - 49\frac{d^4y}{dx^4} - 42\frac{d^3y}{dx^3} + 10\frac{d^2y}{dx^2} + 72\frac{dy}{dx} + 168y = 0$$

sabendo que uma solução particular é $23e^{\frac{-x}{3}}\operatorname{sen}\left(\frac{\sqrt{13}x}{3}\right)$.

Resp.: $y(x) = C_1 e^{2x} + C_2 e^{-2x} + C_3 e^{\sqrt{3}x} + C_4 e^{-\sqrt{3}x} + C_5 e^{\frac{-x}{3}}\operatorname{sen}(\frac{\sqrt{13}x}{3}) + C_6 e^{\frac{-x}{3}}\cos(\frac{\sqrt{13}x}{3})$, onde $C_1, C_2, C_3, C_4, C_5, C_6$ são constantes genéricas.

P5) Encontre $f(x)$ para que $y_P = x^2$ seja uma solução particular da equação $y^{(6)} + 8y^{(4)} - 9y'' =$

$f(x)$ e determine sua solução.

Resp.: $f(x) = -18$, $y = C_1 + C_2x + C_3 \cos x + C_4 \operatorname{sen} x + C_5e^{3x} + C_6e^{-3x} + x^2$

P6) Calcule $f(x)$ para que $y_P = e^x \operatorname{sen} x$ seja uma solução particular de $y^{(4)} - 6y''' + 7y'' = f(x)$ e ache sua solução geral.

Resp.: $f(x) = 8e^x \operatorname{sen} x + 2e^x \cos x$, $y = C_1 + C_2x + C_3e^x \cos(\frac{\sqrt{13}x}{2}) + C_4e^x \operatorname{sen} x + e^x \operatorname{sen}(\frac{\sqrt{13}x}{2})$

P7) Determine a solução do problema de valor inicial

$$y^{(4)} - y = 12e^x,\ y(0) = 0,\ y'(0) = 3,\ y''(0) = 6,\ y'''(0) = 9.$$

Resp.: $y = 3xe^x$

P8) Resolva as seguintes equações:

a) $y'' - 10y' + 25y = e^{5x}$ b) $y''' + y = x$
c) $y'' + 49y = \cos 7x$ d) $y'' + 4y' + 8y = e^{2x}(\operatorname{sen} 2x + \cos 2x)$
e) $y'' + y' = \operatorname{sen} x + \cos x$ f) $y'' - 4y' = \cos^2 x$
g) $y^{(4)} + 2y''' + y'' = e^{4x}$ h) $y^{(4)} - y''' = 6$
i) $y^{(4)} - y'' = 6$ j) $y^{(4)} - y' = 6$
k) $y^{(4)} + 4y'' + 4y = 1$ l) $y^{(4)} + 4y'' + 4y = \cos x$
m) $y^{(4)} + 4y'' - 4y = 1$ n) $y^{(4)} + 2y'' + y = \cos x$

Resp.: a) $y = C_1e^{5x} + C_2xe^{5x} + \frac{x^2e^{5x}}{2}$
b) $y = C_1e^{-x} + C_2e^{x/2} \cos\left(\frac{\sqrt{3}x}{2}\right) C_3e^{x/2} \operatorname{sen}\left(\frac{\sqrt{3}x}{2}\right)$
c) $y = C_1 \operatorname{sen} 7x + C_2 \cos 7x + \frac{7x \operatorname{sen} 7x + \cos 7x}{98}$
d) $y = C_1e^{-2x} \operatorname{sen} 2x + C_2e^{-2x} \cos 2x + \frac{e^{2x} \operatorname{sen} 2x}{16}$
e) $y = C_1 + C_2e^{-x} - \cos x$
f) $y = C_1 + C_2e^{4x} - \frac{1}{160}(8 \operatorname{sen} 2x + 4 \cos 2x + 20x + 5)$
g) $y = C_1 + C_2x + C_3e^{-x} + C_4xe^{-x} + \frac{e^{4x}}{400}$
h) $y = C_1 + C_2x + C_3x^2 + C_4e^x - x^3$
i) $y = C_1 + C_2x + C_3e^x + C_4e^{-x} - 3x^2$
j) $y = C_1 + C_2e^x + C_3e^{-x/2} \cos\left(\frac{\sqrt{3}x}{2}\right) + C_4e^{-x/2} \operatorname{sen}\left(\frac{\sqrt{3}x}{2}\right) - 6x$
k) $y = C_1 \cos \sqrt{2}x + C_2 \operatorname{sen} \sqrt{2}x + C_3x \cos \sqrt{2}x + C_4x \operatorname{sen} \sqrt{2}x + \frac{1}{4}$
l) $y = C_1 \cos \sqrt{2}x + C_2 \operatorname{sen} \sqrt{2}x + C_3x \cos \sqrt{2}x + C_4x \operatorname{sen} \sqrt{2}x + \cos x$
m) $y = C_1e^{\sqrt{-2+2\sqrt{2}}x} + C_2e^{-\sqrt{-2+2\sqrt{2}}x} + C_3 \cos\left(\sqrt{2+2\sqrt{2}}x\right) + C_4 \operatorname{sen}\left(\sqrt{2+2\sqrt{2}}x\right) - \frac{1}{4}$
n) $y = C_1 \cos x + C_2 \operatorname{sen} x + C_3x \cos x + C_4x \operatorname{sen} x - \frac{x^2 \cos x}{8}$

Capítulo 9

Equações Diferenciais e Séries de Potências

Este capítulo relaciona dois temas importantes: séries de potências e equações diferenciais ordinárias. Descrevemos um processo eficiente para resolver uma grande variedade de equações, algumas delas não podem ser resolvidas pelos métodos que foram descritos em capítulos anteriores.

9.1 Série de potência como solução de uma EDO

Equações diferenciais ocorrem em muitas situações, não só em Matemática pura, mas também em muitas situações da Matemática aplicada e em outras disciplinas e outras ciências. Por isso, resolver uma equação diferencial é uma tarefa importantíssima e que não pode ser deixada de lado.

Quando os métodos clássicos de resolução falham, alguns apresentados em capítulos anteriores, é preciso que se utilizem outros para se obter informações a respeito da solução da equação. Entre esses métodos, um dos mais eficientes é a obtenção do desenvolvimento em série de potências da solução. Se essa série for determinada, então quaisquer propriedades podem ser obtidas, mesmo sem a equação ser resolvida. Podemos, entre outras coisas, fazer um gráfico da solução definida pela série de potências.

Por exemplo, apesar da equação $y' = x^2 + y^2$ ter uma aparência bem simplificada, não temos condições de escrever sua solução como combinação linear das funções elementares conhecidas. No entanto, podemos encontrar sem maiores dificuldades o desenvolvimento em série de potências de sua solução, e, a partir daí, podemos obter as mais diversas informações sobre ela, mesmo sem resolvê-la diretamente.

Suponhamos que a solução de uma equação diferencial tenha um desenvolvimento em série de potências da forma

$$y = y(x) = \sum_{k=0}^{+\infty} a_k(x - x_0)^k.$$

Então os coeficientes $a_0, a_1, a_2, \ldots$ são encontrados substituindo-se $y(x)$ na equação e igualando-se os coeficientes que correspondem às mesmas potências de x nos dois lados da equação.

No caso da série de potências ser centrada em $x = x_0$, podem ser dadas condições iniciais na forma $y(x_0) = y_0$, $y'(x_0) = y_1$, ..., $y^{(n-1)}(x_0) = y_n$, se a equação diferencial for de ordem n.

Exemplo: Como primeiro exemplo, vamos resolver a equação $y' = 5y$ com a condição inicial $y(0) = 2$.

Solução: Nesse caso $x_0 = 0$ e vamos supor que a solução possa ser escrita na forma de potências de $x - x_0 = x - 0 = x$:

$$y = \sum_{k=0}^{+\infty} a_k x^k = a_0 + a_1 x + a_2 x^2 + a_3 x^3 + \cdots + a_n x^n + a_{n+1} x^{n+1} + \ldots$$

Derivando essa série termo a termo, obtemos

$$y' = a_1 + 2a_2 x + 3a_3 x^2 + \cdots + n a_n x^{n-1} + (n+1) a_{n+1} x^n + \ldots,$$

e daí, substituindo na equação dada,

$$\begin{aligned} a_1 + 2a_2 x + 3a_3 x^2 + \cdots + n a_n x^{n-1} + (n+1) a_{n+1} x^n + \ldots \\ = 5a_0 + 5a_1 x + 5a_2 x^2 + 5a_3 x^3 + \cdots + 5a_n x^n + 5a_{n+1} x^{n+1} + \ldots \end{aligned}$$

Comparando os coeficientes das potências de x dos dois lados da equação:

$$a_1 = 5a_0,\ 2a_2 = 5a_1,\ 3a_3 = 5a_2,\ 4a_4 = 5a_3,\ \ldots,\ (n+1)a_{n+1} = 5a_n,$$

de onde obtemos:

- $y(0) = a_0 + 0 + 0 + 0 + \cdots = a_0 = 2$;
- $a_1 = 5a_0$;
- $a_2 = \frac{5}{2} a_1 = \frac{5}{2}(5a_0) = \frac{5^2 a_0}{2} = \frac{5^2 a_0}{2!}$;
- $a_3 = \frac{5}{3} a_2 = \frac{5}{3}\left(\frac{5^2}{2!} a_0\right) = \frac{5^3}{3!} a_0$;
- $a_4 = \frac{5}{4} a_3 = \frac{5}{4}\left(\frac{5^3}{3!} a_0\right) = \frac{5^4}{4!} a_0$;

e, em geral, $a_n = \dfrac{5^n a_0}{n!}$. Substituindo esses valores $a_1, a_2, a_3, \ldots$ na série de potências anterior, obtemos:

$$\begin{aligned} y &= a_0 + 5a_0 x + \frac{5^2 a_0}{2!} x^2 + \frac{5^3 a_0}{3!} x^3 + \frac{5^4 a_0}{4!} x^4 + \cdots + \frac{5^k a_0}{k!} x^k + \ldots \\ &= a_0 \left[1 + 5x + \frac{5^2}{2!} x^2 + \frac{5^3}{3!} x^3 + \frac{5^4}{4!} x^4 + \cdots + \frac{5^k}{k!} x^k + \ldots \right] \\ &= a_0 \left[\underbrace{1 + 5x + \frac{(5x)^2}{2!} x^2 + \frac{(5x)^3}{3!} + \frac{(5x)^4}{4!} + \cdots + \frac{(5x)^k}{k!} + \ldots}_{e^{5x}} \right] \end{aligned}$$

Nessa última série, reconhecemos a série de Maclaurin da função exponencial e^{5x}. Portanto, a solução da equação dada é $y = a_0 e^{5x} = 2e^{5x}$. É a mesma solução encontrada através de outros métodos utilizados com determinados tipos de equações tais como equações lineares de primeira ordem ou equações com variáveis separáveis.

Exemplo: Achar a solução da equação $y'' = xy$ que satisfaz às seguintes condições iniciais: $y(0) = 1$ e $y'(0) = 0$.

Solução: Note que as condições iniciais são definidas através dos valores de y e y' no ponto $x_0 = 0$. Suponhamos que a solução possa ser escrita como uma de série de potências de $x - x_0 = x - 0 = x$:

$$y = \sum_{k=0}^{+\infty} a_k x^k = a_0 + a_1 x + a_2 x^2 + a_3 x^3 + a_4 x^4 + \cdots + a_n x^n + \ldots$$

Derivando todos os termos com relação a x:

$$y' = \sum_{k=1}^{+\infty} k a_k x^{k-1} = a_1 + 2a_2 x + 3a_3 x^2 + 4a_4 x^3 + \cdots + n a_n x^{n-1} + \ldots$$

Fazendo $x = 0$ nas séries de y e y', obtemos $y(0) = a_0 + 0 + 0 + 0 + \ldots$ e $y'(0) = a_1 + 0 + 0 + 0 + \ldots$, ou seja, $y(0) = a_0$ e $y'(0) = a_1$. Usando as condições iniciais, temos que $a_0 = 1$ e $a_1 = 0$.

Derivando mais uma vez com relação a x:

$$y'' = \sum_{k=2}^{+\infty} k(k-1) a_k x^{k-2} = 2 \cdot 1 a_2 + 3 \cdot 2 a_3 x + 4 \cdot 3 a_4 x^2 + \cdots + n(n-1) a_n x^{n-2} + \ldots$$

Multiplicando todos os termos da série y por x:

$$xy = \sum_{k=0}^{+\infty} a_k x^{k+1} = a_0 x + a_1 x^2 + a_2 x^3 + a_3 x^4 + a_4 x^5 + \cdots + a_n x^{n+1} + \ldots$$

Como $y'' = xy$, devemos ter

$$\begin{aligned} &2 \cdot 1 a_2 + 3 \cdot 2 a_3 x + 4 \cdot 3 a_4 x^2 + \cdots + n(n-1) a_n x^{n-2} + \ldots \\ &= a_0 x + a_1 x^2 + a_2 x^3 + a_3 x^4 + a_4 x^5 + \cdots + a_{n-3} x^{n-2} + a_{n-2} x^{n-1} + a_{n-1} x^n + a_n x^{n+1} + \ldots \end{aligned}$$

Fazendo $x = 0$ nos dois lados da equação anterior, obtemos $2 \cdot 1 a_2 = 0 \Rightarrow a_2 = 0$.

Comparando os coeficientes de x^{n-2}, $n \geqslant 3$, nos dois lados da equação anterior, obtemos $n(n-1)a_n = a_{n-3} \Rightarrow a_n = \frac{a_{n-3}}{n(n-1)}$. Daí obtemos as seguintes informações:

- $n = 3 \Rightarrow a_3 = \frac{a_0}{3 \cdot 2} = \frac{1}{3 \cdot 2}$;
- $n = 4 \Rightarrow a_4 = \frac{a_1}{4 \cdot 3} = 0$;
- $n = 5 \Rightarrow a_5 = \frac{a_2}{5 \cdot 4} = 0$;
- $n = 6 \Rightarrow a_6 = \frac{a_3}{6 \cdot 5} = \frac{1}{6 \cdot 5 \cdot 3 \cdot 2}$;

- $n = 7 \Rightarrow a_7 = \frac{a_4}{7 \cdot 6} = 0;$
- $n = 8 \Rightarrow a_8 = \frac{a_5}{8 \cdot 7} = 0;$
- $n = 9 \Rightarrow a_9 = \frac{a_6}{9 \cdot 8} = \frac{1}{9 \cdot 8 \cdot 6 \cdot 5 \cdot 3 \cdot 2};$
- $n = 10 \Rightarrow a_{10} = \frac{a_7}{10 \cdot 9} = 0;$
- $n = 11 \Rightarrow a_{11} = \frac{a_8}{11 \cdot 10} = 0;$
- $n = 12 \Rightarrow a_{12} = \frac{a_9}{12 \cdot 11} = \frac{1}{12 \cdot 11 \cdot 9 \cdot 8 \cdot 6 \cdot 5 \cdot 3 \cdot 2};$

A partir daí, concluímos que $a_n = 0$ se n não for múltiplo de 3 e que $a_n = \dfrac{1}{n(n-1) \cdots 9 \cdot 8 \cdot 6 \cdot 5 \cdot 3 \cdot 2}$, se n for múltiplo de 3, ou seja, $n = 3k$ para algum inteiro k. Portanto,

$$a_{3k} = \frac{1}{3k(3k-1)(3k-3)(3k-4) \cdots 9 \cdot 8 \cdot 6 \cdot 5 \cdot 3 \cdot 2}.$$

Obtemos assim o seguinte desenvolvimento em série de potências da solução da equação:

$$y = 1 + \frac{x^3}{3 \cdot 2} + \frac{x^6}{6 \cdot 5 \cdot 3 \cdot 2} + \frac{x^9}{9 \cdot 8 \cdot 6 \cdot 5 \cdot 3 \cdot 2} + \cdots + \frac{x^{3k}}{3k \cdot (3k-1) \cdots 6 \cdot 5 \cdot 3 \cdot 2} + \cdots$$

9.2 Desenvolvimento em série de Taylor de solução de EDO

No caso do problema de valor inicial na forma $y' = f(x, y), \;\; y(x_0) = y_0$, pode-se encontrar a série de Taylor ou de Maclaurin

$$y(x) = \sum_{k=0}^{+\infty} \frac{y^{(k)}(x_0)}{k!}(x - x_0)^k,$$

onde $y(x_0)$ é dado como sendo igual a y_0, $y'(x_0)$ é calculado como sendo igual a $f(x_0, y_0)$ e $y''(x_0)$, $y'''(x_0)$, $y^{(4)}(x_0), \ldots$ são calculados, um após o outro, através do cálculo das derivadas com relação a x da equação $y' = f(x, y)$ e pela substituição de x por x_0.

Sempre que for derivada uma expressão que envolva $y = y(x)$, não se pode esquecer de multiplicá-la por y'. Por exemplo, a derivada de $x^4 + y^4$ com relação a x é igual a $4x^3 + 4y^3y'$. Podemos também escrever $y(x)$ no lugar de y e depois calcular a derivada com relação a x:

$$\frac{d}{dx}\left[x^4 + y(x)^4\right] = 4x^3 + 4y(x)^3 y'(x).$$

Outros exemplos estão dados a seguir:

- $\frac{d}{dx}[x^2y^2 + 1] = 2xy^2 + x^2 \cdot 2yy'$
- $\frac{d}{dx}[xe^y + \operatorname{sen} x + \operatorname{sen} y] = e^y + xe^y y' + \cos x + y' \cos y$
- $\frac{d}{dx}[\cos(x^5y^4) + 6x + 4y] = -\operatorname{sen}(x^5y^4)(5x^4y^4 + x^5 \cdot 4y^3y' + 6 + 4y'$
- $\frac{d}{dx}[(x - y)(e^{x^2} - e^{y^2})] = (1 - y')(e^{x^2} - e^{y^2}) + (x - y)(2xe^{x^2} - 2yy'e^{y^2})$

Exemplo: Determine os sete primeiros termos do desenvolvimento em série de Maclaurin da solução do problema de valor inicial:

$$y' = x^3 + y^2, \quad y(0) = \frac{1}{2}.$$

Solução: Inicialmente, a partir da equação dada, calculamos as derivadas y'', y''', $y^{(4)}$, ...

- $y'' = \frac{d}{dx}[x^3 + y^2] = 3x^2 + 2yy'$;
- $y''' = \frac{d}{dx}[3x^2 + 2yy'] = 6x + 2y' \cdot y' + 2y \cdot y'' = 6x + 2(y')^2 + 2yy''$;
- $y^{(4)} = \frac{d}{dx}[6x + 2(y')^2 + 2yy''] = 6 + 4y'y'' + 2y' \cdot y'' + 2y \cdot y''' = 6 + 6y'y'' + 2yy'''$;
- $y^{(5)} = \frac{d}{dx}[6 + 6y'y'' + 2yy'''] = 6y'' \cdot y'' + 6y' \cdot y''' + 2y'y''' + 2yy^{(4)} = 6(y'')^2 + 8y'y''' + 2yy^{(4)}$;
- $y^{(6)} = \frac{d}{dx}[6(y'')^2 + 8y'y''' + 2yy^{(4)}] = 12y''y''' + 8y'' \cdot y''' + 8y'y^{(4)} + 2y'y^{(4)} + 2yy^{(5)} = 20y''y''' + 10y'y^{(4)} + 2yy^{(5)}$.

Substituindo $x = 0$ em y', y'', y''', ..., obtemos:

- $y'(0) = 0^3 + (\frac{1}{2})^2 = \frac{1}{4}$;
- $y''(0) = 3 \cdot 0^2 + 2 \cdot \frac{1}{2} \cdot \frac{1}{4} = \frac{1}{4}$;
- $y'''(0) = 6 \cdot 0 + 2 \cdot (\frac{1}{4})^2 + 2 \cdot \frac{1}{2} \cdot \frac{1}{4} = \frac{3}{8}$;
- $y^{(4)}(0) = 6 + 6 \cdot \frac{1}{4} \cdot \frac{1}{4} + 2 \cdot \frac{1}{2} \cdot \frac{3}{8} = \frac{27}{4}$;
- $y^{(5)}(0) = 6 \cdot (\frac{1}{4})^2 + 8 \cdot \frac{1}{4} \cdot \frac{3}{8} + 2 \cdot \frac{1}{2} \cdot \frac{27}{4} = \frac{63}{8}$;
- $y^{(6)}(0) = 20 \cdot \frac{1}{4} \cdot \frac{3}{8} + 10 \cdot \frac{1}{4} \cdot \frac{27}{4} + 2 \cdot \frac{1}{2} \cdot \frac{63}{8} = \frac{213}{8}$;

Concluímos assim que os primeiros termos da série de Maclaurin da solução da equação $y' = x^3 + y^2$, $y(0) = \frac{1}{2}$, são

$$\begin{aligned} y &= y(0) + y'(0)x + \frac{y''(0)}{2!}x^2 + \frac{y'''(0)}{3!}x^3 + \frac{y^{(4)}(0)}{4!}x^4 + \frac{y^{(5)}(0)}{5!}x^5 + \frac{y^{(6)}(0)}{6!}x^6 + \dots \\ &= \frac{1}{2} + \frac{x}{4} + \frac{1/4}{2}x^2 + \frac{3/8}{6}x^3 + \frac{27/4}{24}x^4 + \frac{63/8}{120}x^5 + \frac{213/8}{720}x^6 + \dots \\ &= \frac{1}{2} + \frac{x}{4} + \frac{x^2}{8} + \frac{x^3}{16} + \frac{9x^4}{32} + \frac{21x^5}{320} + \frac{71x^6}{1920} + \cdots \end{aligned}$$

Um proc[illegible]lo com problemas de valor inicial de outras ordens, do tipo $y^{(n)} = f(x, y, y', y'', \dots, y^{(n-1)})$, $y(x_0) = y_0$, $y'(x_0) = y_1, \dots, y^{(n-1)} = y_n$.

Exemplo: Determine os primeiros termos da série de Maclaurin da solução de

$$y'' = yy' - x^2, \quad y(0) = 1, \ y'(0) = 1.$$

Solução: Calculando sucessivas derivadas de y'', temos:

- $y''' = y' \cdot y' + y \cdot y'' - 2x = (y')^2 + yy'' - 2x;$
- $y^{(4)} = 2y'y'' + y'y'' + yy''' - 2 = 3y'y'' + yy''' - 2;$
- $y^{(5)} = 3y''y'' + 3y'y''' + y'y''' + yy^{(4)} = 3(y'')^2 + 4y'y''' + yy^{(4)};$
- $y^{(6)} = 6y''y''' + 4y''y''' + 4y'y^{(4)} + y'y^{(4)} + yy^{(5)} = 10y''y''' + 5y'y^{(4)} + yy^{(5)};$

Substituindo $x = 0$ em $y'', y''', y^{(4)}, \dots$, obtemos

- $y''(0) = 1 \cdot 1 - 0^2 = 1;$
- $y'''(0) = 1^2 + 1 \cdot 1 - 2 \cdot 0 = 2;$
- $y^{(4)}(0) = 3 \cdot 1 \cdot 1 + 1 \cdot 2 - 2 = 3;$
- $y^{(5)}(0) = 3 \cdot 1^2 + 4 \cdot 1 \cdot 2 + 1 \cdot 3 = 14;$
- $y^{(6)}(0) = 10 \cdot 1 \cdot 2 + 5 \cdot 1 \cdot 3 + 1 \cdot 14 = 49;$

Concluímos assim que os primeiros termos da série de Maclaurin da solução da equação dada é

$$y = 1 + x + \frac{x^2}{2!} + \frac{2x^3}{3!} + \frac{3x^4}{4!} + \frac{14x^5}{5!} + \frac{49x^6}{6!} + \dots$$

9.3 Exercícios Propostos

P1) Encontre os primeiros termos do desenvolvimento em série de potências das seguintes equações diferenciais:

a) $y' - y = 0$ b) $(x-1)y' = xy$ c) $y' = y - x^2$
d) $y' = x + y$ e) $y'' + 4y = 0$ f) $y'' - y' = 0$

Resp.: a) $y = C\left[1 + x + \frac{x^2}{2!} + \frac{x^3}{3!} + \frac{x^4}{4!} + \frac{x^5}{5!} + \dots\right]$, C constante

b) $y = C\left[(x-1) + (x-1)^2 + \frac{(x-1)^3}{2!} + \frac{(x-1)^4}{3!} + \frac{(x-1)^5}{4!} + \dots\right]$

c) $y = (C+2)(1 + x + \frac{x^2}{2}) + C\left[\frac{x^3}{3!} + \frac{x^4}{4!} + \frac{x^5}{5!} + \frac{x^6}{6!} + \dots\right]$

d) $y = (C-1)(1+x) + C\left[\frac{x^2}{2!} + \frac{x^3}{3!} + \frac{x^4}{4!} + \frac{x^5}{5!} + \frac{x^6}{6!} + \dots\right]$

e) $y = C_1\left[(2x) - \frac{(2x)^3}{3!} + \frac{(2x)^5}{5!} - \frac{(2x)^7}{7!} + \dots\right] + C_2\left[1 - \frac{(2x)^2}{2!} - \frac{(2x)^4}{4!} + \frac{(2x)^6}{6!} - \right]$,
C_1, C_2 constantes

f) $y = C_1 + C_2\left[1 + x + \frac{x^2}{2!} + \frac{x^3}{3!} + \frac{x^4}{4!} + \frac{x^5}{5!} + \dots\right]$

P2) Dada uma constante real α, determine os primeiros termos do desenvolvimento em série de potências para a solução da equação diferencial de Chebyshev*:

$$(1 - x^2)y'' - xy' + \alpha^2 y = 0.$$

Resp.: $y = a_0\left(1 - \frac{\alpha^2}{2!}x^2 + \frac{\alpha^2(2^2-\alpha^2)}{4!}x^4 - \frac{\alpha^2(2^2-\alpha^2)(4^2-\alpha^2)}{6!}x^6 + \frac{\alpha^2(2^2-\alpha^2)(4^2-\alpha^2)(6^2-\alpha^2)}{8!}x^8 - \dots\right)$
$+a_1\left(x + \frac{(1-\alpha^2)}{3!}x^3 + \frac{(1-\alpha^2)(3^2-\alpha^2)}{5!}x^5 + \frac{(1-\alpha^2)(3^2-\alpha^2)(5^2-\alpha^2)}{7!}x^7 + \dots\right)$

*Pafnuty Lvovich Chebyshev (1821–1894), matemático russo

P3) Dada uma constante real $\alpha \geqslant 0$, obtenha uma série de potências para a solução da equação diferencial de Legendre[†]:

$$(1-x^2)y'' - 2xy' + \alpha(\alpha+1)y = 0$$

Resp.: $y = a_0\left(1 - \frac{\alpha(\alpha+1)}{2!}x^2 + \frac{(\alpha-2)\alpha(\alpha+1)(\alpha+3)}{4!}x^4 - \frac{(\alpha-4)(\alpha-2)\alpha(\alpha+1)(\alpha+3)(\alpha+5)}{6!}x^6 + \dots\right) + a_1\left(x - \frac{(\alpha-1)(\alpha+2)}{3!}x^3 + \frac{(\alpha-3)(\alpha-1)(\alpha+2)(\alpha+4)}{5!}x^5 - \frac{(\alpha-5)(\alpha-3)(\alpha-1)(\alpha+2)(\alpha+4)(\alpha+6)}{7!}x^7 + \dots\right)$

P4) Sendo y a solução do problema de valor inicial

$$y' + xy = x^3 + x^2 + 1, \quad y(0) = 4,$$

calcule y'', y''', $y^{(4)}$, $y^{(5)}$, $y^{(6)}$ e os primeiros termos do seu desenvolvimento em série de Maclaurin.
Resp.: $y'' = 3x^2 + 2x - xy' - y$, $y''' = 6x + 2 - xy'' - 2y'$, $y^{(4)} = 6 - 3y'' - xy'''$, $y^{(5)} = -4y''' - xy^{(4)}$, $y^{(6)} = -5y^{(4)} - xy^{(5)}$.
Em geral, $y^{(n)} = (1-n)y^{(n-2)} - xy^{(n-1)}$, se $n \geqslant 5$.
$y = 4 + x - 2x^2 + \frac{3x^4}{4} - \frac{x^6}{8} + \frac{x^8}{64} - \frac{x^{10}}{640} + \frac{x^{12}}{7680} - \frac{x^{14}}{107520} + \frac{x^{16}}{1720320} - \frac{x^{18}}{30965760} + \dots$

P5) Sabendo que y é solução do problema de valor inicial

$$y'' = yy' - x^2, \quad y(0) = 1, \; y'(0) = 1,$$

calcule y''', $y^{(4)}$, $y^{(5)}$, $y^{(6)}$, $y^{(7)}$ e os primeiros termos do seu desenvolvimento em série de Maclaurin.
Resp.: $y''' = yy'' + (y')^2 - 2x$, $y^{(4)} = yy''' + 3y'y'' - 2$, $y^{(5)} = yy^{(4)} + 4y'y''' + 3(y'')^2$, $y^{(6)} = yy^{(5)} + 5y'y^{(4)} + 10y''y'''$, $y^{(7)} = yy^{(6)} + 6y'y^{(5)} + 15y''y^{(4)} + 10(y''')^2$, $y = 1 + x + \frac{x^2}{2!} + \frac{2x^3}{3!} + \frac{3x^4}{4!} + \frac{14x^5}{5!} + \frac{49x^6}{6!} + \frac{218x^7}{7!} + \dots$

P6) Encontre os primeiros termos do desenvolvimento em série de potências das seguintes equações diferenciais, sabendo que são verificadas as condições iniciais dadas.

a) $y' = \operatorname{sen} x - \cos y,\; y(0) = -1$; Resp.: $y = -x + \frac{x^2}{2!} + \frac{x^3}{3!} - \frac{4x^4}{4!} - \frac{2x^5}{5!} + \dots$

b) $y' = xy + e^y,\; y(0) = 0$; Resp.: $y = x + \frac{x^2}{2!} + \frac{4x^3}{3!} + \frac{11x^4}{4!} + \frac{63x^5}{5!} + \dots$

c) $y' = x^2 + y^2,\; y(0) = 1$; Resp.: $y = 1 + x + x^2 + \frac{8x^3}{3!} + \frac{28x^4}{4!} + \frac{144x^5}{5!} + \dots$

d) [illegible] Resp.: $y = x + \frac{x^3}{}$[illegible] $+ \frac{2x^4}{}$[illegible] $+ \frac{16x^6}{}$[illegible] $+ \dots$

e) $y'' = x + e^y,\; y(0) = 1,\; y'(0) = 0$;
Resp.: $y = 1 + \frac{ex^2}{2!} + \frac{x^3}{3!} + \frac{e^2x^4}{4!} + \frac{ex^5}{5!} + \frac{4e^3x^6}{6!} + \dots$

f) $y'' - 10y' + 25y = e^{5x},\; y(0) = 0,\; y'(0) = 0$;
Resp.: $y = \frac{x^2}{2!} + \frac{15x^3}{3!} + \frac{150x^4}{4!} + \frac{1250x^5}{5!} + \frac{9375x^6}{6!} + \frac{65625x^7}{7!} + \dots$

[†] Adrien-Marie Legendre (1752-1833), matemático francês

[illegible] $\sum_{k=0} \Big[\frac{}{2^{k+1}} \quad \frac{}{3^{k+1}} \Big]$ [illegible] $\frac{}{6}$ [illegible] $\frac{}{160}$ [illegible] $\frac{}{216} + \frac{}{6480}$ [illegible]

[illegible] potências [illegible] fazendo

Apêndice A

Testes

Neste capítulo, apresentamos algumas questões do tipo múltipla escolha sobre os mais diversos assuntos. Para cada questão proposta, é apresentada uma lista de alternativas de respostas, identificadas pelas letras A, B, C, D, ... Entre essas alternativas, somente uma delas corresponde à resposta correta do problema.

A.1 Cálculo de limites e integrais

1) Calcule $\lim\limits_{n \to +\infty} \left(\sqrt{n^2 + 3n + 2} - n \right)$.

A) $+\infty$ B) $-\infty$ C) 0 D) 1 E) -1 F) $\frac{1}{2}$ G) $\frac{1}{3}$ H) $\frac{2}{3}$ I) $\frac{3}{2}$ J) $\frac{3}{4}$ K) $\frac{3}{5}$

2) Calcule $\lim\limits_{x \to +\infty} \left(\dfrac{x-4}{x-1} \right)^{x+3}$.

A) $+\infty$ B) 0 C) 1 D) e E) e^{-1} F) e^{-2} G) e^{-3} H) e^{-4} I) e^2 J) e^3

3) Calcule $\lim\limits_{x \to 0} \left(\dfrac{x^5 + e^{4x} + \operatorname{sen}(6x) - 1}{4x^3 + \ln(1+x)} \right)$.

A) 1 B) 2 C) 3 D) 4 E) 5 F) 6 G) 7 H) 8 I) 9 J) 10 K) 11

4) Calcule $\displaystyle\int_0^2 \frac{1}{x^2 - 4x - 5}\, \mathsf{d}x$.

A) $-\frac{\ln 5}{6}$ B) $-\frac{\ln 4}{6}$ C) $-\frac{\ln 3}{6}$ D) $-\frac{\ln 4}{5}$ E) $-\frac{\ln 5}{5}$ F) $-\frac{\ln 6}{5}$ G) $-\frac{\ln 3}{3}$

5) Calcule $\displaystyle\int_0^2 \frac{1}{x^2 - 4x + 5}\, \mathsf{d}x$.

A) $\operatorname{arctg}(-4)$ B) $\operatorname{arctg}(-3)$ C) $\operatorname{arctg}(-2)$ D) $\operatorname{arctg} 2$ E) $\operatorname{arctg} 3$

6) Calcule $\displaystyle\int_{-1}^{1} \cos^3(5x)\, \mathrm{d}x$.

A) $\frac{2}{5}(3\,\mathrm{sen}\,5 + \mathrm{sen}^3\,5)$ B) $\frac{2}{5}(3\,\mathrm{sen}\,5 - \mathrm{sen}^3\,5)$ C) $\frac{2}{15}(3\,\mathrm{sen}\,5 + \mathrm{sen}^3\,5)$
D) $\frac{2}{15}(3\,\mathrm{sen}\,5 - \mathrm{sen}^3\,5)$ E) $\frac{2}{3}(3\cos 5 + \mathrm{sen}^3\,5)$ F) $\frac{2}{3}(3\cos 5 - \mathrm{sen}^3\,5)$
G) $\frac{2}{10}(3\,\mathrm{sen}\,5 + \cos^3 5)$ H) $\frac{2}{10}(3\,\mathrm{sen}\,5 - \cos^3 5)$ I) $\frac{2}{25}(3\cos 5 + \mathrm{sen}^3\,5)$

A.2 Sequências

7) Qual das sequências (a_n) a seguir é decrescente?

A) $a_n = n + \dfrac{1}{n}$ B) $a_n = (-1)^n n^2$ C) $a_n = \ln(n+1)$ D) $a_n = n\sqrt{n+1}$
E) $a_n = 4^n \cdot 3^{-n}$ F) $a_n = \cos(n\pi)$ G) $a_n = \dfrac{\sqrt{n}}{n}$ H) $a_n = \dfrac{(-1)^{n-1}}{n}$

8) Determine os limites das sequências cujos termos gerais são dados por:

- $a_n = \left(\mathrm{sen}\,\dfrac{\pi}{n}\right)^{\mathrm{tg}\,\frac{\pi}{n}}$;
- $b_n = \left(\dfrac{2}{\pi}\,\mathrm{arctg}\,n\right)^{n}$.

A) $\lim\limits_{n\to+\infty} a_n = 1,\ \lim\limits_{n\to+\infty} b_n = +\infty$ B) $\lim\limits_{n\to+\infty} a_n = 1,\ \lim\limits_{n\to+\infty} b_n = -\infty$
C) $\lim\limits_{n\to+\infty} a_n = 1,\ \lim\limits_{n\to+\infty} b_n = e^{\pi/2}$ D) $\lim\limits_{n\to+\infty} a_n = 1,\ \lim\limits_{n\to+\infty} b_n = e^{-2/\pi}$
E) $\lim\limits_{n\to+\infty} a_n = \dfrac{\pi}{2},\ \lim\limits_{n\to+\infty} b_n = 1$ F) $\lim\limits_{n\to+\infty} a_n = \dfrac{\pi}{2},\ \lim\limits_{n\to+\infty} b_n = -1$
G) $\lim\limits_{n\to+\infty} a_n = -\dfrac{\pi}{2},\ \lim\limits_{n\to+\infty} b_n = e^{\pi}$ H) $\lim\limits_{n\to+\infty} a_n = -\dfrac{\pi}{2},\ \lim\limits_{n\to+\infty} b_n = e^{-\pi}$

9) Considere a sequência (x_n) definida por

$$x_n = \begin{cases} \sqrt{3}, & \text{se } n = 1 \\ \sqrt{5 + x_{n-1}}, & \text{se } n \geqslant 2 \end{cases}$$

Os quatro primeiros termos dessa sequência são:

A) $\left(\sqrt{3},\ \sqrt{5+\sqrt{3}},\ \sqrt{5+\sqrt{5+\sqrt{3}}},\ \sqrt{5+\sqrt{5+\sqrt{5+\sqrt{3}}}},\ \ldots\right)$

B) $\left(\sqrt{3},\ \sqrt{3+\sqrt{3}},\ \sqrt{3+\sqrt{3+\sqrt{3}}},\ \sqrt{3+\sqrt{3+\sqrt{3+\sqrt{3}}}},\ \ldots\right)$

C) $\left(\sqrt{3},\ \sqrt{4+\sqrt{3}},\ \sqrt{5+\sqrt{4+\sqrt{3}}},\ \sqrt{6+\sqrt{5+\sqrt{4+\sqrt{3}}}},\ \ldots\right)$

D) $\left(\sqrt{3},\ \sqrt{1+\sqrt{3}},\ \sqrt{1+\sqrt{1+\sqrt{3}}},\ \sqrt{1+\sqrt{1+\sqrt{1+\sqrt{3}}}},\ \ldots\right)$

E) $\left(\sqrt{3},\ \sqrt{5+\sqrt{5}},\ \sqrt{5+\sqrt{5+\sqrt{5}}},\ \sqrt{5+\sqrt{5+\sqrt{5+\sqrt{5}}}},\ \ldots\right)$

F) $(\sqrt{3},\ 2\sqrt{3},\ 3\sqrt{3},\ 4\sqrt{3},\ldots)$

G) $(1, 2, 3, 4, \ldots)$

10) Supondo que a sequência (x_n) da questão anterior é convergente, determine seu limite.

A) $\displaystyle\lim_{n\to+\infty} x_n = \frac{-1+\sqrt{23}}{2}$ B) $\displaystyle\lim_{n\to+\infty} x_n = \frac{-1-\sqrt{23}}{2}$ C) $\displaystyle\lim_{n\to+\infty} x_n = \frac{1+\sqrt{21}}{2}$

D) $\displaystyle\lim_{n\to+\infty} x_n = \frac{1-\sqrt{21}}{2}$ E) $\displaystyle\lim_{n\to+\infty} x_n = \frac{2+\sqrt{19}}{2}$ F) $\displaystyle\lim_{n\to+\infty} x_n = \frac{2-\sqrt{19}}{2}$

A.3 Séries infinitas

11) Calcule a soma da série

$$S = \sum_{k=2}^{+\infty}\left[\left(\frac{2}{5}\right)^{k-2} + \left(\frac{1}{4}\right)^{k-2}\right] = 2 + \frac{13}{20} + \frac{89}{400} + \frac{637}{800} + \frac{4721}{160000} + \cdots$$

A) $S = 1$ B) $S = 2$ C) $S = 3$ D) $S = 4$ E) $S = 5$ F) $S = 6$

G) $S = \frac{800}{137}$ H) $S = \frac{1600}{2137}$ I) $S = \frac{3200}{447}$ J) $S = \frac{1800}{7133}$ K) $S = \frac{3600}{2137}$ L) $S = \frac{360}{137}$

12) Determine o conjunto de todos os valores de x para os quais a série

$$\sum_{k=1}^{+\infty}\left(\frac{x-2}{5}\right)^{2k-1} = \left(\frac{x-2}{5}\right) + \left(\frac{x-2}{5}\right)^3 + \left(\frac{x-2}{5}\right)^5 + \left(\frac{x-2}{5}\right)^7 + \cdots$$

seja convergente.

A) $\{x \in \mathbb{R} \mid -7 < x < -3\}$ B) $\{x \in \mathbb{R} \mid 3 < x < 7\}$

C) [illegible] D) $\{x \in \mathbb{R} \mid -3 < x < 3\}$

E) $\{x \in \mathbb{R} \mid -3 < x < 7\}$ F) $\{x \in \mathbb{R} \mid -7 < x < 3\}$

13) Calcule a soma da série

$$S = \sum_{n=2}^{+\infty}\frac{\sqrt[3]{n+1}-\sqrt[3]{n}}{\sqrt[3]{n^2+n}} = \frac{\sqrt[3]{3}-\sqrt[3]{2}}{\sqrt[3]{6}} + \frac{\sqrt[3]{4}-\sqrt[3]{3}}{\sqrt[3]{12}} + \frac{\sqrt[3]{5}-\sqrt[3]{4}}{\sqrt[3]{20}} + \frac{\sqrt[3]{6}-\sqrt[3]{5}}{\sqrt[3]{30}} + \cdots$$

A) $S = \frac{1}{\sqrt[3]{3}}$ B) $S = \frac{-1+\sqrt[3]{5}}{\sqrt[3]{2}}$ C) $S = \frac{1}{\sqrt[3]{2}}$ D) $S = \frac{1}{\sqrt[3]{5}}$ E) $S = \frac{1}{\sqrt[3]{4}}$ F) $S = \frac{1+\sqrt[3]{2}}{\sqrt[3]{3}}$

14) Calcule a soma da série

$$S = \sum_{n=3}^{+\infty} \frac{12}{n^2 + 7n + 12} = \frac{2}{7} + \frac{3}{14} + \frac{1}{6} + \frac{2}{15} + \frac{6}{55} + \frac{1}{11} + \frac{1}{13} + \cdots$$

A) $S = 1$ B) $S = 2$ C) $S = 3$ D) $S = \frac{19}{10}$ E) $S = \frac{89}{11}$ F) $S = \frac{71}{13}$ G) $S = \frac{12}{19}$

15) Sabendo que $\frac{1}{n(n+1)(n+2)(n+3)} - \frac{1}{(n+1)(n+2)(n+3)(n+4)} = \frac{4}{n(n+1)(n+2)(n+3)(n+4)}$, calcule a soma da série

$$\sum_{n=1}^{+\infty} \frac{1}{n(n+1)(n+2)(n+3)(n+4)} = \frac{1}{120} + \frac{1}{720} + \frac{1}{2520} + \frac{1}{6720} + \frac{1}{15120} + \cdots$$

A) $\frac{1}{2 \cdot 2!}$ B) $\frac{1}{3 \cdot 3!}$ C) $\frac{1}{4 \cdot 4!}$ D) $\frac{1}{5 \cdot 5!}$ E) $\frac{1}{6 \cdot 6!}$ F) $\frac{1}{7 \cdot 7!}$ G) $\frac{1}{8 \cdot 8!}$ H) $\frac{1}{9 \cdot 9!}$ I) $\frac{1}{10 \cdot 10!}$

16) Calcule a soma da série

$$S = \sum_{k=1}^{+\infty} \frac{\overbrace{22\cdots2}^{k \text{ algarismos } 2}}{17^k} = \frac{2}{17} + \frac{22}{17^2} + \frac{222}{17^3} + \frac{2222}{17^4} + \frac{22222}{17^5} + \cdots$$

A) $S = 1$ B) $S = 2$ C) $S = \frac{91}{17}$ D) $S = \frac{87}{22}$ E) $S = \frac{17}{3}$ F) $S = \frac{34}{112}$

17) Calcule a soma da série

$$S = \sum_{k=1}^{+\infty} \left[\frac{5 + (-1)^k \cdot 3}{7 + (-1)^k \cdot 2}\right]^k = \frac{2}{5} + \left(\frac{8}{9}\right)^2 + \left(\frac{2}{5}\right)^3 + \left(\frac{8}{9}\right)^4 + \left(\frac{2}{5}\right)^5 + \cdots$$

A) $S = 4$ B) $S = 5$ C) $S = \frac{759}{101}$ D) $S = \frac{119}{23}$ E) $S = \frac{2001}{137}$ F) $S = \frac{1514}{357}$

A.4 Critérios de Convergência

Nas questões 18 a 27 a seguir, verifique se cada série apresentada é convergente ou divergente. Para cada questão, escolha uma única alternativa de A a H que seja considerada como resposta correta.

A) S_1 : convergente, S_2 : convergente, S_3: convergente;
B) S_1 : convergente, S_2 : convergente, S_3: divergente;
C) S_1 : convergente, S_2 : divergente, S_3: convergente;
D) S_1 : convergente, S_2 : divergente, S_3: divergente;
E) S_1 : divergente, S_2 : convergente, S_3: convergente;
F) S_1 : divergente, S_2 : convergente, S_3: divergente;
G) S_1 : divergente, S_2 : divergente, S_3: convergente;
H) S_1 : divergente, S_2 : divergente, S_3: divergente.

18) S_1 : $\sum_{n=1}^{+\infty} \frac{2n-1}{2n+1} = \frac{1}{3} + \frac{3}{5} + \frac{5}{7} + \frac{7}{9} + \frac{9}{11} + \frac{11}{13} + \cdots$

$$S_2 : \sum_{n=2}^{+\infty} \frac{(-1)^n}{\sqrt[n]{10}} = \frac{1}{\sqrt{10}} - \frac{1}{\sqrt[3]{10}} + \frac{1}{\sqrt[4]{10}} - \frac{1}{\sqrt[5]{10}} + \frac{1}{\sqrt[6]{10}} - \cdots$$

$$S_3 : \sum_{n=2}^{+\infty} \left(\frac{-1}{10}\right)^n = \frac{1}{10^2} - \frac{1}{10^3} + \frac{1}{10^4} - \frac{1}{10^5} + \frac{1}{10^6} - \cdots$$

19) $$S_1 : \sum_{n=1}^{+\infty} \frac{1}{n}\left(\frac{2}{7}\right)^n = \frac{2}{7} + \frac{1}{2}\left(\frac{2}{7}\right)^2 + \frac{1}{3}\left(\frac{2}{7}\right)^3 + \frac{1}{4}\left(\frac{2}{7}\right)^4 + \frac{1}{5}\left(\frac{2}{7}\right)^5 + \cdots$$

$$S_2 : \sum_{n=1}^{+\infty} \frac{1}{(4+(-1)^n)^n} = \frac{1}{3} + \frac{1}{5^2} + \frac{1}{3^3} + \frac{1}{5^4} + \frac{1}{3^5} + \frac{1}{5^6} + \cdots$$

$$S_3 : \sum_{n=0}^{+\infty} \frac{1}{(10n+9)\ln(10n+9)} = \frac{1}{9\ln 9} + \frac{1}{19\ln 19} + \frac{1}{29\ln 29} + \frac{1}{39\ln 39} + \frac{1}{49\ln 49} + \cdots$$

20) $$S_1 : \sum_{n=2}^{+\infty} \frac{1}{n\ln n \cdot \ln\ln n} = \frac{1}{2\ln 2 \cdot \ln\ln 2} + \frac{1}{3\ln 3 \cdot \ln\ln 3} + \frac{1}{4\ln 4 \cdot \ln\ln 4} + \frac{1}{5\ln 5 \cdot \ln\ln 5} + \cdots$$

$$S_2 : \sum_{n=1}^{+\infty} \frac{5}{1+n^2} = \frac{5}{2} + 1 + \frac{1}{2} + \frac{5}{17} + \frac{5}{26} + \cdots$$

$$S_3 : \sum_{n=1}^{+\infty} \frac{1}{n^2+4n+7} = \frac{1}{12} + \frac{1}{19} + \frac{1}{28} + \frac{1}{39} + \cdots$$

21) $$S_1 : \sum_{n=1}^{+\infty} \frac{2n}{\sqrt[3]{(n^2+3)^2}} = \frac{1}{\sqrt[3]{2}} + \frac{4}{\sqrt[3]{49}} + \frac{3}{\sqrt[3]{18}} + \frac{8}{\sqrt[3]{361}} + \cdots$$

$$S_2 : \sum_{n=2}^{+\infty} \frac{1}{n\sqrt{\ln n}} = \frac{1}{2\sqrt{\ln 2}} + \frac{1}{3\sqrt{\ln 3}} + \frac{1}{4\sqrt{\ln 4}} + \cdots$$

$$S_3 : \sum_{n=2}^{+\infty} \frac{1}{n\sqrt{\ln^3 n}} = \frac{1}{2\sqrt{\ln^3 2}} + \frac{1}{3\sqrt{\ln^3 3}} + \frac{1}{4\sqrt{\ln^3 4}} + \frac{1}{5\sqrt{\ln^3 5}} + \cdots$$

22) $$S_1 : \sum_{n=3}^{+\infty} \frac{1}{n\ln n(\ln\ln n)^2} = \frac{1}{3\ln 3(\ln\ln 3)^2} + \frac{1}{4\ln 4(\ln\ln 4)^2} + \cdots$$

$$S_2 : \sum_{n=3}^{+\infty} \frac{1}{n\ln n\sqrt[3]{\ln\ln n}} = \frac{1}{3\ln 3\sqrt[3]{\ln\ln 3}} + \frac{1}{4\ln 4\sqrt[3]{\ln\ln 4}} + \frac{1}{5\ln 5\sqrt[3]{\ln\ln 5}} + \cdots$$

$$S_3 : \sum_{n=1}^{+\infty} \left(\frac{10}{7}\right)^n \cdot n^8 = \frac{10}{7} + \left(\frac{10}{7}\right)^2 \cdot 2^8 + \left(\frac{10}{7}\right)^3 \cdot 3^8 + \left(\frac{10}{7}\right)^4 \cdot 4^8 + \cdots$$

23) $$S_1 : \sum_{n=1}^{+\infty} \left(\frac{7}{10}\right)^n \cdot \frac{1}{n^8} = \frac{7}{10} + \left(\frac{7}{10}\right)^2 \cdot \frac{1}{2^8} + \left(\frac{7}{10}\right)^3 \cdot \frac{1}{3^8} + \left(\frac{7}{10}\right)^4 \cdot \frac{1}{4^8} + \cdots$$

$$S_2 : \sum_{n=1}^{+\infty} \left(\frac{10}{7}\right)^n \cdot n! = \frac{10}{7} + \left(\frac{10}{7}\right)^2 \cdot 2! + \left(\frac{10}{7}\right)^3 \cdot 3! + \left(\frac{10}{7}\right)^4 \cdot 4! + \cdots$$

$$S_3 : \sum_{n=1}^{+\infty} \left(\frac{7}{10}\right)^n \cdot \frac{1}{n!} = \frac{7}{10} + \left(\frac{7}{10}\right)^2 \cdot \frac{1}{2!} + \left(\frac{7}{10}\right)^3 \cdot \frac{1}{3!} + \left(\frac{7}{10}\right)^4 \cdot \frac{1}{4!} + \cdots$$

24) $$S_1 : \sum_{n=3}^{+\infty} (-1)^{\frac{n(n+1)}{2}} \operatorname{arctg} \sqrt{n} = \operatorname{arctg} \sqrt{3} + \operatorname{arctg} \sqrt{4} - \operatorname{arctg} \sqrt{5} - \cdots$$

$$S_2 : \sum_{n=2}^{+\infty} \ln \sqrt[n]{n} = \ln \sqrt{2} + \ln \sqrt[3]{3} + \ln \sqrt[4]{4} + \ln \sqrt[5]{5} + \ln \sqrt[6]{6} + \cdots$$

$$S_3 : \sum_{n=1}^{+\infty} \frac{1 \cdot 4 \cdot 7 \cdots (3n-2)}{100 \cdot 102 \cdot 104 \cdots (98+2n)} = \frac{1}{100} + \frac{1 \cdot 4}{100 \cdot 102} + \frac{1 \cdot 4 \cdot 7}{100 \cdot 102 \cdot 104} + \frac{1 \cdot 4 \cdot 7 \cdot 10}{100 \cdot 102 \cdot 104 \cdot 106} + \cdots$$

25) $$S_1 : \sum_{n=1}^{+\infty} \left[\frac{1 \cdot 4 \cdot 7 \cdots (3n-2)}{100 \cdot 102 \cdot 104 \cdots (98+2n)}\right]^2 = \left[\frac{1}{100}\right]^2 + \left[\frac{1 \cdot 4}{100 \cdot 102}\right]^2 + \left[\frac{1 \cdot 4 \cdot 7}{100 \cdot 102 \cdot 104}\right]^2 + \left[\frac{1 \cdot 4 \cdot 7 \cdot 10}{100 \cdot 102 \cdot 104 \cdot 106}\right]^2 + \cdots$$

$$S_2 : \sum_{n=2}^{+\infty} \frac{|\cos \frac{n\pi}{17}|}{n^3} = \frac{|\cos \frac{2\pi}{17}|}{2^3} + \frac{|\cos \frac{3\pi}{17}|}{3^3} + \frac{|\cos \frac{4\pi}{17}|}{4^3} + \frac{|\cos \frac{5\pi}{17}|}{5^3} + \cdots$$

$$S_3 : \sum_{n=2}^{+\infty} \frac{\operatorname{sen}(\frac{\pi}{n})}{3^n} = \frac{\operatorname{sen}(\frac{\pi}{2})}{3^2} + \frac{\operatorname{sen}(\frac{\pi}{3})}{3^3} + \frac{\operatorname{sen}(\frac{\pi}{4})}{3^4} + \frac{\operatorname{sen}(\frac{\pi}{5})}{3^5} + \cdots$$

26) $$S_1 : \sum_{n=1}^{+\infty} \frac{3 \cdot 5 \cdot 7 \cdots (2n+1)}{n!} = \frac{3}{1!} + \frac{3 \cdot 5}{2!} + \frac{3 \cdot 5 \cdot 7}{3!} + \frac{3 \cdot 5 \cdot 7 \cdot 9}{4!} + \cdots$$

$$S_2 : \sum_{n=1}^{+\infty} \left[\frac{n!}{7 \cdot 11 \cdot 15 \cdots (4n+3)}\right]^3 = \left[\frac{1!}{7}\right]^3 + \left[\frac{2!}{7 \cdot 11}\right]^3 + \left[\frac{3!}{7 \cdot 11 \cdot 15}\right]^3 + \left[\frac{4!}{7 \cdot 11 \cdot 15 \cdot 19}\right]^3 + \cdots$$

$$S_3: \sum_{n=1}^{+\infty} \sqrt{\frac{1+n+n^2}{n!}} = \sqrt{\frac{3}{1!}} + \sqrt{\frac{7}{2!}} + \sqrt{\frac{13}{3!}} + \sqrt{\frac{21}{4!}} + \sqrt{\frac{31}{5!}} + \cdots$$

27) $$S_1: \sum_{n=1}^{+\infty} \frac{n!}{(n+4)!} = \frac{1!}{5!} + \frac{2!}{6!} + \frac{3!}{7!} + \frac{4!}{8!} + \frac{5!}{9!} + \cdots$$

$$S_2: \sum_{n=1}^{+\infty} \frac{n!}{\pi^n} = \frac{1!}{\pi^1} + \frac{2!}{\pi^2} + \frac{3!}{\pi^3} + \frac{4!}{\pi^4} + \frac{5!}{\pi^5} + \cdots$$

$$S_3: \sum_{n=1}^{+\infty} \frac{(n+1)!}{\pi^n \cdot (n+3)!} = \frac{2!}{\pi^1 \cdot 4!} + \frac{3!}{\pi^2 \cdot 5!} + \frac{4!}{\pi^3 \cdot 6!} + \frac{5!}{\pi^4 \cdot 7!} + \frac{6!}{\pi^5 \cdot 8!} + \cdots$$

28) Considere as séries $\sum_{n=1}^{+\infty} a_n$ e $\sum_{n=1}^{+\infty} b_n$ em cada caso a seguir:

- $S_1: \ a_n = \sqrt{\dfrac{6n^3+5n^2+3}{6n^8+3n^3+5}}, \ \ b_n = \dfrac{1}{\sqrt{n^5}}$
- $S_2: \ a_n = 1 - \cos\left(\dfrac{\pi}{n}\right), \ \ b_n = \left(\dfrac{\pi}{n}\right)^2$
- $S_3: \ a_n = \operatorname{sen} \dfrac{\pi}{3^n}, \ \ b_n = \dfrac{\pi}{3^n}$
- $S_4: \ a_n = \operatorname{arcsen} \dfrac{5n}{3n^2+1}, \ \ b_n = \dfrac{5n}{3n^2+1}$
- $S_5: \ a_n = \dfrac{\operatorname{arctg} n}{\sqrt{n+10}}, \ \ b_n = \dfrac{1}{\sqrt{n}}$

Comparando no limite $\sum_{n=1}^{+\infty} a_n$ com $\sum_{n=1}^{+\infty} b_n$, quais as séries divergentes?

A) somente S_1 B) somente S_2 C) somente S_3
D) somente S_3 e S_4 E) somente S_2 e S_3 F) somente S_3 e S_4
G) somente S_1 e S_3 H) somente S_4 e S_5 I) somente S_2 e S_5

29) Considere $\sum_{n=1}^{+\infty} a_n$ e $\sum_{n=1}^{+\infty} b_n$ em cada caso:

- $S_1: \ a_n = \dfrac{[illegible]}{\cos^{2n} \frac{\pi}{7}}, \ \ b_n = \left(\dfrac{[illegible]}{\cos \frac{\pi}{7}}\right)$ [illegible]
- $S_2: \ a_n = \dfrac{n \operatorname{sen} \frac{\pi}{n}}{\sqrt{n^3+1}}, \ \ b_n = \dfrac{\pi}{n^{3/2}}$
- $S_3: \ a_n = \dfrac{3^n+5}{4^n+n^6}, \ \ b_n = \left(\dfrac{3}{4}\right)^n$

- $S_4: \ a_n = \dfrac{\ln\left(1+\frac{1}{n}\right)}{\operatorname{arctg} n}, \quad b_n = \dfrac{1}{n}$

- $S_5: \ a_n = \dfrac{\pi^n + (\pi-1)^n + \cos(n\pi)}{(2\pi)^n}, \quad b_n = \dfrac{1}{2^n}$

Comparando no limite $\sum_{n=1}^{+\infty} a_n$ com $\sum_{n=1}^{+\infty} b_n$, quais as séries divergentes?

A) somente S_1 B) somente S_2 C) somente S_3
D) somente S_4 E) somente S_2 e S_3 F) somente S_3 e S_4
G) somente S_1 e S_4 H) somente S_1 e S_5 I) somente S_4 e S_5

A.5 Convergência condicional e absoluta

Nas questões 30 a 35 a seguir, classifique cada uma das séries como divergente (DIV), absolutamente convergente (ABS) ou condicionalmente convergente (CON). Para cada questão, escolha uma única alternativa de A a H que seja considerada como resposta correta.

A) S_1 : ABS, S_2 : ABS, S_3: ABS;
B) S_1 : ABS, S_2 : ABS, S_3: DIV;
C) S_1 : ABS, S_2 : ABS, S_3: CON;
D) S_1 : CON, S_2 : CON, S_3: CON;
E) S_1 : CON, S_2 : CON, S_3: ABS;
F) S_1 : CON, S_2 : ABS, S_3: ABS;
G) S_1 : DIV, S_2 : CON, S_3: ABS;
H) S_1 : DIV, S_2 : DIV, S_3: CON.

30) $S_1: \displaystyle\sum_{k=1}^{+\infty}\left[(-1)^{k+1}\frac{4+(-1)^k}{k^3}\right] = 3 - \frac{5}{2^3} + \frac{3}{3^3} - \frac{5}{4^3} + \frac{3}{5^3} - \frac{5}{6^3} + \frac{3}{7^3} - \cdots$

$S_2: \displaystyle\sum_{k=1}^{+\infty}\frac{\left(5+\operatorname{sen}\frac{k\pi}{2}\right)\cos k\pi}{k!} = -6 + \frac{5}{2!} - \frac{4}{3!} + \frac{5}{4!} - \frac{6}{5!} + \frac{5}{6!} - \frac{4}{7!} + \cdots$

$S_3: \displaystyle\sum_{k=1}^{+\infty}\frac{(-1)^{\frac{k(k+1)}{2}}k^2}{2k^2+1} = -\frac{1}{3} - \frac{4}{9} + \frac{9}{19} + \frac{16}{33} - \frac{25}{51} - \frac{36}{73} + \cdots$

31) $S_1: \displaystyle\sum_{k=1}^{+\infty}\frac{(-1)^k}{\sqrt{k+1}} = -\frac{1}{\sqrt{2}} + \frac{1}{\sqrt{3}} - \frac{1}{\sqrt{4}} + \frac{1}{\sqrt{5}} - \frac{1}{\sqrt{6}} + \cdots$

$S_2: \displaystyle\sum_{k=1}^{+\infty}\left[(-1)^{\frac{k(k+1)}{2}}\frac{1}{k\sqrt{k}+2}\right] = -\frac{1}{3} - \frac{1}{2\sqrt{2}+2} + \frac{1}{3\sqrt{3}+2} + \frac{1}{10} - \frac{1}{5\sqrt{5}+2} - \frac{1}{6\sqrt{6}+2} + \cdots$

$S_3: \displaystyle\sum_{n=1}^{+\infty}(-1)^n\left(\frac{2n+1}{3n+1}\right)^n = -\frac{3}{4} + \left(\frac{5}{7}\right)^2 - \left(\frac{7}{10}\right)^3 + \left(\frac{9}{13}\right)^4 - \cdots$

32) $S_1 : \displaystyle\sum_{n=1}^{+\infty}(-1)^{n-1}\frac{3\cdot 5\cdot 7\cdots(2n+1)}{2\cdot 5\cdot 8\cdots(3n-1)} = \frac{3}{2} - \frac{3\cdot 5}{2\cdot 5} + \frac{3\cdot 5\cdot 7}{2\cdot 5\cdot 8} - \cdots$

$S_2 : \displaystyle\sum_{n=1}^{+\infty}\frac{\operatorname{sen}\frac{n\pi}{7}}{(\ln 13)^n} = \frac{\operatorname{sen}\frac{\pi}{7}}{\ln 13} + \frac{\operatorname{sen}\frac{2\pi}{7}}{(\ln 13)^2} + \frac{\operatorname{sen}\frac{3\pi}{7}}{(\ln 13)^3} + \frac{\operatorname{sen}\frac{4\pi}{7}}{(\ln 13)^4} + \cdots$

$S_3 : \displaystyle\sum_{n=1}^{+\infty}(-1)^{n+1}(1+n\cdot 10^{-n}) = 1{,}1 - 1{,}02 + 1{,}003 - 1{,}0004 - \cdots$

33) $S_1 : \displaystyle\sum_{n=2}^{+\infty}\frac{(-1)^n}{\ln n} = \frac{1}{\ln 2} - \frac{1}{\ln 3} + \frac{1}{\ln 4} - \frac{1}{\ln 5} + \frac{1}{\ln 6} - \cdots$

$S_2 : \displaystyle\sum_{n=2}^{+\infty}\left(\frac{-4}{\pi}\right)^n \operatorname{tg}\left[\left(\frac{\pi}{4}\right)^n\right] = \left(\frac{4}{\pi}\right)^2 \operatorname{tg}\left[\left(\frac{\pi}{4}\right)^2\right] - \left(\frac{4}{\pi}\right)^3 \operatorname{tg}\left[\left(\frac{\pi}{4}\right)^3\right] + \cdots$

$S_3 : \displaystyle\sum_{n=3}^{+\infty}(-1)^{n+1}\left(\operatorname{sen}\frac{1}{n}\right)^{3/2} = \left(\operatorname{sen}\frac{1}{3}\right)^{3/2} - \left(\operatorname{sen}\frac{1}{4}\right)^{3/2} + \cdots$

34) $S_1 : \displaystyle\sum_{n=2}^{+\infty}\frac{(-1)^n}{(n+(-1)^n)^6} = \frac{1}{3^6} - \frac{1}{2^6} + \frac{1}{5^6} - \frac{1}{4^6} + \frac{1}{7^6} - \frac{1}{6^6} + \cdots$

$S_2 : \displaystyle\sum_{n=1}^{+\infty}(-1)^{\frac{n(n+1)}{2}}\left(\frac{n^{10}}{3^n}\right) = -\frac{1}{3} - \frac{2^{10}}{3^2} + \frac{3^{10}}{3^3} + \frac{4^{10}}{3^4} - \frac{5^{10}}{3^5} - \frac{6^{10}}{3^6} + \cdots$

$$S_3 : \sum_{n=1}^{+\infty}(-1)^{\frac{n(n+1)(n+2)(n+3)}{4!}}\frac{\sqrt[3]{n^7}}{\sqrt{n^7}} = -1 - \frac{\sqrt[3]{2^7}}{\sqrt{2^7}} - \frac{\sqrt[3]{3^7}}{\sqrt{3^7}} - \frac{\sqrt[3]{4^7}}{\sqrt{4^7}} + \frac{\sqrt[3]{5^7}}{\sqrt{5^7}}$$
$$+ \frac{\sqrt[3]{6^7}}{\sqrt{6^7}} + \frac{\sqrt[3]{7^7}}{\sqrt{7^7}} + \frac{\sqrt[3]{8^7}}{\sqrt{8^7}} - \frac{\sqrt[3]{9^7}}{\sqrt{9^7}} - \cdots$$

35) $S_1 : \displaystyle\sum_{n=0}^{+\infty}\frac{\cos n\pi}{n!} = 1 - \frac{1}{1!} + \frac{1}{2!} - \frac{1}{3!} + \frac{1}{4!} - \frac{1}{5!} + \frac{1}{6!} - \cdots$

$S_2 : \displaystyle\sum_{n=1}^{+\infty}\frac{\cos n\pi}{n^2} = -1 + \frac{1}{2^2} - \frac{1}{3^2} + \frac{1}{4^2} - \frac{1}{5^2} + \frac{1}{6^2} + \cdots$

$S_2 : \displaystyle\sum_{n=1}^{+\infty}\frac{\cos n\pi}{n^{3/7}} = -1 + \frac{1}{2^{3/7}} - \frac{1}{3^{3/7}} + \frac{1}{4^{3/7}} - \frac{1}{5^{3/7}} + \frac{1}{6^{3/7}} + \cdots$

36) Determine o conjunto de todos os valores de x para os quais a série

$$\sum_{k=1}^{+\infty}\frac{x^k}{k+\sqrt{k}} = \frac{x}{1+\sqrt{1}} + \frac{x^2}{2+\sqrt{2}} + \frac{x^3}{3+\sqrt{3}} + \frac{x^4}{4+\sqrt{4}} + \cdots$$

é convergente.

A) $\{x \in \mathbb{R} \mid -\frac{1}{2} \leqslant x < \frac{1}{2}\}$ B) $\{x \in \mathbb{R} \mid -\frac{1}{3} \leqslant x < \frac{1}{3}\}$
C) $\{x \in \mathbb{R} \mid -\frac{1}{4} \leqslant x < \frac{1}{4}\}$ D) $\{x \in \mathbb{R} \mid -\frac{1}{5} \leqslant x < \frac{1}{5}\}$
E) $\{x \in \mathbb{R} \mid -1 \leqslant x < 1\}$ F) $\{x \in \mathbb{R} \mid -2 \leqslant x < 2\}$
G) $\{x \in \mathbb{R} \mid -3 \leqslant x < 3\}$ H) $\{x \in \mathbb{R} \mid -4 \leqslant x < 4\}$

A.6 Séries de potências

37) Determine o raio de convergência R da série

$$\sum_{n=1}^{+\infty} \frac{(x+2)^n}{n \cdot 3^n} = \frac{x+2}{3} + \frac{(x+2)^2}{18} + \frac{(x+2)^3}{81} + \frac{(x+2)^4}{324} + \frac{(x+2)^5}{1215} + \cdots$$

A) $R = 0$ B) $R = 1$ C) $R = 2$ D) $R = 3$ E) $R = 4$ F) $R = 5$ G) $R = 6$

38) Determine o intervalo de convergência I da série $\displaystyle\sum_{n=1}^{+\infty} \frac{(x+2)^n}{n \cdot 3^n}$ da questão anterior.

A) $I =]-5,\, 1[$ B) $I = [-5,\, 1[$ C) $I =]-5,\, 1]$ D) $I = [-5,\, 1]$
E) $I =]-1,\, 5[$ F) $I = [-1,\, 5[$ G) $I =]-1,\, 5]$ H) $I = [-1,\, 5]$

39) Determine o raio de convergência R da série

$$\sum_{n=1}^{+\infty} \frac{(x+7)^{2n}}{n \cdot 2^n} = \frac{(x+7)^2}{2} + \frac{(x+7)^4}{8} + \frac{(x+7)^6}{24} + \frac{(x+7)^8}{64} + \frac{(x+7)^{10}}{160} + \cdots$$

A) $R = 0$ B) $R = 1$ C) $R = 2$ D) $R = \sqrt{2}$ E) $R = \sqrt{3}$ F) $R = \sqrt{5}$

40) Determine o intervalo de convergência I da série

$$\sum_{n=1}^{+\infty} (n!)^2 (x-5)^n = (x-5) + 4(x-5)^2 + 36(x-5)^3 + 576(x-5)^4 + 14400(x-5)^5 + \cdots$$

A) $I = [-1,\, 1]$ B) $I = [0,\, 1[$ C) $I = [-1,\, 0]$ D) $I = [-5,\, 5]$
E) $I =]-\infty,\, +\infty[$ F) $I = \{0\}$ G) $I = \{-5\}$ H) $I = \{5\}$

41) Substituindo $x = \frac{\sqrt{2}}{2}$ na série de Maclaurin da função arco-seno de x, calcule a soma da série $S = \displaystyle\sum_{n=1}^{+\infty} \left[\frac{1 \cdot 3 \cdot 5 \cdots (2n-1)}{2 \cdot 4 \cdot 6 \cdots (2n)} \cdot \frac{1}{(2n+1) \cdot 2^n} \right]$.

A) $S = -2 + \frac{\pi\sqrt{2}}{2}$ B) $S = 1 + \frac{\pi\sqrt{6}}{2}$ C) $S = -1 + \frac{\pi\sqrt{2}}{4}$ D) $S = 1 + \frac{\pi\sqrt{6}}{3}$
E) $S = -1 + \frac{\pi\sqrt{3}}{5}$ F) $S = -2 + \frac{\pi\sqrt{2}}{6}$ G) $S = -1 + \frac{\pi\sqrt{3}}{3}$ H) $S = 2 + \frac{\pi\sqrt{2}}{8}$

42) A partir da série geométrica $\displaystyle\frac{1}{1-x} = \sum_{k=0}^{+\infty} x^k$, $|x| < 1$, obtenha o desenvolvimento em série de potências da função $f(x) = \displaystyle\frac{1}{x^2 - 13x + 36}$.

A) $f(x) = \sum_{k=0}^{+\infty} \frac{1}{5}\left[\frac{1}{4^{k+1}} - \frac{1}{9^{k+1}}\right] x^k \;=\; \frac{1}{36} + \frac{13x}{1296} + \frac{133x^2}{46656} + \frac{1261x^3}{1679616} + \cdots$

B) $f(x) = \sum_{k=0}^{+\infty} \frac{1}{5}\left[\frac{1}{4^{k+1}} + \frac{1}{9^{k+1}}\right] x^k \;=\; \frac{13}{180} + \frac{97x}{6480} + \frac{793x^2}{233280} + \frac{6817x^3}{839808} + \cdots$

C) $f(x) = \sum_{k=0}^{+\infty} \left[\frac{1}{2^{k+1}} + \frac{1}{3^{k+1}}\right] x^k \;=\; \frac{1}{6} + \frac{13x}{180} + \frac{7x^2}{216} + \frac{97x^3}{6480} + \cdots$

D) $f(x) = \sum_{k=0}^{+\infty} \left[\frac{(-1)^{k+1}}{2^{k+1}} + \frac{(-1)^{k+1}}{3^{k+1}}\right] x^k \;=\; \frac{1}{6} - \frac{13x}{180} + \frac{7x^2}{216} - \frac{97x^3}{6480} + \cdots$

E) $f(x) = \sum_{k=0}^{+\infty} \frac{1}{4}\left[\frac{1}{2^{k+1}} - \frac{1}{9^{k+1}}\right] x^k \;=\; \frac{11}{72} + \frac{85x}{1296} + \frac{737x^2}{23328} + \frac{65777x^3}{419904} + \cdots$

F) $f(x) = \sum_{k=0}^{+\infty} \frac{1}{4}\left[\frac{(-1)^{k+1}}{2^{k+1}} - \frac{(-1)^{k+1}}{9^{k+1}}\right] x^k \;=\; \frac{11}{72} - \frac{85x}{1296} + \frac{737x^2}{23328} - \cdots$

43) Usando os desenvolvimentos em série de Maclaurin das funções seno e exponencial, calcule o limite $L = \lim_{x\to 0} \frac{x^{10}\,\mathrm{sen}(4x^2)}{e^{\sqrt{2}x^6} - \sqrt{2}x^6 - 1}$.

A) $L = +\infty$ B) $L = 0$ C) $L = 1$ D) $L = 2$ E) $L = 3$ F) $L = 4$

44) Lembrando que o cosseno hiperbólico de a é definido por $\cosh a = \frac{e^a + e^{-a}}{2}$, escreva os seis primeiros termos em série de Maclaurin da função $f(x) = \frac{3\cosh(2x) - 6x^2 - 3}{x^3}$.

A) $f(x) \;=\; 2x + \frac{4x^3}{15} + \frac{2x^5}{105} + \frac{4x^7}{4725} + \frac{4x^9}{155925} + \frac{8x^{11}}{14189175} + \cdots$

B) $f(x) \;=\; 2x - \frac{4x^3}{15} + \frac{2x^5}{105} - \frac{4x^7}{4725} + \frac{4x^9}{155925} - \frac{8x^{11}}{14189175} + \cdots$

C) $f(x) \;=\; 2x - \frac{4x^3}{15} + \frac{2x^5}{175} - \frac{4x^7}{4625} + \frac{4x^9}{155820} - \frac{8x^{11}}{15186170} + \cdots$

D) $f(x) \;=\; 2x + \frac{4x^3}{15} + \frac{2x^5}{175} + \frac{4x^7}{4625} + \frac{4x^9}{155820} + \frac{8x^{11}}{15186170} + \cdots$

E) $f(x) \;=\; 2x + \frac{4x^3}{15} + \frac{2x^5}{105} + \frac{4x^7}{4885} + \frac{4x^9}{165035} + \frac{8x^{11}}{13184100} + \cdots$

F) $f(x) \;=\; 2x - \frac{4x^3}{15} + \frac{2x^5}{105} - \frac{4x^7}{4885} + \frac{4x^9}{165035} - \frac{8x^{11}}{13184100} + \cdots$

45) Lembrando que $e^x = \sum_{k=0}^{+\infty} \frac{x^k}{k!}$, derivando duas vezes a série de potências de e^{-x^2} e fazendo a substituição $x = \frac{1}{\sqrt{2}}$, calcule a soma da série

$$S = \sum_{k=1}^{+\infty} \frac{(-1)^{k+1}(2k+1)(2k+2)}{(k+1)!\cdot 2^k} \;=\; 3 - \frac{5}{4} + \frac{7}{24} - \frac{3}{64} + \frac{11}{1920} - \frac{13}{23040} + \cdots$$

A) $S = \sqrt{2}$ B) $S = e$ C) $S = \pi$ D) $S = 0$ E) $S = 1$ F) $S = 2$

46) A partir do desenvolvimento em série de potências do seno de x, $\operatorname{sen} x = \sum_{n=0}^{+\infty} \frac{(-1)^n x^{2n+1}}{(2n+1)!}$, determine os cinco primeiros termos do desenvolvimento em série de Maclaurin de $F(x) = \int_0^x (t^2 - \operatorname{sen}(t^2))\, dt$.

$$\text{A) } F(x) = \frac{x^7}{42} + \frac{x^{11}}{1320} + \frac{x^{15}}{25600} + \frac{x^{19}}{6804520} + \frac{x^{23}}{908086800} + \cdots$$
$$\text{B) } F(x) = \frac{x^7}{42} - \frac{x^{11}}{1320} + \frac{x^{15}}{25600} - \frac{x^{19}}{6804520} + \frac{x^{23}}{908086800} - \cdots$$
$$\text{C) } F(x) = \frac{x^7}{42} + \frac{x^{11}}{1320} + \frac{x^{15}}{75600} + \frac{x^{19}}{6884720} + \frac{x^{23}}{918044400} + \cdots$$
$$\text{D) } F(x) = \frac{x^7}{42} - \frac{x^{11}}{1320} + \frac{x^{15}}{75600} - \frac{x^{19}}{6884720} + \frac{x^{23}}{918044400} - \cdots$$
$$\text{E) } F(x) = \frac{x^7}{42} - \frac{x^{11}}{1320} + \frac{x^{15}}{75600} - \frac{x^{19}}{6894720} + \frac{x^{23}}{918086400} - \cdots$$
$$\text{F) } F(x) = \frac{x^7}{42} + \frac{x^{11}}{1320} + \frac{x^{15}}{75600} + \frac{x^{19}}{6894720} + \frac{x^{23}}{918086400} + \cdots$$

47) O desenvolvimento em série de Maclaurin de $f(x) = x^2 \int_0^x \sqrt[3]{t^5 + 1}\, dt$, $-1 < x < 1$, é dado por $f(x) = c_1 x^3 + c_2 x^8 + c_3 x^{13} + c_4 x^{18} + c_5 x^{23} + c_6 x^{28} + \cdots$. Nessas condições, quanto vale c_4, o coeficiente de x^{18}?

A) $c_4 = \frac{1}{18}$ B) $c_4 = -\frac{1}{99}$ C) $c_4 = \frac{5}{1296}$ D) $c_4 = -\frac{10}{5103}$ E) $c_4 = \frac{11}{9477}$

48) Determine os cinco primeiros termos do desenvolvimento em série de Maclaurin de $g(x) = \sqrt[4]{x^4 + 81}$, com $-3 < x < 3$.

$$\text{A) } g(x) = 3 + \frac{x^4}{4^1 \cdot 1! \cdot 3^4} + \frac{3x^8}{4^2 \cdot 2! \cdot 3^8} + \frac{3 \cdot 7x^{12}}{4^3 \cdot 3! \cdot 3^{12}} + \frac{3 \cdot 7 \cdot 11x^{16}}{4^4 \cdot 4! \cdot 3^{16}} + \cdots$$
$$\text{B) } g(x) = 3 + \frac{x^4}{4^1 \cdot 1! \cdot 3^4} - \frac{3x^8}{4^2 \cdot 2! \cdot 3^8} + \frac{3 \cdot 7x^{12}}{4^3 \cdot 3! \cdot 3^{12}} - \frac{3 \cdot 7 \cdot 11x^{16}}{4^4 \cdot 4! \cdot 3^{16}} + \cdots$$
$$\text{C) } g(x) = 3 - \frac{x^4}{4^1 \cdot 1! \cdot 3^4} + \frac{3x^8}{4^2 \cdot 2! \cdot 3^8} - \frac{3 \cdot 7x^{12}}{4^3 \cdot 3! \cdot 3^{12}} + \frac{3 \cdot 7 \cdot 11x^{16}}{4^4 \cdot 4! \cdot 3^{16}} - \cdots$$
$$\text{D) } g(x) = 3 - \frac{x^4}{4^1 \cdot 1! \cdot 3^3} + \frac{3x^8}{4^2 \cdot 2! \cdot 3^7} - \frac{3 \cdot 7x^{12}}{4^3 \cdot 3! \cdot 3^{11}} + \frac{3 \cdot 7 \cdot 11x^{16}}{4^4 \cdot 4! \cdot 3^{15}} - \cdots$$
$$\text{E) } g(x) = 3 + \frac{x^4}{4^1 \cdot 1! \cdot 3^3} + \frac{3x^8}{4^2 \cdot 2! \cdot 3^7} + \frac{3 \cdot 7x^{12}}{4^3 \cdot 3! \cdot 3^{11}} + \frac{3 \cdot 7 \cdot 11x^{16}}{4^4 \cdot 4! \cdot 3^{15}} + \cdots$$
$$\text{F) } g(x) = 3 + \frac{x^4}{4^1 \cdot 1! \cdot 3^3} - \frac{3x^8}{4^2 \cdot 2! \cdot 3^7} + \frac{3 \cdot 7x^{12}}{4^3 \cdot 3! \cdot 3^{11}} - \frac{3 \cdot 7 \cdot 11x^{16}}{4^4 \cdot 4! \cdot 3^{15}} + \cdots$$

49) Dado $h(x) = \ln\left(\frac{x + \sqrt{x^2 + 25}}{5}\right)$, calcule e simplifique $h'(x)$ e obtenha os 5 primeiros termos do desenvolvimento em série de Maclaurin de $h(x)$.

$$
\begin{aligned}
\text{A) } h(x) &= -\frac{x}{5}+\frac{x^3}{750}-\frac{3x^5}{625000}+\frac{x^7}{1250000}-\frac{7x^9}{350000000}-\cdots\\
\text{B) } h(x) &= -\frac{x}{5}-\frac{x^3}{750}+\frac{3x^5}{625000}+\frac{x^7}{1250000}+\frac{7x^9}{350000000}+\cdots\\
\text{C) } h(x) &= -\frac{x}{5}-\frac{x^3}{750}-\frac{3x^5}{625000}-\frac{x^7}{1250000}-\frac{7x^9}{350000000}-\cdots\\
\text{D) } h(x) &= \frac{x}{5}+\frac{x^3}{750}+\frac{3x^5}{125000}+\frac{x^7}{1750000}+\frac{7x^9}{450000000}+\cdots\\
\text{E) } h(x) &= \frac{x}{5}-\frac{x^3}{750}+\frac{3x^5}{125000}-\frac{x^7}{1750000}+\frac{7x^9}{450000000}-\cdots\\
\text{F) } h(x) &= \frac{x}{5}-\frac{x^3}{750}-\frac{3x^5}{125000}-\frac{x^7}{1750000}-\frac{7x^9}{450000000}-\cdots
\end{aligned}
$$

50) Seja $F(x) = \frac{1}{6}\ln\left[\frac{x^2-x+1}{(x+1)^2}\right]+\frac{1}{\sqrt{3}}\operatorname{arctg}\left(\frac{2x-1}{\sqrt{3}}\right)$, definida para todo $x \in]-1,\,1[$. Calcule $F'(x)$, simplifique a resposta e obtenha o desenvolvimento em série de Maclaurin de $F(x)$.

$$
\begin{aligned}
\text{A) } F(x) &= \frac{\pi}{6\sqrt{3}}-\sum_{n=0}^{+\infty}\frac{x^{3n+2}}{3n+2}\\
\text{B) } F(x) &= \frac{\pi}{6\sqrt{3}}-\sum_{n=0}^{+\infty}\frac{x^{3n+1}}{3n+1}\\
\text{C) } F(x) &= \frac{\pi}{6\sqrt{3}}-\sum_{n=1}^{+\infty}\frac{x^{3n}}{3n}\\
\text{D) } F(x) &= -\frac{\pi}{6\sqrt{3}}+\sum_{n=0}^{+\infty}\frac{(-1)^n x^{3n+2}}{3n+2}\\
\text{E) } F(x) &= -\frac{\pi}{6\sqrt{3}}+\sum_{n=0}^{+\infty}\frac{(-1)^n x^{3n+1}}{3n+1}\\
\text{F) } F(x) &= -\frac{\pi}{6\sqrt{3}}+\sum_{n=1}^{+\infty}\frac{(-1)^n x^{3n}}{3n}
\end{aligned}
$$

51) Seja $G(x) = \frac{x\sqrt{x^2+1}-\ln(x+\sqrt{x^2+1})}{2}$. Sabendo que $G'(x) = \frac{x^2}{\sqrt{x^2+1}}$, determine o termo de grau 11 do desenvolvimento em série de Maclaurin de $G(x)$.

A) $\frac{3x^{11}}{56}$ B) $-\frac{x^{11}}{10}$ C) $\frac{35x^{11}}{1408}$ D) $-\frac{63x^{11}}{3328}$ E) $\frac{77x^{11}}{5120}$ F) $\frac{429x^{11}}{3481}$ G) $\frac{63x^{77}}{3328}$ H) $\frac{x^{11}}{405}$

A.7 Noções de equações diferenciais

Nas questões a seguir, denotamos uma constante genérica por C.

52) Determine o valor de k para que $y = 3xe^{kx}$ seja uma solução da equação $y''+10y'+25y=0$.

A) $k=-5$ B) $k=-3$ C) $k=-1$ D) $k=0$ E) $k=1$ F) $k=3$ G) $k=5$

53) Determine a curva integral da equação $\operatorname{tg} x \operatorname{sen}^2 y \, \mathsf{d}x + \cos^2 x \operatorname{cotg} y \, \mathsf{d}y = 0$ que passa pelo ponto $(x_0,\, y_0) = (\frac{\pi}{4}, \frac{\pi}{2})$.

A) $\operatorname{tg}^2 x = \operatorname{sen}^2 y + 1$ B) $\operatorname{sen}^2 x = \operatorname{tg}^2 y + 1$ C) $\operatorname{tg}^2 x = \operatorname{tg}^2 y + 1$
D) $\operatorname{tg}^2 x = \cos^2 y + 1$ E) $\operatorname{sen}^2 x = \operatorname{cotg}^2 y + 1$ F) $\operatorname{tg}^2 x = \operatorname{cotg}^2 y + 1$

54) Determine as curvas integrais de $3e^x \operatorname{tg} y \, \mathsf{d}x + (1 - e^x) \sec^2 y \, \mathsf{d}y = 0$

A) $\operatorname{tg} y = C(1 + e^x)^2$ B) $\sec y = C(1 - e^x)^2$ C) $\operatorname{sen} y = C(1 + e^x)^3$
D) $\operatorname{tg} x = C(1 - e^y)^3$ E) $\operatorname{tg} y = C(1 + e^x)^2$ F) $\operatorname{tg} y = C(1 - e^x)^3$

55) Determine a solução do problema de valor inicial

$$\left(x + e^{\frac{x}{y}}\right) \mathsf{d}x + e^{\frac{x}{y}} \left(1 - \frac{x}{y}\right) \mathsf{d}y = 0, \;\; y(0) = 2.$$

A) $4x + 2y^2 e^{x/y} = 1$ B) $2x^2 + ye^{x/y} = 2$ C) $4x^2 + ye^{x/y} = 1$
D) $x^2 + 2ye^{x/y} = 4$ E) $x + y^2 e^{x/y} = 4$ F) $x + 4y^2 e^{x/y} = 2$

56) Calcule um fator integrante e determine a solução da equação

$$2xy \ln y \, \mathsf{d}x + \left(x^2 + y^2\sqrt{y^2+1}\right) \mathsf{d}y = 0$$

A) $4x^3 \ln y + (y^2 + 1)^{5/2} = C$ B) $3x^2 \ln y + (y^2 + 1)^{3/2} = C$
C) $5x^2 \ln y + (y^2 + 1)^{1/2} = C$ D) $3y^2 \ln x + (x^2 + 1)^{1/2} = C$
E) $xy^2 \ln x + 4(y^2 + 1)^{3/2} = C$ F) $3y \ln x + (y^2 + 1)^{3/2} = C$

57) Determine uma solução de

$$(3x + 2y + y^2) \, \mathsf{d}x + (x + 4xy + 5y^2) \, \mathsf{d}y = 0,$$

sabendo que $I = x + y^2$ é um fator integrante.

A) $x^3 + 3x^2y^2 + 2x^2y + xy^3 + xy^4 + y^5 = C$
B) $x^3 + x^2y^2 + 4x^2y + 2xy^3 + 2xy^4 + y^5 = C$
C) $x^3 + 2x^2y^2 + x^2y + 2xy^3 + xy^4 + y^5 = C$
D) $x^5 + 2x^3y^2 + x^2y + 2xy^3 + 2xy^4 + y^3 = C$
E) $x^3y + x^2y^2 + x^2y + 2xy^3 + 2xy^4 + y^3 = C$
F) $x^5y + 4x^2y^2 + 4x^2y + 2xy^3 + 2xy^4 + y^5 = C$

A.8 Equações diferenciais lineares de primeira ordem

Nas questões a seguir, denotamos uma constante genérica por C.

58) Determine a solução do problema de valor inicial

$$y' + \frac{xy}{1 - x^2} = x + \operatorname{arcsen} x, \;\; y(0) = 2.$$

A) $y = \sqrt{1-x^2}\left[\frac{1}{4}(\arccos x)^4 - \sqrt{1-x^2}+3\right]$
B) $y = \sqrt{1-x^2}\left[\frac{1}{2}(\operatorname{arcsen} x)^2 - \sqrt{1-x^2}+3\right]$
C) $y = \sqrt{1-x^2}\left[\frac{1}{2}(\arccos x)^2 + \sqrt{1-x^2}+3\right]$
D) $y = \sqrt{1-x^2}\left[\frac{1}{4}(\operatorname{arcsen} x)^4 - \sqrt{1-x^2}+3\right]$
E) $y = \sqrt{1-x^2}\left[-\frac{1}{2}(\arccos x)^2 - \sqrt{1+x^2}+3\right]$
F) $y = \sqrt{1+x^2}\left[-\frac{1}{2}(\operatorname{arcsen} x)^2 - \sqrt{1+x^2}+3\right]$

59) Determine a solução da equação

$$y' - \frac{2021y}{x} = e^x x^{2021}.$$

A) $y = x^{-2021}(e^x + C)$ B) $y = x^{2021}(e^{-x^2} + C)$ C) $y = \frac{2021}{x}\left(e^{x^2} + C\right)$
D) $y = x^{2021}(e^x + C)$ E) $y = \frac{2021}{x^2}(e^x + C)$ F) $y = \frac{2021}{x}(e^{-x} + C)$

60) Determine a solução da equação

$$y' + y \operatorname{sen} x = xe^{\cos x}.$$

A) $y = e^{\operatorname{tg} x}\left(\frac{x^4}{4} + C\right)$ B) $y = e^{\operatorname{sen} x}\left(\frac{x^4}{4} + C\right)$ C) $y = e^{\cos x}\left(\frac{x^2}{2} + C\right)$
D) $y = e^{\operatorname{tg} x}\left(\frac{x^2}{2} + C\right)$ E) $y = e^{\operatorname{sen} x}\left(\frac{x^2}{2} + C\right)$ F) $y = e^{\cos x}\left(\frac{x^4}{4} + C\right)$

61) Determine a solução da equação

$$\operatorname{sen}(2x)y' + \cos(2x)y = -2\sqrt{\operatorname{sen}^3(2x)}.$$

A) $y = \dfrac{\operatorname{sen}(2x) + C}{\sqrt{\operatorname{sen}(2x)}}$ B) $y = \dfrac{\operatorname{sen}(2x) + C}{\sqrt{\cos(2x)}}$ C) $y = \dfrac{\operatorname{sen} x + C}{\sqrt{\cos(x^2)}}$
D) $y = \dfrac{\cos(2x) + C}{\sqrt{\operatorname{sen}(2x)}}$ E) $y = \dfrac{\cos(2x) + C}{\sqrt{\cos(2x)}}$ F) $y = \dfrac{\cos x + C}{\sqrt{\operatorname{sen}(x^2)}}$

62) Determine a solução da equação de Bernoulli $y' - 2y \operatorname{tg} x + y^2 \operatorname{sen}^2 x = 0$.

A) $y = \dfrac{\sec^2 x}{C - x + \operatorname{tg} x}$ B) $y = \dfrac{\cos^2 x}{C + x + \operatorname{tg} x}$ C) $y = \dfrac{\operatorname{sen}^2 x}{C - x - \operatorname{tg} x}$
D) $y = \dfrac{\operatorname{tg}^2 x}{C - x + \sec x}$ E) $y = \dfrac{\sec^2 x}{C + x - \operatorname{tg}^2 x}$ F) $y = \dfrac{\cos^2 x}{C - x + \operatorname{tg}^2 x}$

A.9 Equações diferenciais com coeficientes constantes

Nas questões a seguir, denotamos constantes genéricas por C_1, C_2, C_3 etc.

63) Determine a solução geral da equação $y^{(4)} - 81y = 0$.

A) $y = C_1e^{9x} + C_2e^{-9x} + C_3\cos(9x) + C_4\operatorname{sen}(9x)$
B) $y = C_1e^{3x} + C_2e^{-3x} + C_3\cos(3x) + C_4\operatorname{sen}(3x)$
C) $y = C_1e^{9x} + C_2e^{-9x} + C_3\cos(3x) + C_4\operatorname{sen}(3x)$
D) $y = C_1e^{3x} + C_2e^{-3x} + C_3\cos(9x) + C_4\operatorname{sen}(9x)$
E) $y = C_1e^{3x} + C_2e^{-3x} + C_3e^{9x} + C_4e^{-9x}$
F) $y = C_1\cos(3x) + C_2\operatorname{sen}(3x) + C_3\cos(9x) + C_4\operatorname{sen}(9x)$

64) Determine uma equação diferencial linear homogênea de quarta ordem, com coeficientes constantes, que admita a função $xe^{-x}\cos(5x)$ como uma de suas soluções.

A) $y^{(4)} + 4y''' + 16y'' - 204y' + 576y = 0$
B) $y^{(4)} + 4y''' + 36y'' + 154y' - 415y = 0$
C) $y^{(4)} + 4y''' + 56y'' + 104y' + 676y = 0$
D) $y^{(4)} - 4y''' - 56y'' - 108y' + 376y = 0$
E) $y^{(4)} + 4y''' + 36y'' + 104y' + 676y = 0$
F) $y^{(4)} - 4y''' - 66y'' + 108y' - 176y = 0$

65) Encontre a solução geral da equação

$$y^{(5)} - 15y^{(4)} + 79y''' - 185y'' + 300y' - 500y = 0$$

sabendo que x^2e^{5x} é uma das soluções.

A) $y = C_1e^{5x} + C_2xe^{5x} + C_3x^2e^{5x} + C_4\cos 6x + C_5\,\text{sen}\,6x$
B) $y = C_1e^{5x} + C_2xe^{5x} + C_3x^2e^{5x} + C_4\cos 5x + C_5\,\text{sen}\,5x$
C) $y = C_1e^{5x} + C_2xe^{5x} + C_3x^2e^{5x} + C_4\cos 4x + C_5\,\text{sen}\,4x$
D) $y = C_1e^{5x} + C_2xe^{5x} + C_3x^2e^{5x} + C_4\cos 3x + C_5\,\text{sen}\,3x$
E) $y = C_1e^{5x} + C_2xe^{5x} + C_3x^2e^{5x} + C_4\cos 2x + C_5\,\text{sen}\,2x$
F) $y = C_1e^{5x} + C_2xe^{5x} + C_3x^2e^{5x} + C_4\cos x + C_5\,\text{sen}\,x$

66) Determine uma equação diferencial linear de coeficientes constantes cujas raízes da equação característica da homogênea associada são $\lambda_1 = -2$, $\lambda_2 = 5$, $\lambda_3 = -1 + 2i$, $\lambda_4 = -1 - 2i$ e que possua uma solução particular $y_P = 2x + e^x$.

A) $y^{(4)} - y''' - 12y'' - 25y' - 70 = -36e^x - 120x - 70$
B) $y^{(4)} - y''' - 12y'' + 25y' - 60 = -56e^x - 150x + 50$
C) $y^{(4)} - y''' - 11y'' - 35y' - 50 = -96e^x - 100x - 70$
D) $y^{(4)} - y''' - 10y'' + 35y' - 70 = -36e^x + 100x + 50$
E) $y^{(4)} - y''' - 11y'' - 35y' - 50 = -46e^x + 120x - 80$
F) $y^{(4)} - y''' - 10y'' - 25y' - 60 = -56e^x + 150x - 80$

67) Resolver a equação $y^{(4)} + 4y''' + 4y'' = 1$.

A) $y = C_1 + C_2x + C_3e^{-2x} + C_4xe^{-2x} + \frac{x^2}{2}$
B) $y = C_1 + C_2x + C_3e^{-2x} + C_4xe^{-2x} + \frac{x^2}{4}$
C) $y = C_1 + C_2x + C_3e^{-2x} + C_4xe^{-2x} + \frac{x^2}{8}$
D) $y = C_1 + C_2x + C_3x^2e^{2x} + C_4e^{-2x} + \frac{x^2}{10}$
E) $y = C_1 + C_2x + C_3x^2e^{2x} + C_4e^{-2x} + \frac{x^2}{\text{[illegible]}}$
F) $y = C_1 + C_2x + C_3x^2e^{2x} + C_4e^{-2x} + \frac{x^2}{8}$

68) Resolver a equação $y^{(4)} + 4y''' + 6y'' + 4y' + y = \operatorname{sen} x$.

A) $y = C_1e^{-x} + C_2xe^{-x} + C_3x^2e^{-x} + C_4x^3e^{-x} - \frac{\operatorname{sen} x}{4}$
B) $y = C_1e^{-x} + C_2xe^{-x} + C_3x^2e^{-x} + C_4x^3e^{-x} - \frac{\cos x}{4}$
C) $y = C_1e^{x} + C_2xe^{x} + C_3x^2e^{x} + C_4x^3e^{x} - \frac{\cos x}{4}$
D) $y = C_1e^{-x} + C_2xe^{-x} + C_3e^{x} + C_4xe^{x} - \frac{\cos x}{4}$
E) $y = C_1e^{-x} + C_2xe^{-x} + C_3e^{x} + C_4xe^{x} + \frac{\operatorname{sen} x}{4}$
F) $y = C_1e^{-x} + C_2xe^{-x} + C_3e^{x} + C_4xe^{x} + \frac{\operatorname{sen} x}{4}$

69) Resolver a equação $y''' + y'' - 2y' = -4x + 3e^x$.

A) $y = C_1 + C_2e^{x} + C_3e^{-2x} - x + x^2 + 4xe^x$
B) $y = C_1 + C_2e^{x} + C_3e^{-2x} + x - x^2 - 4xe^x$
C) $y = C_1 + C_2e^{x} + C_3e^{-2x} + x + x^2 + xe^x$
D) $y = C_1 + C_2e^{-x} + C_3e^{2x} - x + x^2 + xe^x$
E) $y = C_1 + C_2e^{-x} + C_3e^{2x} + x - x^2 + xe^x$
F) $y = C_1 + C_2e^{-x} + C_3e^{2x} - x - x^2 + 4xe^x$

70) Encontre a solução da equação $y^{(4)} - y = 4x^3 + 5$.

A) $y = C_1e^x + C_2e^{-x} + C_3\cos x + C_4\operatorname{sen} x + 2x^3 + 10$
B) $y = C_1e^x + C_2e^{-x} + C_3\cos x + C_4\operatorname{sen} x - 2x^3 - 10$
C) $y = C_1e^x + C_2e^{-x} + C_3\cos x + C_4\operatorname{sen} x + 8x^3 + 15$
D) $y = C_1e^x + C_2e^{-x} + C_3\cos x + C_4\operatorname{sen} x - 8x^3 - 15$
E) $y = C_1e^x + C_2e^{-x} + C_3\cos x + C_4\operatorname{sen} x - 4x^3 - 5$
F) $y = C_1e^x + C_2e^{-x} + C_3\cos x + C_4\operatorname{sen} x + 4x^3 + 5$

71) Encontre a solução da equação $y'' - y = 7e^{2x}\cos x$.

A) $y = C_1e^x + C_2e^{-x} + \left(\frac{3}{10}\cos x + \frac{4}{5}\operatorname{sen} x\right)e^{2x}$
B) $y = C_1e^x + C_2e^{-x} + \left(\frac{3}{10}\cos x - \frac{4}{5}\operatorname{sen} x\right)e^{2x}$
C) $y = C_1e^x + C_2e^{-x} + \left(\frac{7}{10}\cos x - \frac{7}{5}\operatorname{sen} x\right)e^{2x}$
D) $y = C_1e^x + C_2e^{-x} + \left(\frac{7}{10}\cos x + \frac{7}{5}\operatorname{sen} x\right)e^{2x}$
E) $y = C_1e^x + C_2e^{-x} + \left(\frac{17}{\text{[illegible]}}\cos x - \frac{3}{\text{[illegible]}}\operatorname{sen} x\right)e^{2x}$
F) $y = C_1e^x + C_2e^{-x} + \left(\frac{\text{[illegible]}}{10}\cos x + \frac{\text{[illegible]}}{5}\operatorname{sen} x\right)e^{2x}$

A.10 Equações diferenciais e séries de potências

Nos testes 72, 73 e 74, encontre os primeiros termos do desenvolvimento em série de potências da solução de cada equação diferencial dada. As constantes genéricas são denotadas por C_1 e C_2.

72) $y'' + 2xy + (1 + x^2)y = 0.$

A) $y = C_1\left(1 - \frac{x^2}{2} + \frac{x^4}{16} - \frac{x^6}{64} + \dots\right) + C_2\left(x - \frac{x^3}{2} + \frac{x^5}{16} - \frac{x^7}{64} + \dots\right)$
B) $y = C_1\left(1 - \frac{x^2}{2} + \frac{x^4}{32} - \frac{x^6}{128} + \dots\right) + C_2\left(x - \frac{x^3}{2} + \frac{x^5}{32} - \frac{x^7}{128} + \dots\right)$
C) $y = C_1\left(1 - \frac{x^2}{2} + \frac{x^4}{10} - \frac{x^6}{18} + \dots\right) + C_2\left(x - \frac{x^3}{2} + \frac{x^5}{10} - \frac{x^7}{18} + \dots\right)$
D) $y = C_1\left(1 - \frac{x^2}{2} + \frac{x^4}{14} - \frac{x^6}{96} + \dots\right) + C_2\left(x - \frac{x^3}{2} + \frac{x^5}{14} - \frac{x^7}{96} + \dots\right)$
E) $y = C_1\left(1 - \frac{x^2}{2} + \frac{x^4}{8} - \frac{x^6}{48} + \dots\right) + C_2\left(x - \frac{x^3}{2} + \frac{x^5}{8} - \frac{x^7}{48} + \dots\right)$
F) $y = C_1\left(1 - \frac{x^2}{2} + \frac{x^4}{4} - \frac{x^6}{8} + \dots\right) + C_2\left(x - \frac{x^3}{2} + \frac{x^5}{4} - \frac{x^7}{8} + \dots\right)$

73) $(1 - x^2)y'' - 2xy' + \frac{4y}{9} = 0.$

A) $y = C_1\left(1 - \frac{5x^2}{27} - \frac{25x^4}{843} - \frac{440x^6}{1565} - \dots\right) + C_2\left(x + \frac{3x^3}{17} + \frac{182x^5}{5215} + \frac{3458x^7}{22605} + \dots\right)$
B) $y = C_1\left(1 - \frac{8x^2}{9} - \frac{15x^4}{243} - \frac{441x^6}{3561} - \dots\right) + C_2\left(x + \frac{5x^3}{27} + \frac{184x^5}{2215} + \frac{3458x^7}{12105} + \dots\right)$
C) $y = C_1\left(1 - \frac{5x^2}{9} - \frac{25x^4}{443} - \frac{440x^6}{1561} - \dots\right) + C_2\left(x + \frac{7x^3}{17} + \frac{182x^5}{3215} + \frac{3458x^7}{12805} + \dots\right)$
D) $y = C_1\left(1 - \frac{2x^2}{9} - \frac{25x^4}{243} - \frac{440x^6}{6561} - \dots\right) + C_2\left(x + \frac{7x^3}{27} + \frac{182x^5}{1215} + \frac{3458x^7}{32805} + \dots\right)$
E) $y = C_1\left(1 - \frac{2x^2}{3} - \frac{25x^4}{343} - \frac{440x^6}{6560} - \dots\right) + C_2\left(x + \frac{7x^3}{37} + \frac{182x^5}{1215} + \frac{3458x^7}{62805} + \dots\right)$
F) $y = C_1\left(1 - \frac{2x^2}{27} - \frac{25x^4}{343} - \frac{440x^6}{6165} - \dots\right) + C_2\left(x + \frac{17x^3}{27} + \frac{282x^5}{1215} + \frac{3458x^7}{12005} + \dots\right)$

74) $y'' + 4y' + 29y = 0.$

A) $y = C_1\left(1 - 2x - \frac{21x^2}{2} + \frac{51x^3}{3} + \dots\right) + C_2\left(5x - 10x^2 - \frac{75x^3}{6} + 65x^4 - \dots\right)$
B) $y = C_1\left(1 - 2x - \frac{21x^2}{2} + \frac{31x^3}{3} + \dots\right) + C_2\left(5x - 10x^2 - \frac{85x^3}{6} + 55x^4 - \dots\right)$
C) $y = C_1\left(1 - 2x - \frac{21x^2}{2} + \frac{71x^3}{3} + \dots\right) + C_2\left(5x - 10x^2 - \frac{65x^3}{6} + 35x^4 - \dots\right)$
D) $y = C_1\left(1 - 2x - \frac{21x^2}{5} + \frac{71x^3}{7} + \dots\right) + C_2\left(5x - 20x^2 - \frac{75x^3}{6} + 25x^4 - \dots\right)$
E) $y = C_1\left(1 - 2x - \frac{25x^2}{2} + \frac{61x^3}{3} + \dots\right) + C_2\left(5x - 20x^2 - \frac{65x^3}{6} + 15x^4 - \dots\right)$
F) $y = C_1\left(1 - 2x - \frac{23x^2}{2} + \frac{61x^3}{3} + \dots\right) + C_2\left(5x - 20x^2 - \frac{65x^3}{6} + 45x^4 - \dots\right)$

75) Calcule $y^{(4)}$, sabendo que y é solução da equação $y'' = yy' + x^3$.

A) $y^{(4)} = -yy''' + 2y'y'' + 6x$
B) $y^{(4)} = yy''' + 3y'y'' + 6x$
C) $y^{(4)} = 2yy''' + 4y'y'' + 6x$
D) $y^{(4)} = 2yy''' + 5y'y'' + 6x$
E) $y^{(4)} = yy''' + 6y'y'' + 6x$
F) $y^{(4)} = 3yy''' + y'y'' + 6x$

76) Calcule $y^{(4)}$, sabendo que y é solução da equação $y' = x + y + e^x + e^y$.

A) $y^{(4)} = y''' + e^x + e^y\left(y''' + y'y'' + 3(y')^3\right)$
B) $y^{(4)} = y''' + e^x + e^y\left(y''' + 3y'y'' + (y')^3\right)$
C) $y^{(4)} = y''' + e^x + 2e^y\left(y''' + 2y'y'' + 3(y')^2\right)$
D) $y^{(4)} = y''' + e^x + 3e^y\left(y''' + y'y'' + 2(y')^3\right)$
E) $y^{(4)} = y''' + 2e^x + e^y\left(y''' + 2y'y'' + (y')^3\right)$
F) $y^{(4)} = y''' + 3e^x + e^y\left(y''' + 3y'y'' + 2(y')^3\right)$

77) Sendo y solução do problema de valor inicial $y' = cos(x) + cos(y)$, $y(0) = 0$ calcule o valor de $y'''(0)$.

A) $y'''(0) = -5$ B) $y'''(0) = -4$ C) $y'''(0) = -3$ D) $y'''(0) = -2$
E) $y'''(0) = -1$ F) $y'''(0) = 0$ G) $y'''(0) = 1$ H) $y'''(0) = 2$

Nos testes 78, 79 e 80, determine os primeiros termos da série de Maclaurin da solução de cada problema de valor inicial.

78) $y'' - 5y' + 6y = (12x - 7)e^{-x},\ y(0) = y'(0) = 0.$

A) $y = -\dfrac{7x^2}{2} - \dfrac{8x^3}{3} - \dfrac{23x^4}{8} - \dfrac{103x^5}{60} - \dfrac{671x^6}{720} - \dfrac{57x^7}{140} - \dfrac{6313x^8}{40320} - \dots$

B) $y = -\dfrac{7x^2}{2} - \dfrac{11x^3}{3} - \dfrac{13x^4}{8} - \dfrac{113x^5}{60} - \dfrac{671x^6}{720} - \dfrac{57x^7}{140} - \dfrac{6313x^8}{40320} - \dots$

C) $y = -\dfrac{7x^2}{2} - \dfrac{88x^3}{3} - \dfrac{33x^4}{8} - \dfrac{73x^5}{60} - \dfrac{571x^6}{720} - \dfrac{27x^7}{140} - \dfrac{6313x^8}{40320} - \dots$

D) $y = -\dfrac{7x^2}{2} - \dfrac{88x^3}{3} - \dfrac{43x^4}{8} - \dfrac{13x^5}{60} - \dfrac{571x^6}{720} - \dfrac{17x^7}{140} - \dfrac{6313x^8}{40320} - \dots$

E) $y = -\dfrac{7x^2}{2} - \dfrac{11x^3}{3} - \dfrac{53x^4}{8} - \dfrac{113x^5}{60} - \dfrac{471x^6}{720} - \dfrac{27x^7}{140} - \dfrac{6313x^8}{40320} - \dots$

F) $y = -\dfrac{7x^2}{2} - \dfrac{8x^3}{3} - \dfrac{103x^4}{8} - \dfrac{203x^5}{60} - \dfrac{471x^6}{720} - \dfrac{17x^7}{140} - \dfrac{6313x^8}{40320} - \dots$

79) $y'' - 4y' + 5y = 1 + \cos^2 x + e^{2x}$

A) $y = 1 - x - 3x^2 - \dfrac{17x^3}{6} - \dfrac{9x^4}{2} - \dfrac{7x^5}{40} + \dfrac{101x^7}{720} + \dfrac{59x^8}{2016} + \dots$

B) $y = 1 - x - 3x^2 - \dfrac{17x^3}{6} - \dfrac{9x^4}{2} - \dfrac{7x^5}{40} + \dfrac{101x^7}{720} + \dfrac{59x^8}{2016} + \dots$

C) $y = 1 - x - 3x^2 - \dfrac{17x^3}{6} - \dfrac{3x^4}{2} - \dfrac{17x^5}{40} + \dfrac{41x^7}{720} + \dfrac{59x^8}{2016} + \dots$

D) $y = 1 - x - 3x^2 - \dfrac{11x^3}{6} - \dfrac{3x^4}{2} - \dfrac{27x^5}{40} + \dfrac{101x^7}{720} + \dfrac{59x^8}{2016} + \dots$

E) $y = 1 - x - 3x^2 - \dfrac{11x^3}{6} - \dfrac{13x^4}{2} - \dfrac{77x^5}{40} + \dfrac{31x^7}{720} + \dfrac{59x^8}{2016} + \dots$

F) $y = 1 - x - 3x^2 - \dfrac{11x^3}{6} - \dfrac{13x^4}{2} - \dfrac{77x^5}{40} + \dfrac{401x^7}{720} + \dfrac{59x^8}{2016} + \dots$

80) $y''' - 12y'' + 48y' - 64y = x^2 - x + 5,\ y(0) = 0,\ y'(0) = 1,\ y''(0) = 2.$

A) $y = x + x^2 - \dfrac{29x^3}{6} - \dfrac{87x^4}{2} - \dfrac{209x^5}{12} - \dfrac{1721x^6}{80} - \dfrac{340x^7}{21} - \dots$

B) $y = x + x^2 - \dfrac{19x^3}{[illegible]} - \dfrac{87x^4}{[illegible]} - \dfrac{209x^5}{[illegible]} - \dfrac{1721x^6}{90} - \dfrac{340x^7}{21} - \dots$

C) $y = x + x^2 - \dfrac{19x^3}{6} - \dfrac{[illegible]}{4} - \dfrac{209x^5}{24} - \dfrac{1721x^6}{90} - \dfrac{340x^7}{21} - \dots$

D) $y = x + x^2 - \dfrac{49x^3}{6} - \dfrac{87x^4}{8} - \dfrac{209x^5}{24} - \dfrac{1721x^6}{80} - \dfrac{340x^7}{21} - \dots$

E) $y = x + x^2 - \dfrac{29x^3}{6} - \dfrac{87x^4}{2} - \dfrac{209x^5}{15} - \dfrac{1721x^6}{70} - \dfrac{340x^7}{21} - \dots$

F) $y = x + x^2 - \dfrac{49x^3}{6} - \dfrac{87x^4}{4} - \dfrac{209x^5}{15} - \dfrac{1721x^6}{70} - \dfrac{340x^7}{21} - \dots$

A.11 Respostas dos testes

1) **I**	2) **G**	3) **J**	4) **A**	5) **D**	6) **D**	7) **G**	8) **D**	9) **A**	10) **C**
11) **C**	12) **E**	13) **C**	14) **B**	15) **C**	16) **F**	17) **F**	18) **G**	19) **B**	20) **E**
21) **G**	22) **D**	23) **C**	24) **H**	25) **E**	26) **E**	27) **C**	28) **H**	29) **G**	30) **B**
31) **F**	32) **A**	33) **F**	34) **A**	35) **C**	36) **E**	37) **D**	38) **B**	39) **D**	40) **H**
41) **C**	42) **A**	43) **F**	44) **A**	45) **F**	46) **E**	47) **C**	48) **F**	49) **E**	50) **D**
51) **C**	52) **A**	53) **F**	54) **F**	55) **D**	56) **B**	57) **C**	58) **B**	59) **D**	60) **C**
61) **D**	62) **A**	63) **B**	64) **C**	65) **E**	66) **C**	67) **C**	68) **A**	69) **C**	70) **E**
71) **D**	72) **E**	73) **D**	74) **C**	75) **B**	76) **B**	77) **A**	78) **A**	79) **C**	80) **B**

Apêndice B

Apoio Computacional

B.1 Um programa de Computação Algébrica

O Maxima é um programa que executa cálculos numéricos e simbólicos, em desenvolvimento há mais de 50 anos. Seu nome original era Macsyma e foi elaborado nos laboratórios do MIT, nos Estados Unidos.

É capaz de simplificar expressões algébricas e trigonométricas, efetuar cálculos com matrizes e com números complexos, construir diversos tipos de gráficos, fatorar polinômios, resolver diversos tipos de equações e sistemas, calcular limites, derivadas e integrais, resolver equações diferenciais e muitas outras coisas.

Trata-se de um programa livre. Pode ser copiado, utilizado e distribuído gratuitamente. Isso faz com que o Maxima seja uma excelente ajuda no ensino e aprendizagem dos mais diversos assuntos da Matemática, facilmente acessível a todos.

É considerado um Sistema de Computação Algébrica de uso geral, podendo ser usado nos sistemas operacionais Android, Windows, Linux e Mac-OS.

B.2 De onde copiar

O Maxima tem sua própria página na Internet, no endereço

http://maxima.sourceforge.net

É denominada *"Maxima, a Computer Algebra System"* e a partir dela pode-se copiar o programa (cerca de 140 megabytes), além da sua documentaçao em diversos idiomas.

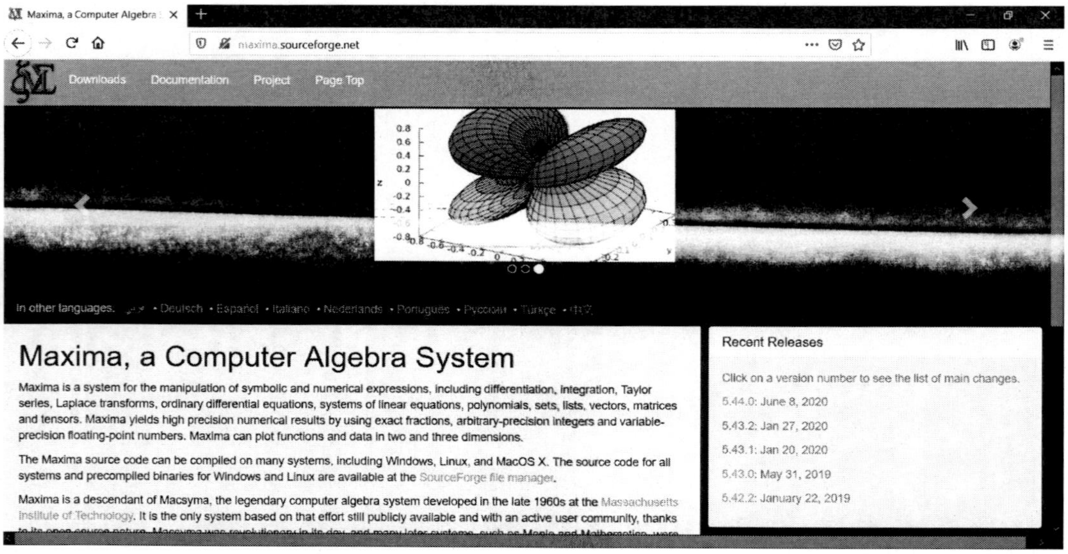

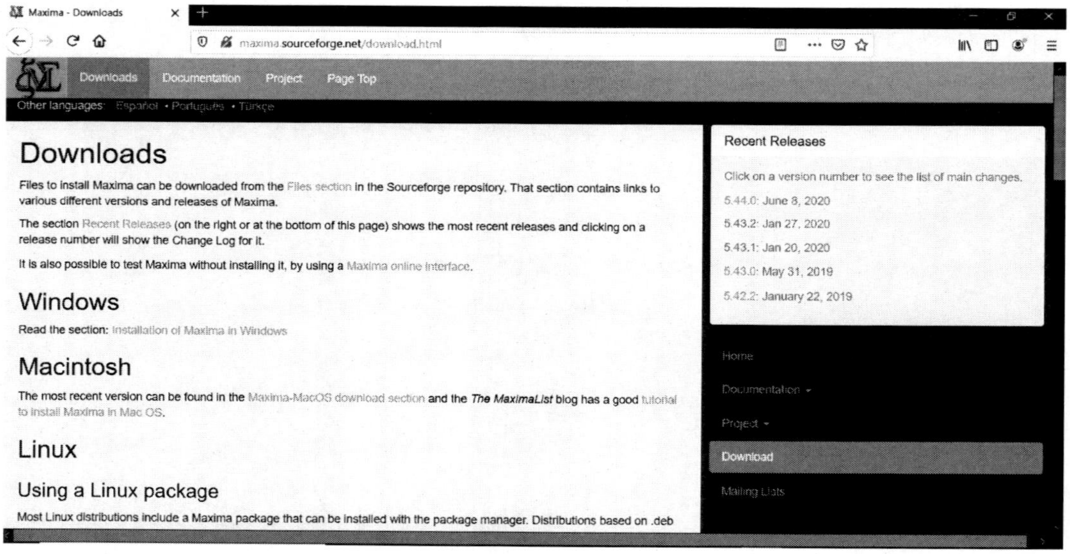

Uma versão para celular pode ser baixada a partir do *Play Store* e chama-se “Maxima on Android”.

B.3 Interface wxMaxima

São várias as formas pelas quais o Maxima comunica-se com o usuário. Neste capítulo, citamos apenas a interface denominada wxMaxima, que é bastante amigável, intuitiva e fácil de se usar. Sua tela inicial é parecida com a mostrada a seguir:

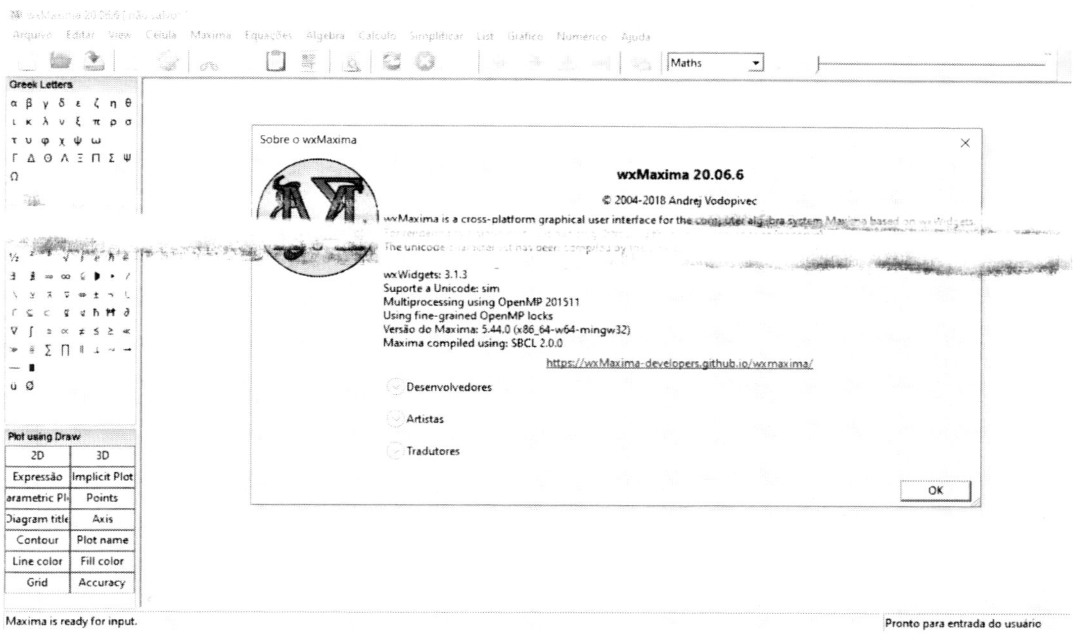

Nessa tela inicial, aparece o menu principal no topo da tela:

"Arquivo Editar View Célula Maxima Equações Álgebra Cálculo Simplificar ..."

Podemos realizar muitas atividades a partir dos itens desse menu. Por exemplo, o item "Equações" dá acesso aos subitens

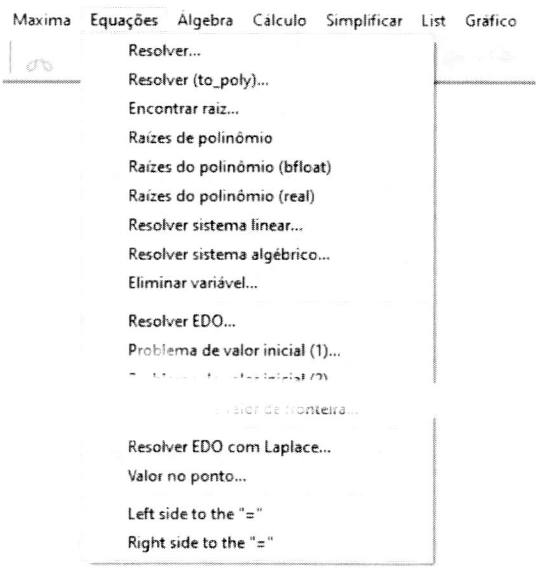

enquanto que o item "Álgebra" dá acesso a

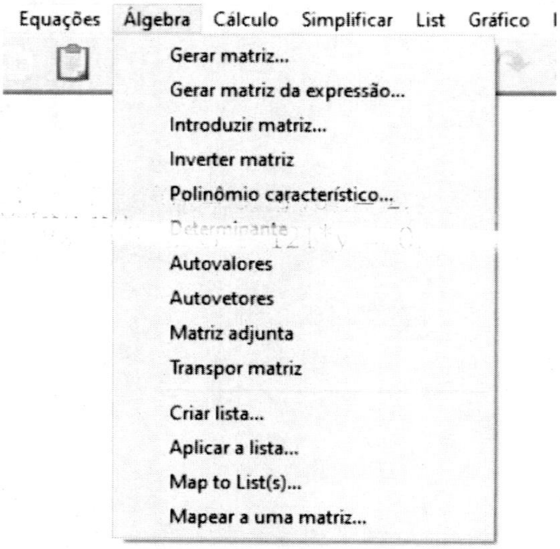

e o item "Cálculo" dá acesso a

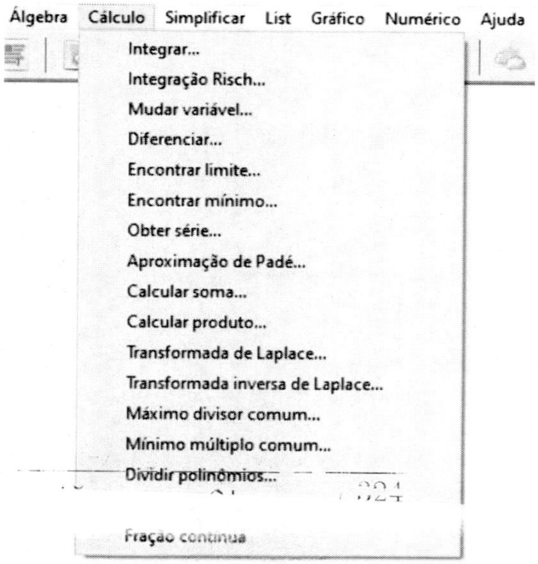

O item "Simplificar" fornece as seguintes opções:

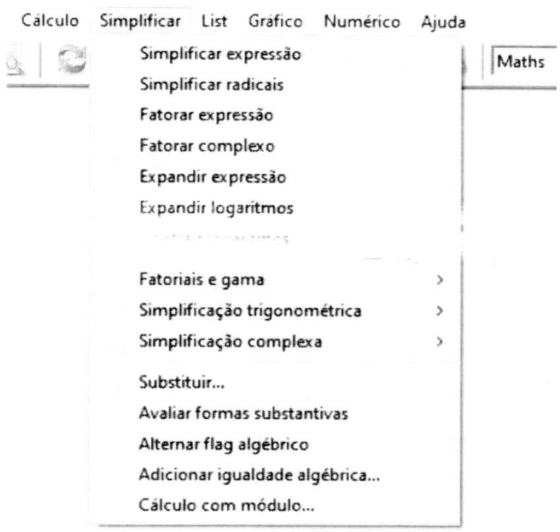

No item "Editar" do menu, tem um subitem chamado "Configurações" onde é feita toda a configuração do programa tais como idioma utilizado, cores do texto, fontes de texto, etc. Certifique-se de que o item "☑ Enter calcula células" está marcado.

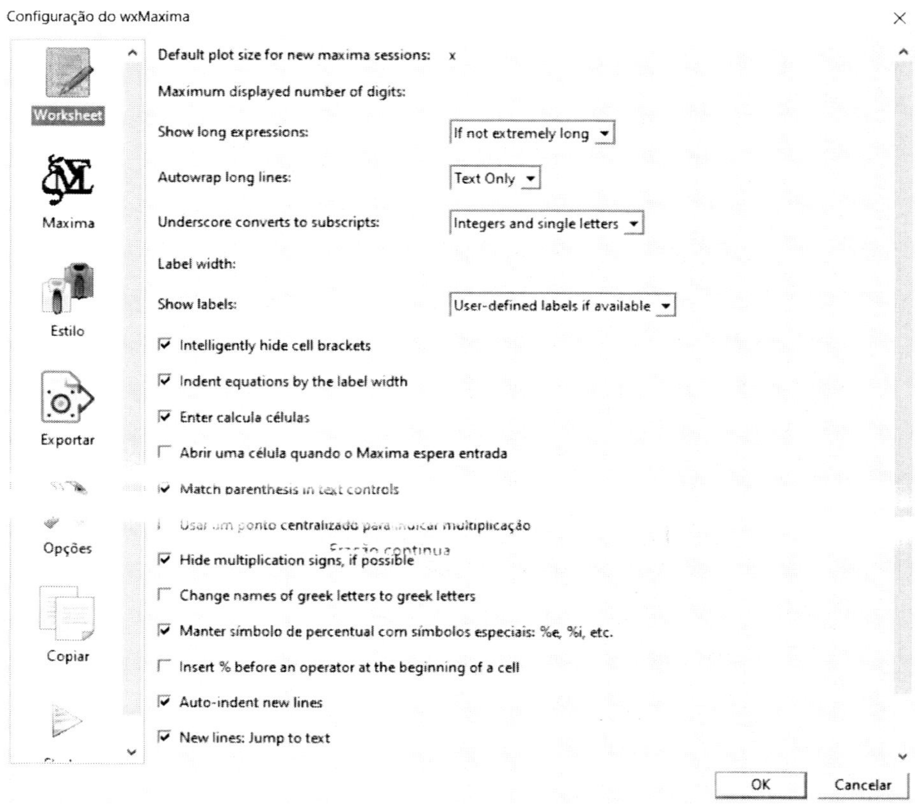

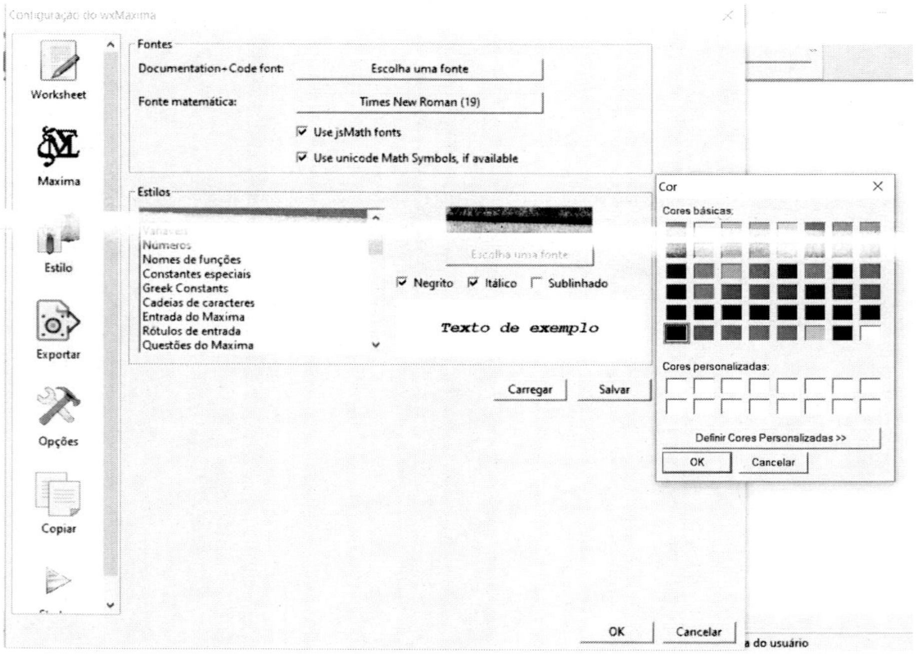

B.4 Digitando comandos

Podemos digitar os comandos para o Maxima linha por linha, e observar as respostas dadas pelo programa. Para isso, seguimos as seguintes regras:

- Os comandos vão sendo digitados ao lado de (%i1), (%i2), (%i3) etc. e o Maxima vai dando suas respostas ao lado de (%o1), (%o2), (%o3) etc. Esses são os *inputs* e *outputs*.
- A linha de comando deve ser encerrada com um ponto e vírgula ou com um cifrão. Se for encerrada com um ponto e vírgula, o resultado obtido é mostrado imediatamente. Se for encerrada com um cifrão, o resultado não será mostrado de imediato, ficando guardado internamente.
- As operações aritméticas básicas são indicadas pelos símbolos $+$, $-$, $*$ (multiplicação), / (divisão) e ^ (potenciação).
- A raiz quadrada de x é indicada por **sqrt(x)**, a exponencial (de base e) de x é indicada por **exp(x)**, o logaritmo natural de x é **log(x)**, as funções trigonométricas são **sin(x)**, **cos(x)**, **tan(x)**, **sec(x)**, **cot(x)**, **csc(x)** e as trigonométricas inversas são **asin(x)**, **acos(x)**, **atan(x)**.
- Uma variável pode ter seu nome formado por uma única letra como x, y, z, ... ou ter um nome longo onde apareçam várias letras, algarismos e caracter de sublinhado como em *expr1*, *expr2*, *result_1*, *result_2*, ...
- Podemos atribuir valor a qualquer variável digitando-se o seu nome seguido de dois pontos e do valor da variável como em **x: 2; y: 4; z: -1**. Essas atribuições não devem ser confundidas com $x = 2; y = 4; z = -1$.
- O último resultado calculado pode ser referenciado por um símbolo de porcentagem (%).
- As constantes matemáticas $\pi = 3,14159\ldots$, $e = 2,71828\ldots$, $i = \sqrt{-1}$, $\phi = \frac{1+\sqrt{5}}{2}$ são representadas por **%pi**, **%e**, **%i** e **%phi**, respectivamente.

- Usamos o comando **float(x)** para obtermos a representação decimal de x.
- Uma função pode ser definida utilizando-se um **:=** , como no exemplo $f(x) := \cos(x)+x/5$.

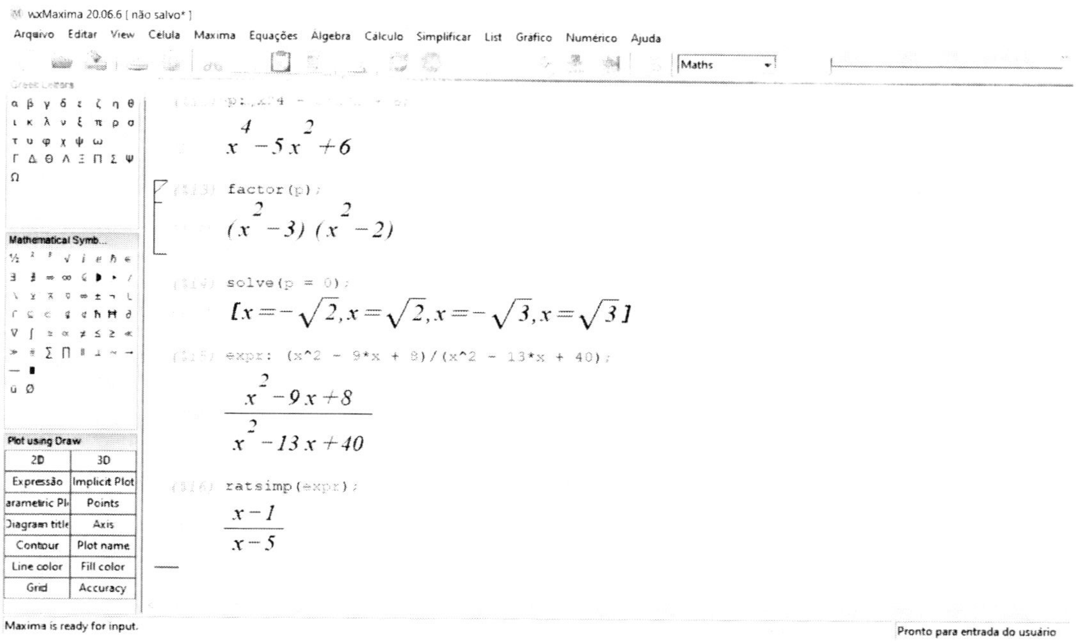

A seguir, alguns exemplos de comandos digitados no *Maxima*, bem como suas respectivas respostas. Calculamos $30 \times 50 + 8 \times 10$, fatoramos o resultado em produto de potências de primos, calculamos $a = \sqrt{49}$, $b = \frac{\sqrt{81}}{6}$, $a + b$, $x = \ln(\cos(\frac{\pi}{6}) + \operatorname{sen}(\frac{\pi}{4}))$ e a sua representação decimal. Se o usuário quiser, pode ser digitado em uma única linha mais de um comando.

(%i1) 30*50 + 8*10;
(%o1) 1580

(%i2) factor(%);
(%o2) $2^2 \; 5 \; 79$

(%i3) a: sqrt(49)\$ b: sqrt(81)/6\$ a+b;
(%o3) $\frac{17}{2}$

(%i4) x: log(cos(%pi/6) + sin(%pi/4)); float(x);
(%o4) $\log(\frac{\sqrt{3}}{2} + \frac{1}{\sqrt{2}})$

(%o5) 0.45306865422064

B.5 Simplificação e expansão de expressões

Expressões algébricas podem ser simplificadas com o comando **ratsimp(...)** e desenvolvidas com um comando **expand(...)**. Se houver radicais envolvidos, então a expressão pode ser simplificada com um **radcan(...)** e se houver funções trigonométricas, pode ser simplificada com um **trigsimp(...)** .

(%i6) ex1: a^3/((a-b)*(a-c)) + b^3/((b-c)*(b-a)) + c^3/((c-a)*(c-b));

(%o6) $\dfrac{a^3}{(a-b)(a-c)} + \dfrac{b^3}{(b-c)(b-a)} + \dfrac{c^3}{(c-a)(c-b)}$

(%i7) ratsimp(ex1);
(%o7) $c + b + a$

(%i8) ex2: ((3*x^2+4*x+1)^2 - (3*x^2+10*x+1)^2)/((3*x^2+11*x+1)^2
- (3*x^2+3*x+1)^2);

(%o8) $\dfrac{(3x^2+4x+1)^2 - (3x^2+10x+1)^2}{(3x^2+11x+1)^2 - (3x^2+3x+1)^2}$

(%i9) ratsimp(ex2);

(%o9) $-\dfrac{3}{4}$

(%i10) y: (sin(x)^3 - cos(x)^3)/(sin(x) - cos(x));

(%o10) $\dfrac{\sin(x)^3 - \cos(x)^3}{\sin(x) - \cos(x)}$

(%i11) trigsimp(y);
(%o11) $\cos(x)\sin(x) + 1$

A operação de multiplicação nunca pode ficar subentendida. Por exemplo, um termo como $2xy$ tem que ser digitado como $2 * x * y$. O asterisco $*$ não pode ser esquecido.

B.6 Operações com polinômios

Diversas operações com polinômios podem ser efetuadas com o Maxima. A fatoração é realizada com um comando **factor(...)**, o máximo divisor comum entre f e g é feito com um **gcd(f, g)** e a divisão com um **divide(f, g)**. O resultado da divisão é apresentado no formato $[q, r]$ onde q é o quociente e r é o resto da divisão.

Neste exemplo, definimos os polinômios $f = x^4+2x^3-4x^2-5x-84$ e $g = (x+4)(x^2+x+7)^2$, fatoramos e calculamos o MDC entre eles. Por fim, dividimos f por x^2+3x+7.

(%i12) f: x^4 + 2*x^3 - 4*x^2 - 5*x - 84;
(%o12) $x^4 + 2x^3 - 4x^2 - 5x - 84$

(%i13) factor(%);
(%i13) $(x-3)(x+4)(x^2+x+7)$

(%i14) g: expand((x + 4)*(x^2 + x + 7)^2);
(%o14) $x^5 + 6x^4 + 23x^3 + 74x^2 + 105x + 196$

(%i15) factor(%);
(%o15) $(x+4)(x^2+x+7)^2$

(%i16) gcd(f, g);
(%o16) $x^3 + 5x^2 + 11x + 28$

(%i17) divide(f, x^2 + 3*x + 7);
(%i17) $[x^2 - x - 8,\ 26x - 28]$

B.7 Gráficos

O *Maxima* constrói vários tipos de gráficos planos ou tridimensionais. A construção do mais simples tipo de gráfico plano com $x \in [a, b]$ e $y \in [c, d]$ pode ser feita com um comando

plot2D(função , [x, a, b], [y, c, d]) .

Neste exemplo construímos o gráfico de $\operatorname{sen} x + \frac{\operatorname{sen} 3x}{3} + \frac{\operatorname{sen}(5x)}{5}$ com x variando de -10 a 10 e y de -2 a 2. Uma janela exclusiva para a digitação dos dados do gráfico pode ser obtida com a opção "Gráfico→Gráfico2D ..." do menu principal.

(%i18) plot2D(sin(x) + sin(3*x)/3 + sin(5*x)/5, [x, -10, 10], [y, -2, 2]);

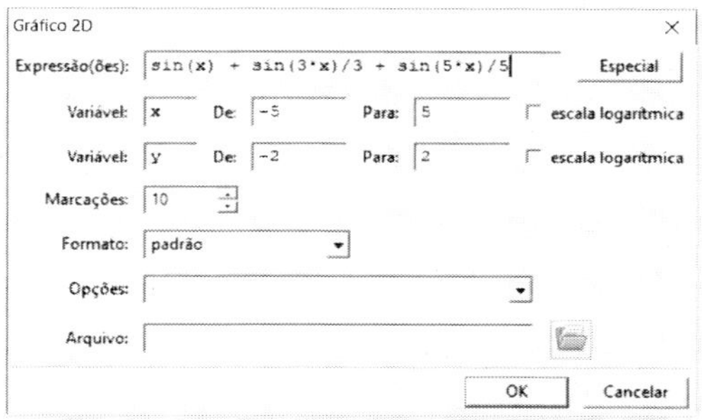

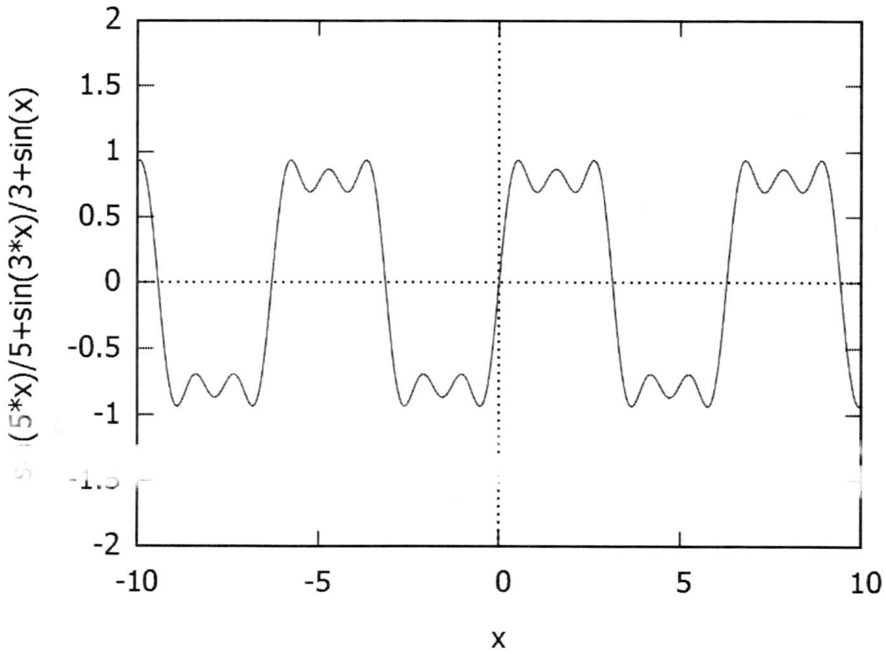

O gráfico tridimensional de uma função $f(x, y)$, com $x \in [a, b]$ e $y \in [c, d]$ pode ser construído com um comando **plot3d(f(x,y), [x, a, b], [y, a, b])** ou fornecendo-se os dados do gráfico na janela "Gráfico → Gráfico3D ..." no menu principal do programa.

(%i19) plot3d(x^2 - y^2, [x, -3, 3], [y, -3, 3]);

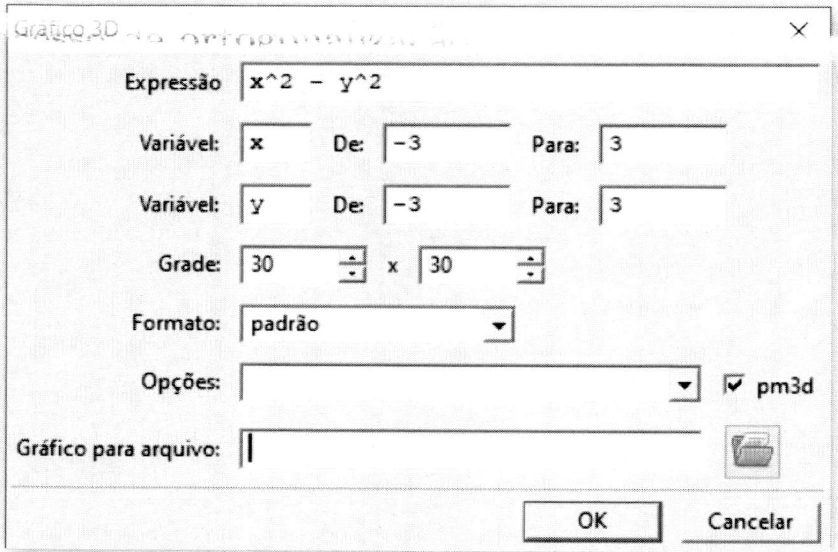

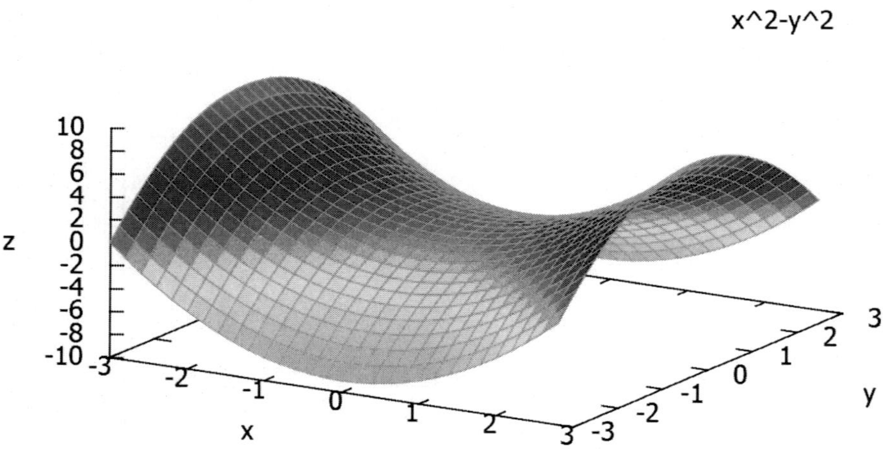

Depois de construído, um gráfico tridimensional construído com a opção padrão pode ser girado pressionando-se o *mouse* e arrastando-o para uma nova posição .

B.8 Gráficos de funções implícitas

O Maxima possui um pacote extra de comandos gráficos chamado **draw**. Para usar os comandos desse pacote, deve-se carregá-lo uma única vez com um comando **load(draw);**.

Entre as várias construções possíveis com o pacote draw, vamos exemplificar apenas a construção de gráficos planos ou tridimensionais definidos implicitamente.

- implicit(equação, x, x_{min}, x_{max}, y, y_{min}, y_{max}, ...); define implicitamente gráfico plano ou tridimensional, com variáveis dentro dos limites estabelecidos.

- draw2d(gráfico2D, opções2D); desenha gráfico plano usando as opções dadas.

- opções2D podem ser color=... (cor do gráfico), line_width=... (largura do traço), xaxis=true (desenha o eixo dos x), yaxis=true (desenha o eixo dos y), etc.

- draw3d(gráfico3D, opções3D); desenha gráfico tridimensional usando as opções dadas.

- opções3D podem ser color=... (cor do gráfico), proportional_axes=xyz (mesma escala nos eixos), surface_hide=true (não mostra parte encoberta do gráfico), etc.

Neste exemplo, construímos a hipérbole definida implicitamente pela equação $\frac{y^2}{25} - \frac{x^2}{9} = 1$, $-15 \leqslant x \leqslant 15$, $-15 \leqslant y \leqslant 15$, e as retas cujas equações são $\frac{y}{5} - \frac{x}{3} = 0$ e $\frac{y}{5} + \frac{x}{5} = 0$.

```
(%i20) load(draw)$
(%i21) hip1: implicit(y^2/25 - x^2/9 = 1, x, -15, 15, y, -15, 15)$
(%i22) reta1: implicit(y/5 - x/3 = 0, x, -15, 15, y, -15, 15)$
(%i23) reta1: implicit(y/5 + x/3 = 0, x, -15, 15, y, -15, 15)$
(%i24) draw2d(xaxis=true, yaxis=true, proportional_axes=xy,
    line_width=2, color=red, reta1, reta2, line_width=5, color=blue, hip1);
(%o24) [gr2d(implicit, implicit, implicit)]
```

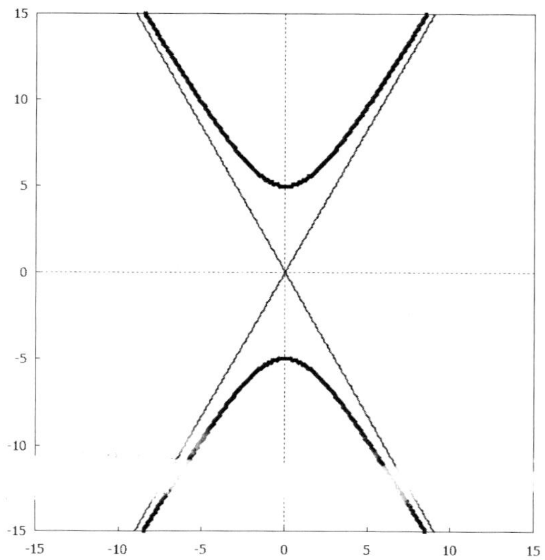

E agora construímos o gráfico do hiperboloide definido implicitamente por $x^2 - y^2 + z^2 = 2$, $-5 \leqslant x \leqslant 5$ $-5 \leqslant y \leqslant 5$, $-5 \leqslant z \leqslant 5$. As opções de construção do gráfico são: mesma escala nos eixos, superfícies encobertas escondidas e cor azul.

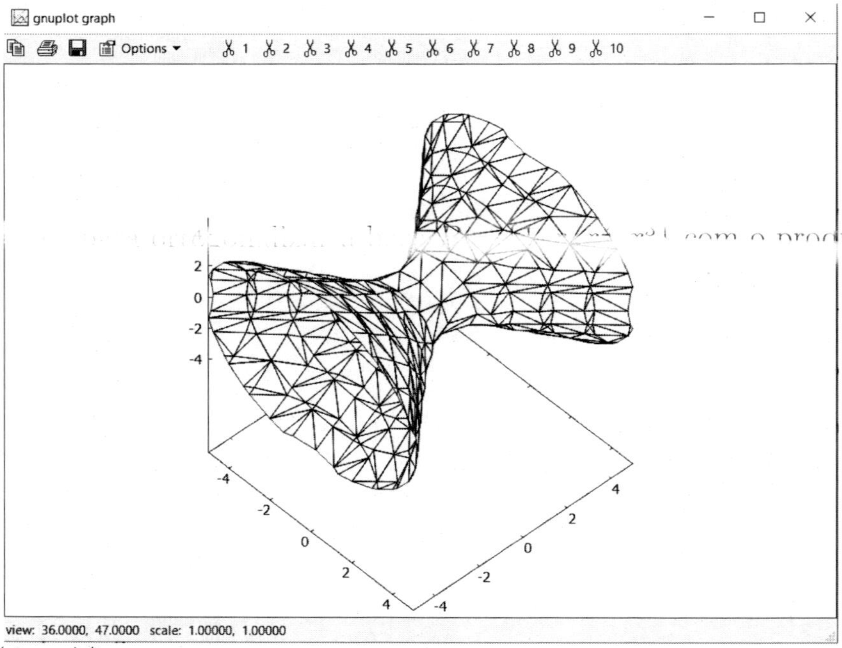

(%i25) load(draw)$

(%i26) sup3d: implicit(x^2-y^2+z^2 = 2, x, -5, 5, y, -5, 5, z, -5, 5)$

(%i27) draw3d(proportional_axes=xyz, surface_hide=true, color=blue, sup3d);

(%o27) $[gr3d(implicit)]$

B.9 Limites

O limite de $f(x)$ quando x tende a x_0 é calculado com um comando **limit(f(x), x, x0)**. O infinito pode ser codificado por **inf** e o menos infinito por **minf**. Se for colocado um apóstrofo antes do comando, ele será apenas mostrado, mas não calculado.

(%i28) limit(sin(4*x)/x, x, 0);

(%o28) 4

(%i29) limit((1 + 3/n)^n, n, minf);

(%o29) $\%e^3$

(%i30) 'limit(sqrt(x + sqrt(x)) - sqrt(x), x, inf);

(%o30) $\lim_{x \to \infty} \sqrt{x + \sqrt{x}} - \sqrt{x}$

(%i31) limit(sqrt(x + sqrt(x)) - sqrt(x), x, inf);

(%o31) $\frac{1}{2}$

B.10 Derivadas

A derivada de $f(x)$ com relação a x pode ser calculada com um **diff(f(x), x)**. A derivada de ordem n pode ser calculada com um comando do tipo

diff(f(x), x, n). A função f pode ter várias variáveis. Se for colocado um apóstrofo antes do nome do comando, ele não será executado.

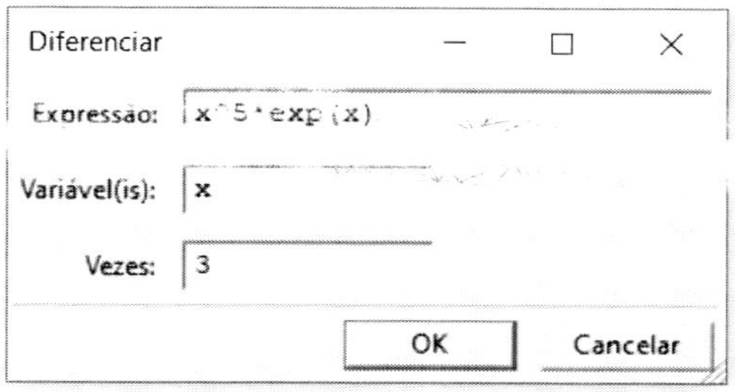

(%i32) diff(x^7 + 11*sin(x), x);
(%o32) $11\cos(x) + 7x^6$

(%i33) 'diff(cos(x^5), x) = diff(cos(x^5, x);
(%o33) $\frac{d}{dx}\cos(x^5) = -5x^4\sin(x^5)$

(%i34) 'diff(x^5*exp(x), x, 3) = diff(x^5*exp(x), x, 3);
(%o34) $\frac{d^3}{dx^3}\left(x^5\%e^x\right) = x^5\%e^x + 15x^4\%e^x + 60x^3\%e^x + 60x^2\%e^x$

(%i35) diff((3*x + 5*y^3)^7, y);
(%o35) $105y^2(5y^3 + 3x)^6$

B.11 Integrais

Integrais indefinidas podem ser calculadas com um comando do tipo **integrate(f(x), x)** e integrais definidas em $[a, b]$ com comando do tipo **integrate(f(x), x, a, b)**. Os limites de integração podem ser infinitos. Um apóstrofo antes do comando faz com que ele seja apenas enunciado sem ser calculado.

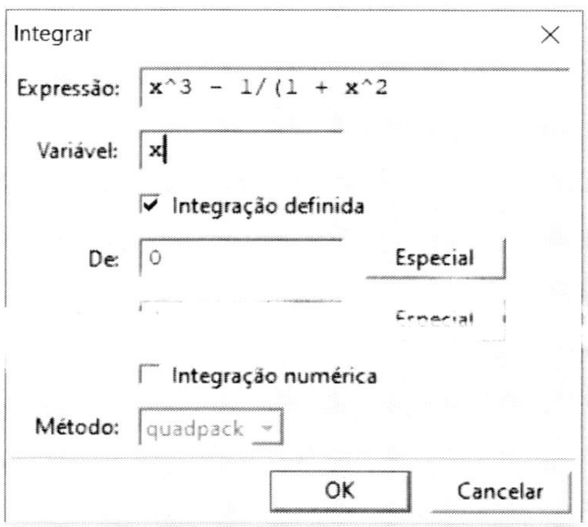

(%i36) f(x) := x^3 - 1/(1 + x^2)
(%o36) $f(x) := x^3 - \frac{1}{1+x^2}$

(%i37) integrate(f(x), x, 0, 4)
(%o37) $64 - atan(4)$

(%i38) 'integrate(x^5, x, a, b) = integrate(x^5, x, a, b);
(%o38) $\int_a^b x^5\,\mathrm{d}x = \frac{b^6}{6} - \frac{a^6}{6}$

(%i39) 'integrate(x^4*cos(x), x);
(%o39) $\int x^4 \cos(x)\,\mathrm{d}x$

(%i40) integrate(x^4*cos(x), x);
(%o40) $(x^4 - 12x^2 + 24)\sin(x) + (4x^3 - 24x)\cos(x)$

(%i41) 'integrate(%e^(-x^2), x, 0, inf) = integrate(%e^(-x^2), x, 0, inf);
(%o41) $\int_0^\infty e^{-x^2}\,\mathrm{d}x = \frac{\sqrt{\pi}}{2}$

B.12 Equações diferenciais

O Maxima possui vários comandos para resolução de equações diferenciais. Um deles, o **ode2(EDO, var1, var2)** resolve equações diferenciais ordinárias EDO de primeira ou segunda ordens, com $var1$ sendo a variável dependente e $var2$ a independente. Neste caso, é preciso que se digite um apóstrofo antes das derivadas. Nas respostas obtidas, o *Maxima* apresenta as constantes genéricas como sendo $\%c$, $\%k1$, $\%k2$ etc.

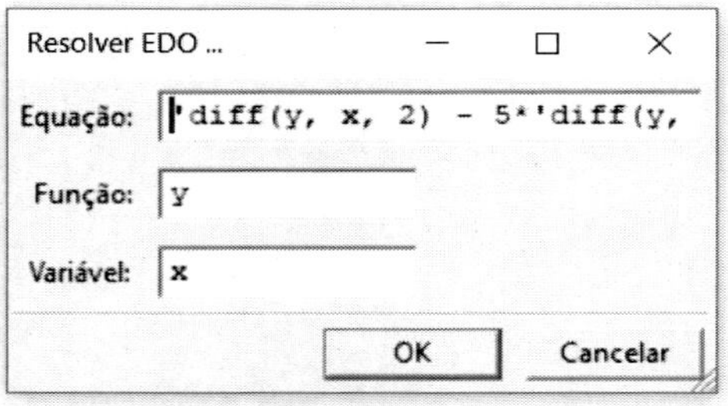

(%i42) eqn1: 'diff(y, x) + 4*y = cos(x);
(%o42) $\frac{d}{dx}y + 4y = \cos(x)$

(%i43) ode2(eqn1, y, x);
(%o43) $y = \%e^{-4x}\left(\frac{\%e^{4x}(\sin(x) + 4\cos(x))}{\text{[illegible]}} + \%c\right)$

(%i44) eqn2: 'diff(y, x, 2) - 5*'diff(y, x) + 6 = 0;
(%o44) $\frac{d^2}{dx^2}y - 5\left(\frac{d}{dx}y\right) + 6 = 0$

(%i45) ode2(eqn2, y, x);
(%o45) $y = \%k1\%e^{5x} + \frac{30x + 6}{25} + \%k2$

Problemas de valores iniciais nas variáveis x e y podem ser resolvidos se forem usados os comandos **ic1(solução, x=x_0, y=y_0)** para equações de primeira ordem com $y(x_0) = y_0$, e **ic2(solução, x=x_0, y=y_0, 'diff(y, x)=y_1)** para equações de segunda ordem com $y(x_0) = y_0$, $y'(x_0) = y_1$. A solução precisa ser obtida anteriormente com um comando **ode2(equação, y, x)**. No exemplo a seguir, o Maxima mostra a solução $y = (3 - 31x)e^{11x}$ para o problema de valor inicial $y'' - 22y' + 121y = 0$, $y(0) = 3$, $y'(0) = 2$.

(%i46) eq3: 'diff(y, x, 2) - 22*'diff(y, x) + 121*y = 0;

(%o46) $\frac{d^2}{dx^2}y - 22\left(\frac{d}{dx}y\right) + 121y = 0$

(%i47) sol: ode2(eq3, y, x);

(%o47) $y = (\%k2x + \%k1)\%e^{11x}$

(%48) ic2(sol, x=0, y=3, 'diff(y,x)=2);

(%o48) $y = (3 - 31x)\%e^{11x}$

B.13 Séries

Vários comandos podem ser usados para calcular somatórios, somas de séries e expansão em série de potências. Alguns desses comandos são o **sum(f(k), k, n1, n2)** ou **nusum(f(k), k, n1, n2)** que calculam o somatório de $f(k)$, com k variando de n_1 a n_2, e **taylor(expressão, x, a, n)** que expande a expressão em uma série de Taylor em torno do ponto a, contendo termos até $(x - a)^n$.

Em geral, um comando não é executado se for colocado um apóstrofo antes do seu nome.

(%i49) 'sum(1/(n*(n + 3), n, 1, 100);

(%o49) $\sum_{n=1}^{100}\left(\frac{1}{n(n+3)}\right)$

(%i50) sum(1/(n*(n + 3), n, 1, 100);

(%o50) $\frac{319025}{530553}$

(%i51) taylor(cos(x), x, 0, 8);

(%o51) $1 - \frac{x^2}{2} + \frac{x^4}{24} - \frac{x^6}{720} + \frac{x^8}{40320} + \ldots$

(%i52) taylor(log(x+1), x, 2, 4);

(%o52) $\log(3) + \frac{x-2}{3} - \frac{(x-2)^2}{18} + \frac{(x-2)^3}{81} - \frac{(x-2)^4}{324} + \ldots$

O comando **powerseries(expressão, x, a)**, também pode ser usado para obter o desenvolvimento de série de potências em torno do ponto a. No entanto, só funciona nos casos mais simples e conhecidos. Se for usado conjuntamente com o comando **niceindices(...)**, então os índices do somatório são mostrados como sendo $i, j, k, \ldots$

Se a variável global do programa chamada **simpsum** for igual a **true**, então os resultados dos somatórios ou somas de séries são mostrados da forma mais simplificada possível.

(%i53) niceindices(powerseries(atan(x), x, 0));

(%o53) $\displaystyle\sum_{i=0}^{\infty} \frac{(-1)^i}{2i+1}$

(%i54) simpsum: true;
(%i55) nusum(1/k^2, k, 1, inf);

(%o55) $\dfrac{\pi^2}{6}$

(%i56) nusum(k*2^k, k, 1, n);
(%o56) $(n-1)2^{n+1}+2$

B.14 Equações

Uma equação pode ser resolvida com um comando **solve(equação, variável)**, ou simplesmente **solve(equação)**. Podemos digitar uma linha de comando ou fornecer a equação em uma janela exclusiva para entrada de equações. Para obter essa janela de equações, escolhemos no menu principal do programa a opção "Equações→Resolver ...".

Neste exemplo, inicialmente, resolvemos a equação $x^4 - 5x^2 + 6 = 0$. Depois, resolvemos $10x^4 + 13x^3 - 120x^2 - 117x + 270 = 0$.
(%i57) solve(x^4 - 5*x^2 + 6 = 0, x);
(%o57) $[x = -\sqrt{2}, x = \sqrt{2}, x = -\sqrt{3}, y = \sqrt{3}]$

(%i58) eq: 10*x^4 + 13*x^3 - 120*x^2 - 117*x + 270 = 0
(%o58) $10x^4 + 13x^3 - 120x^2 - 117x + 270 = 0$

(%i59) solve(eq);
(%o59) $[x = \frac{6}{5},\ x = -3,\ x = 3,\ x = -\frac{5}{2}]$

B.15 Sistemas de equações

Um sistema de equações pode ser resolvido da mesma forma que uma equação, bastando colocar as equações e as variáveis entre colchetes.

Neste primeiro exemplo, resolvemos o sistema linear $\begin{cases} 3x + 4y = 2 \\ 2x - y = 3 \end{cases}$.

(%i60) solve([3*x + 4*y = 2, 2*x - y = 3], [x, y]);
(%o60) [[[illegible] 14 [illegible] 5]]

Nosso segundo exemplo é o sistema $\begin{cases} 3x + 5y - 2z = 4 \\ 2x - 4y + 3z = 7 \\ 5x + y + z = 11 \end{cases}$. Esse é um sistema linear indeterminado, com uma infinidade de soluções. Nesse caso, o Maxima denota as variáveis livres por %r1, %r2, %r3 etc.

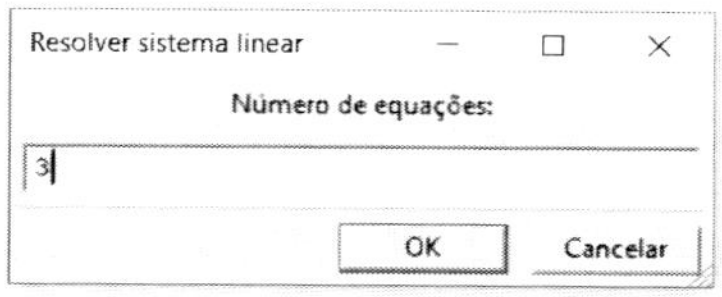

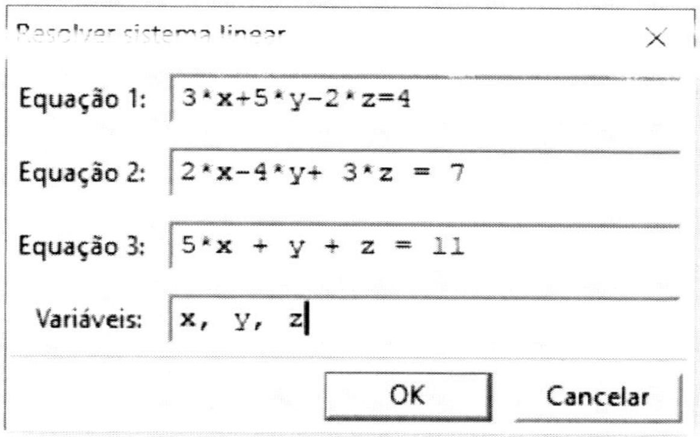

(%i61) eq1: 3*x+5*y-2*z=4$
(%i62) eq2: 2*x-4*y+ 3*z = 7$
(%i63) eq3: 5*x + y + z = 11$
(%i64) solve([eq1, eq2, eq3]);
(%o64) $[[z = \frac{22\%r1-51}{7},\ y = -\frac{13\%r1-26}{7},\ x = \%r1]]$

No comando anterior, percebemos que a solução tem uma variável livre %r1. Isso significa que as outras variáveis são dependentes e, por causa disso, podemos explicitar no comando quais são essas variáveis dependentes. Por exemplo, se no sistema anterior quisermos x e y dependentes e z como variável livre, então devemos digitar o seguinte comando:
(%i65) solve([eq1, eq2, eq3], [x, y]);
(%o65) $[[x = \frac{7z-51}{22},\ y = \frac{13z-13}{22}]]$

E mais outro exemplo: resolver o sistema linear $\begin{cases} x + 2y + 3z + 4s + 5t = 0 \\ x - 3y - z + 2s + 8t = 0 \\ x + 7y + 7z + 6s + 2t = 0 \end{cases}$.

(%i66) eq1: x + 2*y + 3*z + 4*s + 5*t = 0$
(%i67) eq2: x - 3*y - z + 2*s + 8*t = 0$
(%i68) eq3: x + 7*y + 7*z + 6*s + 2*t = 0$
(%i69) solve([eq1, eq2, eq3], [x, y, z, s, t]);
(%o69) $[[x = -\frac{7\%r3+16\%r2+31\%r1}{5},\ y = \frac{-4\%r3-2\%r2+3\%r1}{5},$
$z = \%r3,\ s = \%r2,\ t = \%r1]]$

Percebemos [illegible] 2 variáveis dependentes. Se escolhermos as variáveis dependentes como sendo x e y, então devemos digitar:
(%i70) solve([eq1, eq2, eq3], [x, y]);
(%o70) $[[x = -\frac{7z + 31t + 16s}{5},\ y = -\frac{4z - 3t + 2s}{5}]]$

Mas se escolhermos as variáveis dependentes como sendo s e t, então o comando a ser digitado é

(%i71) solve([eq1, eq2, eq3], [s, t]);

(%o72) $[[s = -\frac{29z + 31y + 3x}{22}, \ t = \frac{5z + 8y - x}{11}]]$

B.16 Vetores e listas

Os vetores no Maxima são definidos como listas de expressões entre colchetes:

v = [expr1, expr2, expr3, ..., exprN].

As expressões expr1, expr2, ... que aparecem como coordenadas podem ser quaisquer tipos de números, expressões algébricas ou outras listas. A enésima coordenada de uma lista L é referenciada como sendo **L[n]**.

Dadas duas listas U e V, podem ser efetuadas algumas operações predefinidas tais como adição **U+V**, subtração **U-V**, multiplicação por escalar **k*V** e produto interno **U.V** .

Neste exemplo, definimos dois vetores $u = (-5, 1, 6)$ e $v = (4, 5, -7)$ do $\mathbb{R}^3$, calculamos $u + 8v$ e o seu produto interno $u \cdot v$. Definimos também uma função $norma(x) = \sqrt{x \cdot x}$ e calculamos $norma(v)$.

(%i73) u: [-5, 1, 6];

(%o73) $[-5, 1, 6]$

(%i74) v: [4, 5, -7];

(%o74) $[4, 5, -7]$

(%i75) u + 8*v;

(%o75) $[27, 41, -50]$

(%i76) u.v;

(%o76) -57

(%i77) norma(x) := sqrt(x.x);

(%o77) $norma(x) := \sqrt{x \cdot x}$

(%i78) norma(v);

(%o78) $3\sqrt{10}$

B.17 Operações com matrizes

O *Maxima* possui uma variedade de comandos para cálculo com matrizes e demais conceitos da Álgebra Linear.

É possível fornecer uma matriz ao Maxima com um comando

matrix([linha 1], [linha 2], [linha 3], ...)

ou através de uma janela específica, obtida no item "Álgebra→Introduzir matriz..." do menu principal. A multiplicação de matrizes pode ser feita com um ponto, como em **A . B**, o determinante com um comando **determinant(...)** e a inversa com um comando **invert(...)**.

A potência M^n pode ser calculada com um comando **M^^n** , para qualquer inteiro n. **M^^(-1)** também pode ser usado para calcular a inversa de M.

Definimos neste exemplo uma matriz M e calculamos seu determinante, sua inversa e seu quadrado.

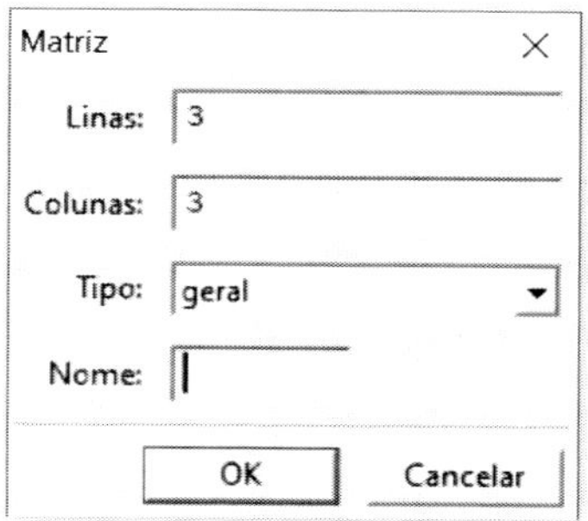

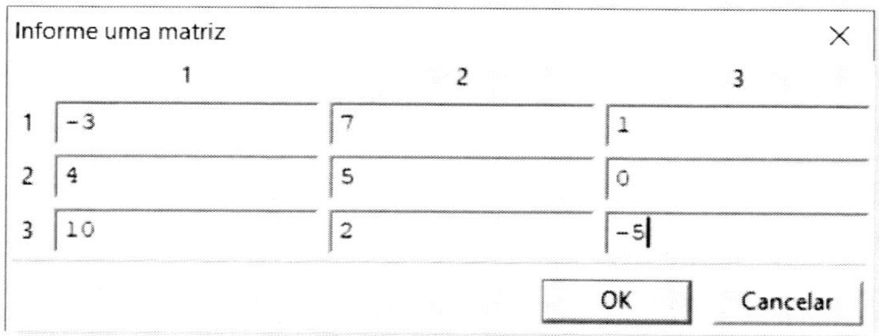

(%i79) M: matrix([-3,7,1], [4,5,0], [10,2,-5]);

(%o79) $\begin{bmatrix} -3 & 7 & 1 \\ 4 & 5 & 0 \\ 10 & 2 & -5 \end{bmatrix}$

(%i80) determinant(%);

(%o80) 173

(%i81) invert(M);

(%o82) $\begin{bmatrix} -\frac{25}{173} & \frac{37}{173} & -\frac{5}{173} \\ [illegible] & [illegible] & [illegible] \\ -\frac{42}{173} & \frac{76}{173} & -\frac{43}{173} \end{bmatrix}$

(%i83) M^^2;

(%o83) $\begin{bmatrix} 47 & 16 & -8 \\ 8 & 53 & 4 \\ -72 & 70 & 35 \end{bmatrix}$

B.18 Escalonamento de matrizes

O *Maxima* escalona matrizes com um comando **echelon(...)**. Neste exemplo, escalonamos a matriz

$$A = \begin{bmatrix} 3 & -4 & 8 & 1 \\ -3 & 4 & -8 & -1 \\ 4 & 1 & 5 & 0 \\ 10 & 1 & 1 & -5 \end{bmatrix}.$$

(%i84) A: matrix([3,-4,8,1], [-3,4,-8,-1], [4,1,5,0], [10,1,1,-5])$
(%i85) echelon(A);

(%o85) $\begin{bmatrix} 1 & \frac{1}{4} & \frac{5}{4} & 0 \\ 0 & 1 & -\frac{17}{19} & -\frac{4}{19} \\ 0 & 0 & 1 & \frac{101}{244} \\ 0 & 0 & 0 & 0 \end{bmatrix}$

B.19 Polinômio característico, autovalores e autovetores

O polinômio característico pode ser calculado com um comando **charpoly(matriz, variável)**, os autovalores com **eigenvalues(matriz)**, e os autovetores com **eigenvectors(matriz)**.

(%i86) A: matrix([8,6,6], [5,15,18], [-5,-10,-11]);

(%o86) $\begin{bmatrix} 8 & 6 & 6 \\ 5 & 15 & 18 \\ -5 & -10 & -11 \end{bmatrix}$

(%i87) p: charpoly(A, λ);
(%o87) $((-\lambda - 11)(15 - \lambda) + 180)(8 - \lambda) + 6(5(15 - \lambda) - 50) - 6(5(-\lambda - 11) + 90)$

(%i88) q: expand(p);
(%o88) $-\lambda^3 + 12\lambda^2 - 47\lambda + 60$

(%i89) factor(q);
(%o89) $-(\lambda - 5)(\lambda - 4)(\lambda - 3)$

(%i90) eigenvalues(M);
(%o90) $[[3, 4, 5], [1, 1, 1]]$

(%i91) eigenvectors(M);
(%o91) $[[[3, 4, 5], [1, 1, 1]], [[[1, -4, 1]], [[1, -1, 0]], [[1, 0, 0]]]]$

Muitas vezes, é interessante usar um comando **expand(...)** para expandir, ou **factor(...)** para fatorar o polinômio característico.

As respostas dos comandos eigenvalues(...) e eigenvectors(...) são listas de listas que devem ser interpretadas na seguinte ordem: primeiro aparecem os autovalores $[\lambda_1, \lambda_1, \dots]$, depois as multiplicidades desses autovalores $[n_1, n_2, \dots]$ e por último aparecem os autovetores $[v_1, v_2, v_3], [w_1, w_2, w_3], \dots$. No exemplo anterior, os autovalores encontrados foram $3, 4, 5$, com multiplicidades $1, 1, 1$, respectivamente, e autovetores associados $(1, -4, 1), (1, -1, 0), (1, 0, 0)$, respectivamente.

B.20 Polinômio mínimo e diagonalização

O cálculo do polinômio mínimo é um pouco mais sofisticado e, por isso, exige que seja carregado um pacote do Maxima chamado "diag" que é dedicado a esse tipo de cálculo. Isso é feito com um comando **load(diag);**. Depois de carregado esse pacote extra, pode ser feita uma chamada a um comando **lista: jordan(matriz);** e, por fim, o polinômio mínimo é mostrado depois de uma chamada a um comando **minimalPoly(matriz, lista);**

Para obter a matriz M diagonalizada, quando for o caso, deve-se chamar **dispJordan(lista);** e para obter P tal que $P^{-1}MP$ é diagonal, executa-se **P: ModeMatrix(M, lista);**

Neste exemplo, definimos uma matriz M, calculamos seu polinômio mínimo $m(x)$ e uma matriz P tal que $P^{-1}MP$ é uma matriz diagonal.

Linhas de comando muito longas podem ser quebradas no meio pressionando-se simultaneamente as teclas [**Shift**][**Enter**], dependendo da configuração do programa.

(%i92) M: matrix([-87, 440, -780, 430], [-170, 835, -1476, 814], [-230, 1128, -2001, 1106], [-260, 1280, -2280, 1263]);

(%o92) $$\begin{bmatrix} -87 & 440 & -780 & 430 \\ -170 & 835 & -1476 & 814 \\ -230 & 1128 & -2001 & 1106 \\ -260 & 1280 & -2280 & 1263 \end{bmatrix}$$

(%i93) load(diag) $

(%i94) j: jordan(M);

(%o94) $[[11, 1], [-7, 1], [3, 1, 1]]$

(%i95) m: minimalPoly(j);

(%o95) $(x-11)(x-3)(x+7)$

(%i96) D: dispJordan(j);

(%o96) $$\begin{bmatrix} 11 & 0 & 0 & 0 \\ 0 & -7 & 0 & 0 \\ 0 & 0 & 3 & 0 \\ 0 & 0 & 0 & 3 \end{bmatrix}$$

(%i97) P: ModeMatrix(M, j);

(%o97) $$\begin{bmatrix} 1 & 1 & 1 & 0 \\ \frac{19}{10} & \frac{17}{9} & 0 & 1 \\ \frac{13}{5} & \frac{23}{9} & -\frac{2}{3} & \frac{5}{3} \\ \text{[illegible]} & \text{[illegible]} & \text{[illegible]} & \text{[illegible]} \end{bmatrix}$$

(%i98) P^^(-1).M.P;

(%o98) $$\begin{bmatrix} 11 & 0 & 0 & 0 \\ 0 & -7 & 0 & 0 \\ 0 & 0 & 3 & 0 \\ 0 & 0 & 0 & 3 \end{bmatrix}$$

(%i99) eigenvectors(M);

(%o99) $[[[11, -7, 3],\ [1, 1, 2]],\ [[[1, \frac{19}{10}, \frac{13}{5}, 3]],\ [[1, \frac{17}{9}, \frac{23}{9}, \frac{26}{9}]],$
$[[1, 0, -\frac{2}{3}, -1],\ [0, 1, \frac{5}{3}, 2]]]]$

No final, calculamos os autovalores e autovetores de M para confirmar que os autovalores aparecem na diagonal e os autovetores nas colunas de P.

B.21 Processo de ortogonalização

O comando **gramschmidt(...)** do pacote "eigen" obtém uma base ortogonal a partir de outra base definida como uma lista de listas $[[v_1, v_2, v_3], [w_1, w_2, w_3], ...]$. É conveniente usar o comando **expand(...)** para simplificar os resultados obtidos.

Se o produto interno for definido por uma função f, então esse comando pode ser usado na forma **gramschmidt(B, f)** para ortogonalizar a base B.

Neste exemplo, aplicamos um processo de ortogonalização à base

$$A = \{(4,\ 3,\ 2,\ 1),\ (1,\ 1,\ 1,\ 1),\ (5,\ 10,\ 8,\ 1)\}.$$

(%i100) load(eigen) $
(%i101) A: [[4,3,2,1], [1,1,1,1], [5,10,8,1]]$
(%i102) B: gramschmidt(A);
(%o102) $[[4,\ 3,\ 2,\ 1],\ [-\frac{1}{3},\ 0,\ \frac{1}{3},\ \frac{2}{3}],\ [-\frac{31}{2\ 5},\ \frac{3\ 11}{2\ 5},\ \frac{3^3}{2\ 5},\ -\frac{29}{2\ 5}]]$

(%i103) B: expand(B);
(%o103) $[[4,\ 3,\ 2,\ 1],\ [-\frac{1}{3},\ 0,\ \frac{1}{3},\ \frac{2}{3}],\ [-\frac{31}{10},\ \frac{33}{10},\ \frac{27}{10},\ -\frac{29}{10}]]$

E assim, concluímos que a base ortogonal obtida é

$$B = \left\{(4,\ 3,\ 2,\ 1),\ \left(-\frac{1}{3},\ 0,\ \frac{1}{3},\ \frac{2}{3}\right),\ \left(-\frac{31}{10},\ \frac{33}{10},\ \frac{27}{10},\ -\frac{29}{10}\right)\right\}.$$

A partir dessa base ortogonal, podemos obter uma base ortonormal para o mesmo subespaço. Para isso, definimos inicialmente uma função N(v) que calcula a norma do vetor v: $N(v) := \sqrt{v \cdot v}$. Depois disso, dividimos cada vetor da base pela sua norma.

(%i104) N(v) := sqrt(v.v)$
(%i105) u1: B[1]/N(B[1]);
(%o105) $\left[\frac{4}{\sqrt{30}},\ \frac{3}{\sqrt{30}},\ \frac{2}{\sqrt{30}},\ \frac{1}{\sqrt{30}}\right]$

(%i106) u2: B[2]/N(B[2]);
(%o106) $\left[-\frac{1}{\sqrt{2}\sqrt{3}},\ 0,\ \frac{1}{\sqrt{2}\sqrt{3}},\ \frac{\sqrt{2}}{\sqrt{3}}\right]$

(%i107) u3: B[3]/N(B[3]);
(%o107) $\left[-\frac{31}{2\sqrt{5}\sqrt{181}},\ \frac{[illegible]}{2\sqrt{5}\sqrt{181}},\ \frac{[illegible]}{2\sqrt{5}\sqrt{181}},\ -\frac{[illegible]}{2\sqrt{5}\sqrt{181}}\right]$

Se o produto interno não for o usual, digamos que seja algo como

$$\langle u,\ v\rangle = 2u_1v_1 + 5u_2v_2 + u_3v_3 + 10u_4v_4,$$

então podemos usar os seguintes comandos:

(%i108) f(u, v) := 2*u[1]*v[1] + 5*u[2]*v[2] + u[3]*v[3] + 10*u[4]*v[4];
(%o108) $f(u, v) := 2u_1v_1 + 5u_2v_2 + u_3v_3 + 10u_4v_4;$

(%i109) gramschmidt(A, f);
(%o109) $\left[[4,3,2,1], \left[-\frac{7}{13}, -\frac{2}{13}, \frac{3}{13}, \frac{8}{13}\right], \left[-\frac{2105}{413}, \frac{1118}{413}, \frac{1450}{413}, -\frac{283}{413}\right]\right]$

Outro exemplo: para ortogonalizar a base $B = \{1, x, x^2, x^3\}$ com o produto interno

$$\langle f,\, g\rangle = \int_{-1}^{1} f(x)g(x)\,\mathrm{d}x,$$

podemos usar os comandos:

(%i110) B: [1, x, x^2, x^3] $
(%i111) F(u, v) := integrate(u*v, x, -1, 1) $
(%i112) B: gramschmidt(B, F);
(%o112) $\left[1,\, x,\, \frac{3x^2-1}{3},\, \frac{x(5x^2-3)}{5}\right]$

B.22 Programação com o Maxima

O Maxima possui comandos que permitem que ele seja usado também como uma linguagem de programação, permitindo que sejam elaborados programas com essa linguagem. Alguns comandos para programação são:

- **if condição then comando1 else comando2**: executa comando1 se a condição for verdadeira ou o comando2 se a condição for falsa.
- **print("mensagem1", variável1, "mensagem2", variável2, ...)**: mostra uma ou várias mensagens entre aspas, seguidas dos valores de uma ou várias variáveis.
- **for variável from início thru término step passo do comando**: o comando fornecido após o **do** é executado para cada valor da variável no intervalo [início, término], com passo dado.
- **while condição do comando**: executa o comando enquanto a condição for verdadeira
- **block([variáveis locais], comando1, comando2, ..., return(valor))**: permite construção de um bloco de comandos. Se houver um comando return(valor), então o valor é retornado; senão, é retornado o último valor calculado no bloco.

- if x > 2 then print("maior do que 2") else print("menor ou igual a 2");
- for k from 1 thru 20 step 2 do print(k);
- f(x) := block(if x < 2 then return(1) else return(x*f(x-1)));
- x: 1; while (x < 30) do (print(factor(x)), x: x+1);

Referências Bibliográficas

[1] T. M. Apostol (1981), *Cálculo*, vol. 2, Editora Reverté Ltda, Barcelona.

[2] G. Baranenkov e outros (1978), *Problemas e Exercícios de Análise Matemática*, 3ª ed., Editora Mir, Moscou.

[3] W. E. Boyce, R. C. Diprima, D. B. Meade (2020), *Equações Diferenciais Elementares e Problemas de Valores de Contorno*, Livros Técnicos e Científicos Editora Ltda., Rio de Janeiro.

[4] R. Bronson, G. Costa M. R. Spiegel (2006), *Equações Diferenciais*, Coleção Schaum, Bookman, Porto Alegre.

[5] P. E. Danko, A. G. Popov, T. Ya. Kozhevnikova (1983), *Matemáticas Superiores en Ejercicios y Problemas*, Editorial Mir, Moscou.

[6] A. V. Efimov, B. P. Demidovich (1984), *Higher Mathematics*, Mir Publishers, Moscou.

[7] L. Elsgoltz (1977), *Ecuaciones Diferenciales y Cálculo Variacional*, Editorial Mir, Moscou.

[8] L. Gama (1946), *Séries Numéricas*, Ao Livro Técnico, Rio de Janeiro.

[9] A. Kiseliov, M. Krasnov, G. Makarenko (1979), *Problemas de Ecuaciones Diferenciales Ordinarias*, Editorial Mir, Moscou.

[10] D. L. Kreider, R. G. Kuller, D. R. Ostberg (1972), *Equações Diferenciais*, Editora Edgard Blücher Ltda., São Paulo.

[11] N. Piskunov (1980), *Cálculo Diferencial e Integral*, vol. 2, Editorial Mir, Moscou.

[12] M. H. Protter, C. B. Morrey (1964) *Modern Mathematical Analysis*, Addison-Wesley Publishing Company Inc., Berkeley.

[13] G. Simmons (1988), *Cálculo com Geometria Analítica*, vol. 2, Pearson, São Paulo.

[14] M. R. Spiegel (1963), *Advanced Calculus*, Schaum's Outline Series, McGraw-Hill Book Company, New York.

Índice Remissivo

Impressão e acabamento
Gráfica da Editora Ciência Moderna Ltda.
Tel: (21) 2201 - 6662